Werkstoffmechanik

Ralf Bürgel · Hans Albert Richard ·
Andre Riemer

Werkstoffmechanik

Bauteile sicher beurteilen und Werkstoffe richtig einsetzen

2., überarbeitete Auflage

Springer Vieweg

Ralf Bürgel
Georgsmarienhütte, Deutschland

Hans Albert Richard
Fakultät für Maschinenbau, Fachgruppe Angewandte Mechanik
Universität Paderborn
Paderborn, Deutschland

Andre Riemer
Fakultät für Maschinenbau, Fachgruppe Angewandte Mechanik
Universität Paderborn
Paderborn, Deutschland

ISBN 978-3-658-03934-9
ISBN 978-3-658-03935-6 (eBook)
DOI 10.1007/978-3-658-03935-6

Die Deutsche Nationalbibliothek verzeichnet diese Publikation in der Deutschen Nationalbibliografie; detaillierte bibliografische Daten sind im Internet über http://dnb.d-nb.de abrufbar.

Springer Vieweg
Das Buch erschien in der ersten Auflage unter dem Titel Festigkeitslehre und Werkstoffmechanik Band 2 im gleichen Verlag.

Lektorat: Thomas Zipsner

Gedruckt auf säurefreiem und chlorfrei gebleichtem Papier.

Springer Vieweg ist eine Marke von Springer DE. Springer DE ist Teil der Fachverlagsgruppe Springer Science+Business Media
www.springer-vieweg.de

Vorwort

Das Buch „Werkstoffmechanik“ mit dem Untertitel „Bauteile sicher beurteilen und Werkstoffe richtig einsetzen“ ist aus dem Buch „Festigkeitslehre und Werkstoffmechanik – Band 2“ von Ralf Bürgel entstanden.

Wir haben uns auf Anfrage des zuständigen Lektors des Verlages, Herrn Dipl.-Ing. Thomas Zipsner, gerne bereit erklärt, nach dem Tode von Herrn Bürgel, die Neuauflage dieses Fachbuches zu übernehmen, um das Buch im Sinne von Ralf Bürgel fortzuführen.

Wie Ralf Bürgel im Vorwort der Erstauflage betont, ist die Werkstoffmechanik noch mehr werkstoffkundlich geprägt als die klassische Festigkeitslehre. Das umfangreiche Kapitel „Festigkeit und Verformung der Metalle“ dringt tief in die Mikrostruktur der Materialien ein; es beschäftigt sich unter anderem mit Versetzungen, Kriechen, Spannungsrelaxation und Härtungsmechanismen. Die nächsten Kapitel behandeln Werkstoffeigenschaften bei zyklischer Belastung, Spannungskonzentration und Kerbwirkung sowie die linear-elastische Bruchmechanik. Im abschließenden Kapitel 5 werden Versagensmechanismen bei Sprödbrüchen, Duktilbrüchen sowie Schwing- und Zeitstandsbrüchen ausführlich behandelt.

Die Gliederung des Buches und die Inhalte gehen auf Ralf Bürgel zurück. Wir haben aufgrund der behandelten praxisrelevanten Themen und der Beliebtheit des Buches davon Abstand genommen, größere Abschnitte einzuarbeiten. Inhaltlich haben wir alle Kapitel nochmals im Detail überprüft, neuere Literatur hinzugefügt und einige Aspekte erweitert.

Unser Dank gilt allen, die durch Ihre Unterstützung die Veröffentlichung dieses Buches ermöglicht haben. Widmen möchten wir diese Auflage dem Begründer dieses Werkes, Ralf Bürgel, welcher dieses Buch durch seine fachliche Kompetenz und seine Liebe zum wichtigen Detail so erfolgreich gemacht hat.

Dem Leser wünschen wir nun viel Erfolg beim Verstehen und Anwenden der Werkstoffmechanik.

Paderborn, im April 2014 Hans Albert Richard und Andre Riemer

Inhaltsverzeichnis

Vorwort ... V

Zeichen und Einheiten ... X

Abkürzungen und Indizes ... XVII

1 Festigkeit und Verformung der Metalle ... 1
1.1 Einführung ... 1
1.2 Wahre Spannung und wahre Dehnung ... 2
1.3 Kristallographische Grundlagen ... 3
1.3.1 Kristallsysteme ... 3
1.3.2 Indizierung kristallographischer Richtungen und Ebenen ... 5
1.3.3 Packungsdichte ... 6
1.3.4 Stapelfehler und Stapelfehlerenergie ... 8
1.4 Arten der Verformung ... 9
1.4.1 Elastische Verformung ... 9
1.4.2 Merkmale der plastischen Verformung ... 12
1.5 Theoretische Festigkeit ... 13
1.6 Versetzungen ... 14
1.6.1 Versetzungsarten und deren Vorkommen in Kristallen ... 14
1.6.2 Entstehung von Versetzungen ... 19
1.6.3 Spannungsfeld und Verzerrungsenergie der Versetzungen ... 20
1.6.4 Aufspaltung von Versetzungen, Einfluss der Stapelfehlerenergie ... 22
1.7 Elementarprozesse der Versetzungsbewegung ... 24
1.7.1 Gleiten von Versetzungen ... 24
1.7.2 Schneiden von Versetzungen ... 29
1.7.3 Quergleiten von Schraubenversetzungen ... 31
1.7.4 Klettern von Stufenversetzungen ... 32
1.8 Erholung ... 35
1.9 Fließspannung und Verfestigung ... 39
1.9.1 Ausbauchspannung ... 39
1.9.2 Passierspannung ... 40
1.9.3 Zusammenfassung aller Spannungsanteile ... 41
1.9.4 Tieftemperaturverhalten von krz.-Werkstoffen ... 44
1.10 Vielkristallverformung ... 47
1.10.1 Bedingungen für Vielkristallverformung ... 47
1.10.2 Fließkurven von Vielkristallen ... 48

1.10.3 Ausgeprägte Streckgrenze 50
1.10.4 Statische und dynamische Reckalterung 53
1.10.5 Einfluss der Korngröße auf die Streckgrenze 54
1.11 Kriechen 57
1.11.1 Einführung 57
1.11.2 Versuche und Kennwerte 60
1.11.3 Mikrostrukturelle Deutung des Kriechens 64
1.11.4 Spannungs- und Temperaturabhängigkeit des Kriechens 67
1.11.5 Einfluss der Korngröße auf das Kriechen 69
1.11.6 Zusammenfassung der Kriechverformungsanteile 71
1.12 Eigenspannungen und Spannungsrelaxation 71
1.13 Legierungshärtung 75
1.13.1 Übersicht über Härtungsmechanismen 75
1.13.2 Mischkristallhärtung 77
1.13.3 Teilchenhärtung 80
1.14 Zusammenfassung der Härtungsmechanismen 89
Weiterführende Literatur zu Kapitel 1 91

2 Zyklische Belastung 92
2.1 Einführung und Definitionen 92
2.2 Festigkeit bei schwingender Belastung 93
2.2.1 Wöhler-Diagramme 93
2.2.2 Dauerschwingfestigkeitsschaubilder 96
2.3 Einflussgrößen auf die Dauerschwingfestigkeit 101
2.3.1 Werkstoffbedingte Einflussgrößen 102
2.3.2 Geometrische und konstruktive Einflussgrößen 106
2.3.3 Beanspruchungsbedingte Einflussgrößen 107
2.4 Reibermüdung (Fretting Fatigue) 110
2.5 Zyklische Belastungskollektive 112
Weiterführende Literatur zu Kapitel 2 115

3 Spannungskonzentrationen und Kerbwirkung 116
3.1 Spannungs- und Verformungszustände im Kerbbereich 116
3.2 Fließbeginn im Kerbbereich 121
3.3 Plastifizierung im Kerbbereich 125
3.4 Kerbeinfluss auf die Zugfestigkeit 127
Weiterführende Literatur zu Kapitel 3 132

4 Bruchmechanik 133
4.1 Einführung 133
4.2 Plastischer Kollaps und Grenztragfähigkeit 138
4.3 Linear-elastische Bruchmechanik (LEBM) 139
4.3.1 Spannungen an der Rissspitze 139
4.3.2 Spannungsintensitätsfaktor 143
4.3.3 Kritischer Spannungsintensitätsfaktor, Bruchzähigkeit 144

4.3.4 Bruchmechanische Bewertung und Restfestigkeit 151
4.3.5 Dehnungs- und Spannungszustände in der Rissumgebung 154
4.3.6 Plastische Zone 157
4.3.7 Leck-vor-Bruch-Kriterium 161
4.4 Energiebilanz bei Rissausbreitung und Bruch 163
Weiterführende Literatur zu Kapitel 4 172

5 Versagensmechanismen 173
5.1 Einführung 173
5.2 Energiebilanz der Risskeimbildung 176
5.3 Sprödbrüche 180
5.3.1 Allgemeines 180
5.3.2 Sprödbruch unter Druckbelastung 184
5.3.3 Spröder Torsionsbruch 185
5.3.4 Ideale Sprödbrüche 185
5.3.5 Reale Sprödbrüche 187
5.3.6 Statistik der Festigkeiten spröder Werkstoffe 190
5.4 Duktilbrüche 193
5.5 Ermüdung und Schwingungsbrüche 198
5.5.1 Einführung 198
5.5.2 Bereich I – Zyklische Ver- und Entfestigung sowie Verformungslokalisierung 202
5.5.3 Bereich II – Mikrorissbildung 204
5.5.4 Bereich III – Stabiles Risswachstum 205
5.5.5 Bereich IV – Instabiles Risswachstum und Restgewaltbruch 209
5.5.6 Auswertung von Ermüdungsbruchflächen 210
5.6 Kriechschädigung und Zeitstandbrüche 211
5.6.1 Einführung 211
5.6.2 Bruchmechanismuskarten 212
5.6.3 Entwicklung der Kriechschädigung 215
5.6.4 Mechanismus der interkristallinen Kriechschädigung 218
Weiterführende Literatur zu Kapitel 5 223

Literatur 224

Sachwortverzeichnis 227

Zeichen und Einheiten

a	Länge eines Außenrisses (Innenrisse haben die Länge 2a)	[m]
a_c	kritische Risslänge	[m]
A	Fläche (siehe auch S_0)	[m^2]
A	Bruchdehnung im Zugversuch, $A = (L_u - L_0)/L_0$	[-, %]
A	Mittelspannungsverhältnis bei Lastspielen, $A = \|\sigma_a\|/\sigma_m$	[-]
A_g	Gleichmaßdehnung	[-, %]
A_k	Kerbquerschnittsfläche (Ligament)	[m^2]
$A_{Lüd}$	Lüders-Dehnung (plastische Dehnung im Bereich der ausgeprägten Streckgrenze)	[-, %]
A_u	Zeitbruchdehnung (Bruchdehnung im Zeitstandversuch)	[-, %]
b	Betrag des Burgers-Vektors	[m]
B	Dicke einer Bruchmechanikprobe oder Wanddicke (*Breadth*)	[m]
d	Innendurchmesser	[m]
d_0	Gleichgewichtsabstand zweier Teilversetzungen	[m]
D	(Außen-) Durchmesser	[m]
D	Diffusionskoeffizient	[m^2/s]
D_0	Anfangsdurchmesser	[m]
D_0	temperaturunabhängiger Vorfaktor in der Arrhenius-Gleichung für den Diffusionskoeffizienten	[m^2/s]
e	Randfaserabstand von den Schwerachsen oder vom Schwerpunkt bei Angabe der Flächenwiderstandsmomente W_a bzw. W_p	[m]
E	Elastizitätsmodul	[GPa]
f	Frequenz	[s^{-1}, Hz]
F	Kraft, Last	[N]
F_G	Gewichtskraft	[N]
F_m	Höchstkraft im Zugversuch	[N]
g	Erdbeschleunigung ($\approx$ 9,81 m/s^2)	
G	Schubmodul (auch: Gleitmodul)	[GPa]
G_c	spezifische Riss- oder Bruchenergie	[J/m^2]
I_a	axiales Flächenträgheitsmoment, axiales Flächenmoment 2. Ordnung (I_x ist z.B. das axiale Flächenträgheitsmoment bezüglich der Schwerachse x)	[m^4]
I_p	polares Flächenträgheitsmoment (sofern nicht anders vermerkt, ist der Pol der Schwerpunkt)	[m^4]
K_c	kritischer Spannungsintensitätsfaktor (auch: Riss- oder Bruchzähigkeit) für eine bestimmte Wanddicke bei *nicht* ebenem Dehnungszustand, siehe auch K_{Ic}	[MPa m$^{1/2}$ = MN m$^{-3/2}$]
K_Q	Bruchzähigkeit außerhalb der Gültigkeitsgrenzen, vorläufige Bruchzähigkeit (= K_{Ic} bei Erfüllung aller Testvoraussetzungen)	[MPa m$^{1/2}$]
K_t	Formzahl (auch: Kerbfaktor, elastischer Spannungskonzentrationsfaktor)	[-]
K_σ	Spannungskonzentrationsfaktor bei Plastifizierung	[-]
K_ε	Dehnungskonzentrationsfaktor bei Plastifizierung	[-]

K_I	Spannungsintensitätsfaktor für den *ebenen* Dehnungszustand im Belastungsmodus I (Zug)	[MPa $m^{1/2}$]
K_{Ic}	kritischer Spannungsintensitätsfaktor (auch: Bruchzähigkeit) für den *ebenen* Dehnungszustand im Belastungsmodus I (Zug)	[MPa $m^{1/2}$]
ΔK	Schwingbreite der Spannungsintensität, $\Delta K = K_{max} - K_{min}$	[MPa $m^{1/2}$]
ΔK_0	Grenzwert der Spannungsintensität für Ermüdungsrisswachstum	[MPa $m^{1/2}$]
ΔK_{Ic}	kritischer zyklischer Spannungsintensitätsfaktor im ebenen Dehnungszustand	[MPa $m^{1/2}$]
L	Laststeigerungsfaktor (auch: plastischer Zwängungsfaktor)	[-]
L	Länge	[m]
L_0	Anfangslänge	[m]
L_i	momentane Messlänge in einem Versuch	[m]
L_e	elastische Dehnlänge	[m]
L_m	Reißlänge	[m]
$L_{p0,2}$	0,2 %-Dehnlänge	[m]
L_u	Länge einer Probe nach dem Bruch	[m]
ΔL	Längenänderung	[m]
m	Masse	[kg]
M	Moment	[N m]
M_b	Biegemoment	[N m]
M_t	Torsionsmoment	[N m]
n	Drehzahl (Umdrehungsfrequenz)	[s^{-1}]
N	Schwingspielzahl (Zyklenzahl, Lastspielzahl)	[-]
N_B	Schwingspielzahl bis zum Bruch (Bruchlastspielzahl)	[-]
p	Druck	[Pa]
Q	Querkraft	[N]
Q_{SD}	Aktivierungsenergie der Selbstdiffusion	[J/mol]
R	Allgemeine Gaskonstante (= 8,314 J K^{-1} mol^{-1})	
R	Riss- oder Bruchwiderstand	[J/m^2]
R	Spannungsverhältnis bei Lastspielen, $R = \sigma_u/\sigma_o$	[-]
R	allgemeines Zeichen für Festigkeitskennwerte unter Zugbelastung	[MPa]
R_e	Streckgrenze bei Raumtemperatur	[MPa]
$R_{e/\vartheta}$	(Warm-)Streckgrenze bei der Temperatur ϑ in °C	[MPa]
R_{eH}	obere Streckgrenze, falls diese ausgeprägt ist (*High*)	[MPa]
R_{eL}	untere Streckgrenze, falls diese ausgeprägt ist (*Low*)	[MPa]
R_m	Zugfestigkeit bei Raumtemperatur	[MPa]
$R_{m/\vartheta}$	(Warm-)Zugfestigkeit bei der Temperatur ϑ in °C	[MPa]
R_{mk}	Kerbzugfestigkeit bei Raumtemperatur	[MPa]
$R_{p\,0,2}$	0,2 %-Dehngrenze (auch: Ersatzstreckgrenze; ε_p = 0,2 %)	[MPa]
$R_{p\,0,2/\vartheta}$	0,2 %-(Warm-)Dehngrenze bei der Temperatur ϑ in °C	[MPa]
$R_{m\,t/\vartheta}$	Zeitstandfestigkeit (Spannung, bei welcher nach der Zeit t in h und der Temperatur ϑ in °C Bruch eintritt)	[MPa]
$R_{mk\,t/\vartheta}$	Kerbzeitstandfestigkeit (Nennspannung, bei welcher nach der Zeit t in h und der Temperatur ϑ in °C Bruch eintritt bei gegebener Kerbform)	[MPa]

$R_{p\,\varepsilon/t/\vartheta}$	Zeitdehngrenze (Spannung, bei welcher die plastische Gesamtdehnung ε in % nach der Zeit t in h bei der Temperatur ϑ in °C eintritt)	[MPa]
s_0	Gleichgewichtsabstand	[m]
s_T	Trennabstand	[m]
S	Scherkraft, Querkraft	[N]
S	Querschnittsfläche einer Probe	[m²]
S_0	Anfangsquerschnitt einer Probe	[m²]
S_b	Biegesteifigkeit; S_{bx} ist z.B. die Biegesteifigkeit um die Schwerachse x	[N m²]
S_B	Sicherheitsbeiwert gegen Bruch	[-]
S_F	Sicherheitsbeiwert gegen Fließen (= plastische Verformung)	[-]
S_t, S_T	Torsionssteifigkeit (Drillsteifigkeit)	[N m²]
S_u	kleinster Probenquerschnitt nach dem Bruch	[m²]
t	Zeit	[s, h]
t_m	Belastungsdauer bis zum Bruch (im Zeitstandversuch)	[h]
$t_{p\,\varepsilon}$	Dehngrenzzeit (Belastungsdauer für eine vorgegebene plastische Dehnung ε in % im Zeitstandversuch)	[h]
T	absolute Temperatur, siehe ϑ	[K]
T_S	absolute Schmelztemperatur	[K]
T/T_S	homologe Temperatur	[-]
ΔT	Temperaturdifferenz	[K, °C]
U	innere Energie	[J]
V	Volumen	[m³]
w	spezifische Formänderungsarbeit	[J/m³ = N/m²]
W	Breite einer Bruchmechanikprobe oder eines Bauteils (*Width*)	[m]
W	Formänderungsarbeit	[J]
W_a	axiales Flächenwiderstandsmoment (W_x ist z.B. das Flächenwiderstandsmoment um die Schwerachse x)	[m³]
W_p	polares Flächenwiderstandsmoment	[m³]
x_p	Breite der plastischen Zone vor der Rissspitze	[m]
Z	Brucheinschnürung, $Z = (S_0 - S_u)/S_0$	[-, %]
Z_u	Zeitbrucheinschnürung (im Zeitstandversuch), $Z_u = (S_0 - S_u)/S_0$	[-, %]

α_ℓ	thermischer Längenausdehnungskoeffizient	[K⁻¹]
β	Geometriefaktor bei Rissen	[-]
β_k	Kerbwirkungszahl bei zyklischer Belastung	[-]
γ	Scherung (auch: Schiebung, Scherdehnung, Abscherung)	[-]
γ_k	Kerbfestigkeitsverhältnis	[-]
γ_{Of}	spezifische Oberflächenenergie	[J/m²]
γ_{SF}	spezifische Stapelfehlerenergie	[J/m²]
ε	Dehnung oder Stauchung (allgemeiner Ausdruck: Dehnung, unabhängig vom Vorzeichen)	[-, %]
ε_1	größte relative Hauptdehnung	[-, %]
ε_2	mittlere relative Hauptdehnung	[-, %]
ε_3	kleinste relative Hauptdehnung	[-, %]

ε_e	elastische Dehnung (einachsige Zugbelastung: $\varepsilon_e = \sigma/E$)	[-, %]
ε_f	Kriechdehnung (zeitabhängig)	[-, %]
ε_F	Dehnung bei Fließbeginn (einachsige Zugbelastung: $\varepsilon_F = R_e/E$)	[-, %]
ε_{in}	inelastische Dehnung, $\varepsilon_{in} = \varepsilon_p + \varepsilon_f$	[-, %]
ε_m	mechanische Dehnung (in Abgrenzung zur thermischen D.)	[-, %]
ε_p	plastische Dehnung (zeit*un*abhängig, siehe auch ε_f)	[-, %]
ε_q	Querdehnung	[-, %]
ε_t	Gesamtdehnung	[-, %]
ε_{th}	thermische Dehnung	[-, %]
ε_w	wahre Dehnung, $\varepsilon_w = \ln(L_i/L_0)$	[-]
$\dot{\varepsilon}$	Dehn- oder Kriechgeschwindigkeit ($\dot{\varepsilon} = d\varepsilon/dt$)	[s^{-1}]
$\dot{\varepsilon}_s$	stationäre (sekundäre) Kriechgeschwindigkeit	[s^{-1}]
η	Wirkungsgrad	[-, %]
ϑ	Temperatur, siehe T	[°C]
ϑ_S	Schmelztemperatur, siehe T_S	[°C]
ν	Poisson'sche Zahl (Querkontraktionszahl)	[-]
ρ	Dichte	[kg/m^3]
σ	Normalspannung	[MPa]
σ_0	Anfangsspannung, $\sigma_0 = F/S_0$	[MPa]
σ_1	größte relative Hauptnormalspannung	[MPa]
σ_2	mittlere relative Hauptnormalspannung	[MPa]
σ_3	kleinste relative Hauptnormalspannung	[MPa]
σ_a	Spannungsamplitude (-ausschlag) bei Lastspielen	[MPa]
σ_A	dauerschwingfest ertragbare Spannungsamplitude (Daueramplitude)	[MPa]
σ_{bB}	Biegefestigkeit (Bruchfestigkeit in einem Biegeversuch)	[MPa]
σ_{bW}	Biegewechselfestigkeit (σ_D bei Umlaufbiegung mit $\sigma_m = 0$)	[MPa]
σ_B	Bruchfestigkeit eines rissbehafteten Körpers (auch: Restfestigkeit)	[MPa]
$\sigma_{d\,0,2}$	0,2%-Stauchgrenze ($\varepsilon_p = -0,2$ %)	[MPa]
σ_{dF}	Quetschgrenze, Druckfließgrenze	[MPa]
σ_{dB}	Druckfestigkeit (nur bei spröderen Werkstoffen messbar)	[MPa]
σ_{dSch}	Druckschwellfestigkeit	[MPa]
σ_D	Dauerschwingfestigkeit	[MPa]
σ_m	Mittelspannung bei Lastspielen	[MPa]
σ_n	Nennspannung (Anfangsspannung bezogen auf den Bruttoquerschnitt)	[MPa]
σ_{nk}	Kerbnennspannung, $\sigma_{nk} = F/A_k$	[MPa]
σ_{nkF}	Kerbnennspannung bei Fließbeginn	[MPa]
σ_o	Oberspannung (größter Wert der Spannung je Schwingspiel, *unabhängig vom Vorzeichen*), $\sigma_o = \max\lvert\sigma(t)\rvert$	[MPa]
σ_O	Oberspannung der *Dauer*schwingfestigkeit (größter Zahlenwert, *unabhängig vom Vorzeichen*)	[MPa]
σ_T	Trennfestigkeit	[MPa]
σ_{Sch}	Schwellfestigkeit	[MPa]
σ_{th}	thermisch induzierte Spannung, Wärmespannung	[MPa]
σ_u	Unterspannung (kleinster Wert der Spannung je Schwingspiel, *unabhängig vom Vorzeichen*), $\sigma_u = \min\lvert\sigma(t)\rvert$	[MPa]

σ_U	Unterspannung der *Dauer*schwingfestigkeit (kleinster Zahlenwert, *unabhängig vom Vorzeichen*)	[MPa]
σ_V	Vergleichsspannung bei mehrachsigen Spannungszuständen	[MPa]
$\sigma_V^{(G)}$	Vergleichsspannung nach der Gestaltänderungsenergiehypothese (= von Mises-Hypothese)	[MPa]
$\sigma_V^{(N)}$	Vergleichsspannung nach der Normalspannungshypothese	[MPa]
$\sigma_V^{(S)}$	Vergleichsspannung nach der Schubspannungshypothese (= Tresca-Hypothese)	[MPa]
σ_w	wahre Spannung, $\sigma_w = F/S_i$	[MPa]
σ_W	Wechselfestigkeit, σ_D bei $\sigma_m = 0$	[MPa]
σ_x	Normalspannung in Richtung von x (analog für andere Richtungen)	[MPa]
σ_{zSch}	Zugschwellfestigkeit	[MPa]
σ_{zul}	zulässige Spannung (Höchstwert der Spannung, mit der bei der jeweiligen Beanspruchung belastet werden darf)	[MPa]
$\Delta\sigma$	Spannungsschwingbreite	[MPa]
τ	Schubspannung (auch: Scherspannung)	[MPa]
τ_F	Fließschubspannung (Schubspannung bei Fließbeginn)	[MPa]
τ_{max}	größte (positive) Hauptschubspannung gemäß Vorzeichenvereinbarung	[MPa]
τ_{min}	kleinste (negative) Hauptschubspannung gemäß Vorzeichenvereinbarung (es ist stets $\tau_{min} = -\tau_{max}$)	[MPa]
τ_S	Schubspannung aufgrund von Scherbelastung	[MPa]
τ_t	Schubspannung aufgrund von Torsionsbelastung	[MPa]
τ_{xy}	Schubspannung *senkrecht* zur x-Achse und *in* Richtung der y-Achse (analog für andere Richtungen)	[MPa]
ω	Winkelgeschwindigkeit (Winkelfrequenz)	[s^{-1}]

Alle Zeichen, die nicht hier aufgeführt sind, werden in den jeweiligen Kapiteln im Text erläutert.

Umrechnung von Einheiten

In der linken Spalte sind die SI-gerechten Einheiten angegeben.

Länge m	1 Å	=	10^{-10} m = 0,1 nm
	1 inch (in) = 1 "	=	25,4 mm
	1 mil = 10^{-3} inch	=	25,4 µm
	1 ft	=	0,305 m
Temperatur und Temperaturdifferenz Kelvin: K Grad Celsius: °C	T [K]	=	ϑ [°C]+273,2 °C
	T [°F]	=	1,8 ϑ [°C]+32
	ϑ [°C]	=	5/9(T[°F]–32)
	ΔT = 1 °F	=	0,5556 °C = 0,5556 K
	ΔT = 1 K = 1 °C	=	1,8 °F
	32 °F	=	0 °C = 273,2 K
Dichte kg/m^3	1 g/cm^3	=	10^3 kg/m^3
	1 lb/in^3	=	$2{,}77\cdot10^4$ kg/m^3
	1 lb/ft^3	=	16,02 kg/m^3
Kraft Newton: 1 N = 1 kg m/s^2	1 kp = 1 kgf	=	9,807 N
	1 dyn = 1 g cm/s^2	=	10^{-5} N
	1 lbf	=	4,45 N
Spannung, Druck Pascal: 1 Pa = 1 N/m^2 1 MPa = 1 MN/m^2	1 N/mm^2	=	1 MPa
	1 kp/mm^2	=	9,807 MPa
	1 psi = 1 lbf/in^2	=	6,9 kPa
	1 ksi = 10^3 psi	=	6,9 MPa
	1 bar	=	10^5 Pa = 0,1 MPa
	1 at = 1 kp/cm^2 = 10 m WS	=	0,09807 MPa
	1 Torr = 1 mm Hg	=	0,133 kPa = 1,33 hPa
	1 atm = 760 Torr = 1,013 bar	=	0,1013 MPa
Energie, Arbeit, Wärmemenge Joule: 1 J = 1 N m = 1 W s = 1 kg m^2/s^2	1 cal	=	4,187 J
	1 kp m	=	9,807 J
	1 kWh	=	3,6 MJ
	1 *e*V	=	0,1602 aJ
	1 erg = 1 dyn cm	=	0,1 µJ
	1 BTu	=	1,055 kJ
	1 ft lbf	=	1,36 J
	1 ft tonf	=	3,037 kJ
	1 in lbf	=	0,113 J
Leistung Watt: 1 W = 1 J/s = 1 Nm/s = 1 kg m^2/s^3	1 cal/s	=	4,187 W
	1 ft lbf/s	=	1,36 W
	1 in lbf/s	=	0,113 W
	1 PS	=	0,7355 kW
	1 hp	=	0,7457 kW
	1 BTu/h	=	0,293 W
Spannungsintensität MN m$^{-3/2}$ = MPa $\sqrt{m}$	1 ksi $\sqrt{in}$ = 10^3 psi $\sqrt{in}$	=	1,1 MN m$^{-3/2}$ = 1,1 MPa $\sqrt{m}$

Einheitenbezeichnungen

Å	Ångström	hp	*horse power*
at	techn. Atmosphäre	in lbf	*inch pound–force*
atm	physikal. Atmosphäre	kgf	*kilogram–force*
BTu	*British Thermal unit*	ksi	*kilopounds per square inch*
eV	Elektronenvolt	lb	*pound (mass);* 1 lb = 0,454 kg lbf
ft	*foot*		*pound–force*
ft lbf	*foot pound–force*	lbf/in^2	*pound–force per square inch*
ft tonf	*foot ton–force*	psi	*pounds per square inch*
Hg	Quecksilbersäule	WS	Wassersäule

Griechische Buchstaben und ihre lateinischen Gegenstücke

Α	α	a	Alpha	Ι	ι	j	Jota	Ρ	ρ	r	Rho
Β	β	b	Beta	Κ	κ	k	Kappa	Σ	σ	s	Sigma
Γ	γ	g	Gamma	Λ	λ	l	Lambda	Τ	τ	t	Tau
Δ	δ	d	Delta	Μ	μ	m	My	Υ	υ	y	Ypsilon
Ε	ε	e	Epsilon	Ν	ν	n	Ny	Φ	φ	ph	Phi
Ζ	ζ	z	Zeta	Ξ	ξ	x	Ksi	Χ	χ	ch	Chi
Η	η	e	Eta	Ο	ο	o	Omikron	Ψ	ψ	ps	Psi
Θ	θ, ϑ	th	Theta	Π	π	p	Pi	Ω	ω	o	Omega

Vorsätze und Vorsatzzeichen zur Bildung von dezimalen Vielfachen und Teilen von Einheiten

Vorsatz	Hekto-	Kilo-	Mega-	Giga-	Tera-
Vorsatz-zeichen	h	k	M	G	T
Potenz-faktor	10^2	10^3	10^6	10^9	10^{12}

Vorsatz	Dezi-	Zenti-	Milli-	Mikro-	Nano-	Piko-	Femto-	Atto-
Vorsatz-zeichen	d	c	m	µ	n	p	f	a
Potenz-faktor	10^{-1}	10^{-2}	10^{-3}	10^{-6}	10^{-9}	10^{-12}	10^{-15}	10^{-18}

Abkürzungen und Indizes

EDZ	ebener Dehnungs- oder Verzerrungszustand
ESZ	ebener Spannungszustand
GEH	Gestaltänderungsenergiehypothese (von Mises-Hypothese)
HCF	High Cycle Fatigue
hdP.	hexagonal dichteste Packung
kfz.	kubisch-flächenzentriert
krz.	kubisch-raumzentriert
LCF	Low Cycle Fatigue
LEBM	linear-elastische Bruchmechanik
lg	Zehnerlogarithmus
ln	natürlicher Logarithmus ($\lg x \approx 0{,}434 \ln x$)
NH	Normalspannungshypothese
REM	Rasterelektronenmikroskop
RSZ	räumlicher Spannungszustand
RT	Raumtemperatur (20 °C)
RZSZ	räumlicher Zugspannungszustand
SH	Schubspannungshypothese (Tresca-Hypothese)
TEM	Transmissionselektronenmikroskop
TF	thermische Ermüdung (*thermal fatigue*)
VHCF	Very High Cycle Fatigue

Tiefgestellte Indizes und Abkürzungen

0	Anfangswert
a	axial
a	außen
c	kritischer Wert
F	Fließen, plastische Verformung
i	innen
max	Maximalwert
min	Minimalwert
Of	Oberfläche
r	radial
t	tangential
th	thermisch
z	Zentrifugal... oder Richtungsangabe z-Achse
zul	zulässiger Wert

Hochgestellte Indizes und Abkürzungen

(e)	elastisch
(EDZ)	im ebenen Dehnungszustand
(ESZ)	im ebenen Spannungszustand
(g)	glatt
(G)	nach der Gestaltänderungsenergiehypothese (von Mises)
(i-s)	ideal-spröde
(k)	gekerbt
(N)	nach der Normalspannungshypothese
(p)	plastisch
(S)	nach der Schubspannungshypothese (Tresca)

1 Festigkeit und Verformung der Metalle

1.1 Einführung

Aus der Festigkeitslehre ist bekannt, dass die mechanisch belasteten Konstruktionswerkstoffe für den Betriebseinsatz in erster Linie eine hohe *Streckgrenze* besitzen sollten. Zyklisch beanspruchte Bauteile müssen eine ausreichende *Dauerschwingfestigkeit* aufweisen. Im Bereich hoher Temperaturen, wenn sich die Kriechverformung bemerkbar macht, kommen als entscheidende Kennwerte die *Zeitdehngrenze*, z.B. die *1%-Zeitdehngrenze*, und die *Zeitstandfestigkeit* hinzu. Für rissbehaftete Bauteile ist außerdem die *Riss- oder Bruchzähigkeit* des Werkstoffes maßgeblich, in die neben der Festigkeit auch das Verformungsvermögen, die Duktilität, eingeht.

Alle anderen mechanischen Werkstoffkennwerte spielen für die Festigkeitsauslegung keine Rolle; sie dienen mehr den Sicherheitsbetrachtungen, wie z.B. die Kerbschlagzähigkeit, um sprödes Werkstoffversagen bei schneller, schlagartiger Belastung auszuschließen. Die Duktilität, meist ausgedrückt als Bruchdehnung im Zugversuch, ist ebenfalls für den Konstrukteur unerheblich, weil die Belastung makroskopisch nur elastische Verformung hervorrufen darf, Ausnahme: im Kriechbereich. Allerdings ist auch hier aus Sicherheitsüberlegungen eine Mindestduktilität gefragt, damit Überbelastungen nicht gleich einen spröden Bruch auslösen, sondern das Material gutmütig durch Verformung reagiert, und damit Spannungsspitzen durch Fließen (plastische Verformung) abgebaut werden. Der anschauliche englische Ausdruck hierfür lautet *forgiveness* – das Material „verzeiht“. Keramiken „verzeihen“ Überbelastungen bekanntermaßen kaum.

In der Fertigung, besonders beim Umformen, wie Walzen, Schmieden, Strangpressen oder Ziehen, sollen die Werkstoffe aus nahe liegenden Gründen umgekehrt eine geringe Festigkeit und gutes Verformungsvermögen aufweisen.

Viele metallische Werkstoffe – 82 der 105 Elemente des Periodensystems sind Metalle – zeichnen sich durch hohe Festigkeit *und* hohes Verformungsvermögen aus. Die Festigkeiten schwanken zwischen den geringen Werten ultrareiner, unlegierter Metalle und der theoretischen Festigkeit fehlerfreier Kristalle als größtmöglichem Wert. Die Duktilität variiert von ideal-spröde, d.h. praktisch ohne jegliche plastische Verformung, bis extrem duktil bei höchstreinen Metallen. Keine andere Werkstoffgruppe, weder polymere und erst recht nicht keramische Werkstoffe, bietet ein so breites Spektrum dieser beiden Eigenschaften, noch dazu von tiefsten bis zu sehr hohen Temperaturen. Festigkeit und Duktilität sind zudem gezielt beeinflussbar durch Wärmebehandlungen, Vorverformung (Kaltverfestigung) sowie vielfältigste Legierungsmaßnahmen.

Will man nun für die Fertigung möglichst hohes Verformungsvermögen bei geringen Umformkräften einerseits sowie für den Betriebseinsatz eine hohe Festigkeit bei ausreichender Duktilität andererseits realisieren, so muss der Werkstofftechniker die Mikromechanismen der Plastizität genau kennen. Eine hohe Streckgrenze beispielsweise bedeutet, die plastische Verformung zu unterbinden, was wiederum heißt zu wissen, wie diese abläuft. Anders ausgedrückt: Um nur elastische Verformung auftreten zu lassen, muss man plastische Verformung verstehen. Im Hochtemperturbereich lässt sich zeitlich immer weiter fortschreitende plastische Verformung, so genanntes *Kriechen*, (leider) gar nicht vermeiden; hier ist entscheidend, diese durch geeignete Maßnahmen zu „bremsen", was ebenfalls tiefes Verständnis der Vorgänge erfordert.

Wo Technik ist, da gibt es auch Schäden, besagt eine alte Erfahrungsregel. An jedem Schaden ist das Material beteiligt, und in aller Regel muss der Schadeningenieur auch das Festigkeits- und Verformungsverhalten des Werkstoffes beurteilen, um das Versagen aufzuklären. Man kommt also nicht umhin, tiefer in den Werkstoff „hineinzuschauen", den „schwarzen Kasten" sozusagen zu öffnen. Dies geschieht in den folgenden Abschnitten.

1.2 Wahre Spannung und wahre Dehnung

In der Werkstoffkunde und in der Umformtechnik ist es manchmal zweckmäßig, neben der gewöhnlich angegebenen *technischen* Spannung und Dehnung die so genannten wahren Werte zu bestimmen, wenn sich der Querschnitt und die Länge bei der Verformung stark ändern. Der Begriff „wahr" bezieht sich auf den *momentanen Querschnitt* bzw. die *momentane Länge*, während bei den technischen Werten die Ausgangsdaten angesetzt werden. Es gelten folgende Beziehungen:

technische (Nenn-) Spannung $$\sigma_0 = \frac{F}{S_0} \qquad (1.1)$$

S_0 (oder auch A_0) Anfangsquerschnitt

wahre Spannung $$\sigma_w = \frac{F}{S_i} = \sigma_0 \frac{S_0}{S_i} \qquad (1.2)$$

S_i (oder auch A_i) momentaner Querschnitt

technische Dehnung $$\varepsilon_0 = \frac{\Delta L}{L_0} = \frac{L_i - L_0}{L_0} = \frac{L_i}{L_0} - 1 \qquad (1.3)$$

L_0 Anfangslänge
L_i momentane Länge

Die Gln. (1.1) und (1.3) sind aus der Festigkeitslehre bekannt, wo man den Index „0" bei der Spannung und Dehnung weglässt, weil im elastischen Bereich ein Vergleich mit den wahren Werten überflüssig ist.

Die wahre Dehnung setzt sich zusammen aus der Summe beliebig kleiner Dehnungsinkremente $\Delta L/L$ (oder dL/L), so dass sich folgendes Integral ergibt:

wahre Dehnung $$\varepsilon_w = \int_{L_0}^{L_i} \frac{dL}{L} = \ln L \Big|_{L_0}^{L_i} = \ln L_i - \ln L_0 = \ln \frac{L_i}{L_o} \qquad (1.4)$$

Die Summierung der infinitesimalen Dehnbeträge zur wahren Dehnung ist nur im Bereich der Gleichmaßdehnung gültig, da sich bei Einschnürung eine andere Bezugslänge einstellt. Die wahre Dehnung wird, im Gegensatz zur technischen, *nicht* in Prozent genannt, weil sich die Bezugsgröße L_i ständig ändert. Aus Gl. (1.3) folgt $L_i = \varepsilon_0 L_0 + L_0$, und somit lautet die Verknüpfung der beiden Dehnungen:

$$\varepsilon_w = \ln \frac{L_i}{L_0} = \ln \frac{\varepsilon_0 L_0 + L_0}{L_0} = \ln(\varepsilon_0 + 1) \tag{1.5 a}$$

oder umgekehrt:

$$\varepsilon_0 = e^{\varepsilon_w} - 1 \tag{1.5 b}$$

Bis ca. 10 % bzw. 0,1 sind ε_0 und ε_w etwa gleich. Unter Volumenkonstanz bei der plastischen Verformung ($A_0 L_0 = A_i L_i$), von der man im Bereich der Gleichmaßdehnung ausgehen kann, gilt außerdem:

$$\sigma_w = \sigma_0 \frac{A_0}{A_i} = \sigma_0 \frac{L_i}{L_0} = \sigma_0 (\varepsilon_0 + 1) = \sigma_0 e^{\varepsilon_w} \tag{1.6}$$

Die wahre Spannung erhöht sich also gegenüber der Nennspannung im gleichen Maße, wie die technische Dehnung zunimmt. Beispiel: Bei einer technischen Dehnung von 0,1 (= 10 %) beträgt die wahre Spannung $\sigma_w = 1{,}1\ \sigma_0$.

1.3 Kristallographische Grundlagen

Metallische Werkstoffe, ebenso wie Keramiken, sind kristallin aufgebaut, d.h. ihre Atome ordnen sich räumlich periodisch in bestimmten Positionen eines so genannten Raum- oder Kristallgitters an. Für das Verständnis der Verformung werden einige kristallographische Grundlagen gebraucht, die auf das Nötigste beschränkt werden.

1.3.1 Kristallsysteme

Metalle zeichnen sich durch Kristallstrukturen mit dichter bis dichtest möglicher Packung der Atome aus. Die drei Gittergrundstrukturen sind folgende:

- kubisch-flächenzentriert (kfz.), dichteste Packung
- kubisch-raumzentriert (krz.), nicht dichteste Packung
- hexagonal-dichteste Packung (hdP.), dichteste Packung.

Bild 1.1 zeigt die Elementarzellen dieser Gitter im Drahtmodell, wobei die Kugeln die Atomzentren darstellen sollen. Die Zuordnung der Reinmetalle zu diesen Kristallstrukturen mit den Gitterparametern geht aus **Tabelle 1.1** hervor.

Ag, Al, Au, α-Co, Cu, γ-Fe, Ni, Pb, Pt
a)

Cr, α-Fe, δ-Fe, Mo, Nb, Ta, β-Ti , V, W
b)

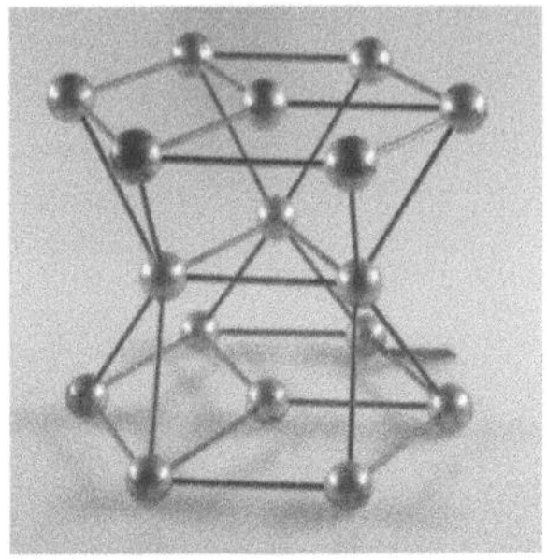

Be, Cd, ε-Co, Mg, Re, α-Ti, Zn
c)

Bild 1.1 Drahtmodelle der drei Kristallgittertypen mit Zuordnung der technisch wichtigsten Metalle
a) kfz.-Gitter b) krz.-Gitter c) hdP.-Gitter

Gitter	Element	Gitterparameter a [nm]	c/a
kfz.	Ag	0,40857	1
	Al	0,40496	1
	Au	0,40782	1
	α-Co > 422 °C	0,35447	1
	Cu	0,36146	1
	γ-Fe 912 °C – 1394 °C	0,36467	1
	Ni	0,35240	1
	Pb	0,49502	1
	Pt	0,39236	1
krz.	Cr	0,38848	1
	α-Fe < 912 °C	0,28665	1
	δ-Fe > 1394 °C	0,29315	1
	Mo	0,31470	1
	Nb	0,33004	1
	Ta	0,33030	1
	β-Ti > 882 °C	0,33065	1
	V	0,30240	1
	W	0,31652	1
hdP.	Be	0,22859	1,5681
	Cd	0,29793	1,8862
	ε-Co < 422 °C	0,25071	1,6228
	Mg	0,32094	1,6236
	Re	0,27609	1,6145
	α-Ti < 882 °C	0,29506	1,5873
	Zn	0,26650	1,8563

Tabelle 1.1
Kristallstrukturen der wichtigsten Metalle

Im hdP.-Gitter tritt die ideal-dichteste Packung bei c/a = 1,633 auf. Die Gitterparameter a und c sind in Bild 1.2 dargestellt.

1.3.2 Indizierung kristallographischer Richtungen und Ebenen

Zur schnellen Kennzeichnung bestimmter Ebenen und Richtungen im Kristallgitter hat man zweckmäßigerweise eine Indizierung eingeführt, die so genannten *Miller'schen Indizes.* Auf die Herleitung dieser Indizes wird an dieser Stelle verzichtet; man kann sie z.B. in Büchern der Kristallographie nachlesen. Zum Verständnis der Verformungsvorgänge werden nur niedrig indizierte Richtungen und Ebenen benötigt. Die Unterscheidung *bestimmter* Richtungen und Ebenen – im Gegensatz zur Schar all der gleichwertigen – wird ebenfalls nicht vorgenommen, weil auch dies für die Verformung nicht wesentlich und für Ingenieure in der Regel verzichtbar ist. **Bild 1.2** zeigt die für die Verformung wichtigsten Ebenen und Richtungen der kubischen und hexagonalen Kristallgitter.

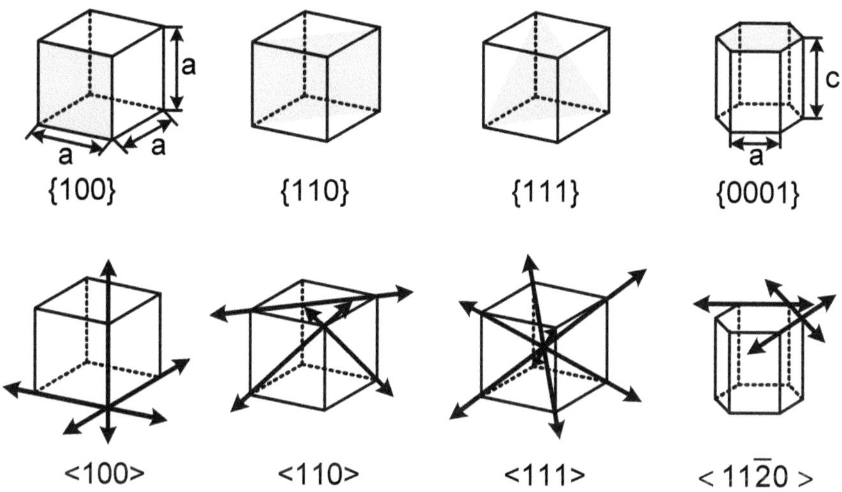

Bild 1.2 Die wichtigsten Ebenen und Richtungen in den kubischen Kristallgittern und im hexagonalen Kristallgitter
Bei den Ebenen ist der Übersicht halber jeweils nur *eine* aus der Schar all der gleich besetzten Ebenen dargestellt; bei den Richtungen sind alle aus der Schar abgebildet. Die Gitterparameter a und c sind jeweils einmal eingezeichnet.

1.3.2.1 Indizierung der Richtungen

Man erkennt an den Gittergrundstrukturen in **Bild 1.1**, dass es Richtungen gibt, die gleich dicht mit Atomen belegt sind. **Tabelle 1.2** gibt einen Überblick über die für die Verformung relevanten Richtungen und deren Miller'sche Indizierung. Zur Kennzeichnung in hexagonalen Kristallen wird ein Koordinatensystem mit vier Achsen benötigt; entsprechend tauchen vier Indizes auf.

Die Schar all der gleichwertigen, d.h. mit Atomen im gleichen Abstand belegten Richtungen setzt man in *spitze* Klammern: <...>. Will man bestimmte Richtungen zueinander kennzeichnen, werden eckige Klammer benutzt: [...].

Tabelle 1.2 Richtungen und Atomabstände in den drei Gittertypen

Gittertyp	Richtung	Miller'sche Indizes	Atomabstand
kfz.	Würfelkante	<100>	a
	Seitendiagonale	<110>	$a/\sqrt{2} \approx 0{,}7\,a$
	Raumdiagonale	<111>	$a\sqrt{3} \approx 1{,}73\,a$
krz.	Würfelkante	<100>	a
	Seitendiagonale	<110>	$a\sqrt{2} \approx 1{,}41\,a$
	Raumdiagonale	<111>	$a\sqrt{3}/2 \approx 0{,}87\,a$
hdP.	Kante der regelmäßigen Sechseckfläche	$<11\bar{2}0>$	a

1.3.2.2 Indizierung der Netzebenen

Tabelle 1.3 gibt die wichtigsten Ebenen der drei Gittertypen wieder. Im krz.-Gitter läuft die Verformung auch in höher indizierten Ebenen ab (siehe Kap. 1.7.1).

Die Schar all der gleichwertigen, d.h. mit Atomen im gleichen Abstand belegten Ebenen setzt man in geschweifte Klammern: {...}. Will man bestimmte Ebenen zueinander kennzeichnen, werden runde Klammer benutzt: (...).

Tabelle 1.3 Netzebenen in den drei Gittertypen

Gittertyp	Ebene	Miller'sche Indizes	Atomabstand
kfz.	Basisebene	{100}	
	senkrechte Diagonalenebene	{110}	
	schräge Diagonalenebene	{111}	$a/\sqrt{2} \approx 0{,}7a$
krz.	Basisebene	{100}	
	senkrechte Diagonalenebene	{110}	
	schräge Diagonalenebene	{111}	
hdP.	Basisebene	{0001}	a

Der Atomabstand ist nur für diejenigen Ebenen angegeben, in denen ein gleichmäßig dichtest gepackter Abstand besteht.

1.3.3 Packungsdichte

Für die Verformung und – ganz wesentlich – für die Diffusion (Platzwechsel der Atome im Gitter) spielt eine Rolle, wie dicht die Atome im Gitter gepackt sind. Man veranschauliche sich die Packungsdichte, indem man Kugeln (z.B. Tennisbälle), welche die Atome darstellen mögen, in einer Kiste so packt, dass sie wie in den Kristallgittern kfz., krz. oder hdP. angeordnet sind. Man wird feststellen, dass bei kfz.- und hdP.-Anordnung eine maximale Anzahl von Kugeln in ein bestimmtes Volumen passt, nämlich mit 74 % Raumfüllung. Eine höhere Packungsdichte ist nicht möglich. Der Rest ist im Hartkugelmodell Luft; in der Materie überlappen sich die Elektronenhüllen der Atome. Legt man die Kugeln dagegen gemäß einer krz.-Struktur, beträgt die Raumfüllung nur 68 %. Dieses Gitter ist also nicht dichtest gepackt.

Zu erwähnen sei, dass im hdP.-Gitter nur bei einem Achsenverhältnis von c/a = 1,633 die dichteste Packung auftritt. Die realen Werte schwanken leicht um diesen Idealwert (siehe Tabelle 1.1).

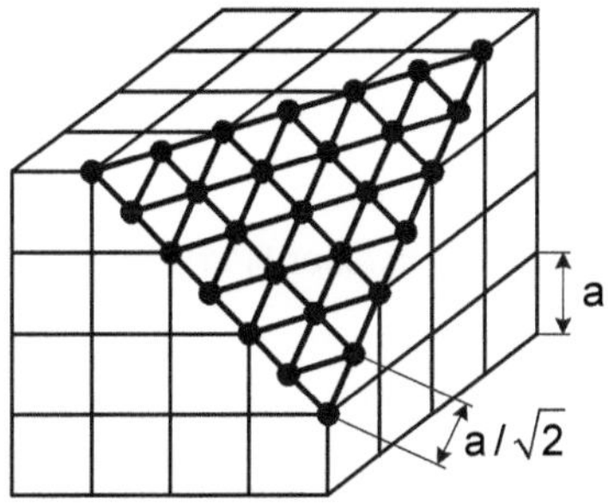

Bild 1.3 Dichtest gepackte {111}-Ebene im kfz.-Gitter (nach [1.1])

Im Hartkugelmodell berühren sich *alle* Kugeln in den {111}-Ebenen. Die dicken Linien gehören zur Schar aller dichtest gepackten <110>-Richtungen.

Innerhalb der Gitter sind wiederum die einzelnen Gitterebenen und -richtungen unterschiedlich dicht gepackt. Im kfz.-Gitter ist der Atomabstand in den <110>-Richtungen am geringsten ($a/\sqrt{2} \approx 0{,}7\,a$); im Hartkugelmodell berühren sich die Kugeln in den Flächendiagonalen des Elementarwürfels. Drei nicht parallele <110>-Richtungen spannen eine {111}-Ebene auf, die dadurch dichtest gepackt ist (*alle* Kugeln in diesen Ebenen berühren sich), **Bild 1.3**.

Tabelle 1.4 Packungsdichte in den drei Gittertypen

Gitter	dichtest gepackte Ebenen	dichtest gepackte Richtungen
kfz.	{111}	<110>
krz.	keine dichtest gepackten Ebenen	<111>
hdP.	{0001}	$<11\bar{2}0>$

Im hdP.-Gitter liegen die Kugeln entlang der $<11\bar{2}0>$-Kanten dichtest beisammen; in den Basisebenen {0001} berühren sich *sämtliche* Kugeln.

Die krz.-Struktur weist zwar dichtest gepackte <111>-Richtungen auf (Abstand der Atomzentren: $a\sqrt{3}/2 \approx 0{,}87\,a$), aber es gibt keine dichtest gepackten Ebenen in diesem Gitter, sondern nur relativ mehr oder weniger dicht mit Atomen belegte Flächen. **Tabelle 1.4** fasst die Angaben zur Packungsdichte der Kristallsysteme zusammen.

1.3.4 Stapelfolge und Stapelfehler

Ein weiteres Merkmal zur Beschreibung der Kristallgitter ist die Stapelfolge der Atome in den parallelen Netzebenen. Dieser Aufbau kann in Verbindung mit Versetzungen gestört werden, was bestimmte Auswirkungen für die Festigkeit und Verformung hat.

Aus den Drahtmodellen in Bild 1.1 erkennt man ohne weiteres, dass in den {0001}-Ebenen des hdP.-Gitters jede zweite Ebene in einer Flucht liegt. Die Stapelfolge lautet somit ABABAB... (Zweischichtenfolge). Ebenfalls eine Zweischichtenfolge besitzen die {110}-Ebenen der beiden kubischen Kristallgitter, was man sich ebenfalls noch anhand der Drahtmodelle vorstellen kann. Etwas unanschaulicher wird es mit den {111}-Ebenen des kfz.-Gitters. Hier liegt eine Dreischichtenfolge ABCABCABC... vor.

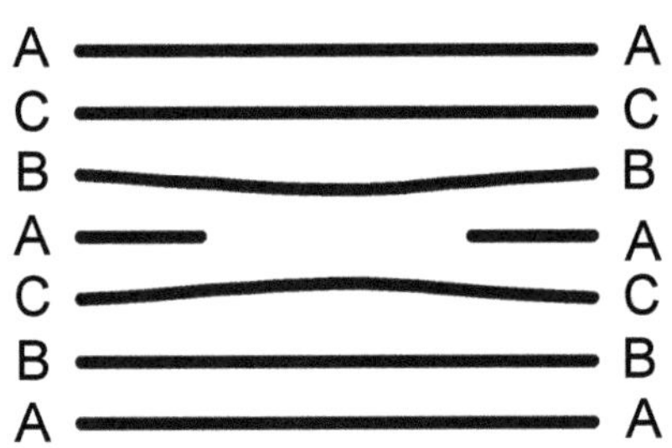

Bild 1.4 Stapelfehler in einer {111}-Ebene des kfz.-Gitters

Hier fehlen in der Schicht A lokal die Atome. Dreidimensional entsteht ein flächenförmiger Stapelfehler. Es stehen sich dort Atome der Positionen B und C gegenüber. Dadurch erhöht sich die innere Energie, weil das perfekte Gitter dem Minimum der inneren Energie entspricht.

Für die weiteren Betrachtungen sind lediglich die beiden letztgenannten Stapelfolgen im kfz.-Gitter relevant. Es kann nämlich, wie gezeigt werden wird, in diesem Gitter zu einer größeren Versetzungsaufspaltung kommen, wodurch die Stapelfolge lokal gestört wird: Es entsteht ein *Stapelfehler*. Dies sind *flächenförmige* Gitterfehler, bei denen die Atome in einer bestimmten Schicht in den {111}-Ebenen fehlen, **Bild 1.4**.

Da sich an einem Stapelfehler die „falschen" Atome gegenüberstehen (in der Skizze in Bild 1.4 „B"- und „C"-Atome), erhöht sich die innere Energie des Werkstoffes. Die Stapelfehlerenergie γ_{SF} ist eine werkstoffspezifische Größe, die den Energiezuwachs pro Einheitsfläche durch einen Stapelfehler angibt. Aus **Tabelle 1.5** gehen die ungefähren Werte für einige wichtige Metalle und Legierungen hervor.

Tabelle 1.5 (Spezifische) Stapelfehlerenergien γ_{SF} einiger Metalle und Legierungen, ungefähre Werte in mJ/m^2

α-Fe, ferrit. Stähle, krz.-Metalle	Ni (kfz.)	Zn (hdP.)	Al (kfz.)	Cu (kfz.)	γ-Fe, austenit. Stähle (kfz.)	ε-Co (hdP.)	Ag (kfz.)	Cu-30Zn (α-Messing, kfz.)
≈ 300	300	250	200	60	10 – 75	25	20	20

Folgende Erkenntnisse aus dieser Tabelle sind wesentlich:

- *Krz.*-Metalle und krz.-Legierungen besitzen durchweg eine *hohe* Stapelfehlerenergie. In diesen Werkstoffen werden sich also nur sehr schmale Stapelfehlerflächen bilden, falls überhaupt.
- Bei den *kfz.*- und *hdP.*-Metallen und -Legierungen schwanken die Werte von sehr hoch bis extrem niedrig. Folglich werden bei hoher Stapelfehlerenergie nur sehr eingeengte und bei niedriger Stapelfehlerenergie weit ausgedehnte Stapelfehlerbänder entstehen. Austenitische Stähle können je nach Zusammensetzung eine niedrige bis mittlere Stapelfehlerenergie aufweisen.

An dieser Stelle sei angemerkt, dass auch Zwillingsgrenzen Stapelfehler darstellen. Man findet daher beispielsweise in ferritischen Stählen, reinem Ni und Al sowie Al-Legierungen im Allgemeinen keine Zwillingsgrenzen, weder nach Rekristallisation noch nach Verformung. Dies ist z.B. ein markantes Unterscheidungsmerkmal im Schliffbild zwischen reinem Ferrit und Austenit. Letzterer weist in der Regel nach Rekristallisation viele Zwillinge im Gefüge auf, ebenso wie α-Messing. Anders liegen die Verhältnisse bei hdP.-Metallen mit hoher Stapelfehlerenergie. Diese können bei der plastischen Verformung verzwillingen, weil sie nur über wenige Gleitsysteme verfügen. Da die Zwillingsbildung mit Schallemission verbunden ist, spricht man auch von „Zinngeschrei“, denn Zinn gibt Knirschgeräusche von sich bei plastischer Verformung.

1.4 Arten der Verformung

Grundsätzlich werden zwei Arten der Verformung unterschieden:

- elastische Verformung
- plastische Verformung.

Als *anelastische* Verformung bezeichnet man eine zeitliche *elastische* Nachwirkung bis zum Endwert der gesamten elastischen Verformung, die jedoch bei Metallen gering ist und im Folgenden keine Rolle spielt. Anelastisches Verhalten aufgrund von innerer Reibung bewirkt Dämpfung bei schwingender Belastung.

Für die plastische Verformung findet man auch manchmal die Bezeichnung *inelastische* Verformung, wenn sie sich aus mehreren zu unterscheidenden Anteilen zusammensetzt, wie der spontanen plastischen Anfangsverformung und einer zeitabhängigen Kriechverformung.

1.4.1 Elastische Verformung

Die Materie hält bekanntlich zusammen durch ein Gleichgewicht anziehender und abstoßender Kräfte ihrer Ladungen, den Protonen und Elektronen, welche die Atome aufbauen. Zwischen mehreren Atomen stellt sich ein Gleichgewichtsabstand ein, der im Bereich von zehntel Nanometer liegt, abhängig vom Element (siehe Tabelle 1.1). Die Anordnung der Atome in ihrem jeweiligen Kristallgitter entspricht dem Zustand minimaler Energie. Anders formuliert: Bei Bildung des Kristallgitters wird ein maximaler Energiebetrag frei im Vergleich zu dem gedachten Zustand völliger Trennung der Atome voneinander. Will man die Bindung spalten, so muss Arbeit aufgewandt werden, die dieser Bindungsenergie entspricht.

Bild 1.5 zeigt schematisch den Verlauf der Kraft-Abstands-Kurve zwischen zwei Atomen. s_0 ist der Gleichgewichtsabstand, s_T der Trennabstand im Maximum der Kurve. Wird die maximale Kraft erreicht, bricht die Materie auseinander. Daraus lässt sich die theoretische Festigkeit berechnen (siehe Kap. 1.5).

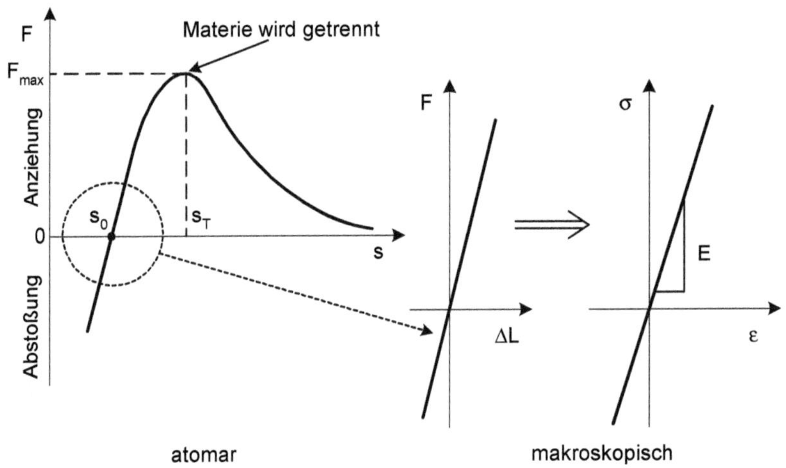

Bild 1.5 Modell der Bindungskräfte zwischen Atomen zur Deutung des elastischen Verformungsverhaltens (s_0: Gleichgewichtsabstand; s_T: Trennabstand)
Der eingekreiste lineare Bereich spiegelt sich makroskopisch als Hooke'sche Gerade im Kraft-Verlängerungs-Diagramm und im Spannungs-Dehnungs-Diagramm wider. Je stärker die Bindungskräfte sind, umso steiler verläuft die Kraft-Abstands-Kurve und umso höher ist der E-Modul.

Bei nicht zu großen Auslenkungen verläuft die F(s)-Kurve zweier Atome sowohl im Zug- als auch im Druckbereich etwa linear. Dieser Sachverhalt drückt sich makroskopisch durch das linear-elastische Verformungsverhalten gemäß dem Hooke'schen Gesetz aus: $\sigma = E \cdot \varepsilon_e$.

Der E-Modul spiegelt also die Gitterbindungskräfte wider. Diese wiederum stehen in Relation zum Schmelzpunkt: Sind die Bindungskräfte stark, ist das kristalline Gitter sehr stabil und es wird eine hohe Schwingungsenergie zum Aufbrechen der Bindungen benötigt, die direkt-proportional mit der Temperatur ansteigt. Beim Schmelzpunkt bricht der Kristallaufbau zusammen. Es besteht also folgender qualitativer Zusammenhang:

Je höher die Bindungskräfte in einem Werkstoff sind, umso höher ist seine Schmelztemperatur und umso höher sind auch die elastischen Konstanten E und G.

Die elastischen Konstanten verändern sich prozentual nur schwach durch Härtungsmechanismen, welche in den folgenden Kapiteln vorgestellt werden (Zusammenfassung siehe Kap. 1.14). Härtungsmaßnahmen zielen auf eine Erhöhung der *Streckgrenze* ab, nicht primär auf eine Erhöhung des E-Moduls. Besonders im Vergleich zur plastischen Verformung ist es zweckmäßig, sich über einfache Abhängigkeiten der Verformung Klarheit zu verschaffen.

Elastische Verformung ist beliebig oft reversibel, d.h. sie geht vollständig nach Entlastung zurück. Sie tritt (abgesehen von der bei Metallen winzig kleinen anelastischen Nachwirkung) spontan auf und verschwindet auch spontan wieder. Wie erwähnt steigt die elastische Verformung linear mit der Spannung nach dem Hooke'schen Gesetz; der Proportionalitätsfaktor ist der Elastizitätsmodul E. Dieser hängt leicht von der Temperatur ab, d.h. auch die elastische Verformung ist abhängig von der Temperatur.

Diese Aussagen lassen sich in folgenden einfachen Zusammenhängen ausdrücken:

$$\varepsilon_e \neq f(t)$$
$$\varepsilon_e = f(\sigma) = \sigma/E(T)$$
$$\varepsilon_e = f(T)$$

Bild 1.6 zeigt den E(T)-Verlauf für einige Metalle. Man erkennt, dass der E-Modul nur relativ schwach mit steigender Temperatur abfällt. Den gleichen Verlauf weist der Schubmodul G auf, was für einige Betrachtungen zur plastischen Verformung wichtig sein wird. Allerdings steigt die Poisson'sche Zahl ν leicht mit der Temperatur, so dass die Abnahme von G mit steigender Temperatur etwas steiler verläuft als für E wegen des Zusammenhangs $G = E / [2(1+\nu)]$.

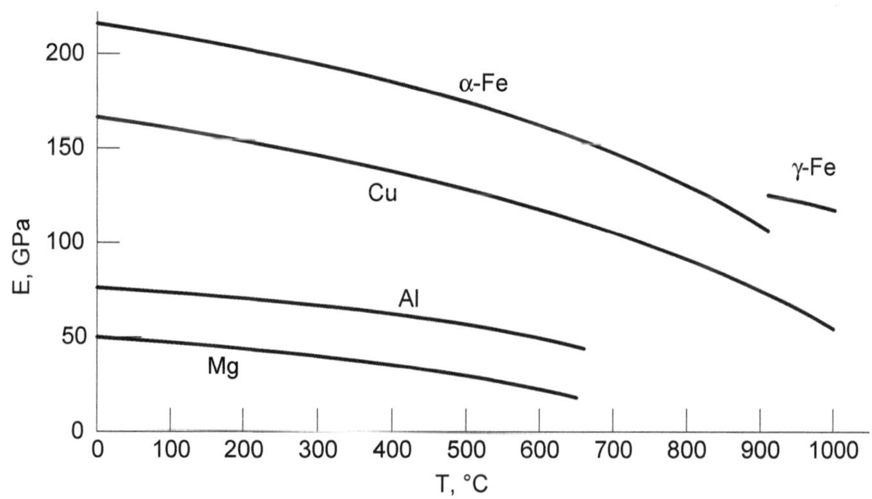

Bild 1.6 Abhängigkeit des E-Moduls von der Temperatur für einige Metalle (nach [1.2])

Wichtig in Zusammenhang mit dem elastischen Verhalten ist des Weiteren deren *Richtungsabhängigkeit* im Gitter. Dies liegt daran, dass der E-Modul (ebenso wie die anderen elastischen Konstanten) richtungsabhängig ist. Man bezeichnet dies als Anisotropie (nicht in allen Richtungen gleich).

Bei kubischen Metallen weist der E-Modul entlang der Würfelkanten <100> den niedrigsten Wert auf, entlang der Raumdiagonalen <111> den höchsten. Die ungefähre Schwankungsbreite beträgt:

$$E_{<111>} \approx 1{,}2 \ldots 4{,}6 \cdot E_{<100>}$$

Beispiele (bei RT):

α-Fe (krz.)	Ni-Basislegierung (kfz.)
$E_{<100>} \approx 135$ GPa	$E_{<100>} \approx 125$ GPa
$E_{<110>} \approx 290$ GPa	$E_{<110>} \approx 220$ GPa
$E_{<111>} \approx 290$ GPa	$E_{<111>} \approx 310$ GPa
$E_{polykrist.} \approx 205$ GPa	$E_{polykrist.} \approx 210$ GPa

Vielkristallines Material mit regelloser Kornerorientierung verhält sich quasi-isotrop, da eine Mittelung der elastischen Verformungen der Einzelkörner erzwungen wird, wenn im Zugversuch genügend viele, zufällig orientierte Körner im Querschnitt liegen. Daher müssen die Proben eine Mindestdicke aufweisen. Sofern keine anderen Angaben gemacht werden, ist mit dem E- oder G-Modul immer der Wert für quasi-isotropes Material gemeint.

Liegt eine Vorzugsorientierung der Körner, die man als *Textur* bezeichnet, vor, z.B. nach dem Walzen oder Ziehen, so werden in den verschiedenen Richtungen des Werkstücks unterschiedliche E-Moduln gemessen.

1.4.2 Merkmale der plastischen Verformung

Ebenso wie bei der elastischen Verformung werden für die plastische Verformung zunächst einfache Abhängigkeiten formuliert, die jedoch z.T. nicht so offensichtlich sind wie bei der elastischen.

Wird eine bestimmte Spannung überschritten, so kann der Werkstoff die Verformung nicht mehr allein elastisch ertragen. Er verformt sich zusätzlich bleibend, was als *plastisch* bezeichnet wird. Bei der plastischen Verformung spricht man auch von *Fließen*. Die plastische Formänderung verhält sich zur Belastung *nicht direkt proportional*, sondern folgt anderen Materialgesetzen. Nach Entlastung verschwindet lediglich der elastische Verformungsanteil; der plastische bleibt. Die Höhe der plastischen Verformung, die sich bei einer bestimmten Spannung einstellt, ist außerdem von der Temperatur abhängig.

Besonders zu beachten ist der Einfluss der *Zeit* auf die plastische Verformung. Der dabei entscheidende Parameter ist die Temperatur, und zwar die absolute Temperatur relativ zur absoluten Schmelztemperatur, T/T_S, auch als *homologe Temperatur* bezeichnet. Bei physikalisch tiefen Temperaturen, die bei metallischen Werkstoffen unterhalb ca. 0,4 T_S liegen, stellt sich die plastische Verformung bei einer bestimmten Spannung oberhalb der Streckgrenze praktisch spontan ein und bleibt zeitlich auf diesem Endwert. Eine zeitliche Nachwirkung kann technisch vernachlässigt werden. Der Wert von 0,4 T_S ist keine scharfe Grenze, sondern ein technisch brauchbarer, pragmatischer Wert, um tiefe und hohe Temperaturen im physikalischen Sinne voneinander abzugrenzen.

Ganz anders verhalten sich die Werkstoffe bei physikalisch hohen Temperaturen oberhalb ca. 0,4 T_S. Bei Belastung mit einer konstanten Spannung bei einer bestimmten Temperatur, was man als Zeitstandversuch bezeichnet, stellt sich zunächst immer die elastische Dehnung gemäß dem Hooke'schen Gesetz ein. Ob es zu einer *spontanen plastischen Anfangsverformung* ε_p kommt, hängt von der Höhe der Spannung ab. Technisch relevante Spannungen liegen deutlich unterhalb der Warmstreckgrenze für die betreffende Temperatur, so dass die Anfangsdehnung rein elastisch ist. Auf alle Fälle verformt sich der Werkstoff zeitlich plastisch weiter, was man als *Kriechen* bezeichnet. Kriechen bedeutet allgemein die Akkumulation plastischer Verformung. Im Zeitstandversuch wird die Kriechdehnung mit dem Zeichen ε_f versehen (DIN 50 118). Die gesamte *inelastische* Dehnung ε_{in} setzt sich also aus $\varepsilon_p \neq f(t)$ und $\varepsilon_f = f(t)$ zusammen.

Folgendes Schema lässt sich für diese Abhängigkeiten aufstellen:

$$\left.\begin{array}{l}\varepsilon_{in} = \varepsilon_p = f(\sigma, T)\\ \varepsilon_{in} \neq f(t)\end{array}\right\} \text{ für } T < \text{ca. } 0{,}4\,T_S$$

und

$$\left.\begin{array}{l}\varepsilon_{in} = f(\sigma, T, t)\\ \varepsilon_{in} = \varepsilon_p(t=0) + \varepsilon_f(t)\end{array}\right\} \text{ für } T > \text{ca. } 0{,}4\,T_S$$

Überraschend mag zunächst erscheinen, dass auch im Falle von $\varepsilon_p = 0$, also ohne spontane plastische Anfangsdehnung, bei hohen Temperaturen Kriechen stattfindet, sogar bis zum Bruch. Die Werkstoffe kriechen bei allen Spannungen $\sigma \neq 0$, selbstverständlich auch unterhalb der (Warm-)Streckgrenze.

Theoretisch kommt es zum Kriechen bei allen Temperaturen > 0 K, also auch unterhalb von 0,4 T_S, jedoch können diese zeitabhängigen Verformungsprozesse bei tiefen Temperaturen als „eingefroren" gelten. Technisch ist die Kriechverformung in diesem Bereich vernachlässigbar, in geologischen Zeiträumen dagegen relevant (Kriechen von Gestein; das Kriechen von Gletschereis findet dagegen bei sehr hohen homologen Temperaturen statt).

1.5 Theoretische Festigkeit

Gemäß Bild 1.5 könnte man annehmen, dass die Festigkeit eines Materials durch den Punkt des Kraftmaximums gegeben ist. Der Trennabstand beträgt ca. $s_T \approx 1{,}25\ s_0$, d.h. wenn die Atome 25 % von ihrem Gleichgewichtsabstand auseinandergezogen werden, reißt das Material. Für das gleichzeitige Abgleiten *aller* Atome zweier Gitterebenen gegeneinander hat man ebenfalls auf der Basis des Kraftmaximums zum Trennen der Bindungen die erforderliche Schubspannung ermittelt (Frenkel 1926). Diese theoretische Schubspannung beträgt etwa:

$$\tau_{th} = 0{,}05...0{,}1 \cdot G \approx (0{,}05...0{,}1)\,\frac{E}{2{,}6} \tag{1.7 a}$$

Der Zusammenhang $G \approx E/2{,}6$ ergibt sich aus der Verknüpfung der drei elastischen Konstanten E, G und ν mit $\nu \approx 0{,}3$ (siehe [1.3]). Im einaxialen Zugversuch ist die maximale Normalspannung doppelt so groß wie die maximale Schubspannung, so dass sich eine theoretische Zugfestigkeit wie folgt ergibt:

$$\sigma_{th} = 2\,\tau_{th} \approx 0{,}04...0{,}08 \cdot E \approx \frac{E}{15} \tag{1.7 b}$$

Für Al mit E = 70 GPa würde sich z.B. eine theoretische Zugfestigkeit von $\sigma_{th} \approx 4700$ MPa ergeben. Der tatsächliche Wert der Streckgrenze von unlegiertem Aluminium ist jedoch um einen Faktor 100 kleiner; bei hochreinem Al liegt die Streckgrenze noch darunter. Nimmt man bis zur theoretischen Zugfestigkeit linear-elastisches Verhalten an, so errechnet sich $\sigma_{th}/E = \varepsilon_{e,th} \approx 1/15 \approx 0{,}07$, d.h. die elastische Dehnung bis zum Bruch betrüge ca. 7 %.

Diese unrealistisch hohen Werte zeigen, dass die Verformung in Wirklichkeit anders ablaufen muss als durch *gleichzeitiges* Abgleiten *aller* Atome in den Gitterebenen. In den 1930er Jahren erkannten hauptsächlich Orowan, Polanyi und Taylor, dass *Versetzungen* die Träger der plastischen Verformung darstellen. Die Kraft-Verlängerungs-Kurve in Bild 1.5 verläuft nach Überschreiten der Streckgrenze, was schon bei vergleichsweise sehr geringen Dehnbeträgen der Fall ist, wesentlich niedriger als die berechnete Kraft-Abstands-Kurve aufgrund der Bindungskräfte.

Auch für den Fall, dass die Bewegung von Versetzungen total blockiert sein sollte, man es also mit einem ideal-spröden Werkstoff zu tun hätte, wird die theoretische Festigkeit in der Regel bei weitem nicht erreicht, denn dann wirken sich innere Fehler in Form von kleinen Rissen oder anderen Trennungen festigkeitsmindernd aus, welche herstellbedingt immer vorliegen.

1.6 Versetzungen

1.6.1 Versetzungsarten und deren Vorkommen in Kristallen

Versetzungen sind die Träger der plastischen Verformung. Es handelt sich dabei um *eindimensionale* oder *linienförmige* Gitterfehler, sozusagen „Webfehler" oder „Laufmaschen" im Atomaufbau des Kristallgitters. Um einem häufigen Missverständnis vorzubeugen, sei vorweg angemerkt, dass man Versetzungen wegen ihrer atomaren Größenordnung nicht direkt mikroskopisch beobachten kann. Wie man sie indirekt dennoch sichtbar machen kann, wird später beschrieben.

Grundsätzlich werden zwei Typen von Versetzungen unterschieden, **Bild 1.7**:

- *Stufenversetzungen* (Symbol: ⊥ oder ⊤)
- *Schraubenversetzungen* (Symbol: ⊙ oder ⊗).

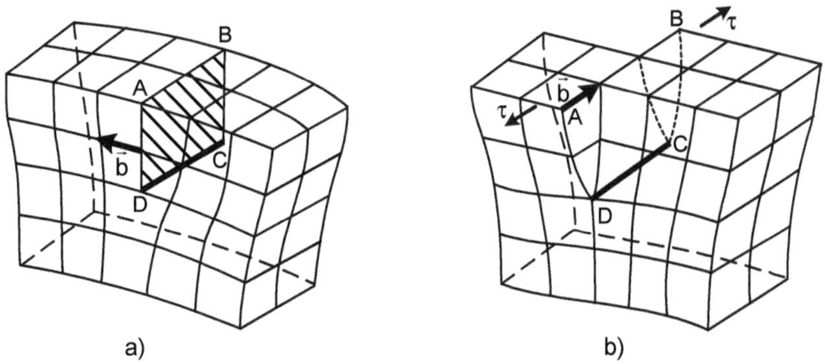

Bild 1.7 Die beiden Arten von Versetzungen, dargestellt im kubisch-primitiven Gitter (nach [1.1])

Die Linie $\overline{DC}$ stellt jeweils die Versetzungslinie dar. Entlang dieser Linie ist das Gitter „versetzt"; es stehen den Atomen nicht die Nachbaratome in der ungestörten Position gegenüber.

a) Modell einer Stufenversetzung
Der Versatz würde entstehen, wenn eine Halbebene ABCD (schraffiert) eingeschoben werden würde. Die Störung liegt jedoch *linienförmig* entlang $\overline{DC}$ vor. Der Pfeil stellt den Burgers-Vektor dar, welcher bei einer Stufenversetzung *senkrecht* zur Versetzungslinie steht.

b) Modell einer Schraubenversetzung
Man denke sich das Gitter entlang der Halbebene ABCD geschert (kleine Pfeile), so dass den Atomen entlang der Versetzungslinie $\overline{DC}$ keine Atome in den ungestörten Positionen gegenüberstehen, sondern versetzt dazu. Der dickere Pfeil stellt den Burgers-Vektor dar, welcher bei einer Schraubenversetzung *parallel* zur Versetzungslinie liegt.

Eine *Stufenversetzung* ist in **Bild 1.7 a)** schematisch veranschaulicht. Die Atome um die Versetzungslinie $\overline{DC}$ herum, den so genannten Versetzungskern, sind im Vergleich zum fehlerfreien Gitter gegeneinander versetzt. Modellmäßig(!) kann man sich die Entstehung einer Versetzung so vorstellen, als sei eine zusätzliche Halbebene in das Gitter eingeschoben. Bei diesem Bild ist jedoch stets zu bedenken, dass der Versatz nur entlang des *Endes* der Halbebene auftritt, die Versetzung also ein *linienförmiger*, keineswegs ein flächenförmiger Fehler ist. Die manchmal zu findende Formulierung „Eine Versetzung ist eine zusätzliche eingeschobene Halbebene" ist demnach falsch.

Im Versetzungskern liegt eine starke Störung der Gitterbindungen vor, was einer erhöhten *chemischen* Energie entspricht; es stehen sich die Atome in den „falschen" Positionen gegenüber, so dass die „Bindungsarme" entlang der Versetzungslinie nicht eindeutig zugeordnet sind.

Die langreichweitige elastische Gitterverzerrung um die Versetzungslinie herum, die aus Bild 1.7 schematisch ersichtlich wird, bedeutet zusätzlich eine Erhöhung des *mechanischen* Energieinhaltes des Werkstoffes, weil die Atome aus ihrem Gleichgewichtsabstand entfernt werden (vgl. Bild 1.5). Dieser Energieanteil überwiegt bei weitem gegenüber der Erhöhung der chemischen Energie (beide sind Anteile der inneren Energie U oder Enthalpie H des Feststoffes).

Als Symbol für eine Stufenversetzung wird das Zeichen ⊥ verwendet. Spielt bei der Wechselwirkung von Versetzungen untereinander die Richtung eine Rolle, nach wo das Gitter versetzt ist, so benutzt man für entgegengesetzt gerichtete Stufenversetzungen das Symbol ⊤. Man spricht dann auch von Versetzungen ungleichen Vorzeichens. Selbstverständlich hat diese Unterscheidung nur Sinn bei der relativen Zuordnung zweier oder mehrerer Versetzungen zueinander.

Bei einer *Schraubenversetzung* ist der Kristall in Richtung eines gedachten Schnittes in das Gitter schraubenförmig verdreht, **Bild 1.7 b)**. Das Symbol für eine Schraubenversetzung ist ⊙ oder ⊗ für eine entgegengesetzt verdrehte Schraubenversetzung.

Zwischen den Grenzfällen der Stufen- und Schraubenversetzung können beliebige Übergänge mit Stufen- und Schraubenkomponenten auftreten. Diese bezeichnet man als *gemischte Versetzungen*.

Aus geometrischen Gründen können Versetzungen niemals frei im Kristallgitter enden, sondern die *Enden der Versetzungslinien sind stets verankert*. Als Verankerungstellen kommen andere Gitterfehler infrage:

- Verknotung mit anderen Versetzungen oder es liegt ein geschlossener Versetzungsring vor,
- Korngrenzen,
- andere Phasen (Teilchen/Ausscheidungen),
- freie Oberflächen (Durchstoßpunkt an der Außenoberfläche oder an einer inneren freien Oberfläche, z.B. Lunker).

Punktförmige Gitterfehler (Fremdatome, Leerstellen) können dagegen keine Endpunkte von Versetzungslinien darstellen.

Wie erwähnt sind Versetzungen Gitterfehler im atomaren Größenbereich und damit einer direkten Beobachtung mit Mikroskopen nicht zugänglich (Ausnahmen bilden extrem hoch auflösende Elektronenmikroskope, mit denen Atome sichtbar gemacht werden können). Man kann jedoch sehr dünne Folien von ca. 0,1 bis 1 µm Dicke des Werkstoffes verformungsfrei präparieren und diese in einem Durchstrahlungselektronenmikroskop (TEM: Transmissionselektronenmikroskop) vom Elektronenstrahl durchdringen lassen. Die Verspannung des Kristallgitters in der Umgebung des Versetzungskernes bewirkt dabei eine Änderung der Elektronenstrahlintensität beim Durchgang und somit einen Bildkontrast. Die abgebildete „röhrenförmige“ Verspannung um die Versetzung herum erscheint so scharf linienförmig, dass man auf den Bildern von der Versetzung selbst spricht, die man jedoch in Wirklichkeit gar nicht sieht, weil der eigentliche Versatz im Gitter nur atomare Ausdehnung hat. Der weniger stark verspannte Bereich weiter vom Kern entfernt wirkt sich auf die Elektronenstrahlintensität kaum aus (siehe auch Kap. 1.6.3 zum Abklingen des Spannungsfeldes mit dem Abstand). **Bild 1.8** zeigt ein Beispiel einer TEM-Aufnahme eines austenitischen Stahles.

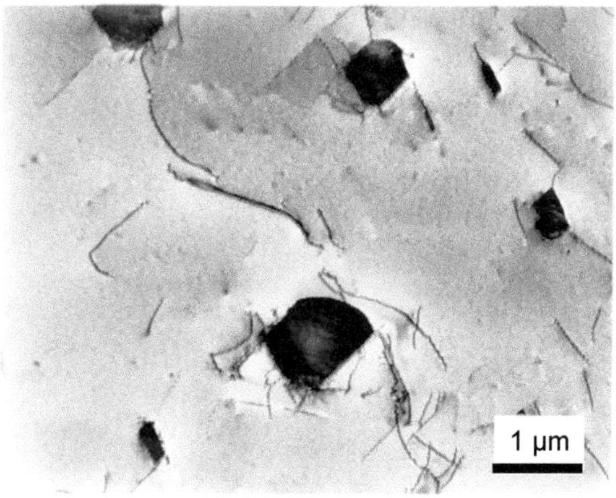

Bild 1.8 Versetzungen in einem austenitischen Stahl nach Lösungsglühung

Die Versetzungen durchlaufen die Folie schräg, so dass deren Enden an den beiden Oberflächen der durchstrahlten Folie liegen.

Bei den schwarzen, blockigen Teilchen handelt es sich um TiC-Karbide, die bei der Glühung nicht vollständig aufgelöst wurden.

Als *Versetzungsdichte* definiert man zweckmäßigerweise die gesamte Länge aller Versetzungen bezogen auf das untersuchte Volumen (Fläche · Foliendicke), d.h. die Maßeinheit wäre m/m^3 oder anschaulicher ausgedrückt in m/cm^3 (eine Angabe in $1/m^2$ wäre unanschaulich und ist auch unüblich). In weichgeglühten, rekristallisierten Metallkristallen wird eine Versetzungsdichte von etwa $10^4 ... 10^6$ m/cm^3 = 10 km/cm^3...1000 km/cm^3 gemessen. In kaltverformtem Material steigt die Versetzungsdichte rapide auf Werte von bis zu 10^{10} m/cm^3 = 10^7 km/cm^3 an.

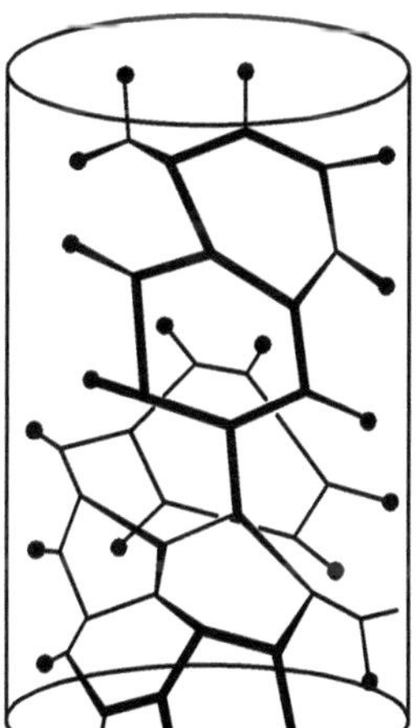

Bild 1.9 Modell eines dreidimensionalen Versetzungsnetzwerkes (aus [1.4])

Der Zylinder stelle ein Korn oder einen Einkristall dar. Außen befinden sich die Verankerungspunkte der Versetzungen an der Korngrenze bzw. die Durchstoßpunkte an der Oberfläche (•). Im Innern sind die Versetzungen miteinander verknotet. Ein Versetzungsknoten entsteht, wenn mindestens drei Versetzungen in einem Punkt aufeinander stoßen.

Die Verknotung der Versetzungen untereinander stellt man sich anschaulich wie ein dreidimensionales Netzwerk vor, **Bild 1.9**. Ein *Knoten* entsteht beim Aufeinandertreffen von drei oder mehr Versetzungen. Man spricht beim Knotenabstand auch von der *Maschenweite*. Verständlicherweise nimmt die Maschenweite mit zunehmender Versetzungsdichte im Mittel ab. Dies spielt für spätere Überlegungen eine wichtige Rolle. Bildlich kann man sich ein solches Versetzungsnetzwerk auch wie ein Seilklettergerüst vor Augen führen, **Bild 1.10**.

Bild 1.10 Seilklettergerüst zur Veranschaulichung eines dreidimensionalen Versetzungsnetzwerkes

Führt man um die Kernlinie einer Versetzung herum einen Umlauf von Atom zu Atom durch, den so genannten Burgers-Umlauf, so fallen die Anfangs- und Endpunkte nicht mehr zusammen, ohne ein zusätzliches Wegstück einzufügen. Wie Bild 1.7 zeigt, ist dieses Wegstück sowohl hinsichtlich seiner Länge als auch seiner Richtung definiert. Damit hat es den Charakter eines Vektors, welcher *Burgers-Vektor* genannt wird. Er liegt bei Stufenversetzungen senkrecht zur Versetzungslinie, bei Schraubenversetzungen parallel dazu. Im Folgenden wird lediglich der Betrag b dieses Vektors benötigt. Er berechnet sich aus dem Atomabstand in der Gleitrichtung der Versetzung (Beispiel siehe Kap. 1.6.3).

1.6.2 Entstehung von Versetzungen

Versetzungen liegen (anders als Leerstellen) nicht im thermodynamischen Gleichgewicht vor, bilden sich also nicht von selbst. Deshalb stellt sich die Frage, wie sie anfangs bei der Kristallisation in das Gitter kommen und wie sich ihre Dichte bei der Verformung erhöht.

Die Erstarrung aus einer Schmelze erfolgt praktisch nie ohne Zwängungen. Diese entstehen durch die Gießform sowie durch die allmähliche Kristallisation des Bauteils. Dadurch kann es zu einer so starken Scherung und Verdrehung des bereits festen Kristalls kommen, dass sich ein stufen- bzw. schraubenförmiger Versatz bildet, eben eine Stufen- oder Schraubenversetzung.

Nach Kornneubildung im festen Zustand, der *Re*kristallisation, liegen ebenfalls wegen der Zwängungen im Material sowie aufgrund weiterer Phasen mit unterschiedlichen Volumina und unterschiedlicher thermischer Ausdehnung noch Versetzungen vor. In praktisch jedem Fall enthält also der Ausgangszustand, wie in Kap. 1.6.1 erwähnt, typischerweise eine Versetzungsdichte von etwa $10^6...10^8$ cm/cm^3. Nur durch Züchten sehr dünner einkristalliner, einphasiger und hochreiner Haarkristalle, *Whisker* genannt, lassen sich für Forschungszwecke versetzungsfreie Proben herstellen, deren Festigkeit in der Tat den theoretischen Wert erreichen kann.

Bei der Verformung steigt die Versetzungsdichte an. Man bezeichnet dies als *Versetzungsmultiplikation*. Als Mechanismus wird in Lehrbüchern meist die so genannte *Frank-Read-Quelle* herangezogen, bei der neue Versetzungsringe erzeugt werden. Dies hat man tatsächlich in anfangs nahezu versetzungsfreien Proben im TEM *in situ* beobachtet, jedoch ist dieser Ablauf in realen Werkstoffen mit einer höheren Versetzungsdichte im Ausgangszustand wenig wahrscheinlich.

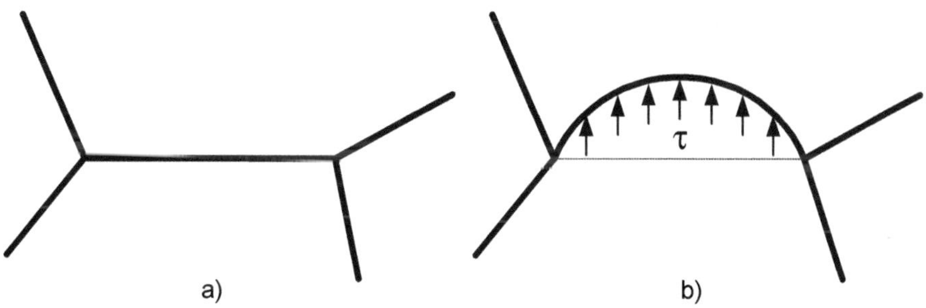

Bild 1.11 Zur Veranschaulichung der Versetzungsmultiplikation bei der Versetzungsbewegung

a) Geradliniger Ausgangszustand einer Versetzung zwischen zwei Versetzungsknoten ohne äußere Spannung

b) Nach Anliegen einer Schubspannung τ in der Gleitebene und -richtung baucht sich die Versetzung aus und ihre Länge nimmt zu

Realistischer und auch anschaulicher ist dagegen die einfache Überlegung, dass selbstverständlich mit jeder Bewegung einer Versetzung auch ihre Länge zunimmt, weil die Enden, wie in Kap. 1.6.1 erwähnt, fest verankert sind und sich die

Versetzung ausbauchen muss, **Bild 1.11**. Somit bedeutet *Versetzungswanderung immer auch Versetzungsmultiplikation*. Dies kann man sich leicht anhand eines Gummibandes veranschaulichen, welches man an den Enden festhält.

1.6.3 Spannungsfeld und Verzerrungsenergie der Versetzungen

Bei den Spannungen um eine Versetzung herum handelt es sich um Eigenspannungen dritten Grades (siehe Kap. 1.12). Es herrscht ein *inneres* Gleichgewicht der Kräfte und Momente, weil die Versetzungen nach plastischer Verformung ohne äußere Kräfte zurückbleiben.

Ein Schnitt durch den verspannten Bereich senkrecht zur Versetzungslinie weist einen ebenen Spannungszustand aus, **Bild 1.12**. Höhe und Vorzeichen der Normal- und Schubspannungen ändern sich bei einem Umlauf um die Versetzungslinie, was aus den genannten Gleichgewichtsgründen so sein muss und was auch anschaulich aus den Verspannungen in Bild 1.7 hervorgeht. In den in Bild 1.12 dargestellten acht Sektoren bleibt das Vorzeichen innerhalb eines Sektors jeweils gleich, die Spannungshöhe ändert sich allerdings kontinuierlich.

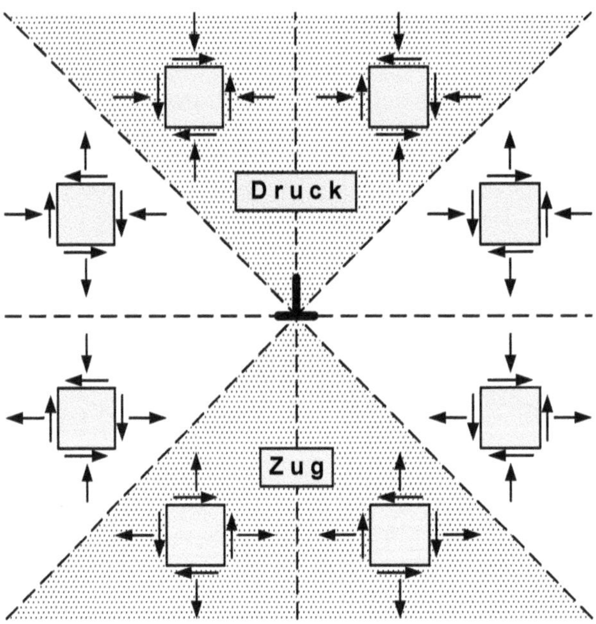

Bild 1.12 Spannungsfeld um eine Stufenversetzung

Es sind die Spannungselemente in einem Schnitt senkrecht zur Versetzungslinie gezeigt. Der Spannungszustand ist zweiachsig. In den beiden Oktanten oberhalb der Versetzungslinie wirken (neben den Schubspannungen) Druckspannungen, in den beiden unteren Zugspannungen. Insgesamt herrscht in dem Schnitt ein Gleichgewicht aller inneren Kräfte und Momente (Eigenspannungen 3. Art).

Wesentlich für das Verständnis bestimmter Mechanismen ist das Vorzeichen der *Normal*spannungen ober- und unterhalb der Versetzungslinie. Oberhalb der Versetzungslinie, dort wo man sich die Halbebene hineingeschoben denkt, herrschen Druckspannungen, unterhalb Zugspannungen. Als Folge dieser Verzerrungen lagern sich in Mischkristallen in der Druckzone von Versetzungen bevorzugt Atome mit kleinerem Radius als die Matrixatome an, während sich in der Zugzone solche mit größerem Radius sowie interstitiell gelöste Atome (z. B. C, N) ansammeln. Damit kompensieren sich die Spannungsfelder der Versetzungen und der Fremdatome lokal teilweise. Diese Fremdatom-Ansammlungen um den Versetzungskern herum bezeichnet man als *Cottrell-Wolke*. Die bekannteste Auswirkung solcher Cottrell-Wolken ist die Anreicherung von C- und N-Atomen im Zugspannungsbereich der Versetzungen, was zur ausgeprägten Streckgrenze bei C-Stählen führt (Kap. 1.10.3).

Elastizitätstheoretisch lässt sich die pro Einheitslänge einer Versetzung gespeicherte *elastische Verzerrungsenergie* berechnen. Es handelt sich um eine innere Energie U (in Feststoffen praktisch gleich der Enthalpie H). Man erhält eine logarithmische Abklingfunktion, die für Schraubenversetzungen wie folgt lautet:

$$U_e^{\odot} = \frac{Gb^2}{4\pi} \ln\frac{r_a}{r_i} \approx G\,b^2 \quad \text{mit} \quad \frac{1}{4\pi}\ln\frac{r_a}{r_i} \approx 1 \tag{1.8 a}$$

und für Stufenversetzungen:

$$U_e^{\perp} = \frac{Gb^2}{4\pi(1-\nu)} \ln\frac{r_a}{r_i} \approx 1{,}5\; U_e^{\odot} \approx 1{,}5\; G\,b^2 \tag{1.8 b}$$

U_e innere Energieerhöhung durch elastische Verzerrung

r_a äußerer Abschneideradius, angesetzt mit 0,1 mm

r_i innerer Abschneideradius (Radius des Versetzungskernes), angesetzt mit 1 nm

ν Poisson'sche Zahl, angesetzt mit 0,3

Es wird die in einer „Röhre“ gespeicherte mechanische Energie pro Länge beschrieben (Einheit: J/m = N), deren innerer Radius r_i den Versetzungskern bedeutet, der sich nicht elastizitätstheoretisch berechnen lässt. Als äußeren Abschneideradius r_a setzt man meist 0,1 oder 1 mm an, ab wo das Spannungsfeld stark abgeklungen ist. Man überzeuge sich, dass durch Einsetzen verschiedener Werte für r_a der Unterschied nicht gravierend ist. Im Versetzungskern ist vergleichsweise wenig Energie gespeichert, ca. 10...20 %, verglichen mit der hohen elastischen Energie außerhalb des Kernes.

Die Proportionalität zu G leuchtet ein, wenn man sich die Verzerrung vor Augen führt. Je stärker die Bindungskräfte sind, umso höher ist der E- und G-Modul (Kap. 1.4.1) und umso mehr Energie muss im Spannungsfeld einer Versetzung gespeichert sein, denn die Geometrie ist immer gleich bei gleichem Gittertyp. So beinhaltet eine Versetzung bestimmter Länge in W viel mehr Energie als in Fe (beide krz.) oder in Ni mehr als in Al (beide kfz.). Die Geometrie des Verzerrungsfeldes hängt vom Gitterparameter und damit vom Burgers-Vektorbetrag ab, was die Proportionalität zu b^2 zum Ausdruck bringt.

Mit Werten für Al von G = 26 GPa und $b = a/\sqrt{2}$ = 0,286 nm (Gitterparameter a = 0,405 nm, siehe Tabelle 1.1; Atomabstand in den <110>-Gleitrichtungen: $a/\sqrt{2}$, siehe Tabelle 1.2) ergibt sich nach Gl. (1.8) für Schrauben- und Stufenversetzungen etwa ein gemittelter Wert von $U_e \approx 3$ nJ/m. Bei einer Versetzungsdichte von 10^{10} m/cm^3 in stark kaltverformtem Al ist folglich eine Verzerrungsenergie von ca. 30 J pro cm^3 Metall gespeichert. Für die Verformung muss allerdings stets ein viel höherer Betrag aufgebracht werden, weil der Rest in Wärme umgesetzt wird (siehe auch Bild 1.36 b).

Die im Spannungsfeld der Versetzungen enthaltene Energie stellt die treibende Kraft für Erholung und Rekristallisation dar. Sie wird bei diesen Vorgängen teilweise oder vollständig, je nach Grad der Annihilation, als Wärme wieder frei.

1.6.4 Aufspaltung von Versetzungen, Einfluss der Stapelfehlerenergie

Das einfache Modell der Versetzung, die man sich entstanden denken kann wie durch eine eingeschobene Halbebene bzw. als verdrehten Kristall im kubisch-primitiven Gitter (Atome nur auf den Eckpunkten), bedarf einer Präzisierung in den realen Kristallstrukturen. Dies veranschaulicht man sich am besten anhand des kfz.-Gitters, **Bild 1.13**.

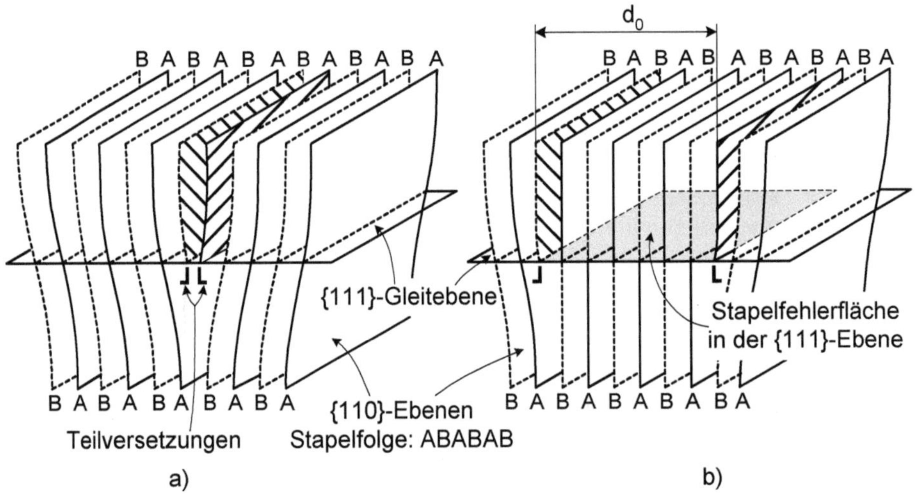

Bild 1.13 Versetzungsaufspaltung im kfz.-Gitter (nach [1.1])
Man beachte: Die {110}-Ebenen stehen senkrecht auf den {111}-Gleitebenen. Seitlich, ober- und unterhalb der Versetzungslinie muss die Stapelfolge der {110}-Ebenen stimmen.

a) Vollständige Versetzung bestehend aus zwei Teilversetzungen (schraffiert), damit die Stapelfolge in den {110}-Ebenen passt
b) Aufgespaltene Versetzung
Zwischen den beiden Teilversetzungen hat sich eine Stapelfehlerfläche in der {111}-Gleitebene gebildet (grau markiert). d_0 ist der Gleichgewichtsabstand der beiden Teilversetzungen.

Wie noch erläutert werden wird, gleiten die Versetzungen in diesem Gitter nur in den dichtest gepackten {111}-Ebenen und in den ebenfalls dichtest gepackten <110>-Richtungen. Senkrecht zu den {111}-Ebenen stehen die {110}-Ebenen, was man sich am besten anhand eines realen Würfels veranschaulicht. Wenn man das Modell der eingeschobenen Halbebene beibehält, so wäre also eine {110}-Ebene zusätzlich eingebaut, um die Versetzung zu bilden.

Wie in Kap. 1.3.4 festgestellt, haben die {110}-Ebenen in den kubischen Gittern eine Zweischichten-Stapelfolge ABABAB... Daraus entsteht nun die Konsequenz, dass in der Modellvorstellung *zwei* {110}-Ebenen eingeschoben werden müssen, damit außerhalb des Versatzes das Gitter fehlerfrei aufgebaut und die Stapelung in den {110}-Ebenen nicht gestört ist. Für die Versetzung bedeutet diese Tatsache, dass eine vollständige Versetzung im kfz.-Gitter aus *zwei Teilversetzungen* besteht, wie aus Bild 1.13 zu sehen ist.

Nun werden sich die beiden Teilversetzungen versuchen abzustoßen, weil jede ein Spannungsfeld besitzt und sie selbstverständlich auch gleiches Vorzeichen haben. Das wäre etwa so, als wenn man zwei Magnete mit den gleichen Polen zusammenführen würde. Es kommt zur *Aufspaltung* der Teilversetzungen. Man beachte, dass die Stapelung in den {110}-Ebenen ober- wie unterhalb der Versetzung ungestört bleibt. In der dunkel hinterlegten Ebene, die durch die beiden Teilversetzungen aufgespannt wird, tritt jedoch nun eine Besonderheit auf: Es stehen sich Atome aus den A- und B-Ebenen gegenüber, d.h. in der {111}-Gleitebene ist die normale Stapelfolge ABCABC... gestört. In Bild 1.4 ist dies bereits schematisch gezeigt worden.

Je weiter sich die beiden Teilversetzungen abstoßen, umso größer wird die Stapelfehlerfläche. Dies aber bedeutet eine Erhöhung der inneren Energie U (siehe Tabelle 1.5 mit Angabe der spezifischen Stapelfehlerenergie). Der Aufspaltung wirkt folglich eine Kraft entgegen, die bestrebt ist, den Stapelfehler zusammenzudrücken. Es kommt zu einer *Gleichgewichtsaufspaltung* d_0, die sich verständlicherweise reziprok zur Stapelfehlerenergie verhalten muss:

$$d_0 \sim \frac{1}{\gamma_{SF}} \tag{1.9}$$

Wie Tabelle 1.5 erkennen lässt, ist die Stapelfehlerenergie für krz.-Metalle generell hoch, so dass es kaum zu einer Versetzungsaufspaltung kommt. In den Metallen und Legierungen mit geringer Stapelfehlerenergie ist die Aufspaltung allerdings erheblich, z. B. bei Co, Ag, α-Messing (z.B. Cu-30 Zn) oder Austeniten. In Cu beträgt sie etwa 5 Atomabstände, bei Ag 7. In einer Al-Bronze Cu-7,5 Al mit einer Stapelfehlerenergie von nur ca. 1,5 mJ/m^2 erstreckt sich die Aufspaltung auf über 300 Atomabstände. Bei reinem Al liegt sie bei etwa 1 Atomabstand.

Bestimmte Vorgänge bei der Versetzungsbewegung werden durch die Aufspaltung behindert, so dass die Stapelfehlerenergie einen großen Einfluss auf die Festigkeit und Verformung ausübt. Durch Legieren lässt sich die Stapelfehlerenergie senken, z.B. durch Co-Zugabe in Ni-Legierungen.

1.7 Elementarprozesse der Versetzungsbewegung

Versetzungen liegen nicht starr im Gitter, sondern sie können sich spannungs- und temperaturgestützt bewegen. Dadurch wird plastische Verformung ermöglicht. Der gesamte Bewegungsablauf lässt sich auf *vier Elementarprozesse* zurückführen:

- *Gleiten* von Stufen- und Schraubenversetzungen
- gegenseitiges *Schneiden* von Stufen- und Schraubenversetzungen
- *Quergleiten* von Schraubenversetzungen
- *Klettern* von Stufenversetzungen.

Im Folgenden werden diese vier Elementarschritte näher betrachtet und es wird jeweils die Frage beantwortet, welche Spannung für den Vorgang benötigt wird und welchen Einfluss die Temperatur ausübt. Der Begriff der *thermischen Aktivierung* wird dabei eine wichtige Rolle spielen, was bedeutet, dass der Mechanismus temperaturgestützt bei geringerer Spannung ablaufen kann.

1.7.1 Gleiten von Versetzungen

Für das Gleiten der Versetzungen ist die *Schubspannung* maßgeblich, die in der Gleitebene und Gleitrichtung wirkt, **Bild 1.14**. Darauf basierend liegt der Schubspannungshypothese bei mehrachsigen Spannungszuständen die Annahme zugrunde, dass plastische Verformung einsetzt, wenn τ_{max} einen bestimmten Mindestwert, die Fließschubspannung τ_F, erreicht – unabhängig vom Spannungszustand. Da im einaxialen Zugversuch makroskopische plastische Verformung bei $R_e = 2\ \tau_{max}$ beginnt, postuliert man auch für mehrachsige Spannungszustände, dass $2\ \tau_{max} \leq R_e$ sein muss, um im elastischen Bereich zu bleiben.

1.7.1.1 Gleitsysteme

Zunächst werden die *Gleitsysteme* vorgestellt. Unter einem Gleitsystem versteht man die Ebene *und* Richtung, in der die Versetzung gleitet. **Tabelle 1.6** gibt eine Übersicht über die aktivierbaren Gleitsysteme in den drei wichtigen Metall-Gittertypen. Bei der Anzahl der Gleitsysteme werden all die nicht parallelen Ebenen und Richtungen gezählt und miteinander multipliziert. Dies ergibt die Anzahl der verschiedenen Gleitmöglichkeiten. In jedem Fall findet Gleiten in den dichtest belegten *Richtungen* statt. Im kfz.- und hdP.-Gitter werden auch die *Ebenen* mit dichtester Packung betätigt, im hdP.-Gitter wegen der insgesamt geringen Anzahl an Gleitsystemen allerdings auch andere als die dichtest gepackte Basisebene {0001}. Im krz.-Gitter kommen drei unterschiedliche Gleitebenen infrage, weil eine dichtest gepackte Gleitebene nicht existiert (siehe Kap. 1.3.3).

Die beiden kubischen Systeme verfügen über die gleiche Anzahl an Gleitsystemen, nämlich 12; im krz.-Gitter können eventuell sogar noch mehr betätigt werden. Diese Feststellung ist wichtig, weil es früher oft geheißen hat, das spröde Tieftemperaturverhalten der krz.-Metalle hinge mit einer angeblich zu geringen Anzahl an Gleitsystemen zusammen. Dies ist eindeutig falsch. Die korrekte Erklärung folgt in Kap. 1.9.4.

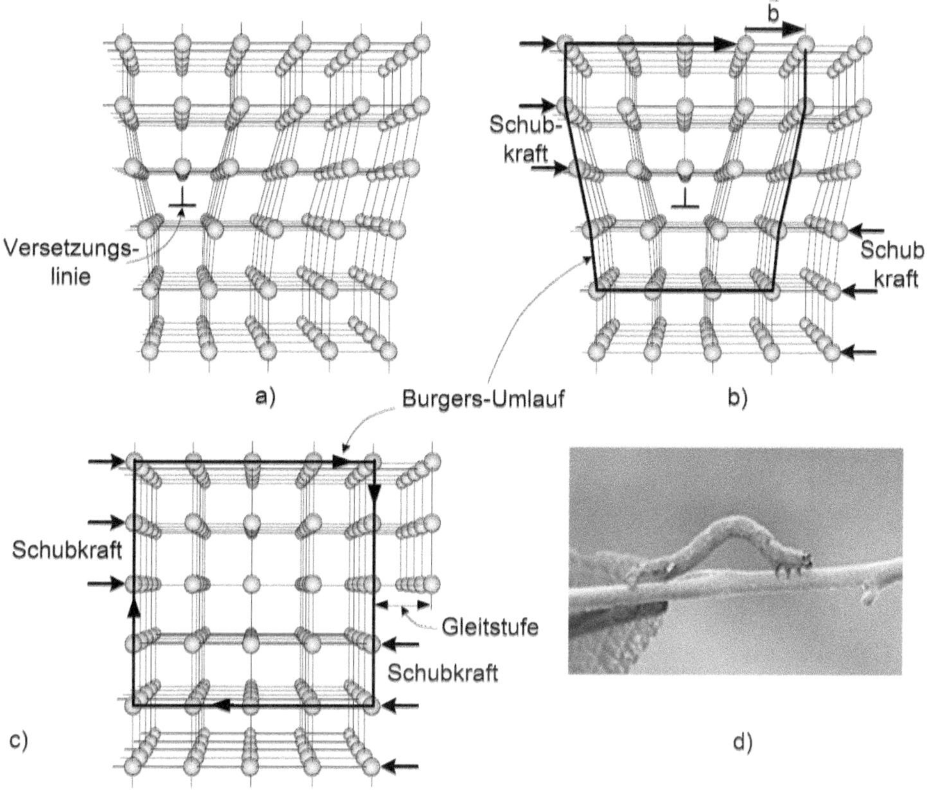

Bild 1.14 Gleitvorgang einer Stufenversetzung (a-c aus [1.2])

a) Räumliche Darstellung im kubisch-primitiven Gitter

b) Durch die Schubkraft gleitet die Versetzung nach rechts. Zusätzlich ist der Burgers-Umlauf eingezeichnet, welcher durch Einfügen des Burgers-Vektors $\vec{b}$ geschlossen wird.

c) Die Versetzung hat den Kristall (das Korn) durchwandert, und es ist eine Gleitstufe vom Betrag b des Burgers-Vektors entstanden

d) Analogie mit der peristaltischen Fortbewegung einer Raupe (biol. „Spannkriecher")

Besonders die hdP.-Metalle zeigen bei der plastischen Verformung mechanische Zwillingsbildung, auch wenn sie eine hohe Stapelfehlerenergie aufweisen, weil ihre Gleitmöglichkeiten eingeschränkt sind (siehe auch Kap. 1.3.4). Dabei scheren ganze Gitterbereiche in eine andere, spiegelsymmetrische Orientierung ab, wodurch diese wiederum in eine günstigere Lage für weitere Versetzungsbewegung gelangen.

1.7.1.2 Gleitvorgang und plastische Verformung

Den Gleitvorgang veranschaulicht man sich am besten anhand einer Stufenversetzung im kubisch-primitiven Gitter, Bild 1.14. Durch die Wirkung der Schubspannung in der Gleitebene und -richtung rückt die Versetzungslinie jeweils immer einen Atomabstand weiter. Makroskopisch beobachtbare und messbare Verformung setzt sich aus einer riesigen Vielzahl solcher Elementarprozesse zusammen. In einem Einkristall laufen die Versetzungen an der Oberfläche heraus, ohne dass Zwängungen in der Umgebung auftreten. Jede Versetzung erzeugt außen eine Gleitstufe mit der Breite des Burgers-Vektorbetrages. Bei Polykristallen werden die einzelnen Körner plastisch verformt. Solange der Kornverbund zusammenhält und nicht reißt, verformt sich der gesamte Körper plastisch.

Um Gleiten der Versetzungen in Gang zu bringen, bedarf es einer *kritischen Schubspannung* τ_0. Unabhängig von der Orientierung des Gleitsystems, ist die kritische Schubspannung immer die gleiche, was als *Schmid'sches Schubspannungsgesetz* bekannt ist. Das *Vorzeichen* der Schubspannung entscheidet darüber, in welche Richtung sich die Versetzung bewegt; zum Einsetzen der Bewegung ist allein der *Betrag* maßgeblich. τ_0 kann im einaxialen Versuch an Einkristallproben bestimmt werden, τ_F ist dagegen die Fließschubspannung für makroskopischen Fließbeginn an Vielkristallen und steht somit in einem festen Zusammenhang zur Streckgrenze ($\tau_F = R_e/2$; siehe Darstellung im Mohr'schen Spannungskreis in [1.3]). Die Streckgrenze und die Quetschgrenze sind betragsmäßig gleich groß.

Die erzeugte plastische Dehnung ε_p hängt von der Dichte der beweglichen Versetzungen ρ_m („m": mobil) sowie deren mittlerem Laufweg $\overline{L}$ ab:

$$\varepsilon_p \sim \rho_m \, \overline{L} \tag{1.10}$$

Für die Verformungsgeschwindigkeit $\dot{\varepsilon}$, die weit überwiegend vom plastischen Anteil getragen wird, ergibt sich folgende Proportionalität:

$$\frac{d\varepsilon}{dt} = \dot{\varepsilon} \sim \rho_m \, \overline{v} \tag{1.11}$$

$\overline{v}$ mittlere Geschwindigkeit der beweglichen Versetzungen

Die Versetzungsgeschwindigkeit ist proportional zur wirksamen Schubspannung mit einem werkstoffabhängigen Exponenten m:

$$\overline{v} \sim \tau^m \tag{1.12}$$

Somit ist auch $\dot{\varepsilon}$ über eine Potenzfunktion mit der Spannung verbunden:

$$\boxed{\dot{\varepsilon} \sim \rho_m \, \tau^m \sim \rho_m \, \sigma^m} \tag{1.13}$$

Tabelle 1.6 Gleitsysteme metallischer Kristallstrukturen

Gitter	Beispiele	Gleit-ebenen u. Anzahl	Gleitrich-tungen u. Anzahl	Anzahl Gleit-systeme	Skizze
kfz.	Ag, Al, Au, Cu, γ-Fe, Ni, Pb	{111} 4	<110> 3	12	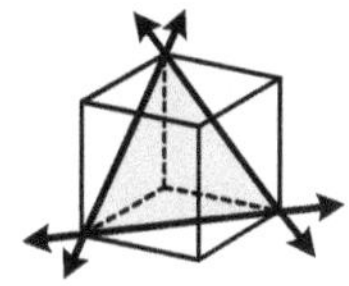
	α-Fe, CuZn (β-Messing), Mo, Nb, W	{110} 6	<111> 2	12	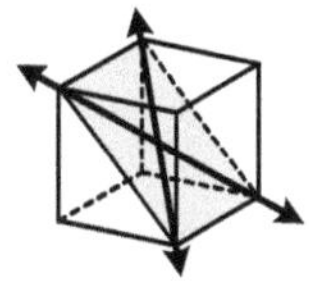
krz.	α-Fe, evtl. auch Mo, W	{112} 12	<111> 1	12	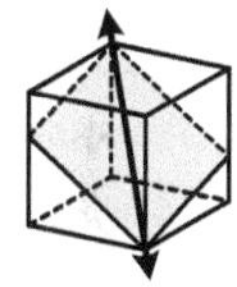
	α-Fe	{123} 24	<111> 1	24	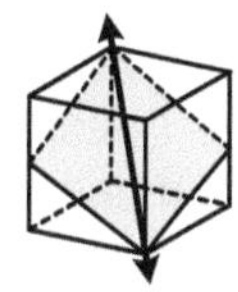
	α-Ti, α-Zr, Be, Cd, ε-Co, Mg, Zn	{0001} 1	$\langle 11\bar{2}0 \rangle$ 3	3	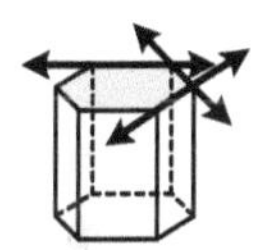
hdP.	α-Ti, α-Zr, Be, Cd, Mg	$\{10\bar{1}0\}$ 3	$\langle 11\bar{2}0 \rangle$ 1	3	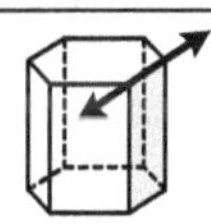
	α-Ti, α-Zr, Cd, Mg	$\{10\bar{1}1\}$ 6	$\langle 11\bar{2}0 \rangle$ 1	6	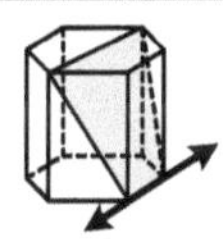

Die Gleitrichtungen sind alle eingezeichnet, bei den Ebenen der Übersicht halber nur eine exemplarisch.

Beim Gleiten werden momentan jeweils nur die Bindungen an der Versetzungslinie aufgebrochen und mit der darunter liegenden Atomreihe neu formiert, **Bild 1.15**. Dieses schrittweise Trennen und Neubilden von Atombindungen ist mit einem erheblich geringeren Kraftaufwand verbunden als das gleichzeitige Abgleiten ganzer Netzebenen. Dies erklärt die relativ geringe Festigkeit von Realkristallen verglichen mit der theoretischen Festigkeit (Kap. 1.5).

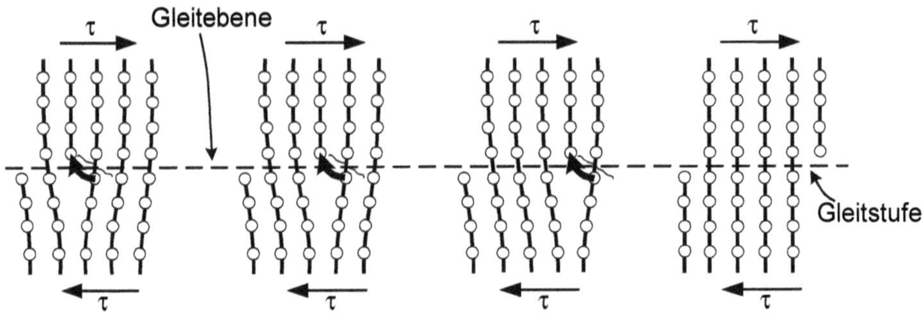

Bild 1.15 Gleitvorgang einer Stufenversetzung (nach [1.1])
Nur vor (in Gleitrichtung) der Versetzungslinie werden die Bindungen durch die Wirkung der Schubspannung aufgebrochen (geschlängelte Linien) und hinter der Versetzung neu gebildet (Pfeile). Wo die Versetzung an der Oberfläche oder dem Korn austritt, entsteht eine Gleitstufe mit dem Betrag des Burgers-Vektors.

Zwei Analogien werden oft herangezogen, um das Versetzungsgleiten und die damit verbundene Verschiebung des Kristalls zu veranschaulichen: das Zurechtrücken eines großen Teppichs und die Fortbewegung so genannter Spannkriecher (Regenwurm, Raupe...). Beim Teppichrücken schlägt man zunächst eine Falte (entspricht der Versetzung) und schiebt diese dann durch den Teppich, anstatt den ganzen Teppich gleichzeitig zu ziehen oder zu schieben. Eine Raupe bewegt sich in Längsrichtung wellenförmig (peristaltisch) und zieht ihren Körper nicht auf gesamter Länge vorwärts, um Kraft zu sparen (siehe Bild 1.14 d).

1.7.1.3 Peierls-Nabarro-Spannung

Die Peierls-Nabarro-Spannung, meist kurz als *Peierls-Spannung* bezeichnet, stellt diejenige Spannung dar, die erforderlich ist, um eine Versetzung *durch ein ansonsten fehlstellen- und hindernisfreies Gitter* zu bewegen. Es wird also keinerlei Wechselwirkung mit anderen Hindernissen betrachtet. Die Peierls-Spannung repräsentiert somit allein den Gitterwiderstand beim Versetzungsgleiten. Wie Bild 1.15 zeigt, ändert sich die Atomanordnung entlang der Versetzungslinie periodisch. Die Atombindung wird auf der einen Seite aufgebrochen und auf der anderen neu gebildet. Die hierfür erforderliche Spannung stellt die Peierls-Spannung dar. Sie hängt naturgemäß mit dem Bindungskraft-Abstands-Verlauf zusammen (Bild 1.5).

In den dichtest gepackten kfz.- und hdP.-Metallen ist die Peierls-Spannung vernachlässigbar klein (bezogen auf den Schubmodul: $< 10^{-6}$ bis 10^{-5} G, d.h. < ca. 0,1 MPa). In Kristallen mit kovalenter Bindungsart, z.B. Si, Ge oder Diamant, ist sie dagegen sehr hoch (ca. $G/10 \approx E/30$). Die krz.-Metalle nehmen eine Zwischenstellung ein, was sich – wie noch genauer gezeigt wird – besonders auf das Tieftemperaturverhalten dieser Werkstoffgruppe auswirkt.

1.7.1.4 Einfluss der Temperatur

Für die Werkstoffe mit nennenswert hoher Peierls-Spannung, bei den Metallen also diejenigen mit einem krz.-Gitter, stellt sich die Frage nach dem Einfluss der Temperatur auf die Gleitbewegung.

Das periodische Aufbrechen und Neubilden der Atombindungen entlang der Versetzungslinie ist *thermisch aktivierbar*. Dies bedeutet, dass der Mechanismus außer von einer von außen aufzubringenden Spannung auch temperaturunterstützt ablaufen kann. Am absoluten Nullpunkt bei 0 K müsste das Gleiten vollständig mechanisch aktiviert werden. Mit steigender Temperatur nimmt die Schwingung der Atome um ihre Ruhelage zu und die Wahrscheinlichkeit steigt, dass entlang der Versetzungslinie die Bindungen allein durch die thermische Fluktuation aufreißen und sich wieder neu bilden.

Ab einer genügend hohen Temperatur, die etwa bei 0,15 T_S liegt, ist der Gleitvorgang praktisch vollständig thermisch aktiviert, so dass die Peierls-Spannung nicht von außen mechanisch aufgebracht zu werden braucht. Ihr Anteil an der aufzubringenden Fließspannung wird so gut wie null. Wie beschrieben spielt dies nur bei krz.-Metallen eine Rolle (z.B. für Fe beträgt 0,15 T_S ca. 0 °C). Bei kfz.- und hdP.-Metallen ist die Peierls-Spannung ohnehin sehr niedrig.

1.7.2 Schneiden von Versetzungen

1.7.2.1 Schneidvorgang

Bisher wurde nur das Gleiten *einer* Versetzung betrachtet. Nun bewegen sich aber viele davon in ihren sich kreuzenden Gleitsystemen, was dazu führt, dass sie aufeinander stoßen wie Fahrzeuge an Kreuzungen. Es gibt bei den Versetzungen jedoch keine „Vorfahrtregeln“ oder Stauungen (dies nur bei bestimmten geometrischen Anordnungen), sondern sie können einander schneiden und dann weitergleiten. Wie schon erwähnt, entsteht beim Aufeinandertreffen von mindestens *drei* Versetzungen ein neuer Netzwerkknoten.

Durch das Schneiden bilden sich in den Versetzungslinien Absätze, die man – je nach Richtung relativ zur Versetzungslinie und je nachdem, ob sie Stufen- oder Schraubencharakter besitzen – als Sprünge (Stufencharakter) oder Kinken (Schraubencharakter) bezeichnet. Die Sprünge oder Kinken bleiben bei *Stufen*versetzungen ohne Konsequenz für das weitere Verformungsgeschehen. Die Stufenversetzungen können also „unbeschadet“ weitergleiten. Sprünge, die sich beim Schneiden in *Schrauben*versetzungen bilden, können jedoch nicht ohne weiteres mitgleiten, sondern müssen klettern, weil sie Stufencharakter haben (siehe Kap. 1.7.4). Das Klettern erfordert eine starke thermische Aktivierung. Die Bewegung der Schraubenversetzungen, die durch das Schneiden immer sprungbehaftet sind, erfolgt deshalb generell viel langsamer als die der Stufenversetzungen.

1.7.2.2 Schneidspannung

Für nicht aufgespaltene Versetzungen wäre zum Schneiden keine zusätzliche Spannung erforderlich. Schneiden im aufgespaltenen Zustand ist jedoch aus geometrischen Gründen nicht möglich, so dass der Stapelfehler an der Schnittstelle zunächst rückgängig gemacht werden muss, **Bild 1.16**. Das Einschnüren des Stapelfehlerbandes erfordert eine entsprechend hohe mechanische Spannung, die Schneidspannung. Verständlicherweise ist diese umso höher, je weiter die Versetzung aufgespalten ist, d.h. je niedriger die Stapelfehlerenergie ist:

Niedrige Stapelfehlerenergie → weite Aufspaltung → hohe Schneidspannung

1.7.2.3 Einfluss der Temperatur

Ähnlich wie bei den Überlegungen zur Peierls-Spannung, kann das Einschnüren des Stapelfehlerbandes *thermisch unterstützt* ablaufen. Aufgrund der thermischen Schwingung der Atome um ihre Ruhelage steigt die Wahrscheinlichkeit mit der Temperatur, dass sich die beiden Teilversetzungen berühren und damit der Weg frei ist zum Schneiden. Bei ausreichend hohen Temperaturen ist die thermische Fluktuation so stark, dass die Aufspaltung so gut wie ohne zusätzliche mechanische Energie rückgängig gemacht wird. Dies ist ab ca. 0,2 T_S der Fall, abhängig von der Stapelfehlerenergie. Die Schneidspannung liefert dann keinen Beitrag zur Fließspannung mehr. Bei 0 K müsste die Schneidspannung vollständig mechanisch aufgebracht werden.

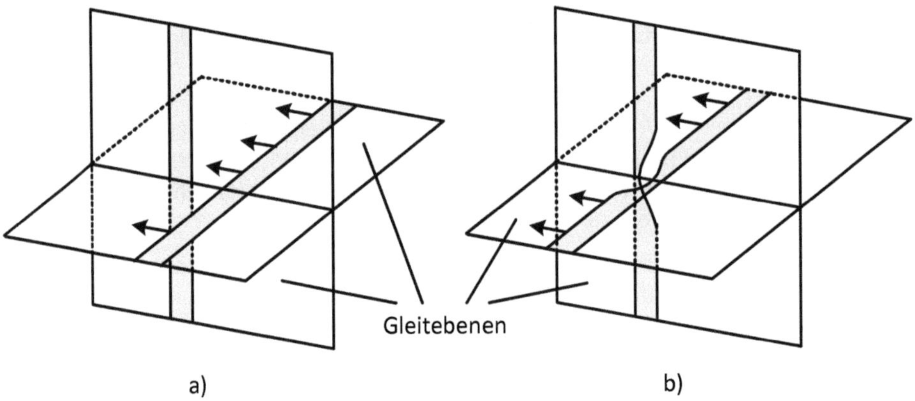

Bild 1.16 Schneiden aufgespaltener Versetzungen (der graue Bereich markiert das Stapelfehlerband)
a) Die eine Versetzung bewegt sich auf die andere zu
b) Die Stapelfehlerbänder schnüren sich im Schnittbereich ein

1.7.3 Quergleiten von Schraubenversetzungen

1.7.3.1 Quergleitvorgang

In den bisherigen Betrachtungen wurde davon ausgegangen, dass die Versetzungen bei ihren Bewegungen ihre Gleitebene beibehalten. Sie sind jedoch auch imstande, diese zu verlassen und in eine parallele Gleitebene überzugehen. Bei *Schraubenversetzungen* erfolgt dies durch das so genannte *Quergleiten*.

Graphische Darstellungen des Quergleitens sind unanschaulich, weil sich Schraubenversetzungen schlecht skizzieren lassen. **Bild 1.17** zeigt daher lediglich den Pfad einer Schraubenversetzung beim Quergleiten, ohne die Versetzung selbst abzubilden. In einem kfz.-Gitter, beispielsweise, wechselt die Schraubenversetzung zunächst von ihrer {111}-Hauptgleitebene in eine andere, schräg dazu liegende Quergleitebene, die ebenfalls {111}-Orientierung haben muss, weil andere Ebenen nicht aktiviert werden (grundsätzlich ändert sich bei jeder Versetzungsbewegung nie der Burgers-Vektor!). Dadurch gelangt die Schraubenversetzung auf eine parallel zur ursprünglichen Hauptgleitebene liegende neue {111}-Hauptgleitebene, in der sie ihren Gleitvorgang fortsetzen kann.

1.7.3.2 Quergleitspannung

Analog zum Schneiden ist für das Quergleiten keine zusätzliche Spannung aufzubringen. Jedoch ist der Wechsel von einer Gleitebene in eine schräg dazu liegende Ebene bei *aufgespaltenen* Schraubenversetzungen aus geometrischen Gründen nicht möglich. Auch beim Quergleiten muss an der Kante zwischen Haupt- und Quergleitebene das Stapelfehlerband zunächst eingeschnürt und die Aufspaltung rückgängig gemacht werden, **Bild 1.18**. Dies geschieht durch einen von außen aufzubringenden Anteil an der gesamten Fließspannung, der Quergleitspannung. Wie beim Schneiden gilt eine ähnliche Merkregel:

Niedrige Stapelfehlerenergie → weite Aufspaltung → hohe Quergleitspannung

1.7.3.3 Einfluss der Temperatur

Genauso wie beim Schneiden kann das Stapelfehlerband *temperaturunterstützt* aufgrund der thermischen Gitterschwingung eingeschnürt werden. Ab ca. 0,2 T_S, wiederum abhängig von der Stapelfehlerenergie, läuft der Quergleitmechanismus praktisch vollständig thermisch aktiviert ab. Die Quergleitspannung liefert dann ebenfalls keinen Beitrag mehr zur Fließspannung. Bei 0 K müsste die Quergleitspannung vollständig mechanisch aufgebracht werden.

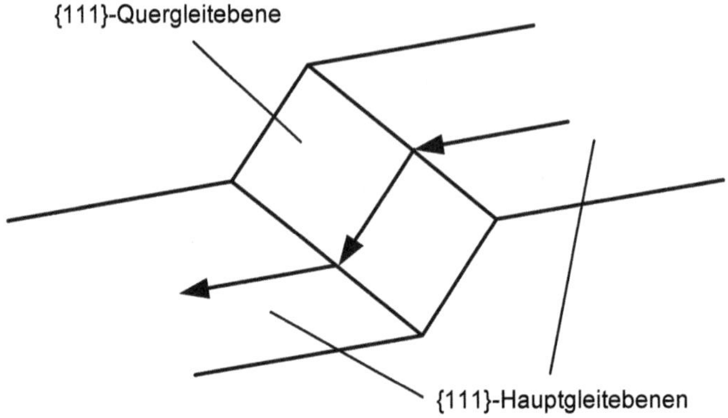

Bild 1.17 Prinzip des Quergleitens von Schraubenversetzungen
Die Pfeile deuten den Pfad der Versetzung beim Quergleiten an.

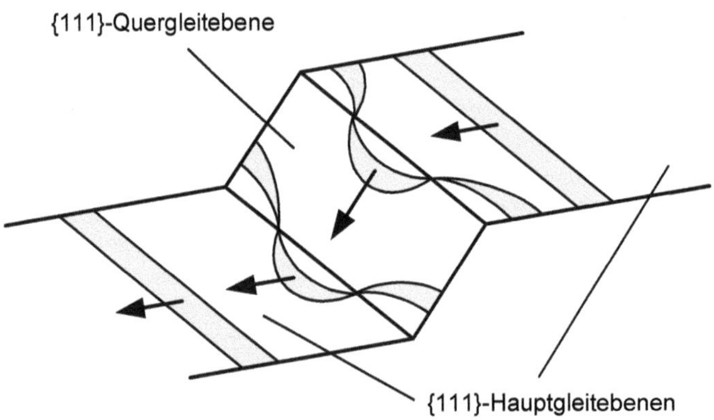

Bild 1.18 Quergleiten einer aufgespaltenen Schraubenversetzung
Entlang der Kante von Haupt- und Quergleitebene muss das Stapelfehlerband eingeschnürt werden.

1.7.4 Klettern von Stufenversetzungen

Stufenversetzungen sind imstande, über das so genannte *Klettern* in eine parallele Gleitebene überzuwechseln. Bei diesem Vorgang, der für die Erholung und das Kriechen verantwortlich ist, laufen allerdings ganz andere Mechanismen ab, als sie bei den Elementarschritten zuvor diskutiert wurden. Die außen anliegende Spannung bleibt außer Betracht; allein die Temperatur bestimmt das Geschehen.

Im Gegensatz zum Schneiden und Quergleiten lässt sich das Klettern anschaulich darstellen. **Bild 1.19** zeigt, über welche Teilschritte eine Stufenversetzung ihre Gleitebene verlassen kann. An der Versetzungslinie müssen entweder Atome angelagert (negatives Klettern) oder von ihr entfernt werden (positives Klettern). Der dafür erforderliche Platzwechsel der Atome findet über *Leerstellendif-*

fusion statt. Man spricht deshalb auch von nicht-konservativer Versetzungsbewegung im Gegensatz zum Gleiten in ein und derselben Gleitebene. Den Platzwechsel über Leerstellen kann man sich anhand eines Schiebepuzzles veranschaulichen, **Bild 1.20**. Ein Verschieben der Steine ohne „Leerstelle" wäre wegen der dichten Packung unmöglich.

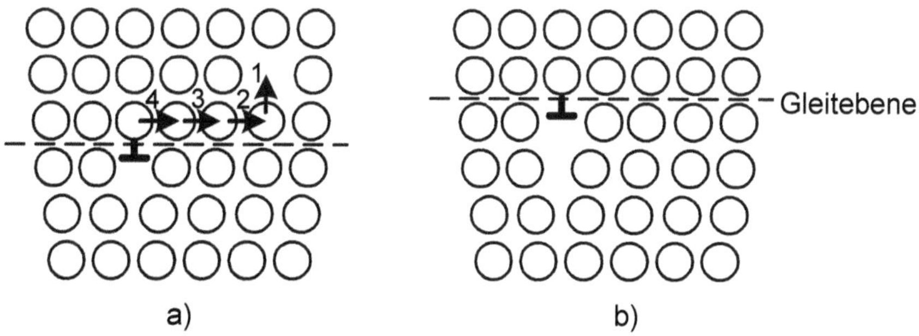

Bild 1.19 Klettern einer Stufenversetzung
a) Stufenversetzung mit Leerstelle in der Umgebung
b) Die Atome haben auf dem in Teilbild a) markierten Pfad in der angegebenen Reihenfolge ihre Plätze gewechselt, wodurch die Stufenversetzung an dieser Stelle um einen Atomabstand nach oben auf eine parallele Gleitebene geklettert ist.
Man kann sich die Platzwechsel wie bei einem Schiebepuzzle veranschaulichen.

Leerstellen liegen im Gitter im thermodynamischen Gleichgewicht vor (wegen der Entropiezunahme, die der Enthalpieerhöhung entgegenwirkt). Ihre Konzentration x_L ist stark temperaturabhängig gemäß einer Arrhenius-Funktion[1]:

$$x_L(T) = e^{-\frac{\Delta G_L}{R \cdot T}} = \frac{n}{N+n} \approx \frac{n}{N} \tag{1.14}$$

$x_L(T)$	temperaturabhängige Leerstellenkonzentration
ΔG_L	freie Enthalpieabnahme bei 1 „Mol" hinzugefügter Leerstellen; 1 „Mol" = $6{,}022 \cdot 10^{23}$ Leerstellen (Avogadro-Zahl)
n	Anzahl der Leerstellen
N	Anzahl der Atome
(N + n)	Anzahl der Gesamtgitterplätze, N >> n

Die Leerstellenkonzentration ist bei niedrigen Temperaturen extrem gering und nimmt mit steigender Temperatur stark zu. Eine nennenswert hohe Konzentration und damit eine technisch relevante Diffusionsgeschwindigkeit tritt erst ober-

[1] Svante August Arrhenius, 1859-1927, schwed. Phys. u. Chem., Chemie-Nobelpreis 1903, wichtiger Beitrag zur Reaktionskinetik durch empirische Ableitung der Temperaturabhängigkeit von Reaktionsgeschwindigkeiten (Arrhenius-Gleichung)

halb von ca. 0,4 T_S auf. Dieser Wert markiert deshalb auch den Übergang von tiefen zu hohen Temperaturen im metallphysikalischen Sinne.

„Leerstelle“ „Leerstelle“

a) b)

Bild 1.20 Schiebepuzzle zur Veranschaulichung der Diffusion regulärer Gitteratome über Leerstellen
a) Ungeordnetes Bild mit „Leerstelle“ (Pfeil)
b) Fertiges Kandinsky-Bild; die „Leerstelle“ befindet sich außen seitlich

Tabelle 1.7 veranschaulicht, wie sich die Leerstellendichte in Ni mit der Temperatur ändert. Bei ca. 0,4 T_S ist nur etwa jeder milliardste Gitterplatz unbesetzt, knapp unterhalb der Schmelztemperatur etwa jeder dreitausendste. Dennoch ist die Sprungrate der Atome, die Anzahl der Platzwechsel pro Zeit, bei diesen Temperaturen recht hoch, weil die Atome mit unvorstellbar hoher Frequenz schwingen (ca. 10^{13} s^{-1}, Debye-Frequenz) und die Wahrscheinlichkeit mit steigender Temperatur immer mehr zunimmt, dass ihre Schwingungsamplitude für einen Sprung in eine benachbarte Leerstelle ausreicht.

Tabelle 1.7 Temperaturabhängige Leerstellenkonzentration in Ni als Anzahl besetzter Gitterplätze pro Leerstelle

ϑ in °C	20	300	450	800	1000	1200	1454 (fest)
T/T_S	0,17	0,33	0,42	0,62	0,74	0,85	1
Besetzte Gitterplätze pro Leerstelle	$7{,}5 \cdot 10^{22}$	$3 \cdot 10^{11}$	10^{9}	$8 \cdot 10^{5}$	$8 \cdot 10^{4}$	$1{,}5 \cdot 10^{4}$	$3 \cdot 10^{3}$

Für Ni seien für einige Temperaturen die Sprungraten genannt, die sich aus bekannten Daten berechnen lassen [1.5]. Bei 300 °C (0,33 T_S) beträgt die Sprungrate nur $5{,}5 \cdot 10^{-10}$ s^{-1}; jedes Atom wartet durchschnittlich 58 Jahre auf einen Platztausch, was technisch vernachlässigbar ist. Bei 450 °C (0,42 T_S) errechnet sich eine Sprungfrequenz von 10^{-4} s^{-1}; ein Atom tauscht im Mittel alle 2,7 Stunden seinen Platz. Für 900 °C (0,68 T_S) schnellt die Sprungrate auf 6.300 s^{-1} hoch, d.h. ein Atom wechselt im Mittel pro Sekunde 6.300 Male seinen Gitterplatz. Gleichwohl führt dabei nur etwa jede 10^9-te Schwingung zu einem Platzwechsel.

Der Diffusionskoeffizient D für Platzwechsel nach dem Leerstellenmechanismus ergibt sich ebenfalls nach einer Arrhenius-Funktion zu:

$$D = D_0 \, e^{-\frac{Q_{SD}}{R \cdot T}} \qquad (1.15)$$

Q_{SD} Aktivierungsenergie der Selbstdiffusion

Die Aktivierungsenergie der Selbstdiffusion in Ni liegt bei ca. 270 kJ/mol. In den dichtest gepackten kfz.- und hdP.-Gittern verläuft die Diffusion deutlich langsamer als in der „offeneren" krz.-Struktur, weil in diesen Gittern die Atome enger aneinander liegen und damit das „Hindurchquetschen" beim Platzwechsel erschwert ist.

Damit *aufgespaltene Stufenversetzungen* klettern können, muss – wie in den zuvor diskutierten Fällen – die Aufspaltung rückgängig gemacht werden. Die thermische Aktivierung hierfür reicht bei den Temperaturen, bei denen Diffusion in merklichem Maße Klettern ermöglicht, jedoch aus, ohne dass eine nennenswerte mechanische Spannung aufgebracht werden muss.

Das Klettern erfordert folglich eine viel stärkere thermische Aktivierung als die anderen zuvor genannten Elementarschritte der Versetzungsbewegung. Unterhalb von ca. 0,4 T_S kann Klettern praktisch vernachlässigt werden. Oberhalb dieses Überganges bewirkt das Klettern die technisch enorm bedeutenden Vorgänge der Erholung (damit auch der Rekristallisation) und des Kriechens.

1.8 Erholung

Wie im vorherigen Kapitel ausgeführt, ermöglicht das Klettern der Stufenversetzungen die so genannte Erholung. Zum weiteren Verständnis einiger Verformungsvorgänge müssen die *Teilschritte der Erholung* bekannt sein.

Aufgrund der relativ starken Erhöhung der inneren Energie $U_e \sim G\,b^2$ (siehe Gln. 1.8) durch das Spannungsfeld der Versetzungen bei kaum veränderter Entropie liegen Versetzungen nicht im thermodynamischen Gleichgewicht vor. Es besteht also das Bestreben nach Minimierung der Gesamtenergie (freien Enthalpie) durch gegenseitiges Auslöschen (Annihilation) oder Anordnen der Versetzungen in energetisch günstigeren Positionen.

Dabei ist zu beachten, wie die Position der Versetzungen relativ zueinander im Gitter ist. Man spricht von ungleichen Vorzeichen, wenn zwei Stufenversetzungen entgegengesetzt liegen, jedoch in derselben oder in parallelen Gleitebenen. Schraubenversetzungen unterscheidet man ebenfalls durch das Vorzeichen oder durch die Drehung (links- und rechtsdrehend). Aufgrund der Spannungsfelder der Versetzungen kommt es entweder zur Anziehung oder zur Abstoßung. Treffen zwei *Schrauben*versetzungen ungleichen Vorzeichens aufeinander, löschen sie sich aus und ihre Energie wird vollständig frei. Bei gleichem Vorzeichen stoßen sie sich ab.

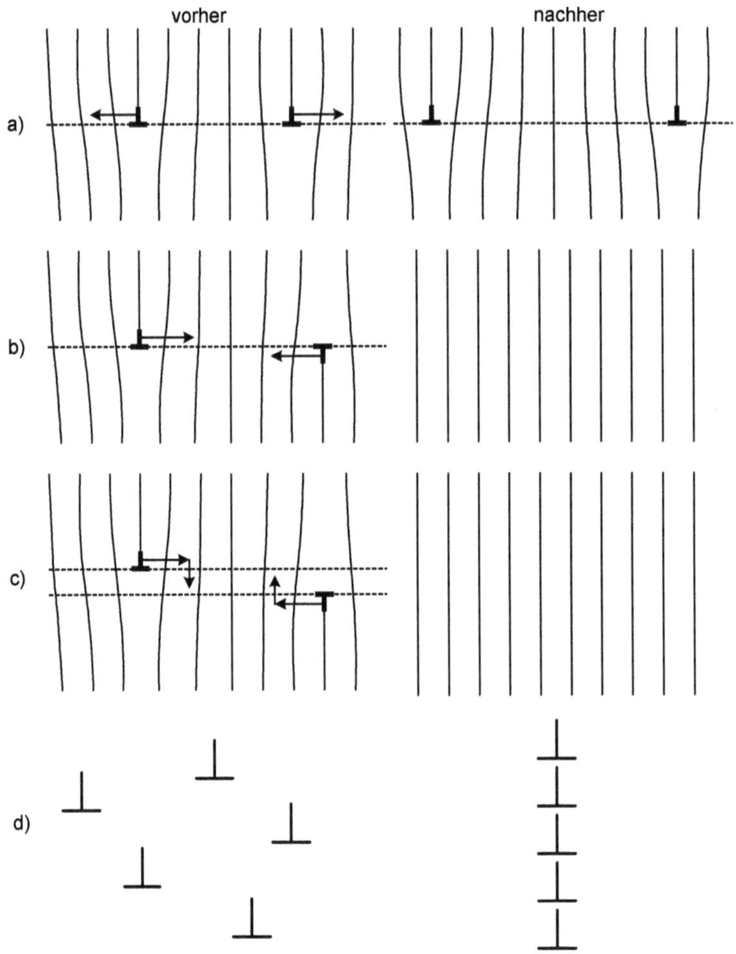

Bild 1.21 Anordnungen von Stufenversetzungen bei der Erholung
a) Versetzungen gleichen Vorzeichens in derselben Gleitebene stoßen sich ab
b) Versetzungen ungleichen Vorzeichens in derselben Gleitebene ziehen sich an und löschen sich aus
c) Versetzungen ungleichen Vorzeichens in parallelen Gleitebenen ziehen sich an, klettern aufeinander zu und löschen sich aus
d) Versetzungen gleichen Vorzeichens in parallelen Gleitebenen klettern und gleiten übereinander und bilden eine Kleinwinkelkorngrenze

Für *Stufen*versetzungen sind die Fälle etwas genauer zu betrachten, **Bild 1.21**. Zum Auslöschen müssen Stufenversetzungen ungleichen Vorzeichens, die nicht zufällig in derselben, sondern in parallelen Gleitebenen liegen, aufeinander zuklettern. Bei gleichem Vorzeichen können Stufenversetzungen eine energetisch günstige Position einnehmen, indem sie sich übereinander anordnen. Dies erfordert ebenfalls neben Gleit- auch Kletterschritte. Letztere setzen Diffusion voraus.

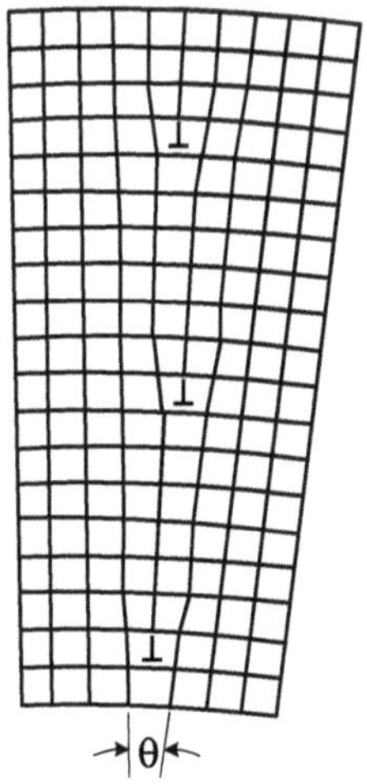

Bild 1.22 Schematischer Aufbau einer Kleinwinkelkorngrenze aus Stufenversetzungen (aus [1.1])

θ gibt die Winkelabweichung der Gitterbereiche an. Bei Kleinwinkelkorngrenzen beträgt θ maximal 10°.

Es bilden sich *Kleinwinkelkorngrenzen*, durch die sich die Spannungsfelder der Stufenversetzungen teilweise kompensieren, d.h. der Druckspannungsbereich der einen überlagert sich mit dem Zugspannungsbereich der darüber liegenden Versetzung, was insgesamt die Verzerrung und damit die innere Energie mindert. **Bild 1.22** zeigt den Aufbau einer Kleinwinkelkorngrenze schematisch, **Bild 1.23** eine reale in einem austenitischen Stahl.

Die wichtigen Vorgänge bei der Erholung lassen sich wie folgt zusammenfassen:

> Bei der Erholung wird die mechanische Verzerrungsenergie reduziert. Maßgeblich sind die Vorgänge der *Stufen*versetzungen.
>
> *Teilschritt I*: Versetzungen *ungleichen* Vorzeichens löschen sich aus und geben ihre Verzerrungsenergie vollständig frei. Stufenversetzungen müssen dazu klettern. Die Versetzungsdichte nimmt ab.
>
> *Teilschritt II*: Stufenversetzungen *gleichen* Vorzeichens klettern übereinander und bilden energetisch günstige Kleinwinkelkorngrenzen.
>
> Das Klettern setzt *Diffusion* voraus, so dass die Erholung erst oberhalb von ca. 0,4 T_S mit technisch relevanter Geschwindigkeit ablaufen kann.

Die Kleinwinkelkorngrenzen heißen so, weil die benachbarten Gitterbereiche, die nach wie vor zu *einem* Korn zählen, bis zu ca. 10° in der Orientierung voneinander abweichen können, je nach Abstand der übereinander liegenden Versetzungen. Großwinkelkorngrenzen, meist kurz als Korngrenzen bezeichnet, sind dagegen nicht aus Versetzungen aufgebaut und weisen größere Orientierungsunterschiede auf. **Tabelle 1.8** fasst die Merkmale beider Grenzflächen zusammen.

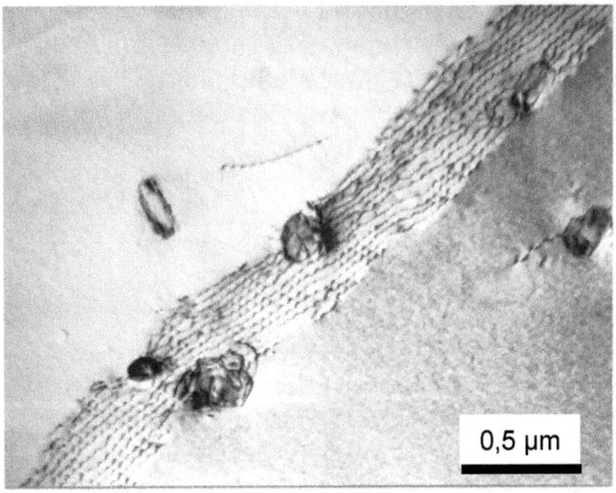

Bild 1.23 Kleinwinkelkorngrenze in einem austenitischen Stahl (TEM-Aufnahme, aus [1.6])

Man erkennt die vielen Versetzungslinien, die in der durchstrahlten Folie übereinander liegen. Die dunklen, rundlichen Gebilde sind Karbide.

Innerhalb eines Kornes bilden sich in der Regel viele Kleinwinkelkorngrenzen. Da die Versetzungen die Schar all der gleichwertigen Gleitebenen belegen, liegen auch die Kleinwinkelkorngrenzen in Winkeln zueinander. Das ergibt räumlich ein „Gerüst" innerhalb eines Kornes, welches man Subkörner nennt (siehe auch Bild 1.45). Die Unterteilung eines ehemals konstant orientierten Kornes in viele, leicht unterschiedlich orientierte „Unterkörner" bezeichnet man auch als Polygonisation.

Tabelle 1.8 Gegenüberstellung der Merkmale von Groß- und Kleinwinkelkorngrenzen

Merkmal	(Großwinkel-) Korngrenze	Kleinwinkelkorngrenze
Entstehung	bei der Erstarrung und bei der Rekristallisation	bei der Erholung und beim Kriechen; setzt in jedem Fall plastische Verformung *und* thermische Aktivierung voraus
Aufbau	nicht passende Gitterbereiche benachbarter Körner mit deutlichem Orientierungsunterschied	aus Stufenversetzungen gleichen Vorzeichens
Ursache	wachsende Erstarrungs- bzw. Rekristallisationskeime, die mit zufälliger Orientierung aneinander stoßen	energetisch günstige Anordnung von Stufenversetzungen gleichen Vorzeichens; teilweise Kompensation der Spannungsfelder der Versetzungen
Energie	Grenzfläche mit hoher Grenzflächenenergie; kein Spannungsfeld	Grenzfläche mit geringer Grenzflächenenergie sowie einem mechanischen Spannungsfeld
Winkelabweichung	> ca. 10°	< ca. 10°
Beobachtung	Lichtmikroskop	Durchstrahlungselektronenmikroskop (TEM)

1.9 Fließspannung und Verfestigung

1.9.1 Ausbauchspannung

Aufgrund der Energieerhöhung, die mit jedem Stück Versetzungslänge verbunden ist, strebt eine Versetzung immer eine möglichst geradlinige Geometrie an, ähnlich wie ein stets gespanntes Gummiband. Die Analogie zum Gummiband ist auch hilfreich, um zu erkennen, wie die zum Ausbauchen einer Versetzung erforderliche Schubspannung von der Maschenweite abhängt.

Wie Bild 1.9 zeigt, sind die Versetzungen in einem dreidimensionalen Netzwerk verknotet. Je höher die Versetzungsdichte ist, umso geringer ist der mittlere Maschenabstand. Wird außen eine Spannung angelegt, so muss die in der Gleitebene und -richtung wirksame Schubspannung zum Betätigen einer Versetzungsmasche umso höher sein, je enger das Versetzungsnetzwerk geknüpft ist, **Bild 1.24**. Diese Ausbauch- oder Betätigungsspannung wird auch als *Orowan-Spannung* für die Versetzungsbewegung bezeichnet. Zum Dehnen eines Gummibandes um einen bestimmten Betrag benötigt man auch eine umso höhere Kraft, je kürzer man es hält. Man erkennt also leicht folgende Proportionalität:

$$\tau \sim \frac{1}{\lambda} \sim \frac{1}{R} \tag{1.16}$$

λ Maschenabstand (Knotenabstand)

R Ausbauchradius des Versetzungsteilstückes bei einem bestimmten Ausbauchbetrag

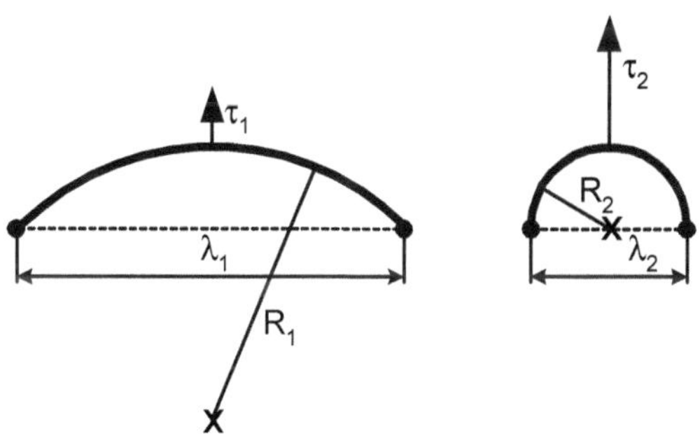

Bild 1.24 Ausbauchen von Versetzungen mit unterschiedlichem Maschenabstand

Je kleiner der Ausbauchradius und der Maschenabstand sind, umso höher muss die Schubspannung sein für einen bestimmten Ausbauchbetrag: $\tau_2 > \tau_1$.

In einem weichgeglühten Material ist das Versetzungsnetzwerk sehr weitmaschig; folglich ist die Betätigungsspannung gering. Dies spiegelt sich in einer niedrigen Streck- oder 0,2 %-Dehngrenze wider. Liegt ein kaltverformter Zustand vor, so ist die Versetzungsdichte erheblich höher, die Maschenweite entsprechend geringer und die Streckgrenze angehoben. Es gilt also analog zu Gl. (1.16):

$$\boxed{R_e \text{ und } R_{p0,2} \sim \frac{1}{\lambda} \sim \frac{1}{R}} \tag{1.17}$$

Für die Quetsch- oder 0,2 %-Stauchgrenze bei Druckbelastung gelten die gleichen Überlegungen. Die Maschenweite ist selbstverständlich kein fester Wert im gesamten Versetzungsnetzwerk, sondern unterliegt einer Verteilung, **Bild 1.25**. In einem Zugversuch mit vorgegebener Dehngeschwindigkeit werden zuerst die Versetzungsteilstücke betätigt, welche den größten Knotenabstand haben. Es kommt deshalb zur *plastischen Mikroverformung* bei Spannungen, die erheblich

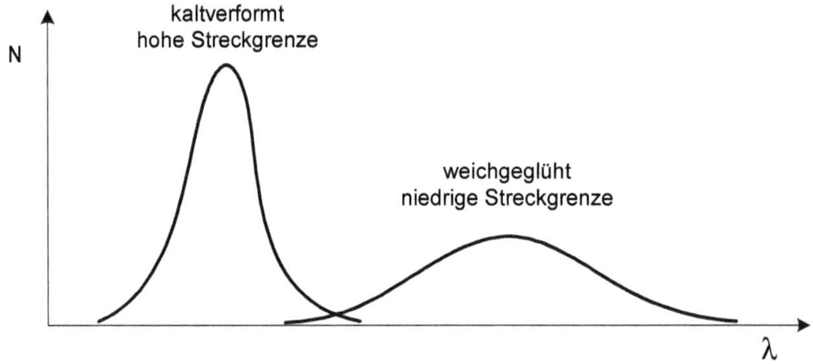

Bild 1.25 Verteilung des Maschenabstandes in einem Versetzungsnetzwerk (N: Anzahl der Versetzungsabschnitte; λ: Maschenabstand)
In einem Zugversuch mit konstanter Dehngeschwindigkeit und steigender Spannung werden immer zuerst die weitesten Maschen betätigt, in den Verteilungskurven also von rechts nach links.

unterhalb der Streckgrenze liegen, die den Beginn *makroskopischer* plastischer Verformung markiert. Somit leuchtet ein, dass die Streckgrenze kein scharf abgegrenzter Wert sein kann, sondern dass der lineare Hooke'sche Bereich allmählich in einen gekrümmten Verlauf des σ-ε-Diagramms übergeht.

Die Ausbauch- oder Orowan-Spannung zum Betätigen der Versetzungsmaschen ist *nicht thermisch aktivierbar*, sie muss vollständig mechanisch aufgebracht werden.

1.9.2 Passierspannung

Im vorherigen Kapitel wurde zwar die Verknotung eines Versetzungsteilstückes mit den anderen Versetzungen berücksichtigt, nicht jedoch die Wechselwirkung der Spannungsfelder. Je höher die Versetzungsdichte im Laufe der Verformung wird, umso engmaschiger wird nicht nur das Netzwerk, sondern umso stärker treten auch die Verzerrungsfelder in Wechselwirkung. Je höher die Versetzungsdichte ist, umso höher muss die außen anliegende Spannung sein, um Versetzungen gegenseitig mit ihren langreichweitigen Spannungsfeldern durch den „Versetzungswald" hindurchzudrücken. Man bezeichnet diese Spannung als die *Passierspannung*.

Da die Spannungsfelder der Versetzungen Mikroeigenspannungen oder innere Spannungen darstellen, wird die Passierspannung meist mit dem Zeichen τ_i bzw. σ_i gekennzeichnet. Zwischen ihr und der Versetzungsdichte besteht der Zusammenhang:

$$\boxed{\sigma_i = \alpha\, G\, b\, \sqrt{\rho}} \tag{1.18}$$

α Konstante in der Größenordnung 1

ρ Versetzungsdichte

Aus dieser Beziehung wird die *Verformungsverfestigung*, meist als *Kaltverfestigung* bezeichnet, ersichtlich: Mit zunehmender plastischer Verformung steigt die Versetzungsdichte, und folglich steigt auch die zur weiteren Verformung erforderliche Spannung. Der Begriff *Versetzungshärtung* beschreibt den Mechanismus dieser Festigkeitssteigerung daher am treffendsten.

Ebenso wie die Ausbauchspannung ist auch die Passierspannung eine *athermische Spannung*, die vollständig mechanisch aufgebracht werden muss. Eine leichte Temperaturabhängigkeit kommt indirekt über die Abhängigkeit G(T) zustande.

1.9.3 Zusammenfassung aller Spannungsanteile

In den vorangehenden Kapiteln wurden alle Spannungsanteile vorgestellt, die für die Versetzungsbewegung in Reinmetallen maßgeblich sind. Die Summe dieser Spannungen ergibt die Fließspannung, die zur plastischen Verformung bei gegebener Korngröße benötigt wird. Auf den Einfluss der Korngröße sowie zusätzliche Spannungsanteile in Legierungen wird in Kap. 1.10.5 bzw. 1.13 eingegangen. Zweckmäßigerweise unterteilt man die Fließspannung in einen *thermischen* und einen *athermischen* Anteil:

$$\boxed{\sigma_F = \sigma_i + \sigma_{eff} = \alpha\, G\, b\, \sqrt{\rho} + \sigma_{eff}} \tag{1.19}$$

mit

$$\sigma_i \neq f(T, \dot{\varepsilon}) \quad \text{und} \quad \sigma_{eff} = f(T, \dot{\varepsilon})$$

σ_F Fließspannung (es kann sich z.B. um die Streck- oder 0,2 % Dehngrenze handeln)

σ_i *athermischer* Spannungsanteil; innere Spannung

σ_{eff} *thermischer* Spannungsanteil; effektive Spannung (auch als σ^* oder σ_S bezeichnet)

Die athermische oder innere Spannung σ_i, die nicht thermisch aktivierbar ist und daher bei allen Temperaturen vollständig mechanisch aufgebracht werden muss, wird nach Gl. (1.18) beschrieben.

In den thermischen oder effektiven Spannungsanteil σ_{eff} gehen folgende Einzelspannungen ein:

- die *Peierls-Spannung*, welche bei metallischen Werkstoffen praktisch nur bei krz.-Gitterstruktur relevant ist;
- die *Schneidspannung* zur Ausführung von Schneidprozessen; sie ist stark von der Stapelfehlerenergie abhängig;
- die *Quergleitspannung* zur Ausführung von Quergleitprozessen von Schraubenversetzungen; sie hängt ebenfalls stark von der Stapelfehlerenergie ab.

Bild 1.26 stellt den Verlauf der Fließspannung, bei der es sich um die Streckgrenze oder 0,2 %-Dehngrenze handeln kann, über der Temperatur dar. Bei 0 K (nicht erreichbar, daher theoretisch) muss die gesamte Spannung mechanisch aufgebracht werden. Der thermische Spannungsanteil nimmt mit steigender Temperatur immer weiter ab, bis bei ca. 0,15 bis 0,2 T_S die Temperatur hoch genug ist, um all die oben aufgezählten Spannungsanteile praktisch zu null verschwinden zu lassen. Für diese Temperatur findet man manchmal auch die Bezeichnung „Knietemperatur" wegen der Kurvenform.

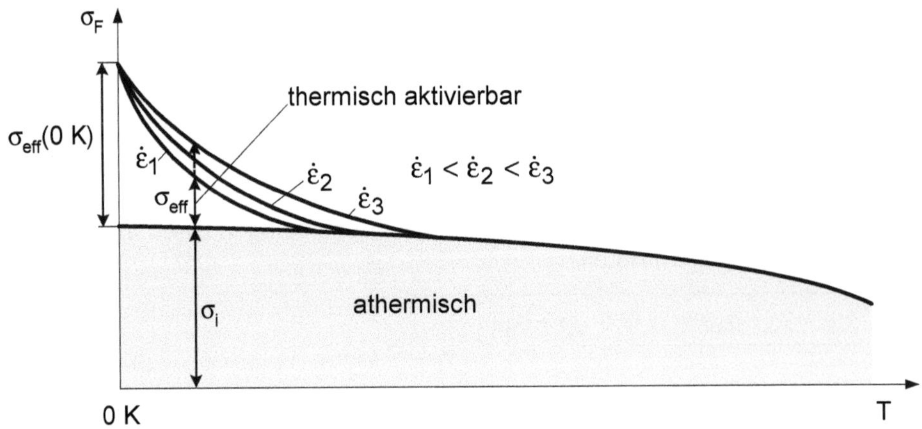

Bild 1.26 Fließspannung als Funktion der Temperatur
Die Fließspannung teilt sich auf in einen athermischen Spannungsanteil σ_i, der bei allen Temperaturen aufzubringen ist, und einen thermischen Anteil σ_{eff}, welcher thermisch aktivierbar ist. σ_{eff} hängt außer von der Temperatur auch von der Verformungsgeschwindigkeit ab. Die σ_i-Linie fällt wegen der Abhängigkeit G(T) leicht ab.

Bild 1.27 stellt den Streckgrenzenverlauf über der Temperatur für Ni und einen normalisierten C-Stahl gegenüber. Die Auswahl dieser beiden Werkstoffe hat folgende Gründe. Die Schmelzpunkte liegen nicht zu weit auseinander (1455 °C für Ni, 1536 °C für reines Fe). Auch der Schubmodul G, der für die inneren Spannungen relevant ist (Gl. 1.8), ist bei beiden Materialien nahezu gleich. Weiterhin besitzen beide eine hohe Stapelfehlerenergie (Tabelle 1.5), d.h. die Versetzungsaufspaltung ist gering. Da beim Stahl ein normalisiertes Gefüge vorliegt, kann zu tieferen Temperaturen keine martensitische Umwandlung stattfinden, was den Vergleich verfälschen würde. Auch eine ausgeprägte Streckgrenze tritt wegen des abgebundenen Kohlenstoffs nicht auf. Es wird also ein kfz.- und ein krz.-Werkstoff miteinander verglichen mit ansonsten ähnlichen Eigenschaften (ein derartiger Vergleich ist unter *allen* Metallen nur mit Fe und Ni möglich!).

Abgesehen von einer höheren Festigkeit des Stahles bei der höchsten dargestellten Temperatur, die u.a. auf den Perlitanteil zurückzuführen ist, fällt der enorme Unterschied in der Streckgrenze bei tiefen Temperaturen auf. Da wegen der hohen Stapelfehlerenergie die Schneid- und Quergleitspannung keine erhebliche Rolle spielen, liegt der entscheidende Grund für diese Differenz in der *Peierls-Spannung*. Diese ist bei kfz.-Werkstoffen vernachlässigbar gering, bei krz.-Strukturen jedoch beachtenswert hoch. Bei Materialien mit kfz.-Gitterstruktur beträgt der innere, athermische Spannungsanteil stets > 90 % der Fließspannung, während krz.-Werkstoffe wegen der Peierls-Spannung eine starke Temperaturabhängigkeit der Streckgrenze unterhalb von etwa 0,15 bis 0,2 T_S aufweisen.

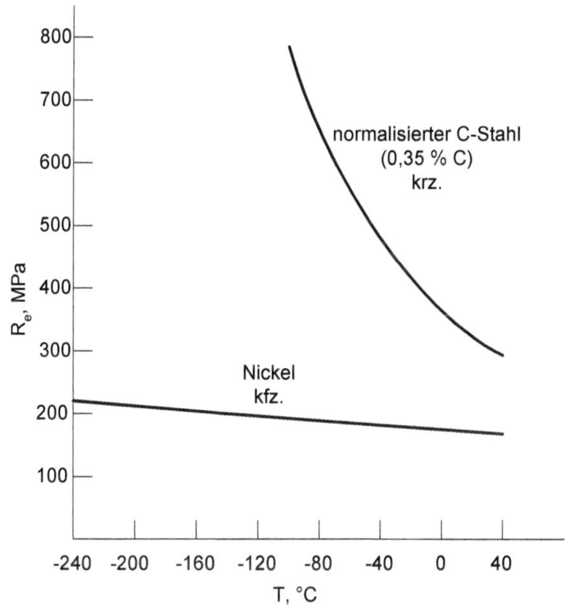

Bild 1.27 Abhängigkeit der Streckgrenze von der Temperatur für einen krz. C-Stahl und Ni (kfz.), nach [1.2]

In Bild 1.26 ist zusätzlich schematisch eingezeichnet, wie der effektive Spannungsanteil von der *Verformungsgeschwindigkeit* abhängt. Dies liegt in der thermischen Aktivierung begründet. Wie in Kap. 1.7.1, 1.7.2 und 1.7.3 ausgeführt, besteht bei jeder Temperatur > 0 K eine gewisse Wahrscheinlichkeit, dass das Aufbrechen der Bindungen beim Gleiten sowie das Einschnüren des Stapelfehlerbandes beim Schneiden und Quergleiten durch die thermische Fluktuation der Atome bewerkstelligt wird. Hier spielt jedoch die *Zeit* hinein. Die Versetzung muss im Mittel eine bestimmte Zeit auf die thermische Aktivierung und den dann ablaufenden Elementarschritt „warten". Mit steigender Temperatur wird diese Zeit immer kürzer. Wird nun eine hohe Verformungsgeschwindigkeit vorgegeben, so steht wenig Zeit für die thermische Aktivierung zur Verfügung und es muss im Mittel für den gesamten Verformungsprozess ein höherer Spannungsanteil mechanisch aufgebracht werden als bei niedriger Verformungsgeschwindigkeit.

1.9.4 Tieftemperaturverhalten von krz.-Werkstoffen

Nachdem im vorherigen Kapitel die Temperatur- und Geschwindigkeitsabhängigkeit der Fließspannung vorgestellt wurden, soll das besondere Tieftemperaturverhalten der krz.-Werkstoffe gesondert behandelt werden. Dieses macht sich vornehmlich im schnellen Schlagversuch oder an Bauteilen bei hoher Belastungsgeschwindigkeit bemerkbar und kann zu schweren Schäden führen. Einen Schlagversuch kann man sich wie einen blitzschnellen Zugversuch vorstellen, um den Einfluss der Verformungsgeschwindigkeit zu verdeutlichen.

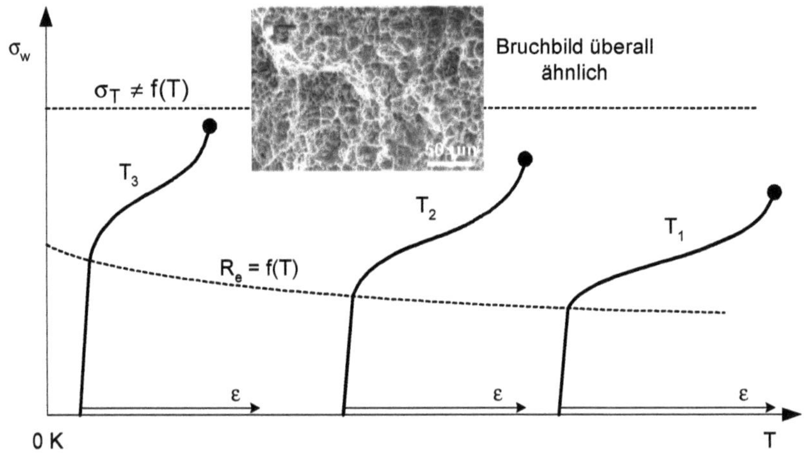

Bild 1.28 Wahre Spannungs-Dehnungs-Diagramme für kfz.-Werkstoffe in Abhängigkeit von der Temperatur ($T_1 > T_2 > T_3$; ● Bruch)
Wegen der schwachen Temperaturabhängigkeit der Streckgrenze wird die Trennfestigkeit bei keiner Temperatur erreicht. Die Proben brechen immer duktil; das Beispiel zeigt einen Wabenbruch an einer Al-Legierung. Die Verfestigung (Steilheit der Fließkurven) ist bei kfz.-Werkstoffen relativ stark temperaturabhängig.

Das Maximum der Fließspannung bei 0 K liegt bei den krz.-Werkstoffen oberhalb der Trennfestigkeit σ_T, welche näherungsweise als temperaturunabhängig angesetzt wird. Dies ist die Spannung, bei welcher die Bindungen aufgerissen werden aufgrund der Wirkung der größten Hauptnormalspannung σ_1. Sobald diese Spannung erreicht wird, bricht eine Probe oder ein Bauteil spröde.

Zunächst sollen nun Zugversuche bei üblicher Dehngeschwindigkeit in Abhängigkeit von der Temperatur unterhalb von ca. 0,15 T_S betrachtet werden. Um sowohl den Einfluss der Temperatur als auch den der Dehnung zu erfassen, werden mehrere σ-ε-Diagramme für unterschiedliche Temperaturen in ein Schaubild eingezeichnet. Hierbei wird die wahre Spannung benutzt (siehe Kap.

1.2), weil diese für das Werkstoffverhalten maßgeblich ist. **Bild 1.28** zeigt zunächst zum Vergleich das zu erwartende Verhalten eines kfz.-Werkstoffes. Da die Streckgrenze nur schwach von der Temperatur abhängt (siehe Bild 1.27), erreicht die wahre Bruchspannung auch bei niedrigsten Temperaturen die Trennfestigkeit nicht. Die Brüche sind also durchweg duktil (andere Mechanismen, welche auch bei kfz.-Werkstoffen verformungsarme Brüche hervorrufen können, werden in diesem Zusammenhang nicht betrachtet).

Ganz anders liegen die Verhältnisse bei den krz.-Metallen und -Legierungen, **Bild 1.29**. Bei genügend hohen Temperaturen bleibt die wahre Bruchspannung noch unterhalb der Trennfestigkeit; die Brüche sind duktil (bei T_1 und T_2). Da jedoch die Streckgrenze mit abnehmender Temperatur stark ansteigt, wird ab einer bestimmten Temperatur während des Zugversuchs die Trennfestigkeit erreicht und der Bruch erfolgt dann spontan und spröde, obwohl sich die Probe vorher plastisch verformt hat (bei T_3). Ein duktil-spröder Mischbruch tritt dann auf, wenn sich während der plastischen Verformung im Werkstoff duktile Schädigung eingestellt hat in Form von Waben (siehe Kap. 5.4). Der Restquerschnitt bricht bei der Trennfestigkeit in jedem Fall spröde. Unterhalb der Temperatur, bei der die Streckgrenze so hoch ist wie die Trennfestigkeit, brechen alle Proben spröde ohne plastische Verformung (bei T_4).

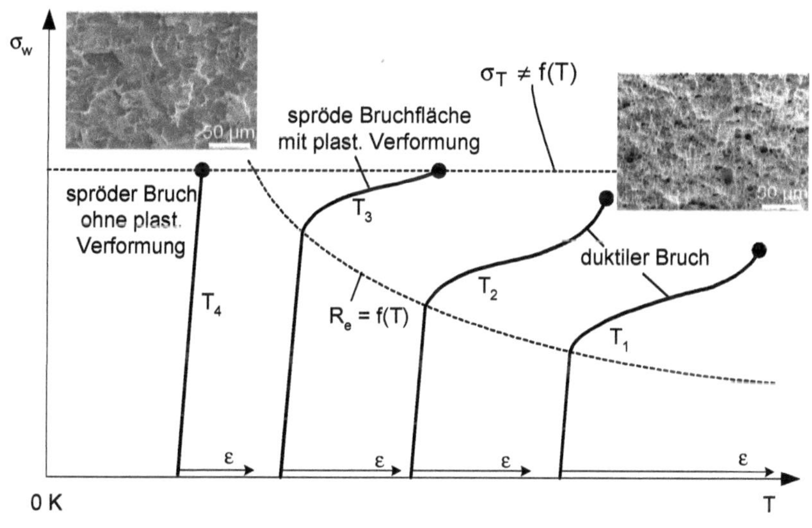

Bild 1.29 Wahre Spannungs-Dehnungs-Diagramme für krz.-Werkstoffe in Abhängigkeit von der Temperatur ($T_1 > T_2 > T_3 > T_4$; ● Bruch)
Wegen der starken Temperaturabhängigkeit der Streckgrenze erreicht die wahre Spannung bei genügend tiefen Temperaturen die Trennfestigkeit (T_3 und T_4). Dann bricht der (Rest-)Querschnitt spontan und spröde.

Wird die Verformungsgeschwindigkeit erhöht, geschieht Folgendes. Die $R_e(T)$-Linie verschiebt sich weiter zu höheren Werten und auch die „Knietemperatur" steigt gemäß Bild 1.26 an. Es kommt also schon bei höheren Temperaturen zu spröden Brüchen, weil die Trennfestigkeit erreicht wird. Der schnellste Verformungsversuch ist der Schlagtest, der meist als Kerbschlagbiegeversuch durchgeführt wird, **Bild 1.30**. Ähnlich schnelle *Zug*versuche sind versuchstechnisch nicht umsetzbar, aber man kann sie sich als Gedankenexperiment vorstellen, um an die obigen Ausführungen zur Verformungsgeschwindigkeit im Zugversuch anzuknüpfen.

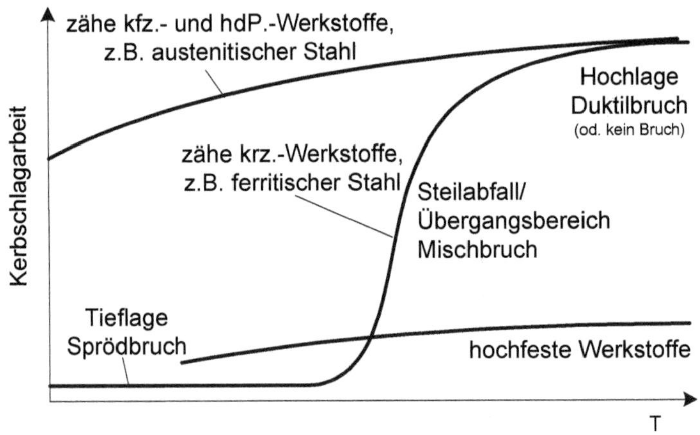

Bild 1.30 Kerbschlagarbeit-Temperatur-Verlauf
In der Hochlage müssen die beiden Linien nicht unbedingt zusammenlaufen, sondern können – je nach Werkstoff – differieren. Sehr hochfeste Werkstoffe sind in einem weiten Temperaturbereich schlagspröde.

In der Tieflage mit sehr geringer Schlagarbeit wäre die Streckgrenze höher als die Trennfestigkeit, d.h. es kann so gut wie keine plastische Verformung stattfinden. In der Hochlage sind die Temperaturen hoch genug, um die effektive Spannung σ_{eff}, die bei krz.-Metallen vorwiegend der Peierls-Spannung entspricht, thermisch unterstützt zu null verschwinden zu lassen. Der Werkstoff verhält sich dann zäh und die Brüche sind duktil (oder es erfolgt im Schlagversuch gar kein Bruch, wenn der Schlaghammer hängen bleibt). Im Übergangsbereich, welcher bei ferritischen Stählen meist etwa im Bereich von – 50 °C bis 0 °C liegt (unter besonderen Bedingungen auch darüber), tritt ein Mischbruch auf. Zunächst läuft plastische Verformung ab mit duktilen Schädigungsmerkmalen, durch die Verfestigung wird dann jedoch die Trennfestigkeit erreicht und der Rest bricht spröde.

Als Übergangstemperatur definiert man oft die so genannte FATT 50 (*fracture appearance transition temperature*). Das ist diejenige Temperatur, bei welcher in der Bruchfläche, meist nach stereomikroskopischer Auswertung, etwa zu gleichen Flächenanteilen Duktil- und Sprödbruchmerkmale vorliegen (siehe dazu auch Kap. 5.3 und 5.4).

Das spröde Tieftemperaturverhalten der krz.-Metalle und -Legierungen wurde besonders früher oft damit erklärt, dass zu wenige Gleitsysteme vorhanden seien. Diese Theorie ist nicht haltbar (siehe Kap. 1.7.1, Tabelle 1.6). Falls das korrekt wäre, müssten erst recht die hdP.-Metalle einen Steilabfall aufweisen, was für die meisten nicht zutrifft (siehe Bild 1.30). Nicht in der *Anzahl* der Gleitsysteme liegt der Grund, sondern in der *Spannung*, mit der die Versetzungen durch diese Gleitsysteme bewegt werden müssen, d.h. in der Peierls-Spannung.

Bei sicherheitsrelevanten Bauteilen, bei denen schlagartige Belastungen auftreten können, z.B. Transportbehälter für gefährliche Stoffe, muss entweder ein bei allen Temperaturen schlagzäher kfz.-Werkstoff gewählt werden oder die Übergangstemperatur muss genügend weit unterhalb der tiefstmöglichen Betriebstemperatur liegen. Besonders früher, als diese Zusammenhänge noch nicht bekannt waren, haben sich schwere Schäden und Katastrophen ereignet, wenn krz.-Werkstoffe in der Tieflage schlagartig belastet wurden und spröde versagten. Als Beispiel seien die häufigen Untergänge von Schiffen in eiskaltem Wasser und bei schwerer See genannt, bei der die Schiffe von hohen Wellen herunter aufs Wasser schlagen. Beim Untergang der „Titanic" war das Meer zwar ruhig, dafür stellte der Aufprall auf einen Eisberg eine schlagartige Belastung bei niedriger Wassertemperatur von –2 °C dar. Der damals verwendete Stahl hatte eine zu hohe spröd-duktile Übergangstemperatur (Details siehe [1.7]).

Liegen in den Bauteilen durch die Herstellung und Fertigung bereits Trennungen vor, wie z.B. in Schweißnähten, verschlimmert sich das Problem der Tieftemperatur-Schlagzähigkeit. Unter diesen Bedingungen sind die Schlag- und Bruchzähigkeiten gering.

1.10 Vielkristallverformung

1.10.1 Bedingungen für Vielkristallverformung

Vielkristalle bestehen aus vielen Körnern (Kristallen) unterschiedlicher Orientierung. In diesem Verbund, der an den Korngrenzen zusammengehalten wird, kann sich nicht jedes Korn frei nach allen Richtungen verformen, wie das bei einem Einkristall der Fall ist. Die Körner müssen sozusagen „Rücksicht" aufeinander nehmen oder, wissenschaftlicher ausgedrückt, die Kompatibilität muss gewahrt bleiben. Ansonsten bilden sich schon nach geringen Dehnungen Risse und es kommt zum Bruch.

Wesentlich bei der Behandlung der Vielkristallverformung ist die Tatsache, dass die *Korngrenzen unüberwindbare Hindernisse für Versetzungen* darstellen. Versetzungen können aus geometrischen Gründen nicht in Nachbarkörner hinübergleiten. Dies gilt für *alle* Temperaturen. Damit eine vorgegebene Verformung nicht sofort zum Bruch führt, müssen sich die Körner durch plastische Verformung aneinander anpassen. Man bezeichnet dies als *Akkommodation*. R. von Mises hat für diese Akkommodation ein Kriterium aufgestellt, das nach ihm benannte *von Mises-Kriterium*. Danach müssen mindestens *fünf voneinander unabhängige Gleitsysteme* vorhanden sein und betätigt werden können. Unabhängig ist ein Gleitsystem dann, wenn es eine Verformung bewirken kann, die von den anderen *zusammen* in Betrag und Richtung nicht erreicht werden kann.

In kfz.- und krz.-Metallen mit ihren je 12 Gleitsystemen (bei krz. eventuell sogar 24, siehe Tabelle 1.6) ist die von Mises-Bedingung erfüllt. In hdP.-Werkstoffen mit drei Gleitsystemen sind nur zwei unabhängig. Daher ist bei diesen Metallen bei polykristallinem Gefüge die Duktilität gering, z.B. bei Mg-Legierungen; Einkristalle sind dagegen duktil.

1.10.2 Fließkurven von Vielkristallen

Mit den bisher gewonnenen Erkenntnissen kann das Spannungs-Dehnungs-Diagramm aus Zugversuchen präzise interpretiert werden. Zunächst wird von einem

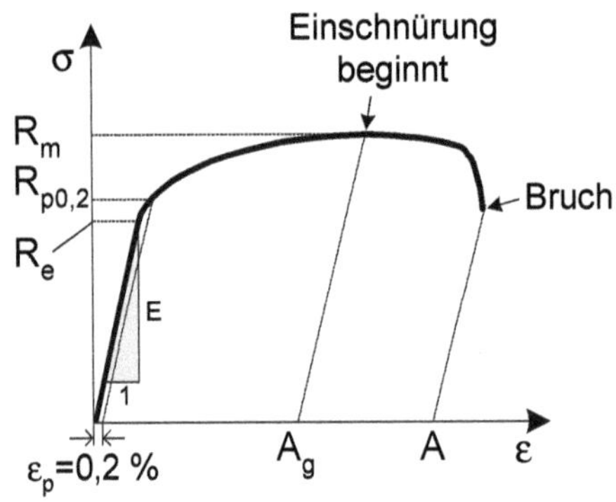

Bild 1.31 Technisches Spannungs-Dehnungs-Diagramm mit kontinuierlichem Übergang vom elastischen in den elastisch-plastischen Bereich (die Steigung der Hooke'schen Geraden ist übertrieben flach gezeichnet im Verhältnis zur Gesamtdehnung)

normalen Übergang vom elastischen in den elastisch-plastischen Bereich ausgegangen; die Streckgrenze sei also nicht ausgeprägt, **Bild 1.31**. In **Bild 1.32** sind das technische und das wahre σ-ε-Diagramm gegenübergestellt. Um die wahre Spannung im Einschnürbereich zu berechnen, muss der engste Querschnitt kontinuierlich gemessen werden.

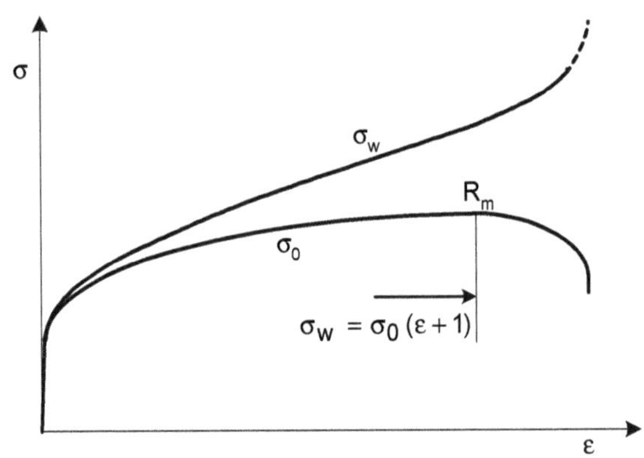

Bild 1.32 Gegenüberstellung eines technischen und eines wahren Spannungs-Dehnungs-Diagramms

Die Umrechnung nach der angegeben Formel gilt im Bereich der Gleichmaßdehnung bis R_m. Nach Einschnürung muss der Einschnürquerschnitt kontinuierlich gemessen werden.

Folgende Bereiche des σ-ε-Diagramms lassen sich unterteilen, wobei von einem sehr duktilen Verhalten mit deutlicher Einschnürung ausgegangen wird:

- Im Anfangsbereich liegt ausschließlich elastische Verformung vor, bei der die Spannung und die Dehnung über das Hooke'sche Gesetz miteinander verknüpft sind (siehe auch Kap. 1.4.1, Bild 1.5).
- Bereits in dem makroskopisch noch als linear erscheinenden Abschnitt unterhalb der Streckgrenze kommt es zu plastischer *Mikrodehnung*. Zum einen weist das Versetzungsnetzwerk im Ausgangszustand eine Verteilung der Knotenabstände gemäß Bild 1.25 auf, so dass Versetzungsabschnitte mit relativ weitem Abstand schon bei geringen Spannungen betätigt werden. Dies kann bei 10 % oder noch weniger der makroskopischen Streckgrenze der Fall sein. Außerdem wird zuerst Versetzungsgleiten einsetzen in Körnern, welche zufällig günstig zur Belastungsrichtung orientiert sind. Die für das Gleiten maßgebliche maximale Schubspannung τ_{max} beträgt bei einaxialer Zugbelastung die Hälfte der außen anliegenden Normalspannung und liegt unter 45° zur Achse von σ_1 [1.3]. Bei Werkstoffen mit einem kfz.-Gitter, in denen die Gleitsysteme {111} <110> betätigt werden, liegt ein Korn dann besonders günstig orientiert, wenn sich seine <100>-Würfelkante parallel zur Zugrichtung befindet, weil die Gleitebenen sowie 2 der 3 Richtungen dazu unter 45° verlaufen.
- Bei der (makroskopischen) Streckgrenze erfasst die plastische Verformung das gesamte Probenvolumen, wobei auch dieser Wert – im Gegensatz zu $R_{p\,0,2}$ – nicht scharf abgegrenzt ist, weil die Versetzungsmaschen und die Körner sukzessive aktiviert werden.
- Durch die plastische Verformung nimmt die Versetzungsdichte kontinuierlich zu (Kap. 1.6.2). Eine höhere Versetzungsdichte ruft wiederum eine höhere Fließspannung hervor: $\sigma_F \sim \sqrt{\rho}$ (Kap. 1.9.2, Gl. 1.18). Der Werkstoff verfestigt sich also strukturell, was die Steigung $d\sigma/d\varepsilon$ im σ-ε-Diagramm ausdrückt. Gleichzeitig kommt es zu einer geometrischen „Entfestigung" aufgrund der gleichmäßigen Querschnittabnahme der Probe über der gesamten Länge.
- An einer zufälligen Schwachstelle (Riefe, fertigungsbedingt etwas geringerer Durchmesser...) überwiegt dann die geometrische „Entfestigung" gegenüber der strukturellen Verfestigung, und die Probe schnürt lokal ein. Eine gleichmäßige Verformung über der gesamten Länge findet nicht mehr statt. Zu Beginn der Einschnürung erreicht die *Kraft* ihr Maximum und damit auch die *technische* Spannung. Dieser Wert markiert die Zugfestigkeit R_m. Die *wahre* Spannung im Einschnürquerschnitt steigt weiter an, weil sich der Werkstoff durch die Verformung immer noch verfestigt. Im Einschnürbereich entsteht ein mehrachsiger Spannungszustand aufgrund der Querdehnungsbehinderung durch das benachbarte, nicht eingeschnürte Material. Deshalb darf die ermittelte wahre Spannung nicht direkt mit der Spannung im Gleichmaßbereich verglichen werden (siehe auch Kap. 3.1).

- Im Einschnürbereich entwickelt sich Schädigung in Form von Rissen, die sich zu wabenförmigen Hohlräumen langstrecken. Das übrige Probenvolumen ist meist frei von Rissen (siehe auch Kap. 5.4).

Der plastische Bereich der wahren σ-ε-Kurve lässt sich näherungsweise durch eine Potenzfunktion beschreiben:

$$\sigma_W = K\,\varepsilon_W{}^n \tag{1.20a}$$

oder logarithmiert:

$$\lg\sigma_W = K^* + n\,\lg\varepsilon_W \tag{1.20b}$$

K Festigkeitskoeffizient ($K^* = \lg K$)
n Verfestigungsexponent ($\approx 0{,}15...0{,}55$)

Diese Beziehung wird als *Ludwik-Hollomon-Gleichung* bezeichnet. In doppeltlogarithmischer Auftragung, $\lg\sigma_W$ über $\lg\varepsilon_W$, sollte sich folglich in dem Bereich, in welchem diese mathematische Beschreibung zutrifft, eine Gerade der Steigung n ergeben.

1.10.3 Ausgeprägte Streckgrenze

Besonders von vielen C-Stählen ist das Phänomen der ausgeprägten Streckgrenze bekannt, **Bild 1.33**. Um zu erkennen, worin die Anomalie liegt, denke man sich zunächst den Verlauf, als wenn die Streckgrenze nicht ausgeprägt sei, was schematisch in **Bild 1.34** angedeutet ist. Es liegt demnach eine *Streckgrenzenerhöhung* ΔR_e vor, welche zu interpretieren ist.

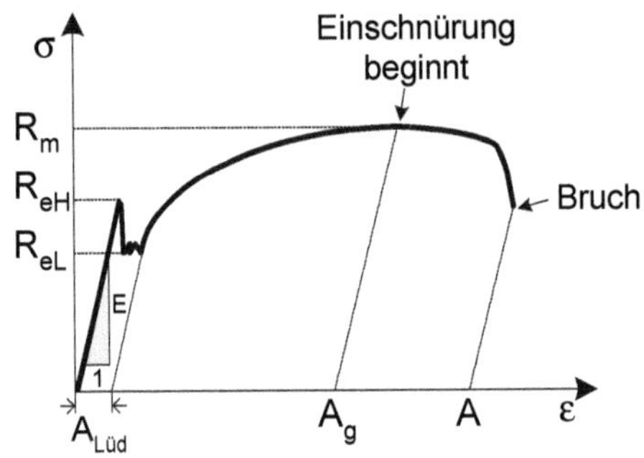

Bild 1.33 Technisches Spannungs-Dehnungs-Diagramm mit ausgeprägter Streckgrenze

Die Steigung der Hooke'schen Geraden ist übertrieben flach gezeichnet im Verhältnis zur Gesamtdehnung.

Ursache für die Streckgrenzenerhöhung sind die Fremdatomansammlungen in den Spannungsfeldern der Versetzungen, die so genannten Cottrell-Wolken (Kap. 1.6.3). In Baustählen werden diese Cluster durch die interstitiell gelösten C- und N-Atome gebildet. Wenn diese gelösten Fremdatome bei genügender thermischer Beweglichkeit bei einer Wärmebehandlung in die Umgebung von Versetzungen diffundieren, stellt diese Anordnung in bestimmten Temperaturbereichen einen insgesamt energetisch günstigeren Zustand dar. Die Enthalpie H

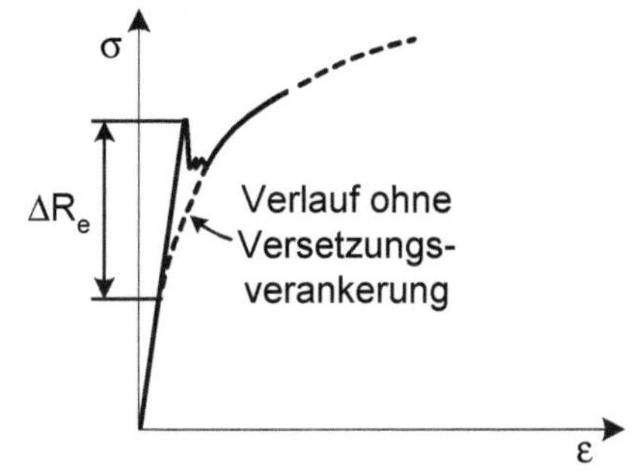

Bild 1.34 Ausschnitt eines Spannungs-Dehnungs-Diagramms mit ausgeprägter Streckgrenze und dem Verlauf ohne die Ausprägung

Durch die Versetzungsverankerung hat eine Streckgrenzenerhöhung stattgefunden.

wird dabei vermindert, die Entropie S nimmt allerdings auch ab, weil die Anhäufung einer höheren Ordnung entspricht. Die verankerten Versetzungen liegen in einer Potenzialmulde, und es wird eine höhere Schubspannung und damit eine höhere außen anliegende Normalspannung benötigt, um sie von ihrer Fremdatomwolke loszureißen, **Bild 1.35**. Diese Losreißspannung entspricht der oberen Streckgrenze R_{eH}. Es liegt eine besondere Art der Mischkristallhärtung aufgrund von einphasiger Entmischung und Clusterbildung vor (siehe Kap. 1.13.2).

Sobald die Spannung hoch genug ist, um die Versetzungen von ihren Cottrell-Wolken zu befreien, steigt die Dichte der beweglichen Versetzungen schlagartig an. Die Dehngeschwindigkeit ist jedoch im Zugversuch fest vorgegeben, so dass gemäß der Beziehung $\dot{\varepsilon} \sim \rho_m \, \sigma^m$ (s. Gl. 1.13) die Spannung auf die untere Streckgrenze R_{eL} abfällt.

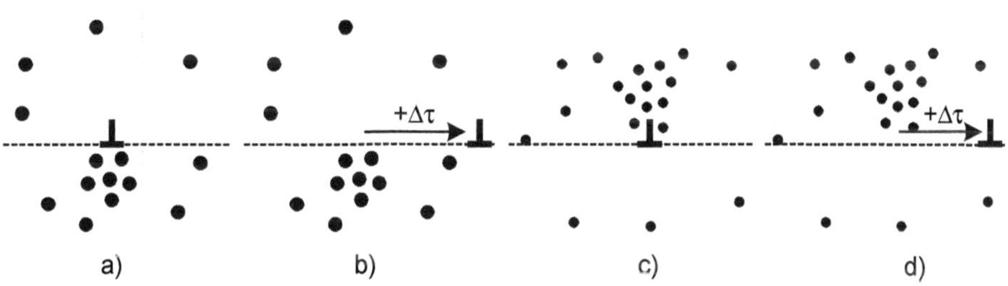

Bild 1.35 Mechanismus der ausgeprägten Streckgrenze
a) Versetzungsverankerung durch Cottrell-Wolke mit *größeren* Substitutionsatomen oder interstitiellen Fremdatomen, die sich in der Zugspannungszone anreichern
b) Die Versetzung hat sich durch eine erhöhte Schubspannung $\Delta\tau$, entsprechend einer erhöhten Streckgrenze ΔR_e, losgerissen
c) Wie a), jedoch mit *kleineren* Substitutionsatomen, die sich in der Druckspannungszone anreichern
d) Wie b)

Bei Erreichen der unteren Streckgrenze erfolgt die plastische Verformung nicht gleichmäßig über die gesamte Probenlänge, sondern ist auf schmale Bereiche, die *Lüders-Bänder*, konzentriert, **Bild 1.36**. An Flachproben lässt sich dieses Phänomen im Zugversuch mit bloßem Auge beobachten. Ein Lüders-Band startet in der Regel an Spannungskonzentrationen im Übergang Messlänge-Kopf der Probe, wo der gleichmäßige Kraftlinienfluss gestört ist und eine leichte Kerbwirkung auftritt. Hier wird die Losreißspannung zuerst erreicht. Da die maximale Schubspannung maßgeblich ist, liegen die Lüders-Bänder schräg, etwa unter 45°, zur Probenlängsachse. Vom ersten Lüders-Band strahlen die Spannungsfelder der Versetzungen über in die noch nicht erfassten Gebiete, so dass sich der plastisch verformte Bereich sukzessive über die ganze Messlänge ausbreitet. Dies lässt sich thermographisch anschaulich verfolgen (Bild 1.36 b). In den bereits verformten Abschnitten kommt es zunächst wegen der Verfestigung nicht zu weiterer Verformung, sondern erst dann wieder, wenn das Verformungsband die ganze Messlänge überstrichen hat. Den Dehnungsabschnitt, in welchem die Spannung etwa konstant auf Höhe der unteren Streckgrenze bleibt, nennt man *Lüders-Dehnung* $A_{Lüd}$ (siehe Bild 1.33).

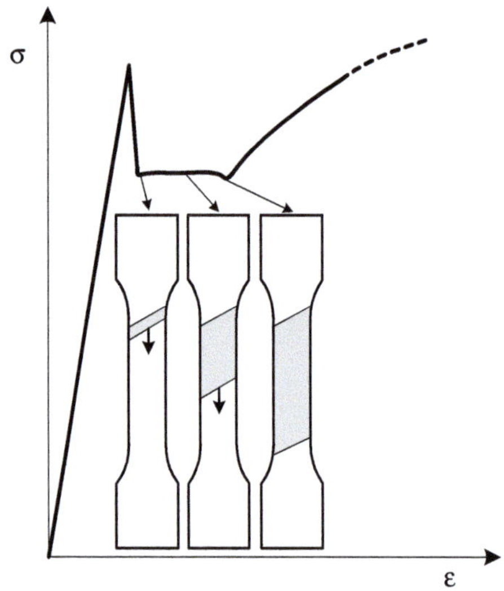

a)

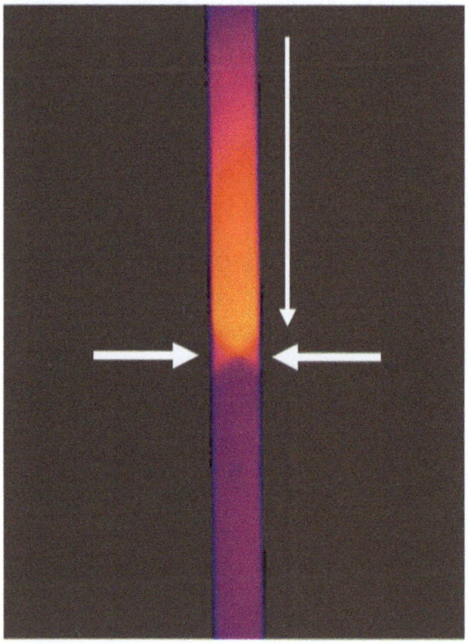

b)

Bild 1.36 Ausbreitung von Lüders-Bändern

a) Schematisches Spannungs-Dehnungs-Diagramm mit Zuordnung zu den Punkten im Lüders-Dehnbereich
Das Band kann auch von beiden Enden der Messlänge aus starten oder kreuzweise durchlaufen.

b) Thermographische Aufnahme im Bereich der Lüders-Dehnung
Durch die plastische Verformung erwärmt sich die Probe (heller Bereich). Das kreuzweise durchlaufende Lüders-Band (Laufrichtung siehe dünner langer Pfeil) ist hier etwa in Probenmitte angekommen (Querpfeile).

Auch Substitutionsatome können die Versetzungen blockieren und zu einer ausgeprägten Streckgrenze führen. Dieses Phänomen ist also nicht allein auf die C-Stähle beschränkt.

Das ungleichmäßige Fließen im Bereich der Lüders-Dehnung erzeugt inhomogene Verformung und Streifenbildung auf der Oberfläche, so genannte *Fließfiguren*. Besonders bei Blechen, von denen eine hohe Oberflächenqualität gefordert wird, stört dies. Ein Beispiel sind nicht aushärtbare Mischkristalllegierungen auf Al-Basis, die für Aluminiumkarosserien infrage kommen.

1.10.4 Statische und dynamische Reckalterung

Die Mechanismen der ausgeprägten Streckgrenze führen zur so genannten *Reckalterung*. Mit dem Begriff „Alterung" ist hier gemeint, dass die Verankerung der Versetzungen durch Fremdatomwolken wiederholt möglich ist, wenn die Atome genügend thermische Beweglichkeit erlangen. Dies kann sowohl durch eine separate Anlasswärmebehandlung nach plastischer Verformung geschehen, was als *statische Reckalterung* bezeichnet wird, als auch während des Verformens bei entsprechend hohen Temperaturen. Letzterer Vorgang heißt *dynamische Reckalterung* oder *Portevin-Le Châtelier-Effekt*.

Die statische Reckalterung läuft wie folgt ab. Wird die plastische Verformung unterbrochen, die Probe entlastet und ausgelagert, so tritt die ausgeprägte Streckgrenze bei anschließender Wiederbelastung erneut auf. Während des Anlassens konnten die Fremdatome von neuem in die Spannungsfelder der Versetzungen diffundieren und diese blockieren. Bei C-Stählen reichen wegen der hohen Beweglichkeit der C- und N-Atome mäßig erhöhte Temperaturen für kurze Zeit aus.

In bestimmten Bereichen der Temperatur und der Verformungsgeschwindigkeit kann es zu einer immer wiederkehrenden Blockierung der Versetzungen während der Verformung kommen, einer Art „Stop-and-go"-Effekt. Die σ-ε-Kurven verlaufen bei dieser dynamischen Reckalterung nicht mehr glatt, sondern sind mehr oder weniger stark gezackt. **Bild 1.37** zeigt ein Beispiel für Weicheisen (technisch reines Eisen) mit 0,05 Mas.-% C und 0,004 Mas.-% N. Bei RT und ab 300° C ist der Kurvenverlauf glatt, dazwischen ist er unregelmäßig. Bei den hohen Temperaturen verschwindet auch die ausgeprägte Streckgrenze, die bei RT erwartungsgemäß auftritt.

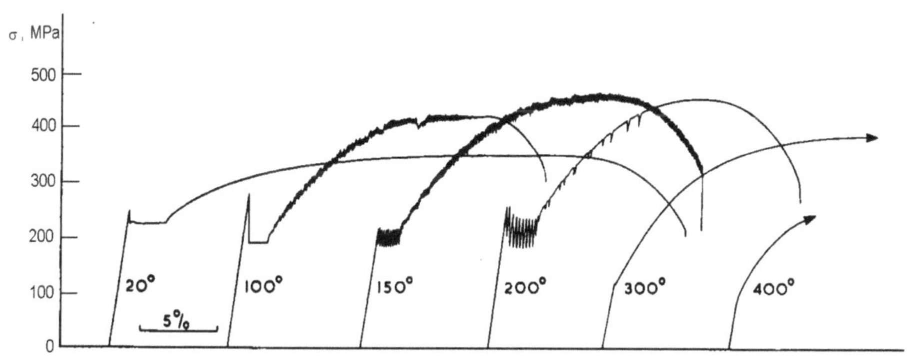

Bild 1.37 Spannungs-Dehnungs-Kurven von Weicheisen mit 0,05 % C und 0,004 % N; Korngröße: 20 µm, Dehngeschwindigkeit: 10^{-4} s^{-1} (nach [1.8])
Bei 100, 150 und 200 °C tritt dynamische Reckalterung auf. Ab 300 °C sind sowohl die ausgeprägte Streckgrenze als auch die dynamische Reckalterung verschwunden.

Sind die Temperaturen zu niedrig, um die Fremdatome den gleitenden Versetzungen durch Diffusion folgen zu lassen, tritt eine ausgeprägte Streckgrenze nur einmalig auf. Bei genügend hohen Temperaturen wiederholt sich das Verankern und Losreißen ständig, und folglich steigt und fällt die Fließspannung immer wieder. Bei weiter erhöhten Temperaturen ist die Anlagerung der Fremdatome an Versetzungen energetisch nicht mehr bevorzugt, weil der Entropieterm $T \cdot S$ aufgrund der höheren Unordnung bei regelloser Verteilung gegenüber der Enthalpieabsenkung durch die Ansammlung überwiegt. Somit tritt auch keine anfängliche ausgeprägte Streckgrenze mehr auf (siehe Bild 1.37, Kurven für 300 °C und 400 °C).

Die mittlere Versetzungsgeschwindigkeit ist proportional zur vorgegebenen Verformungsgeschwindigkeit (siehe Gl. 1.11). Wird die Dehnrate erhöht, bewegen sich die Versetzungen entsprechend schneller. Auch die Fremdatome müssten schneller diffundieren können, um dynamische Reckalterung zu ermöglichen. Folglich verschiebt sich der Temperaturbereich, in welchem dieses Phänomen auftritt, zu höheren Werten mit zunehmender Verformungsgeschwindigkeit.

Der Portevin-Le Châtelier-Effekt wird auch bei einigen Substitutionsmischkristallen beobachtet, z.B. in den nicht aushärtbaren AlMg-Legierungen. Aufgrund der bereits recht hohen homologen Temperatur können die Mg-Atome schon bei Raumtemperatur und nicht zu hohen Dehnraten den Versetzungen folgen.

Auch die dynamische Reckalterung erzeugt *Fließfiguren* auf den Werkstückoberflächen. Falls dies stört, wie z.B. bei Karosserieblechen aus Al-Legierungen für den Automobilbau, ließe sich der Effekt, außer durch Wahl einer fließfigurenfreien Legierung, durch eine genügend tiefe Umformtemperatur oder – technisch realistischer – durch höhere Umformgeschwindigkeit beseitigen. Ausscheidungsgehärtete Legierungen, in denen die Fremdatome nur in geringer Konzentration gelöst vorliegen, wie z.B. AlMgSi-Legierungen, weisen keine Fließfiguren auf.

1.10.5 Einfluss der Korngröße auf die Streckgrenze

Von Hall (1951) und Petch (1953) wurde für niedrig-kohlenstoffhaltige Stähle ein Zusammenhang zwischen der unteren Streckgrenze und dem Korndurchmesser d_K folgender Art gefunden, **Bild 1.38**:

$$R_e = \sigma_0 + \frac{k}{\sqrt{d_K}} \tag{1.21}$$

σ_0 Streckgrenze bei extrem grobem Korn ($d_K \to \infty$)
k Konstante

Diese Beziehung wurde für viele andere Werkstoffe bestätigt und als *Hall-Petch-Gesetz* bekannt. Bei der Auftragung der Streckgrenze gegen den Kehrwert aus der Wurzel des Korndurchmessers, wie in Bild 1.38, sollte sich also eine Gerade ergeben; andernfalls träfe das Gesetz nicht zu.

Der Zusammenhang zwischen Korngröße und Festigkeit führt auf die *Korngrenzenhärtung* oder *Feinkornhärtung* im Bereich tiefer Temperaturen. Von allen vier möglichen Härtungsmechanismen (siehe Kap. 1.13.1) stellt sie den *einzigen* dar, welcher sowohl die Festigkeit als auch die Duktilität und Zähigkeit zu steigern vermag.

Streng zu beachten ist, dass das Hall-Petch-Gesetz *nicht im Kriechbereich* gilt. Bei hohen Temperaturen wirken Mechanismen, welche zu grundlegend anderen Gesetzmäßigkeiten führen (siehe Kap. 1.11.4 und 1.11.5).

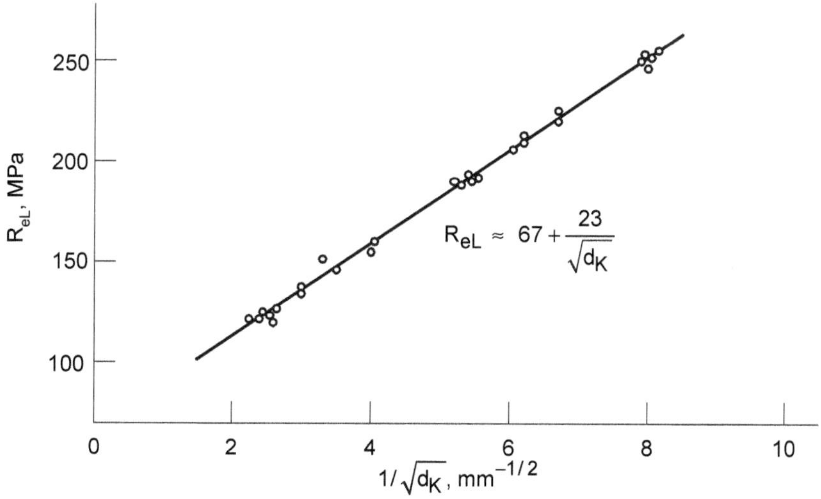

Bild 1.38 Abhängigkeit der unteren Streckgrenze von der Korngröße bei Weicheisen mit 0,115 % C und 0,0085 % N_2 (nach [1.9])
In der Auftragung gegen die reziproke Wurzel aus der Korngröße liegen die Werte auf einer Geraden. Diese würde die Ordinate bei 67 MPa schneiden für $d_K \rightarrow \infty$. In der zugeschnittenen Größengleichung sind R_{eL} in MPa und d_K in mm einzusetzen.

An der Auftragung mit linearer Achsenteilung (**Bild 1.39**) erkennt man, dass ein sehr feines Korn einzustellen ist, um eine deutliche Festigkeitssteigerung zu bewirken, im gezeigten Beispiel kleiner als ca. 100 µm. Im Bereich höherer Korngrößen ist die Abhängigkeit ziemlich schwach. Derart feine Körner lassen sich nur über Umform- und Rekristallisationsprozesse, meist in mehrfacher Abfolge mit sukzessiv abnehmender Ausgangskorngröße, realisieren.

Es gibt verschiedene Ansätze, die Hall-Petch-Beziehung durch die ablaufenden Verformungs- und Verfestigungsmechanismen zu deuten. Diese lassen sich in Aufstaumodelle und Verfestigungsmodelle unterteilen. Das in Lehrbüchern fast ausschließlich dargestellte Aufstaumodell nach Cottrell geht davon aus, dass sich Versetzungen an Korngrenzen aufstauen, weil sie diese nicht überwinden können. Solche Aufstauungen beobachtet man jedoch selten, so dass hier nur das wahrscheinlich zutreffendere Verfestigungsmodell nach Conrad vorgestellt wird.

Dabei werden Mikrodehnungen im Bereich der Streckgrenze betrachtet, oder man wähle z.B. 0,2 % plastische Dehnung, um den Wert der betreffenden Dehngrenze in Zusammenhang mit der Korngröße zu bringen. Die Fließspannung ist der Wurzel aus der Versetzungsdichte proportional gemäß Gl. (1.18):

$$\sigma_F \sim \sqrt{\rho} \qquad \text{siehe Gl. (1.18)}$$

Die erzeugte Dehnung ergibt sich aus Gl. (1.10):

$$\varepsilon_p \sim \rho \, \overline{L} \qquad \text{siehe Gl. (1.10)}$$

Hier ist die gesamte Versetzungsdichte angegeben, nicht nur der bewegliche Anteil, denn beide sind proportional zueinander. Der mittlere Versetzungslaufweg korreliert mit dem Korndurchmesser, weil er die Wege begrenzt, die zurückgelegt werden können:

$$\overline{L} \sim d_K \tag{1.22}$$

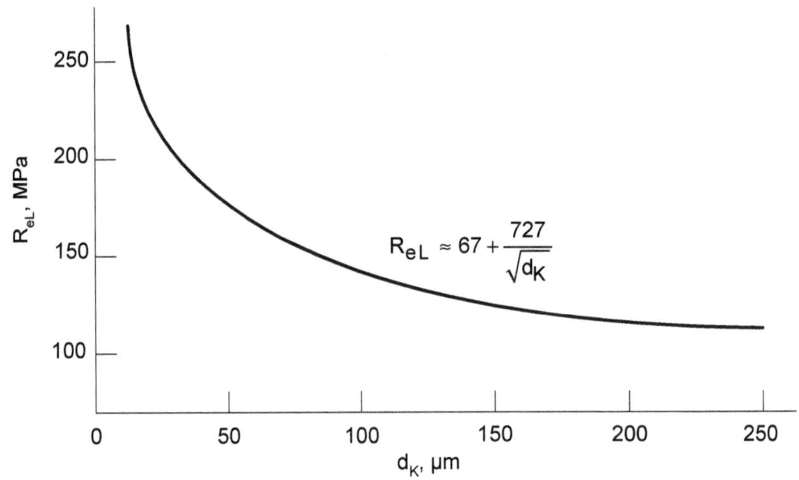

Bild 1.39 Abhängigkeit der unteren Streckgrenze von der Korngröße bei linearer Auftragung (Daten aus Bild 1.38)
Die Festigkeitssteigerung durch Feinkorn macht sich nur im Bereich sehr geringer Korngrößen deutlich bemerkbar. In der zugeschnittenen Größengleichung sind R_{eL} in MPa und d_K in µm einzusetzen.

Daraus ergibt sich ein Zusammenhang zwischen der Dehnung, der Versetzungsdichte und dem Korndurchmesser:

$$\varepsilon_p \sim \rho \, d_K \quad \text{oder} \quad \rho \sim \frac{\varepsilon_p}{d_K} \tag{1.23}$$

Diese Beziehung besagt, dass sich eine bestimmte Versetzungsdichte einstellt, um eine gewisse plastische Dehnung ε_p bei gegebener Korngröße zu erzeugen. Diese Versetzungsdichte ist umso höher, je feiner das Korn ist, weil die Laufwege geringer sind.

Setzt man Gl. (1.23) in die Beziehung für die Fließspannung Gl. (1.18) ein, so gelangt man auf einen Zusammenhang entsprechend dem Hall-Petch-Gesetz (vgl. Gl. 1.21):

$$\sigma_F \sim \sqrt{\varepsilon_p} \cdot \frac{1}{\sqrt{d_K}} \tag{1.24}$$

Die höhere Versetzungsdichte für einen bestimmten Verformungsbetrag ε_p bei Feinkorn bewirkt eine höhere Verfestigung, die sich dadurch äußert, dass zum Fließen eine höhere äußere Spannung angelegt werden muss. Diese Fließspannung kann die Streckgrenze oder 0,2 %-Dehngrenze sein. **Bild 1.40** veranschaulicht den Zusammenhang zur Erklärung der Hall-Petch-Beziehung nach dem Verfestigungsmodell.

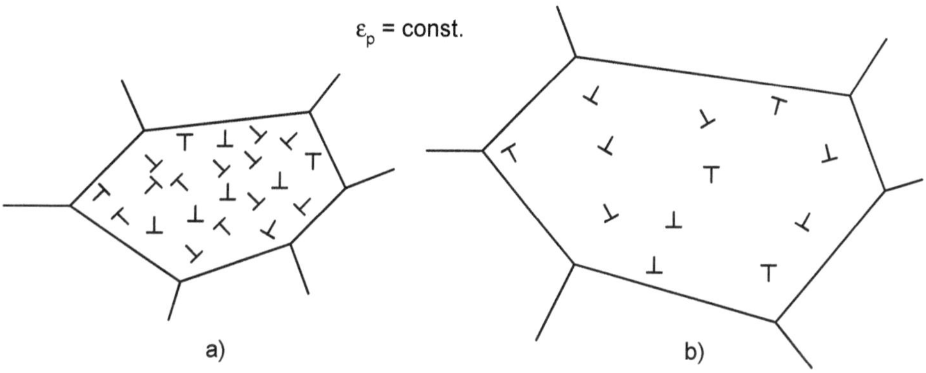

Bild 1.40 Veranschaulichung des Verfestigungsmodells zur Hall-Petch-Beziehung
a) Feinkorn benötigt mehr Versetzungen für eine konstante plastische Verformung aufgrund kürzerer mittlerer Versetzungslaufwege
b) Grobkorn benötigt für die gleiche Verformung weniger Versetzungen, weil jede Versetzung im Mittel einen längeren Weg zurücklegen kann

1.11 Kriechen

1.11.1 Einführung

Eingangs wurde in Kap. 1.4.2 auf die Zeitabhängigkeit der inelastischen Verformung hingewiesen. Als inelastische Verformung bezeichnet man zweckmäßigerweise die Summe aus einer *spontan* sich einstellenden plastischen Verformung und der *zeitabhängigen* Kriechverformung.

Von Anwendungen bei tiefen Temperaturen ist man gewohnt, von zeitlich sich nicht mehr verändernder Verformung auszugehen. Würde sich beispielsweise eine Stahlbrücke immer weiter verformen und immer mehr durchhängen, hätte dies fatale Folgen für ihre Funktion. Aus werkstoffwissenschaftlicher Sicht müsste man jedoch umdenken und grundsätzlich bei *allen* Temperaturen zusätzlich zur elastischen Verformung immer auch eine zeitabhängige Kriechverformung annehmen, denn Kriechen findet prinzipiell bei allen Temperaturen > 0 K sowie allen Spannungen ≠ 0 MPa statt. Die Frage dabei ist jedoch, mit welcher *Geschwindigkeit* der Vorgang abläuft. Ist diese so gering, dass in menschlich überschaubaren Zeiten die spontane elastische und eventuell plastische Verformung weit überwiegen, betrachtet man die zeitabhängigen Vorgänge als „eingefroren".

Wie in Kap. 1.7.4 ausgeführt, findet in metallischen Werkstoffen Diffusion von regulären Gitteratomen über Leerstellen mit technisch nennenswerter Geschwindigkeit ab ca. 40 % der absoluten Schmelztemperatur T_S statt. Diffusion ermöglicht Klettern von Stufenversetzungen, und dies wiederum bewirkt Erholung (Kap.1.8), die einen Teilschritt des Kriechens darstellt.

Metall	ϑ_S in °C	0,4 T_S in °C	20 °C = 293 K = x T_S
Sn	232	–71	0,58
Pb	327	–33	0,49
Zn	420	4	0,42
Mg	649	96	0,32
Al	660	100	0,31
Au	1063	261	0,22
Cu	1083	269	0,22
Ni	1455	418	0,17
Co	1495	434	0,17
Fe	1538	451	0,16
Ti	1670	504	0,15
Pt	1772	545	0,14
Zr	1855	578	0,14
Cr	1863	581	0,14
V	1910	600	0,13
Nb	2469	824	0,11
Mo	2623	885	0,10
Ta	3020	1044	0,09
W	3422	1205	0,08

Tabelle 1.9

Schmelzpunkte einiger Metalle sowie 0,4 T_S-Temperaturen (in °C) und homologe Temperaturen für 20 °C

Für Sn, Pb und Zn bedeutet RT eine hohe Temperatur, Mg und Al befinden sich bei RT in einem Übergangsbereich und für die restlichen Metalle ist RT eine tiefe Temperatur.

Tabelle 1.9 gibt eine Übersicht über die technisch wichtigsten Metalle und ihre homologen Temperaturen von 0,4 T_S, umgerechnet in °C. Demnach ist Raumtemperatur (RT) für Sn, Pb und Zn bereits eine hohe Temperatur im metallphysikalischen Sinne (alte Dachrinnen oder Rohrleitungen aus Pb hängen mit der Zeit immer stärker durch!), Mg und Al befinden sich bei RT im Übergangsbereich von tiefen zu hohen Temperaturen. Fe-Legierungen kommen ab ca. 450 °C in den Hochtemperaturbereich, was gut mit den technischen Erfahrungen von Stählen übereinstimmt. Für W, dem Element mit dem höchsten Schmelzpunkt, beginnen hohe metallphysikalische Temperaturen erst ab etwa 1200 °C.

Tabelle 1.10 Gegenüberstellung der Merkmale von Festigkeit und Verformung bei tiefen und bei hohen homologen Temperaturen

Tiefe Temperaturen ≤ 0,4 T_S	**Hohe Temperaturen ≥ 0,4 T_S**
Die Festigkeitskennwerte sind zeit*un*abhängig (Streckgrenze, Zugfestigkeit).	Die Festigkeitskennwerte sind zeitabhängig (Zeitdehngrenze, Zeitstandfestigkeit).
Plastische Verformung findet nur oberhalb einer Mindestspannung (= Fließgrenze) statt.	Kriechverformung ist bei allen Spannungen möglich. Eine rein elastisch ertragene Belastung gibt es nicht.
Der Verformungsbetrag bei konstanter Spannung stellt sich praktisch spontan und zeitunabhängig ein.	Der Verformungsbetrag stellt sich zeitabhängig ein.
Weitere Verformung ist nur bei Spannungssteigerung möglich.	Bei jeder Spannung (> oder < 0 MPa) findet stetige Kriechverformung statt.
Stufenversetzungen können ihre Gleitebene nicht verlassen; die Versetzungsstruktur bleibt langzeitig „eingefroren".	Stufenversetzungen können ihre Gleitebene durch Klettern verlassen; die Versetzungen sind nicht „eingefroren", sondern ständig in Bewegung.
Verformung findet nur durch Versetzungsbewegung statt.	Verformung findet durch Versetzungsbewegung (Versetzungskriechen) und außerdem durch alleinige Diffusion (Diffusionskriechen) statt.
Die Versetzungslaufwege sind durch Korngrenzen begrenzt; dies führt auf die Hall-Petch-Beziehung (Feinkornhärtung).	Die Versetzungslaufwege sind viel geringer als der Kornradius; die Hall-Petch-Beziehung gilt im Kriechbereich nicht; grobkörniges Gefüge ist kriechfester.
Die Körner bewegen sich nicht entlang der Korngrenzen gegeneinander.	Die Körner gleiten entlang der Korngrenzen aneinander ab (Korngrenzengleiten).
Bruch tritt nur bei Überschreiten der Bruchfestigkeit, im Zugversuch gleich der Zugfestigkeit, ein. Die mechanische Lebensdauer von Bauteilen ist, sofern die Bruchfestigkeit nicht überschritten wird, unendlich.	Zum Bruch kommt es zeitabhängig in jedem Fall. Die mechanische Lebensdauer der Bauteile ist endlich. Die Auslegung erfolgt oft für 10^5 h (≈ 11,4 Jahre) oder mehr.

Bei zeitlich konstanter Belastung spricht man bei hohen Temperaturen von *Zeitstandbeanspruchung*. Dem Zeitstandverhalten liegt das *Kriechen* des Werkstoffes zugrunde. Darunter wird ein zeitlich fortschreitender Verformungsprozess unter Anliegen einer Spannung verstanden. Während bei tiefen Temperaturen die Werkstoffe unterhalb der Streckgrenze imstande sind, die Belastung praktisch rein elastisch zu ertragen, verlieren sie diese Fähigkeit bei hohen Temperaturen: Egal wie niedrig die Spannung ist, kommt es zu bleibender Verformung durch Kriechen.

Bei tiefen Temperaturen ist weitere Verformung nur durch Erhöhen der Spannung möglich, bei hohen Temperaturen findet dagegen ständig fortschreitende Kriechverformung bei gleich bleibender Belastung statt. Kriechen tritt bei allen Spannungen auf und führt zum Bruch, auch bei Spannungen unterhalb der Streckgrenze.

In **Tabelle 1.10** werden die wesentlichen Merkmale der Festigkeit und Verformung bei tiefen und hohen homologen Temperaturen gegenübergestellt. Dabei wird vereinfachend angenommen, dass zeitabhängige Mechanismen bei tiefen Temperaturen gar nicht ablaufen. Im Folgenden werden die Befunde diskutiert.

1.11.2 Versuche und Kennwerte

Zunächst werden die im Zeitstandbereich üblichen Versuchstechniken sowie die mechanischen Kennwerte vorgestellt.

Bild 1.41 zeigt eine typische Kriechkurve, wie man sie bei hoher Temperatur unter konstanter Spannung misst. Sofern keine besonderen Abweichungen vom klassischen Verhalten auftreten, was bei stärkeren mikrostrukturellen Veränderungen komplexer Legierungen der Fall sein kann, wird eine Dreiteilung des Kurvenverlaufs beobachtet:

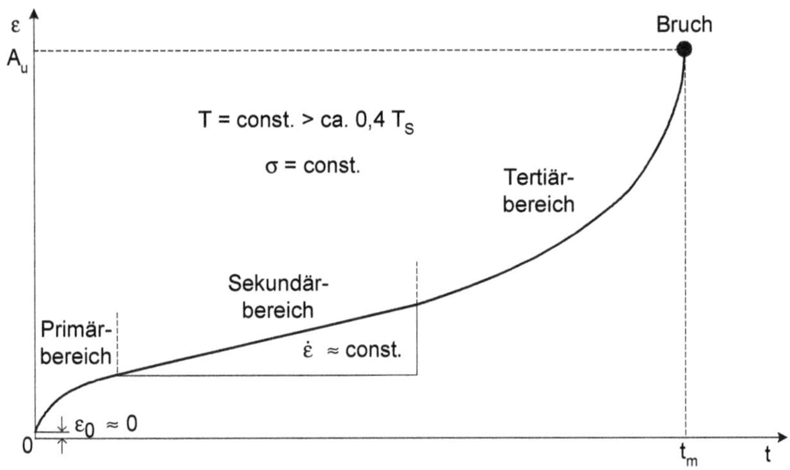

Bild 1.41 Kriechkurve für konstante Spannung (schematisch)
Im sekundären Kriechbereich ist die Kriechgeschwindigkeit etwa konstant. Der tatsächliche Verlauf hängt stark vom Werkstoff, der Spannung und der Temperatur ab.

- Die Anfangsdehnung ε_0 besteht nur aus der elastischen Dehnung $\varepsilon_e = \sigma/E$, die während des Versuches konstant bleibt (σ = const.). ε_0 ist somit vernachlässigbar klein. Beispiel: Bei einer Spannung von 100 MPa und E = 150 GPa (angenommener Wert für Stahl bei hohen Temperaturen) beträgt ε_e nur ca. 0,07 %. Eine spontane plastische Anfangsdehnung kann ausgeschlossen werden, da die in der Praxis anliegenden Spannungen stets deutlich unterhalb der Warmstreckgrenze für die betreffende Temperatur liegen.
- Im Bereich I, dem *Übergangskriechen* oder *Primärbereich*, nimmt die Kriechgeschwindigkeit, welche die Steigung der Kurve $d\varepsilon/dt = \dot{\varepsilon}$ darstellt, stetig ab.
- Der Bereich II, *sekundärer* oder *stationärer Kriechbereich* genannt, ist gekennzeichnet durch eine *konstante, minimale Kriechgeschwindigkeit* $\dot{\varepsilon}_s = \dot{\varepsilon}_{min}$. In technischen Konstruktionen muss diese Verformungsrate niedrig sein, um eine lange Lebensdauer zu gewährleisten; typisch sind Werte von $\dot{\varepsilon}_{min} < 10^{-9}\ s^{-1}$ (zum Vergleich: Die in einem Zugversuch vorgegebene Verformungsgeschwindigkeit liegt bei ca. $10^{-4}\ s^{-1}$). $10^{-9}\ s^{-1}$ entspricht bei einer 30 mm langen Probe einer Verlängerung von ca. 0,1 mm in 1000 h. Eine konstante Dehngeschwindigkeit von $2{,}8 \cdot 10^{-10}\ s^{-1}$ ergibt eine Dehnung von 1 % in 10.000 h.
- Im Bereich III, dem *Tertiärbereich*, steigt die Kriechgeschwindigkeit stark an. Er endet mit dem Bruch des Materials. Unter Kriechbedingungen führt also auch eine sehr kleine Spannung irgendwann zum Versagen. Die dazu erforderlichen Zeiten können technisch mehrere 10^5 Stunden betragen.

Bild 1.42 zeigt zwei Kriechkurven eines austenitischen Stahles mit extrem langer Versuchsdauer von ca. 33.000 h $\approx$ 3,8 Jahre und 203.000 h $\approx$ 23 Jahre. An diesem Beispiel lässt sich erkennen, dass das „lehrbuchmäßige" Verhalten gemäß Bild 1.41 nicht auftritt. Einer der Gründe liegt darin, dass üblicherweise die anliegende *Kraft* – nicht die Spannung – konstant gehalten wird. Aufgrund der kontinuierlichen Querschnittabnahme steigt die wahre Spannung, die sich gemäß Gl. (1.6) berechnen lässt. Andere Gründe hängen mit simultan ablaufenden Gefügeveränderungen bei den hohen Temperaturen zusammen. Dies verursacht Abweichungen von der klassischen Kriechkurve, was sich besonders in einem nicht klar identifizierbaren sekundären Bereich bemerkbar macht. In diesem Zusammenhang ist zu beachten, dass die *minimale Kriechgeschwindigkeit nicht unbedingt einen stationären Verformungszustand kennzeichnet*. Bei überlagerten Gefügeveränderungen, hauptsächlich Teilchenvergröberung, hat das Minimum der Kriechgeschwindigkeit keine besondere mikrostrukturelle Bedeutung.

Der Begriff *Kriechfestigkeit* kennzeichnet keinen besonderen Festigkeitskennwert, sondern beschreibt allgemein den Widerstand gegen Kriechverformung. Ein geeignetes Maß für die Kriechfestigkeit stellt die minimale oder sekundäre

Kriechgeschwindigkeit dar. Eine geringe minimale Kriechrate kennzeichnet einen kriechfesten Werkstoff. In Bild 1.42 ist diese für beide Spannungen angegeben.

Für die Festigkeitsauslegung sind zwei Kennwerte im Kriechbereich bedeutend: die *Zeitstandfestigkeit* und die *Zeitdehngrenze*. Sie werden im Zeitstanddiagramm aufgetragen, **Bild 1.43**. Diese Werte sind nach DIN 50118 wie folgt zu bezeichnen und zu interpretieren:

$R_{m\,t/\vartheta}$	Die *Zeitstandfestigkeit* ist diejenige Spannung, die bei der Temperatur ϑ (in °C) nach der Zeit t (in h) zum *Bruch* führt.

$R_{p\,\varepsilon/t/\vartheta}$	Die *Zeitdehngrenze* ist diejenige Spannung, die bei der Temperatur ϑ (in °C) nach der Zeit t (in h) zu einer *bleibenden Dehnung* ε (in %) führt.

Es handelt sich bei beiden Werten um *Anfangs*spannungen (Nennspannungen), denn in den üblichen Zeitstandversuchen unter *Last*konstanz nimmt, wie erwähnt, die wahre Spannung kontinuierlich mit der Dehnung zu (siehe Gl. 1.6).

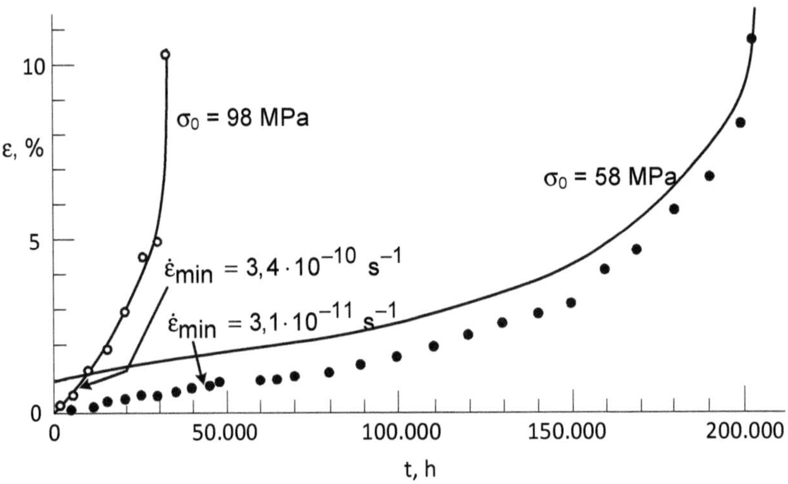

Bild 1.42 Kriechkurven für den austenitischen Stahl X 40 CoCrNi 20 20 (*S-590*) bei 750 °C bis 203.000 h = 23,2 Jahre Belastungsdauer bis zum Bruch [1.10]

Die Bezeichnungen lehnen sich an die bekannten Werte R_m und $R_{p\,0,2}$ im Zugversuch an, beinhalten aber zusätzlich die Zeit- und Temperaturangabe. Bei der Zeitdehngrenze beträgt ein typischer Dehnungsgrenzwert 1%.

Die Zeitstandfestigkeiten und Zeitdehngrenzen mit glatten Zeitangaben, z.B. für 10^4 h, können nicht direkt gemessen werden, denn eine Probe wird nicht exakt nach dieser Zeit brechen bzw. 1 % Dehnung erreichen. In den Kriechversuchen werden zunächst Spannungen angesetzt, die zu abgeschätzten Ziellebensdauern führen. Die Zeitstandfestigkeiten und Zeitdehngrenzen werden dann durch

Interpolation oder (begrenzte) Extrapolation aus den Zeitstand- bzw. Zeitdehnliniendiagrammen gewonnen.

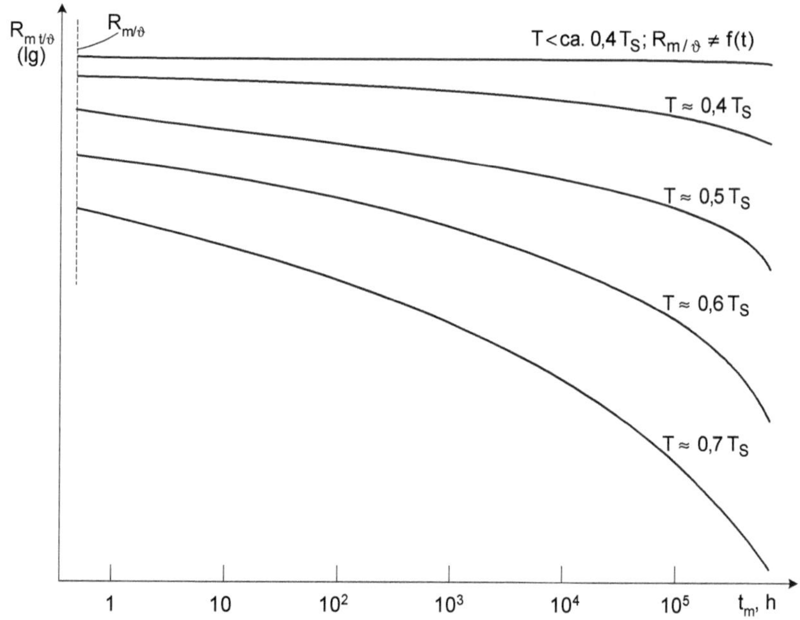

Bild 1.43 Zeitstanddiagramm (doppelt-logarithmisch, schematisch)
Die eingezeichneten Verläufe sind schematisch; die relativen Temperaturangaben sind sehr grobe Anhaltswerte, um den starken Einfluss der Temperatur zu verdeutlichen (die Spannungsachse ist auch logarithmisch geteilt!). Bei ca. 0,5 h trägt man die Zugfestigkeiten $R_{m/\vartheta}$ ein. 10^5 h = 11,4 Jahre.

Die Daten eines Zeitstanddiagramms resultieren aus einer großen Vielzahl von Kriechversuchen bei verschiedenen Spannungen und Temperaturen sowie verschiedenen Werkstoffchargen. Die Zeitdehnlinien sind in Bild 1.43 der Übersicht halber nicht mit angegeben; sie liegen unterhalb der Zeitstandlinie – je nach vorgegebenem Dehnungsbetrag und der Zeitbruchdehnung. Die Zeitstandfestigkeit benutzt man für die Auslegung, wenn es sich um kriechspröde Werkstoffe handelt oder wenn die Kriechverformung nicht begrenzt ist. In den anderen Fällen legt man nach der Zeitdehngrenze aus.

Mit den Zeitstanddaten lassen sich weitere Darstellungsformen aufbereiten. **Bild 1.44** zeigt ein isochrones Zeitstandfestigkeits-Temperatur-Schaubild, aus welchem für eine vorgegebene Lebensdauer die Festigkeits-Temperatur-Wertepaare abgelesen werden können.

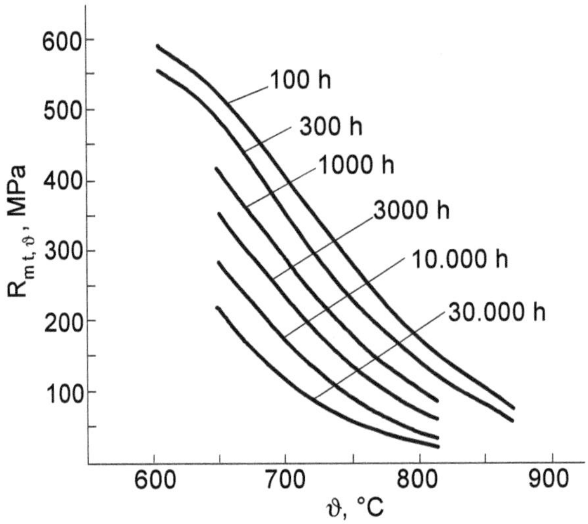

Bild 1.44 Isochrone Zeitstandfestigkeits-Temperatur-Linien für die Ni-Basis-Knetlegierung *Nimonic 80A* (NiCr20TiAl), nach [1.11]

1.11.3 Mikrostrukturelle Deutung des Kriechens

Das Phänomen des Kriechens deutet man am besten zunächst anhand des sekundären oder stationären Bereichs. Stationäre Zustände kennt man aus der Technik in vielfältiger Weise: stationäre Strömung, stationäres chemisches Gleichgewicht, stationärer Wärmeübertragungszustand, ... Bei einem chemischen Gleichgewicht, beispielsweise, ist die Geschwindigkeit der Hinreaktion gleich der der Rückreaktion, d.h. die in einer Zeiteinheit gebildete Menge des Reaktionsproduktes zerfällt in der gleichen Zeit wieder in die Reaktionspartner. Im zeitlichen Mittel verändert sich die Anzahl der Atome und Moleküle auf beiden Seiten des Gleichgewichts nicht (Beispiel: Ammoniaksynthese). Man spricht auch von einem dynamischen Gleichgewicht.

Analog verhält es sich mit den Versetzungen im stationären Kriechbereich. Im zeitlichen Mittel bleibt die Versetzungsdichte konstant, aber es werden ständig Versetzungen ausgelöscht und die gleiche Anzahl bildet sich neu. Es herrscht ein *dynamisches Gleichgewicht von Versetzungsannihilation und Versetzungserzeugung*, von *Entfestigung und Verfestigung*. Dadurch ist die Versetzungsstruktur stets in Bewegung, und es wird kontinuierlich plastische Verformung erzeugt.

Erfahrungsgemäß ist ein einfaches, beliebiges Zahlenbeispiel anschaulich: Zu einer anliegenden Spannung mögen gemäß der Beziehung $\sigma \sim \sqrt{\rho}$ (siehe Gl 1.18) 100 Versetzungen gehören. In einer bestimmten Zeit mögen sich davon 10 Versetzungen auslöschen. Da die äußere Spannung konstant gehalten wird, kommen in derselben Zeit jedoch 10 neue Versetzungen hinzu, welche plastische Verformung erzeugen. Bei einer höheren Spannung liegen – wiederum völlig beliebig – 200 Versetzungen vor, von denen sich pro Zeiteinheit 50 auslöschen und 50 neue bilden mögen (um deutlich zu machen, dass sich die vernichtete und neu gebildete Anzahl nicht proportional mit der Dichte ändert). 50 Versetzungen bewirken selbstverständlich mehr Verformung als 10, so dass sich die

Kriechgeschwindigkeit mit steigender Spannung erwartungsgemäß erhöht. Ein derartiges dynamisches Gleichgewicht wird permanent aufrechterhalten, solange Spannung anliegt. Die pro Zeit erzeugte Verformung ist konstant: $\dot{\varepsilon}_S = \dot{\varepsilon}_{min} = const.$

Aus dieser simplen „Zahlenspielerei“ wird deutlich, dass Versetzungsannihilation als Teilschritt der Erholung den Kriechvorgang ermöglicht. Man spricht daher von *erholungskontrolliertem Kriechen*. Dem Auslöschen der *Stufen*versetzungen mit ungleichem Vorzeichen liegt Klettern zugrunde, welches wiederum Diffusion bedingt. Zusammenfassend lässt sich folgende Kausalkette aufstellen:

- Diffusion ermöglicht Klettern von Stufenversetzungen.
- Durch Klettern können sich Stufenversetzungen ungleichen Vorzeichens auslöschen.
- Wenn sich eine bestimmte Anzahl Stufenversetzungen pro Zeiteinheit auslöscht, wird dieselbe Anzahl neu gebildet, solange die äußere Spannung konstant gehalten wird: $\sigma \sim \sqrt{\rho}$.
- Die Erzeugung neuer Versetzungslänge bedeutet plastische Verformung.
- Die zeitlich voranschreitende plastische Verformung nennt man Kriechen.
- Wenn die Kriechverformung durch Versetzungen getragen wird, spricht man von *Versetzungskriechen* (im Gegensatz zum *Diffusionskriechen*).
- Versetzungsannihilation und Versetzungserzeugung bilden im stationären Kriechbereich ein dynamisches Gleichgewicht. Die Versetzungsdichte bleibt im zeitlichen Mittel konstant.

Da die Diffusion regulärer Gitteratome in metallischen Werkstoffen erst oberhalb von ca. 0,4 T_S mit technisch relevanter Geschwindigkeit abläuft, trifft das Gleiche auch für das Kriechen zu. Bei diesen hohen Temperaturen kann der effektive Spannungsanteil σ_{eff} als vollständig thermisch aktiviert betrachtet werden, so dass $\sigma_a \approx \sigma_i$ gilt.

Die *Entfestigung* oder *Erholung* r (*recovery*) bedeutet Abbau von Spannung oder Versetzungsdichte pro Zeit bei konstanter Dehnung ε:

$$r = \left(-\frac{d\sigma}{dt}\right)_\varepsilon \mathrel{\hat{=}} \left(-\frac{d\rho}{dt}\right)_\varepsilon \tag{1.25}$$

Die *Verfestigung* h (*hardening*) drückt sich in einer Zunahme der Spannung oder der Versetzungsdichte mit der Dehnung aus:

$$h = \frac{d\sigma}{d\varepsilon} \mathrel{\hat{=}} \frac{d\rho}{d\varepsilon} \tag{1.26}$$

Setzt man beide ins Verhältnis, erhält man die Kriechgeschwindigkeit im dynamischen Gleichgewicht, d.h. die stationäre Kriechrate:

$$\dot{\varepsilon}_s = \frac{|r|}{h} = \frac{d\sigma}{dt} \cdot \frac{d\varepsilon}{d\sigma} = \frac{d\varepsilon}{dt} \tag{1.27}$$

Im *Primärbereich* überwiegt die Verfestigung h. Es werden mehr Versetzungen erzeugt, als in derselben Zeit abgebaut werden, sofern zu Beginn, z.B. nach einer Lösungsglühung mit anschließender Aushärtung, eine geringere Versetzungsdichte vorliegt, als es der angelegten Spannung entspricht. Die zunehmende Erhöhung der Versetzungsdichte bewirkt eine Abnahme der Kriechgeschwindigkeit mit der Dehnung. Es werden zwar mehr Versetzungen erzeugt, diese behindern sich allerdings in ihrer Bewegung gegenseitig, was zunehmender Verfestigung gleichkommt. Die Versetzungsdichte kann sich maximal soweit erhöhen, bis ein Gleichgewicht zwischen der außen angelegten Spannung und den durch die Versetzungen zustande kommenden inneren Spannungen entsteht. Dann ist der sekundäre Kriechbereich erreicht.

Der *sekundäre* oder *stationäre Kriechbereich* ist gekennzeichnet durch die maximal mögliche Versetzungsdichte bei der jeweils angelegten Spannung. Wie bereits ausgeführt, herrscht ein Gleichgewicht zwischen der äußeren Spannung und den inneren Spannungen: $\sigma_a \approx \sigma_i$. Wie bei der Erholung (Kap. 1.8) erläutert, findet parallel zum Auslöschen von Stufenversetzungen mit ungleichem Vorzeichen eine Umlagerung von solchen mit gleichem Vorzeichen zu Kleinwinkelkorngrenzen statt. In gleicher Weise bilden sich beim Kriechen Subkörner, deren Struktur im stationären Bereich stabil bleibt. **Bild 1.45** zeigt ein Beispiel eines austenitischen Stahls.

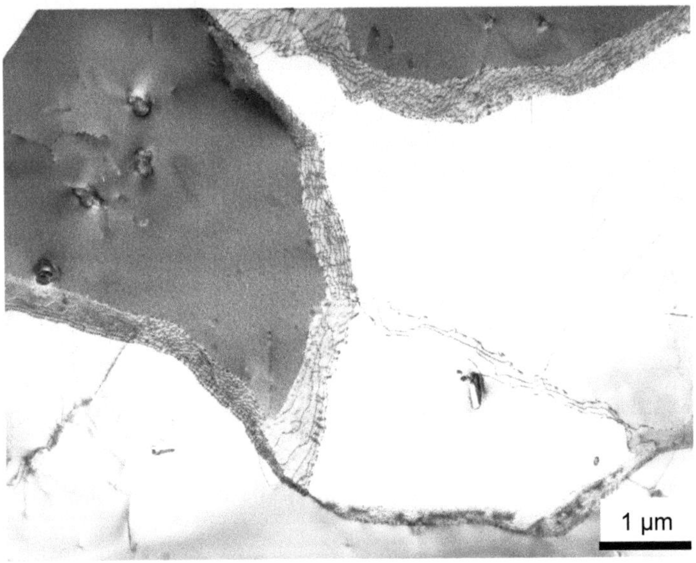

Bild 1.45 Subkörner in einem austenitischen Stahl nach Kriechbelastung im stationären Bereich (TEM Befund, [1.6])

Prinzipiell könnte sich die Verformung im stationären Bereich endlos fortsetzen, d.h. die Dehnung könnte theoretisch extrem hoch werden (da die wahre Spannung zunimmt, würde irgendwann die Trennfestigkeit erreicht werden). Dies ist praktisch nicht der Fall, da sich gleichzeitig mit der Verformung Schädigung im

Werkstoff entwickelt in Form von Rissen, vorwiegend interkristallin (siehe Kap. 5.6).

Im *Tertiärbereich* hat sich die innere Werkstoffschädigung so weit fortentwickelt, dass sie eine Beschleunigung des Kriechvorganges hervorruft, der letztlich zum Bruch führt. Wie aus Tabelle 1.10 hervorgeht, wird Bruch unter Kriechbedingungen in jedem Fall stattfinden; eine Schwelle, unterhalb der keine Schädigung abläuft (etwa wie im Bereich der Dauerschwingfestigkeit bei zyklischer Belastung) existiert im Kriechbereich nicht.

1.11.4 Spannungs- und Temperaturabhängigkeit des Kriechens

Die Kriechgeschwindigkeit $\dot{\varepsilon}$, d.h. der Verformungsbetrag pro Zeit, hängt sowohl stark von der Spannung als auch von der Temperatur ab. Da im stationären Bereich der Aufbau der Versetzungsstruktur abgeschlossen ist und ein dynamisches Gleichgewicht herrscht, bezieht man die Abhängigkeiten üblicherweise auf die sekundäre Kriechgeschwindigkeit $\dot{\varepsilon}_s$.

Die Spannungsabhängigkeit der stationären Kriechgeschwindigkeit folgt in technisch interessanten Spannungsbereichen meist einer Potenzfunktion, dem *Norton'schen Kriechgesetz*:

$$\boxed{\dot{\varepsilon}_s = A\,\sigma^n} \tag{1.28}$$

A Konstante, abhängig von der Temperatur und vom Werkstoff
n Spannungsexponent

Logarithmierung der Potenzfunktion führt auf eine Geradengleichung. Deshalb werden die Messdaten doppelt-logarithmisch aufgetragen, **Bild 1.46**.

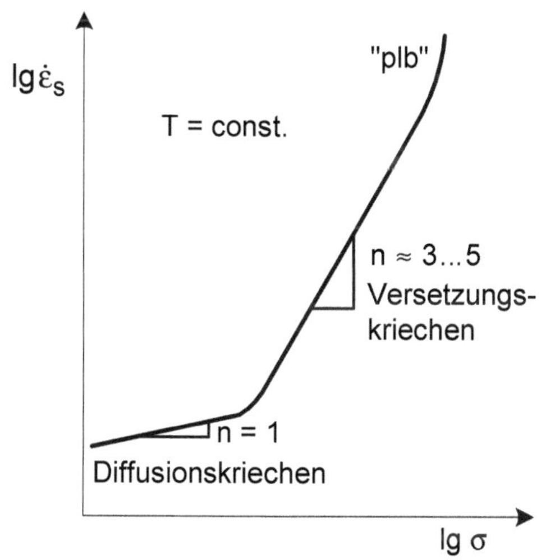

Bild 1.46 Spannungsabhängigkeit der stationären Kriechgeschwindigkeit

Der Spannungsexponent nimmt bei Reinmetallen Werte von etwa n = 3...5 an und kann bei mehrphasigen Legierungen deutlich darüber liegen (bis zu n = 40 wurden gemessen). In dem betreffenden Spannungsbereich stellen Versetzungen die Träger der plastischen Verformung dar. Bei sehr hohen Spannungen im Bereich der Warmformgebung gilt das Potenzgesetz nicht mehr („plb“: *Power-law breakdown*).

Bei extrem niedrigen Spannungen und Kriechgeschwindigkeiten können Exponenten um 1 auftreten. Man spricht dann von viskosem Fließen. Dies würde einen Wechsel im Verformungsmechanismus andeuten. n = 1 wäre mit Versetzungskriechen nicht mehr erklärbar, sondern wäre auf gerichteten Materietransport ausschließlich durch Diffusion in einem Spannungsgradienten zurückzuführen. Dieser Bereich wird als *Diffusionskriechen* bezeichnet (Beschreibung des Mechanismus siehe z.B. in [1.5]). Man beachte, dass Kriechen durch Versetzungsbewegung ebenfalls Diffusion voraussetzt, damit Stufenversetzungen klettern können, aber umgekehrt läuft das Diffusionskriechen ohne Versetzungen ab.

Da dem Kriechen, unabhängig vom vorherrschenden Mechanismus, in jedem Fall Diffusion zugrunde liegt, ergibt sich die Temperaturabhängigkeit der stationären Kriechgeschwindigkeit folgerichtig aus der Temperaturabhängigkeit des Selbstdiffusionskoeffizienten D des betreffenden Materials: $\dot{\varepsilon}_s \sim D(T)$, siehe Gl. (1.15). Es gilt die Arrhenius-Beziehung:

$$\boxed{\dot{\varepsilon}_s = B\,e^{-\frac{Q}{R \cdot T}}} \qquad (1.29\text{ a})$$

B Konstante = f(σ, Werkstoff)

Q Aktivierungsenergie des Kriechens, entspricht der Aktivierungsenergie der Selbstdiffusion

Logarithmierung führt auf eine Geradengleichung mit der Abhängigkeit 1/T, **Bild 1.47**:

$$\ln \dot{\varepsilon}_s = B' - \frac{Q}{R} \cdot \frac{1}{T} \qquad (1.29\text{ b})$$

oder

$$\lg \dot{\varepsilon}_s = B'' - \frac{Q \cdot \lg e}{R} \cdot \frac{1}{T} = B'' - \frac{0{,}434\,Q}{R} \cdot \frac{1}{T} \qquad (1.29\text{ c})$$

Experimentell misst man bei konstanter Spannung und verschiedenen Temperaturen die stationäre Kriechgeschwindigkeit. Die Werte sollten gemäß Gl. (1.29 c) in einer Arrhenius-Auftragung auf einer Geraden liegen. Aus der Steigung der Geraden lässt sich die Aktivierungsenergie bestimmen.

Beispiel: Setzt man eine Aktivierungsenergie von 300 kJ/mol an, welche typisch ist für einige metallische Werkstoffe, so *verdoppelt* sich die stationäre Kriechgeschwindigkeit bei einer Temperaturerhöhung von 700 °C = 973 K auf 719 °C.

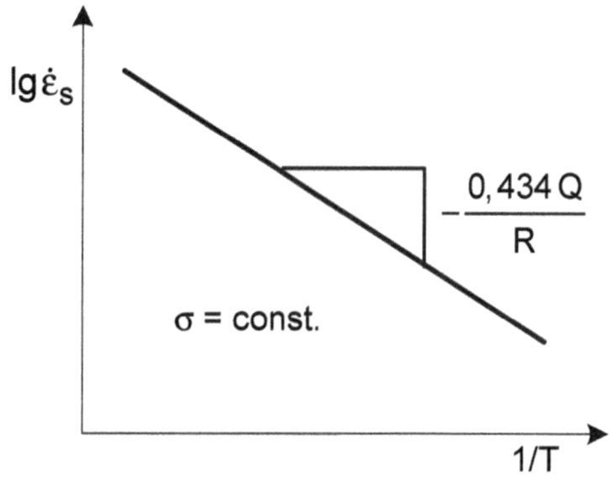

Bild 1.47 Temperaturabhängigkeit der stationären Kriechrate

Man beachte: Auf der Ordinate ist der Zehnerlogarithmus aufgetragen. Deshalb taucht in der Steigung der Geraden der Faktor 0,434 (= lg e) auf.

Die Spannungs- und Temperaturabhängigkeit der stationären Kriechgeschwindigkeit ergibt sich aus Gln. (1.28) und (1.29):

$$\dot{\varepsilon}_s = C\,\sigma^n\, e^{-\frac{Q}{R \cdot T}} \tag{1.30}$$

C werkstoffabhängige Konstante

Die Werkstoffkonstante C enthält den Kriechwiderstand des Materials. Dieser lässt sich durch eine Reihe von Maßnahmen erhöhen, am wirkungsvollsten durch eine starke Teilchenhärtung (siehe weiterführende Literatur).

1.11.5 Einfluss der Korngröße auf das Kriechen

Das in Kap. 1.10.5 hergeleitete Hall-Petch-Gesetz gilt im Kriechbereich *nicht*. Die maximalen Versetzungslaufwege sind hier nicht durch die Korngröße vorgegeben, weil die Versetzungen die Korngrenzen nicht als Hindernisse spüren. Sie löschen sich innerhalb der Körner aus oder werden in Subkorngrenzen „eingestrickt". Vielmehr treten Korngrenzen selbst aktiv bei der Verformung in Erscheinung durch *Korngrenzengleiten*. Dabei finden Relativbewegungen einzelner Körner entlang der Korngrenzen statt. Hiermit ist auch die interkristalline Schädigung in Form von Poren und Rissen eng verknüpft.

Der durch Korngrenzengleiten erzeugte Anteil an der Kriechverformung ist umgekehrt proportional zur Korngröße und zur Korngrenzenviskosität:

$$\dot{\varepsilon}_{KG} \sim \frac{1}{d_K\,\eta_{KG}} \tag{1.31}$$

η_{KG} Korngrenzenviskosität

Verständlicherweise wird über das Korngrenzengleiten umso weniger Verformung pro Zeit erzeugt, je weniger Korngrenzenfläche vorhanden ist, d.h. wenn *grobes Korn* vorliegt.

Die *Korngrenzenviskosität* beschreibt den Widerstand der Korngrenze gegen das Abgleiten. Liegen viele Hindernisse auf den Korngrenzen, wie z.B. Karbide, ist deren Viskosität und damit der Abgleitwiderstand wegen der Verzahnung höher.

Das in Kap. 1.11.4 erwähnte *Diffusionskriechen* führt, je nach vorherrschendem Diffusionsweg, auf Abhängigkeiten der Form:

$$\dot{\varepsilon}_D \sim \frac{1}{d_K^{\,2}} \quad \text{oder} \quad \dot{\varepsilon}_D \sim \frac{1}{d_K^{\,3}} \tag{1.32}$$

Zwecks ausführlicherer Darstellungen wird auf die weiterführende Literatur verwiesen.

Die Abhängigkeit der Kriechfestigkeit von der Korngröße ist also recht stark. Im Bereich höherer Spannungen mit dominantem Versetzungskriechen folgt sie Gl. (1.31), bei sehr niedrigen Spannungen gelten die Beziehungen gemäß Gl. (1.32) bei überwiegendem Diffusionskriechanteil.

Einkristalle besitzen den Vorteil, dass sie weder Korngrenzengleiten noch Diffusionskriechen aufweisen. Bei ihnen kann nur Versetzungskriechen stattfinden, dessen Spannungsabhängigkeit wesentlich höher ist als für Diffusionskriechen (siehe Bild 1.46). Besonders bei Anwendungen für extrem hoch belastete Turbinenschaufeln macht man u.a. von diesem Vorteil Gebrauch.

Wenn man in vielkristallinen Werkstoffen Bedingungen einstellt, unter denen die Verformung hauptsächlich durch Korngrenzengleiten erfolgt, so können enorm hohe Dehnbeträge – gemessen wurden schon mehrere tausend Prozent – zustande kommen, was als *Superplastizität* bezeichnet wird. Dieses Phänomen lässt sich für Umformprozesse ausnutzen. Verfestigung durch Versetzungsbewegung muss dabei weitgehend unterbleiben. Eine wesentliche Voraussetzung für superplastisches Verhalten sind extrem feine, gleichmäßige Körner von unter 10 µm Größe. Der Spannungsexponent n gemäß Gl. (1.28) nimmt dann Werte von etwa $1{,}5 \leq n \leq 3$ an, was mit überwiegendem Korngrenzengleiten erklärbar ist. Meist drückt man für Umformprozesse die Abhängigkeit der Fließspannung von der Dehngeschwindigkeit durch den Kehrwert $m = 1/n = d\lg\sigma / d\lg\dot{\varepsilon}$ aus. Bei Korngrenzengleiten als dominantem Verformungsprozess liegt m im Bereich von etwa 0,3 bis 0,7. Da Superplastizität nur bei hohen Temperaturen möglich ist, besteht die Gefahr der Kornvergröberung während der Verformung. Dadurch würde der Korngrenzengleitanteil abnehmen und der Werkstoff seine Fähigkeit zu superplastischem Verhalten verlieren. Dies ist der Grund, warum extrem hohe Umformgrade in Reinmetallen, in denen die Korngrenzen sehr beweglich sind und dadurch rasche Kornvergröberung einsetzt, nicht zu realisieren sind. Man darf diese Erkenntnis nicht verwechseln mit der hohen Duktilität hochreiner Metalle im Zugversuch bei tiefen Temperaturen. Dehnbeträge wie unter Bedingungen der Superplastizität kommen dabei nicht zustande.

1.11.6 Zusammenfassung der Kriechverformungsanteile

Die gesamte Kriechverformung und deren Ableitung nach der Zeit, d.h. die Kriechgeschwindigkeit, setzt sich nach den vorangegangenen Ausführungen aus folgenden Anteilen zusammen:

$$\dot{\varepsilon}_f = \dot{\varepsilon}_{KV} + \dot{\varepsilon}_{KG} \qquad (1.33)$$

$\dot{\varepsilon}_{KG}$ → $\sim 1/d_K$

$$\dot{\varepsilon}_{KV} = \dot{\varepsilon}_V + \dot{\varepsilon}_D \qquad (1.34)$$

$\dot{\varepsilon}_V$	$\dot{\varepsilon}_D$
dominant bei höheren Spannungen	dominant bei niedrigen Spannungen
$\neq f(d_K)$	$\sim 1/d_K^2$ oder $\sim 1/d_K^3$

Darin bedeuten:

- $\dot{\varepsilon}_f$ gesamte gemessene Kriechgeschwindigkeit
- $\dot{\varepsilon}_{KV}$ Kriechgeschwindigkeitsanteil durch Kornvolumenverformung
- $\dot{\varepsilon}_{KG}$ Kriechgeschwindigkeitsanteil durch Korngrenzengleiten
- $\dot{\varepsilon}_V$ Kriechgeschwindigkeit durch Versetzungskriechen
- $\dot{\varepsilon}_D$ Kriechgeschwindigkeit durch Diffusionskriechen

Das Korngrenzengleiten sowie das Diffusionskriechen hängen von der Korngröße ab. Die Proportionalitäten sind in dem Schema zusätzlich angegeben.

1.12 Eigenspannungen und Spannungsrelaxation

Unter Spannungsrelaxation wird *a)* jede Minderung von Eigenspannungen sowie *b)* der Abbau einer von außen angelegten Spannung bei gleich bleibender Gesamtdehnung verstanden.

Tabelle 1.11 gibt einen Überblick über die verschiedenen Arten von Eigenspannungen und ihrer Merkmale. Spricht man allgemein von Eigenspannungen, so meint man damit die weitreichenden Eigenspannungen I. Art. Die zu unterscheidenden Fälle der Spannungsrelaxation sind in **Tabelle 1.12** gegenübergestellt. Der Abbau von Eigenspannungen III. Art in Form von Versetzungen kennzeichnet den Vorgang der *Erholung*. Hierbei kommt es zwar zu Mikroverformungen durch die Versetzungsbewegung, diese heben sich allerdings in ihren Richtungen gegenseitig auf, so dass keine äußere Gestaltänderung resultiert. Anders liegen die Verhältnisse, wenn in einem Werkstück inhomogene innere Spannungen über größere Reichweiten vorliegen oder wenn die freie Verformung von

Tabelle 1.11 Unterscheidung verschiedener Eigenspannungen (ES) und deren Merkmale

ES →	I. Art	II. Art	III. Art
Definition	Keine äußeren Kräfte oder Momente; Summe aller inneren Kräfte und Momente in jeder Schnittebene bzw. um jede Achse ist null		
Charakter	Makro-ES	Mikro-ES	Mikro-ES
Ursache	ungleichmäßige Verteilung der plastischen Verformung in einem Werkstück; stets in Verbindung mit Mikro-ES III. Art (Versetzungen), ggf. auch II. Art	• Verformungsanisotropien von Korn zu Korn durch Orientierungsunterschiede • in mehrphasigen Gefügen durch Unterschiede in der therm. Ausdehnung oder unterschiedl. Volumina bei Phasenumwandlungen Die Anpassung erfolgt durch geometrisch notwendige Versetzungen oder Fehlpassungsversetzungen (ES II. Art kommen nicht vor in einphasigen Einkristallen)	Gitterstörungen, die Gitterverzerrungen hervorrufen: • Leerstellen • Fremdatome • **Versetzungen** • Kleinwinkelkorngrenzen • Teilchen ES III. Art kommen bei jeder plastischen Verformung vor durch Versetzungen
Reichweite	über viele Körner oder ganzes Werkstück; Änderungen in Größe und Vorzeichen über größere Bereiche (oft mm oder cm)	innerhalb eines Kornes oder über wenige Körner hinweg; Änderungen in Größe und Vorzeichen im μm-Bereich	auf Umgebung der Gitterstörung begrenzt; weiter entfernt stark abklingend; Änderungen in Größe und Vorzeichen im nm-Bereich
Bei Störung des inneren Gleichgewichts der Kräfte u. Momente:	makroskopische Maßänderungen	geringe makroskopische Maßänderungen möglich	keine Maßänderungen

außen behindert wird. Der erstgenannte Fall entspricht einer *Spannungsarmglühung* zur Minderung von Eigenspannungen I. Art, der zweite spiegelt die Verhältnisse wider, wie sie im Spannungsrelaxationsversuch simuliert werden. In beiden Fällen werden durch Erholungsvorgänge innere Spannungen reduziert. Allerdings werden durch die inneren oder äußeren Zwängungen Kriechprozesse ausgelöst, die eine *gerichtete* Verformung hervorrufen. Je nach Höhe der Kriechverformung hinterlassen diese Formen der Spannungsrelaxation also mehr oder weniger große bleibende Maßänderungen am Bauteil.

Tabelle 1.12 Fallunterscheidungen bei der Spannungsrelaxation (ES: Eigenspannungen)

Fall → **Vorgang ↓**	ES III. Art (Mikro-ES) gleichmäßig über gesamtes Material verteilt	ES I. Art (Makro-ES) = langreichweitige ES; ungleichmäßig über das Werkstück verteilt	äußere Verformungsbehinderung; gleich bleibende Gesamtverformung
Vorgang bei der Spannungsrelaxation	Versetzungen löschen sich aus und lagern sich um; Abbau von ES III. Art: = *Erholung*	elastische Verformung wird *lokal* in Kriechverformung umgesetzt; Abbau von ES I. und III. Art: = *Spannungsarmglühung*	elastische Verformung wird über *gesamtes* Material in Kriechverformung umgesetzt; Spannung im Werkstück/in der Probe nimmt ab: = *Spannungsrelaxationsversuch*)
äußere Formänderung	keine; Mikroverformungen durch Versetzungsbewegungen heben sich in ihren Richtungen auf	ja, je nach Höhe und Reichweite der abgebauten ES	ja, je nach Höhe der Kriechdehnung

Am anschaulichsten verdeutlicht man sich die Vorgänge anhand eines Spannungsrelaxationsversuches, **Bild 1.48**. Eine Probe wird bis zu einer bestimmten Spannung und Verformung (zug-)belastet, dann misst man *bei konstanter Gesamtverformung* ε_t die zeitliche Abnahme der Spannung. Da die Spannungsrelaxation auf Erholung beruht, übt die Temperatur den gleichen starken Einfluss aus wie auf die Diffusion.

Die Gesamtverformung wird zwar experimentell konstant gehalten, jedoch ändern sich die einzelnen Verformungsanteile zeitlich, **Bild 1.49**. Ein eventuell anfangs erzeugter plastischer Anteil ε_i (Normbezeichnung für eine anfängliche, initiale plastische Dehnung) bleibt selbstverständlich bestehen. Es muss jedoch nicht notwendigerweise über die Streckgrenze hinaus belastet werden, weil Kriechen bei allen Spannungen abläuft. Der elastische Anteil ε_e nimmt nach dem Hooke'schen Gesetz proportional zur Spannung ab; *in gleichem Maße* wird

Kriechverformung ε_f erzeugt. Der Relaxationsversuch stellt also einen Kriechversuch unter stetig abnehmender Spannung dar.

Spannungsrelaxation bedeutet Kriechen unter stetig abnehmender Spannung.

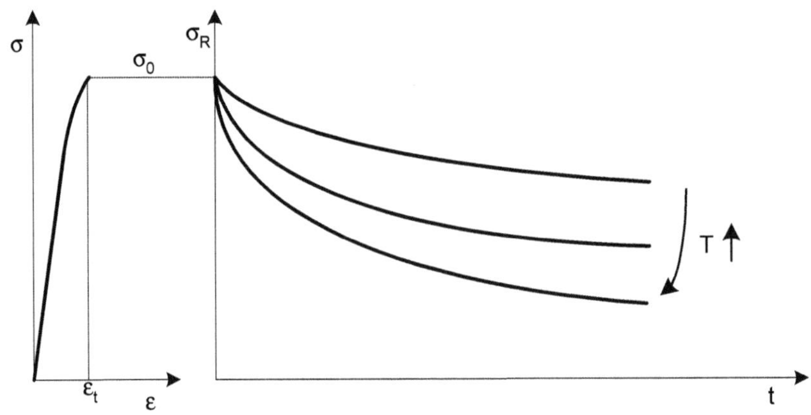

Bild 1.48 Verlauf der Restspannung bei der Spannungsrelaxation

a) Zugbelastung bis (σ_0; ε_t)
   Hier ist angenommen, dass etwas über die Streckgrenze hinaus belastet wird, d.h. es tritt auch eine geringe plastische Anfangsdehnung auf (ist nicht Voraussetzung).

b) Zeitliche Abnahme der Restspannung σ_R
   Mit steigender Temperatur (T ↑) verläuft der Spannungsabbau schneller.

Der Austausch von elastischer Verformung gegen Kriechverformung lässt sich wie folgt formulieren:

$$t = 0 \quad \rightarrow \quad \varepsilon_t = \varepsilon_e(t = 0) + \varepsilon_i = \text{const.} \tag{1.35 a}$$

$$t > 0 \quad \rightarrow \quad \varepsilon_t = \varepsilon_e(t) + \varepsilon_i + \varepsilon_f(t) = \text{const.} \tag{1.35 b}$$

ε_t zeitlich konstante Gesamtverformung

ε_i plastische Anfangsverformung

Aus Gl. (1.35 a) und Gl. (1.35 b) sowie aus Bild 1.49 folgt für die Kriechverformung:

$$\varepsilon_f(t) = \varepsilon_t - \varepsilon_i - \varepsilon_e(t) = \varepsilon_e(t = 0) - \varepsilon_e(t) \tag{1.35 c}$$

Nach Ausbau einer Spannungsrelaxationsprobe ist diese nicht nur um die anfängliche plastische Verformung ε_i, sondern zusätzlich um die Kriechdehnung ε_f länger geworden.

Die zeitlich abnehmende Restspannung $\sigma_R(t)$ ist nach dem Hooke'schen Gesetz mit dem elastischen Dehnungsanteil verknüpft, und Einsetzen von Gl. (1.35 c) ergibt:

$$\sigma_R(t) = E \cdot \varepsilon_e(t) = E[\varepsilon_t - \varepsilon_i - \varepsilon_f(t)] = E[\varepsilon_e(t=0) - \varepsilon_f(t)] = \sigma_0 - E \cdot \varepsilon_f(t) \quad (1.36\text{ a})$$

Für die zeitlich zunehmende Kriechdehnung erhält man folglich:

$$\varepsilon_f(t) = \frac{\sigma_0 - \sigma_R(t)}{E} \quad (1.36\text{ b})$$

Ein mit Eigenspannungen I. Art behaftetes Bauteil erfährt bei einer Spannungsarmglühung oder durch Abbau dieser Spannungen während des Hochtemperatureinsatzes lokal bleibende Verformungen aufgrund der Kriechvorgänge. Diese können stärkere äußere Geometrieänderungen (Verzug) hervorrufen – je nach Höhe und Reichweite der abgebauten Eigenspannungen.

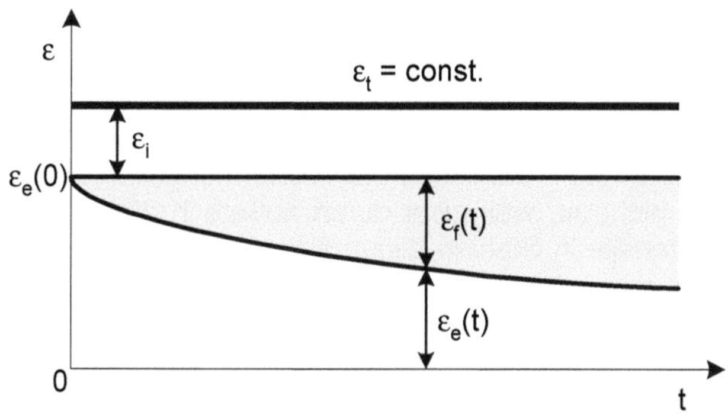

Bild 1.49 Zeitliche Aufteilung der Dehnungsanteile bei der Spannnungsrelaxation

Der grau hinterlegte Bereich stellt die zeitlich zunehmende Kriechverformung dar.

Die Spannungsarmglühtemperaturen richten sich nach der Höhe der Kriechfestigkeit und deren Temperaturabhängigkeit. Das Spannungsarmglühen muss in einem angemessen kriechweichen Zustand erfolgen, damit der Vorgang nicht zu lange dauert. Jedoch muss Rekristallisation unbedingt vermieden werden, weil sich sonst eine unkontrollierte Korngröße einstellen würde. Übliche Spannungsarmglühtemperaturen liegen etwa bei 0,5 bis 0,6 T_S.

1.13 Legierungshärtung

1.13.1 Übersicht über Härtungsmechanismen

Metallische Werkstoffe bieten von allen Werkstoffen die weiteste Spanne, das Festigkeits- und Verformungsverhalten zu beeinflussen. So weist z. B. Reineisen eine Streckgrenze von nur ca. 50 MPa auf, hochlegierte und entsprechend behandelte Stähle erreichen dagegen bis zu ca. 2000 MPa Streckgrenze. Manche kfz.-Metalle, deren Streckgrenze nur etwa 1 bis 10 MPa beträgt, lassen sich sogar noch höher verfestigen.

Grundsätzlich werden vier Mechanismen der Festigkeitssteigerung unterschieden:

- *Versetzungshärtung (Verformungshärtung, Kaltverfestigung)*
- *Feinkornhärtung (bei $T < 0{,}4\ T_S$)*
- *Mischkristallhärtung*
- *Teilchenhärtung.*

Manchmal werden noch die Martensithärtung und die Dispersionshärtung erwähnt. Beide stellen jedoch keine zusätzlichen Härtungsmechanismen gegenüber den oben genannten dar, sondern lediglich zweckmäßige Begriffe, um den Fall näher zu spezifizieren.

Die *Martensithärtung* basiert bei C-Stählen einerseits auf einem starken Mischkristallhärtungseffekt durch den hoch übersättigt vorliegenden Kohlenstoff im raumzentrierten, tetragonal verzerrten α-Fe-Gitter. Zum anderen wird beim Umklappen des austenitischen kfz.-Gitters in das raumzentrierte martensitische Gitter eine sehr hohe Versetzungsdichte erzeugt, die derjenigen eines hoch kaltverformten Materials entspricht. Es liegt also zusätzlich ein starker Versetzungshärtungseffekt vor, der auch bei anderen Werkstoffen wirkt, die martensitisch umwandeln, z.B. Ti und Ti-Legierungen. Der Ausdruck Verformungsverfestigung trifft bei der Martensithärtung nicht zu, weil nicht durch äußere Kräfte verformt wird. Beim Anlassen des Martensits in Stählen bilden sich Ausscheidungen der Form ε-Karbid, Fe_3C oder Legierungskarbide ($M_{23}C_6$, VC,...), die eine Teilchenhärtung bewirken. Hauptsächlich die Mischkristallhärtung geht dabei in ihrer Wirkung zurück, weil der übersättigt vorliegende Kohlenstoff abgebunden wird.

Die *Dispersionshärtung* ist eine besondere Form der Teilchenhärtung und wird in Kap. 1.13.3 vorgestellt.

Für Konstruktionen bei tiefen metallphysikalischen Temperaturen (< ca. $0{,}4\ T_S$), bei denen makroskopisch nur elastische Verformung zugelassen wird, bezieht man die Festigkeitssteigerung am sinnvollsten auf die Streckgrenze R_e. Diese setzt sich aus folgenden Anteilen zusammen:

$$R_e = R_{e_{RM}} + \Delta R_{e_V} + \Delta R_{e_K} + \Delta R_{e_{MK}} + \Delta R_{e_T} \quad (1.37)$$

$R_{e_{RM}}$	Streckgrenze des weichgeglühten *Reinmetalls* (Basiselement) mit einer groben Ausgangskorngröße
ΔR_{e_V}	Streckgrenzenerhöhung durch Versetzungshärtung (Verformung)
ΔR_{e_K}	Streckgrenzenerhöhung durch Kornfeinung
$\Delta R_{e_{MK}}$	Streckgrenzenerhöhung durch Mischkristallhärtung
ΔR_{e_T}	Streckgrenzenerhöhung durch Teilchenhärtung

Die Versetzungshärtung und die Feinkornhärtung wurden in Kap. 1.9.2 bzw. 1.10.5 behandelt. Diese beiden Härtungsmechanismen sind sowohl bei Reinmetallen als auch bei Legierungen möglich, während die beiden anderen an Legierungsbildung gekoppelt sind.

1.13.2 Mischkristallhärtung

Versetzungen, die sich in einem Mischkristall bewegen, treten mit den Fremdatomen in ständige Wechselwirkung; man spricht von *Mischkristallreibung*. Eine besondere Art dieser Wechselwirkung stellen die ausgeprägte Streckgrenze sowie die dynamische Reckalterung dar. Eine Streckgrenzenausprägung entsteht durch die Verankerung *ruhender* Versetzungen durch Umordnung der Legierungsatome in die energetisch günstige Umgebung der Versetzungen (Kap. 1.10.3). Bei der dynamischen Reckalterung liegt unter bestimmten Voraussetzungen für die Temperatur und die Verformungsgeschwindigkeit eine Wechselwirkung *gleitender* Versetzungen mit Fremdatomen vor (Kap. 1.10.4).

Im Folgenden wird die normale Mischkristallhärtung bei statistisch regelloser Verteilung der Fremdatome behandelt. Außerdem werden die Legierungszusätze als starre, ortsfeste Hindernisse angesehen, was für genügend tiefe homologe Temperaturen zutrifft. Zwei Hauptmechanismen mit langer Reichweite der Hinderniswirkung lassen sich unterscheiden: die parelastische und die dielastische Wechselwirkung, **Bild 1.50**.

1.13.2.1 Parelastische Wechselwirkung aufgrund der Atomgrößendifferenz

Bei der parelastischen Wechselwirkung tritt das Verzerrungsfeld um ein gegenüber den Matrixatomen größeres oder kleineres Substitutionsatom herum in

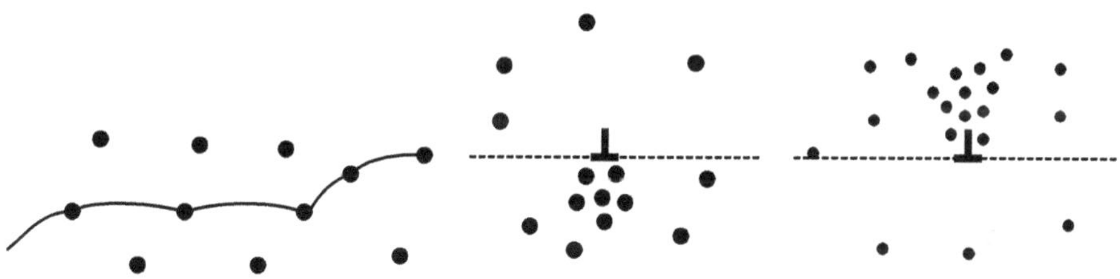

a) b) c)

Bild 1.50 Verschiedene Mechanismen der Mischkristallhärtung

a) Parelastische und dielastische Wechselwirkungen zwischen Versetzungen und unbeweglichen Fremdatomen als Einzelhindernisse

b) Ruhende Versetzung durch Fremdatomwolke verankert; hier: Substitutionsatomdurchmesser *größer* als Matrixatomdurchmesser oder *interstitielle* Fremdatome

c) Wie b), jedoch Substitutionsatomdurchmesser *kleiner* als Matrixatomdurchmesser

Die Mechanismen nach b) und c) führen auf eine ausgeprägte Streckgrenze.

Wechselwirkung mit dem Spannungsfeld einer Stufenversetzung. Zwischen dem Spannungsfeld *größerer* Fremdatome und dem Zugspannungsbereich der Versetzungen wirkt eine anziehende Kraft, mit dem Druckspannungsbereich eine abstoßende. Umgekehrt üben *kleinere* gelöste Atome auf die Zugspannungszone eine abstoßende und auf die Druckspannungszone eine anziehende Kraft aus. In jedem Fall ist für die Versetzungsbewegung zusätzlicher Kraftaufwand erforderlich, weil sie aus einer Potenzialmulde heraus- oder über einen Potenzialberg hinwegbewegt werden müssen.

Als Maß für die festigkeitssteigernde Wirkung wird der Atomgrößenparameter δ definiert als relative Gitterparameteränderung bezogen auf die Fremdelementkonzentration:

$$\delta = \frac{1}{c} \cdot \frac{a_L - a_M}{a_M} \tag{1.38}$$

a_L Gitterparameter der Legierung
a_M Gitterparameter des Reinmetalls
c Konzentration des Legierungselementes als Atombruch
typische Werte: $|\delta| \approx 0{,}01...0{,}1$.

In **Tabelle 1.13** finden sich die Atomradien der wichtigsten metallischen Elemente. Die Atomradiendifferenz zwischen dem betreffenden Basismetall und dem Legierungselement gibt einen ersten Anhalt für die Wirksamkeit der Mischkristallhärtung.

Tabelle 1.13 Atomradien einiger Elemente (bei H, N, O: Kovalentradien)

El.	r, nm	El.	r, nm	El.	r, nm	El.	r, nm	El.	r, nm
H	0,037	Ni	0,1246	V	0,131	Nb	0,143	Sn	0,151
N	0,073	Cr	0,1249	Si	0,132	Ta	0,143	Li	0,152
O	0,074	α-Co	0,1253	Zn	0,133	Al	0,1431	Zr	0,159
C	0,091	S	0,127	Mo	0,1363	Au	0,1442	Mg	0,160
B	0,098	Cu	0,1278	Re	0,137	Ag	0,1445	Pb	0,175
α-Fe	0,1241	P	0,128	W	0,1371	α-Ti	0,1445	Y	0,178

H, N, O, C und B kommen als interstitielle Mischkristallelemente in Legierungen vor.

1.13.2.2 Dielastische Wechselwirkung aufgrund lokaler Schubmoduländerung

Fremdatome verändern um sich herum die Bindungskräfte im Gitter, weil ungleichnamige Atombindungen auftreten. Dies äußert sich in einer lokalen Änderung des Schubmoduls, welcher ein Maß für die Gitterbindungskräfte darstellt (siehe Kap. 1.4.1). Aufgrund der Abhängigkeit der elastischen Verzerrungsenergie einer Versetzung vom Schubmodul ($U_e \sim G$, siehe Gl. 1.8) wird eine Versetzung von einem Fremdatom angezogen, wenn lokal ein geringerer Schubmodul herrscht als in der umgebenden Matrix. Die Stelle um das Fremdatom herum ist in diesem Fall elastisch weicher wegen schwächerer Bindungskräfte. Ist der örtliche Schubmodul dagegen höher aufgrund stärkerer ungleichnamiger Bindungen, wird die Versetzung von diesen elastisch härteren Zonen um die Fremdatome herum abgestoßen.

Ähnlich wie bei der parelastischen Wechselwirkung ist in *beiden* Fällen für die Bewegung der Versetzungen ein erhöhter Kraftaufwand erforderlich, um entweder die Versetzungen aus den Energietälern loszureißen oder um sie durch die harten Zonen, in denen sich ihre Verzerrungsenergie erhöhen muss, hindurchzudrücken. Man spricht von einer *dielastischen* Wechselwirkung, welche gleichermaßen bei Stufen- wie bei Schraubenversetzungen auftritt.

Der Modulparameter η charakterisiert analog zum Atomgrößenparameter die relative Wirksamkeit des Fremdelementes:

$$\eta = \frac{1}{c} \cdot \frac{G_L - G_M}{G_M} \tag{1.39}$$

G_L (makroskopischer) Schubmodul der Legierung

G_M Schubmodul des Reinmetalls

c Konzentration des Legierungselementes als Atombruch

typische Werte: $|\eta| \approx 0{,}5 \ldots 1$.

Der Moduleffekt ist auch dann wirksam, wenn die Atomradiendifferenz null wäre. Aus Letzterer allein kann also nicht auf die Höhe der Mischkristallhärtung geschlossen werden.

Die Wirksamkeit der Fremdelemente hängt selbstverständlich zusätzlich von ihrer Konzentration ab, so dass insgesamt drei Einflussgrößen auf die Mischkristallhärtung existieren:

$$\boxed{\Delta R_{e_{MK}} \sim c\,|\Delta a| \cdot |\Delta E|} \tag{1.40}$$

Anstelle des Schubmoduls G ist hier die E-Moduländerung angegeben, weil beide in einem festen Zusammenhang stehen, $E = 2G(1+\nu)$, und weil der E-Modul die gängige gemessene elastische Konstante darstellt. Exponenten für die drei Parameter sind in dieser vereinfachten Schreibweise weggelassen, zumal mehrere Theorien mit leicht voneinander abweichenden Exponenten existieren, welche die Mischkristallhärtung beschreiben.

Die interstitiell gelösten Elemente C und N können besonders in Stählen, gemessen an ihren geringen Gehalten, eine starke Mischkristallhärtung bewirken durch eine Streckgrenzenausprägung (siehe Kap. 1.10.3). Allerdings ist dieser Effekt wegen der hohen Beweglichkeit der Zwischengitteratome nur bei tiefen oder mäßig erhöhten Temperaturen wirksam. Bei den Substitutionsatomen achtet man in erster Line auf die Atomgrößendifferenz. Wiederum in Stählen sind die großen Atomsorten Mo und W recht effektiv, welche allerdings auch zu Karbiden abgebunden werden. In Al-Legierungen kommen hauptsächlich Mg, Mn und Zn infrage. Mischkristallhärtung in hoch kriechfesten Ni-Legierungen erfolgt überwiegend durch Mo, W und besonders wirksam durch Re.

Neben den Faktoren im Hinblick auf die Festigkeitssteigerung muss auf eine Reihe anderer Aspekte geachtet werden, wie z.B. die langzeitige Phasenstabilität und eine eventuelle Versprödung bei Ausscheidung unerwünschter Phasen. Die Gehalte der Fremdelemente sind daher nicht beliebig hoch anzusetzen.

1.13.3 Teilchenhärtung

Die erzielbare Festigkeitssteigerung durch Mischkristallhärtung ist begrenzt. Eine deutlich höhere, weitere Anhebung der Festigkeitswerte ist über die Bildung einer oder mehrerer zusätzlicher Phasen erreichbar. Hier werden im engeren Sinne als zweite oder weitere Phasen harte Teilchen betrachtet und nicht grobe Mehrphasigkeit, wie z.B. bei Dualphasen-Stählen mit Ferrit-Martensit oder Duplexstählen mit Ferrit-Austenit.

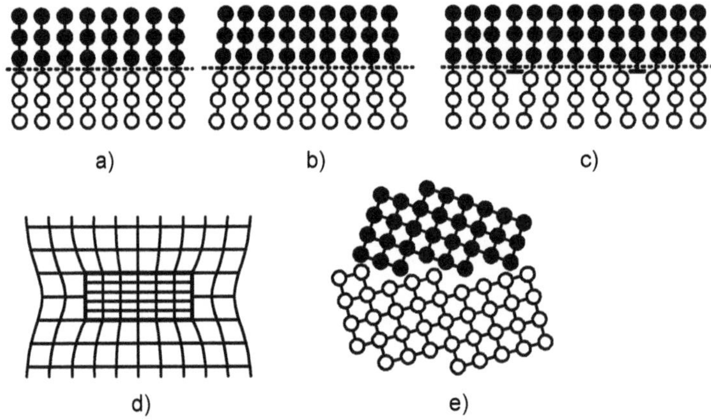

Bild 1.51 Arten von Phasengrenzflächen
a) Perfekt kohärent ohne Verzerrung
b) Kohärent mit Verzerrung
c) Semi-kohärent mit Fehlpassungsversetzungen
d) Teilkohärent (hier: Kohärenz in senkrechter Richtung, Inkohärenz in waagerechter Richtung)
e) Inkohärent

Oft findet man bei der Teilchenhärtung die Unterscheidung in *Ausscheidungshärtung* (= *Aushärtung*) und *Dispersionshärtung*. Die Härtungsmechanismen sind jedoch identisch. Die begriffliche Trennung kommt dadurch zustande, dass die Teilchen auf unterschiedliche Weise in der Legierung erzeugt werden. Bei den aushärtbaren Legierungen entsteht die zweite Phase durch Ausscheidung einer intermetallischen Phase aus einem übersättigten Mischkristall. Bei den Dispersionslegierungen dagegen weisen die Teilchen eine so geringe Löslichkeit in der Matrix auf, dass sie nicht durch eine Lösungsglühung aufgelöst und gezielt wieder ausgeschieden werden können. In diesen Fällen wird die harte Phase z.B. durch innere Oxidation oder auf pulvermetallurgischem Wege eingebracht. Es handelt sich um Oxide, Karbide oder andere Phasen mit nahezu Unlöslichkeit in der entsprechenden Matrix. Beispiel: ODS-Legierungen auf Ni- oder Fe-Basis, verfestigt mit Y_2O_3–Teilchen (ODS: *Oxide dispersion strengthened*).

Hinsichtlich der festigkeitssteigernden Wirkung der Teilchen müssen wiederum die Wechselwirkungen mit Versetzungen genauer betrachtet werden. Dazu ist zunächst eine Unterteilung der Teilchen nach ihrer Passung zum Grundgitter erforderlich.

Bild 1.51 zeigt die möglichen Arten von Phasengrenzflächen. *Kohärente* Ausscheidungen besitzen denselben Gittertyp wie die Matrix. Es kann auch vorkommen, dass bei unterschiedlichen Gittertypen bestimmte Ebenen gute Passung besitzen, wie z.B. bei $\{111\}_{kfz.}$ und $\{0001\}_{hdP.}$. Dann liegt *eine* kohärente Grenzfläche vor, jedoch keine vollständig kohärente Ausscheidung. Dies bezeichnet man als Teilkohärenz. Bei idealer (praktisch nicht vorkommender) Passung gehen die Netzebenen ohne jegliche Verzerrung ineinander über. In der Regel treten jedoch Kohärenzspannungen in der Matrix und im Teilchen infolge geringer Gitterparameterdifferenz (*misfit*) auf. Bei größerer Fehlpassung und bei größeren Teilchen müssen in periodischen Abständen Fehlpassungsversetzungen in die Grenzfläche eingebaut werden, damit in den Bereichen dazwischen der nicht versetzte Übergang gewährleistet ist. Dies bezeichnet man als *semikohärente* Grenzfläche.

Inkohärente Grenzflächen liegen vor bei:

- gleicher Atomanordnung, aber erheblicher Abweichung der Gitterparameter (> ca. 25 %) oder
- ungleicher Atomanordnung der jeweiligen Netzebenen von Matrix und Teilchen. Dies ist auch bei Korngrenzenteilchen der Fall, die immer nur mit *einer* Kornseite kohärent sein können.

Bei einer inkohärenten Grenzfläche existiert an keiner Stelle ein direkter Übergang vom einen Gitter in das andere. Analog zu einer Großwinkelkorngrenze können Versetzungen eine inkohärente Phasengrenze daher nicht passieren.

Tabelle 1.14 Wechselwirkungsmechanismen von Versetzungen und Teilchen

Mechanismus	Temperaturen	kohärent	semikohärent	teilkohärent	inkohärent
Schneiden	alle	✓	✓	nur in kohärenten Ebenen u. Richt.	nein
Umgehen	alle	✓	✓	✓	✓
Überklettern	> ca. 0,4 T_S	✓	✓	✓	✓

Die Versetzungen können die Teilchen entweder schneiden, sie umgehen oder überklettern. **Tabelle 1.14** gibt einen Überblick, unter welchen Bedingungen welcher Wechselwirkungsmechanismus möglich ist. Das Überklettern spielt nur im Kriechbereich eine Rolle. Bei der Wirkung von Teilchen auf die Streckgrenzenerhöhung gemäß Gl. (1.37) wird unterschieden in den *Schneidmechanismus* (Index S) und den *Umgehungsmechanismus nach Orowan* (Index OR):

$$\Delta R_{e_T} \equiv \Delta R_{e_S} \qquad \text{oder} \qquad \Delta R_{e_T} \equiv \Delta R_{e_{OR}}$$

1.13.3.1 Schneidmechanismus

Als Schneiden bezeichnet man das Durchlaufen von Versetzungen durch Teilchen. Es darf nicht mit dem Schneiden von Versetzungen untereinander verwechselt werden (Kap. 1.7.2). Die Gitter müssen in den Schnittebenen zusammenpassen, d.h. sie müssen *kohärent* sein, damit die Versetzungen die Phasengrenze passieren können. Inkohärente Teilchen können folglich *nicht* geschnitten werden.

Beispiele für kohärente, schneidbare Ausscheidungen sind die θ''-Phase in den aushärtbaren Al-Cu-Legierungen sowie die γ'-Ni_3Al-Phase in hochfesten Ni-Basis-Hochtemperaturlegierungen. Letztere ist außerdem eine Überstrukturphase, für die beim Schneiden besondere Verhältnisse vorliegen (siehe unten).

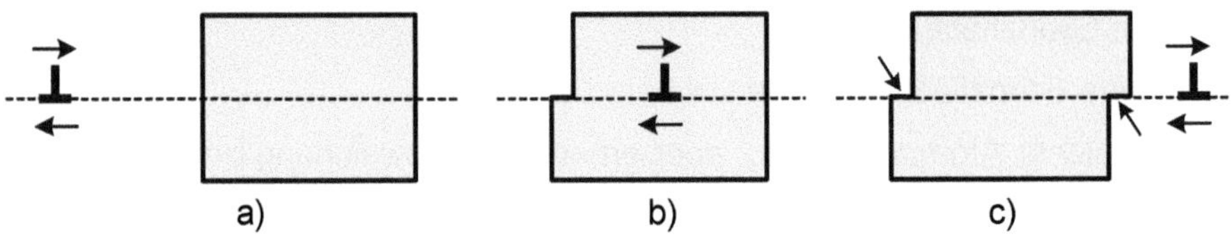

Bild 1.52 Schneiden von Teilchen
a) Eine Versetzung läuft auf das Teilchen zu und spürt das Kohärenzspannungsfeld
b) Die Versetzung ist in das Teilchen eingedrungen und erfährt ein verändertes Spannungsfeld aufgrund der Moduldifferenz zur Matrix
c) Die Versetzung hat das Teilchen geschnitten; neue Phasengrenzfläche ist entstanden (Pfeile)

Bild 1.52 stellt schematisch den Schneidvorgang dar. Die Streckgrenzenerhöhung ΔR_{eS} ergibt sich aus mehreren Energiehürden, die beim Schneiden überwunden werden müssen:

a) *Überwinden des Kohärenzspannungsfeldes*

Aufgrund unterschiedlicher Gitterparameter bauen sich um die Teilchen herum im Mischkristall sowie innerhalb des Teilchens langreichweitige Verzerrungen auf. Diese Kohärenzverspannungen sind umso stärker, je größer die Gitterfehlpassung ist. Die auf die Teilchen zulaufenden Versetzungen spüren dieses Spannungsfeld bereits vor der Grenzfläche. Abhängig von den Spannungsvorzeichen wird eine Versetzung abgestoßen oder angezogen. Entsprechend wird zusätzliche Kraft benötigt, um sie entweder in das Spannungsfeld hineinzudrücken oder sie nach dem Schneiden aus der Potenzialmulde wieder herauszuziehen. Hohe Kohärenzverspannungen bewirken also eine hohe Streckgrenzenerhöhung ΔR_{eS}.

b) Schubmoduldifferenz Matrix-Teilchen

Ist die Versetzung in das Teilchen eingedrungen, erfährt sie selbst ein anderes Spannungsfeld, weil im Teilchen aufgrund anderer Bindungskräfte ein anderer, in der Regel höherer Schubmodul G als in der Matrix vorliegt. Die elastische Verzerrungsenergie der Versetzung, welche sich proportional zu G verhält (siehe Gl. 1.8), muss in diesem Fall zunehmen, was zusätzliche, von außen anzulegende Spannung bedeutet.

c) Schaffen neuer Phasengrenzfläche

Das Abscheren verursacht eine Vergrößerung der Teilchenoberfläche und damit zusätzliche Phasengrenzfläche. Die damit verbundene Erhöhung der Enthalpie erfordert ebenfalls eine höhere außen anzulegende Spannung, d.h. eine Streckgrenzenerhöhung.

Ein Sonderfall tritt auf, wenn es sich bei den kohärenten, schneidbaren Teilchen um eine geordnete intermetallische Phase handelt, wie bei den erwähnten γ'-Ausscheidungen der Nennzusammensetzung Ni_3Al in Ni-Basislegierungen für Hochtemperaturanwendungen, z.B. Gasturbinenschaufeln.

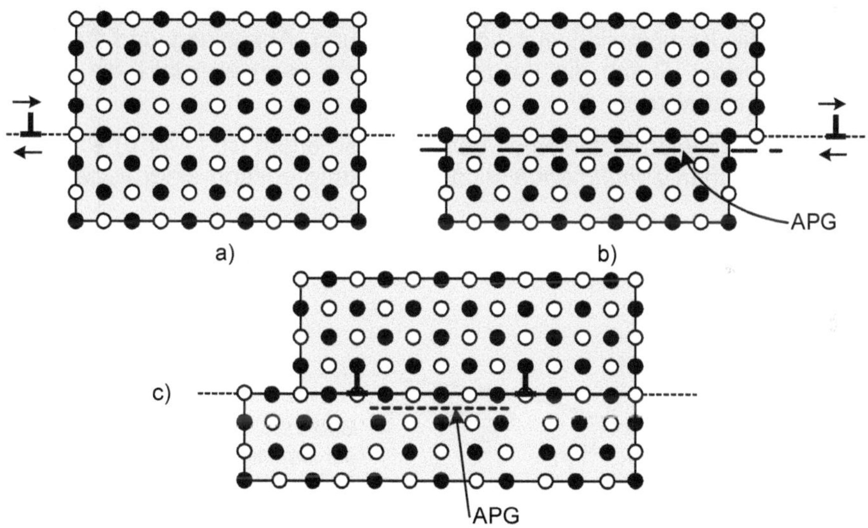

Bild 1.53 Schneiden einer geordneten Phase

a) Vor dem Schneiden liegt eine perfekte Ordnung vor mit alternierenden A-B-Bindungen
b) Beim Schneiden ist hinter der durchgelaufenen Versetzung die Ordnung zerstört; es ist eine Antiphasengrenzfläche (– – – APG) entstanden
c) Beim paarweisen Schneiden wird nur zwischen den beiden Versetzungen eine APG aufgebaut; hinter der zweiten Versetzung ist die Ordnung wieder hergestellt

Bild 1.53 veranschaulicht schematisch, wie eine durchlaufende Versetzung die Ordnung in der Ausscheidung zerstört. Entlang des geschnittenen Bereichs stehen sich nicht mehr die energetisch günstigsten A-B-Bindungen gegenüber, sondern die gleichartigen Bindungen. Es entsteht eine so genannte *Antiphasen-*

grenzfläche (APG), der eine erhöhte Enthalpie zuzuordnen ist. Daher ist das Schneiden geordneter Teilchen mit einem zusätzlichen Kraftaufwand verbunden.

Eine nachfolgende Versetzung hebt die Antiphasengrenze wieder auf und stellt die Ordnung wieder her. Aus diesem Grunde werden geordnete Teilchen von Versetzungspaaren geschnitten. Somit wird lediglich zwischen beiden Versetzungen eine Antiphasengrenzfläche aufgespannt. Der Gleichgewichtsabstand des Versetzungspaares leitet sich ab aus der anziehenden Wirkung beider Versetzungen zur Minimierung der APG-Energie und den abstoßenden Kräften zwischen den Versetzungen aufgrund ihrer Spannungsfelder.

Für eine vorgegebene Teilchenart in einer Legierung, für welche die Kohärenzverspannungen, die Moduldifferenz, die Phasengrenzflächenenergie sowie gegebenenfalls die APG-Energie feste Größen sind, wird folgende Abhängigkeit vom Volumenanteil f (*fraction*) der Teilchen und vom Teilchendurchmesser d_T gefunden:

$$\boxed{\Delta R_{e_S} \sim \sqrt[3]{f}\,\sqrt{d_T}} \qquad (1.41\ a)$$

Der Volumenanteil hängt selbstverständlich von der Legierungszusammensetzung sowie von der Wärmebehandlung ab. Er wird bei der Ausscheidungshärtung durch die Kombination aus Lösungsglühung, Abkühlung und Aushärtung optimal eingestellt. Durch die Wärmebehandlung kann ebenfalls die Teilchengröße beeinflusst werden.

Wird *nur* der Schneidmechanismus betrachtet, so ergibt Gl. (1.41 a) eine mit der Größe der Teilchen *zunehmende* Hinderniswirkung entlang einer liegenden Parabel, **Bild 1.54**:

$$\boxed{\Delta R_{e_S} \sim \sqrt{d_T}} \quad \text{für } f = \text{const.} \qquad (1.41\ b)$$

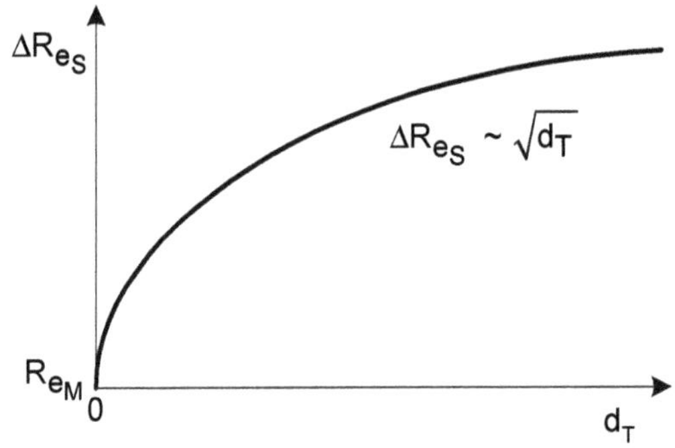

Bild 1.54 Parabolische Abhängigkeit der Streckgrenzenerhöhung vom Teilchendurchmesser beim Schneiden (f = const.)

R_{eM} ist die Streckgrenze der teilchenfreien Matrix.

Dieses zunächst überraschende Ergebnis liegt zum einen darin begründet, dass von den oben aufgeführten Spannungs- und Energietermen alle mit der Teilchengröße anwachsen, mit Ausnahme desjenigen zur Schaffung neuer Phasengrenzfläche. Zum anderen vergrößert sich bei konstantem Volumenanteil der Ausscheidungen deren Abstand mit zunehmender Größe. Dies führt dazu, dass die Versetzungen sich zwischen den Teilchen stärker ausbauchen und damit mit *mehr* Partikeln in Wechselwirkung treten.

Daraus darf jedoch nicht der Schluss gezogen werden, dass kohärente Ausscheidungen so grob wie möglich sein sollten, denn ab einer bestimmten Größe wird der Schneidmechanismus durch den Umgehungsmechanismus abgelöst.

1.13.3.2 Umgehungsmechanismus

Inkohärente Teilchen können von Versetzungen bei tiefen Temperaturen nicht geschnitten, sondern nur umgangen werden. Dies wird auch als *Orowan-Mechanismus* bezeichnet. Bei kohärenten Partikeln findet derjenige Mechanismus statt, welcher mit dem geringsten Kraftaufwand verbunden ist.

Bild 1.55 veranschaulicht den Umgehungsmechanismus schematisch. Die Versetzungslinie wird zwischen der harten Phase ausgebaucht, zieht sich wie eine

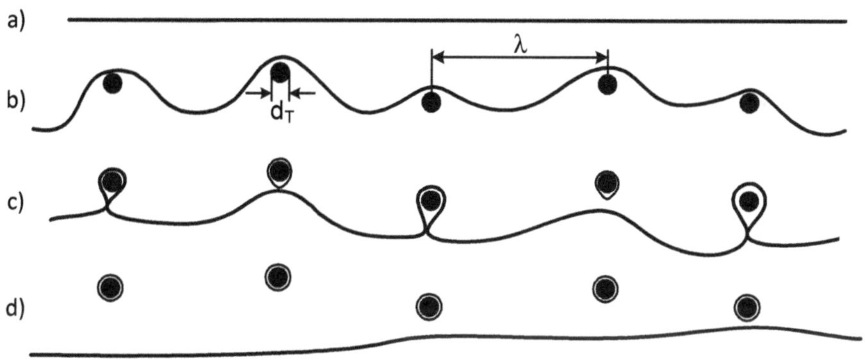

Bild 1.55 Umgehungsmechanismus nach Orowan
a) Gerade Versetzungslinie läuft auf eine Teilchenreihe zu
b) Die Versetzung baucht sich zwischen den Teilchen aus
c) Versetzungsschlaufen bilden sich um die Teilchen herum (Orowan-Ringe); an einigen Teilchen hat sich die Versetzung bereits gelöst
d) Um alle Teilchen herum sind Versetzungsringe zurückgeblieben (nach dem 1. Umgehungsvorgang); die Versetzungslinie zieht sich wieder gerade und läuft auf weitere Teilchen zu

Schlinge um jedes Partikel herum, dahinter kommt es zur Rekombination der Versetzungsschlaufe und die Versetzung löst sich danach wieder vom Teilchen. Zurück bleibt ein geschlossener Versetzungsring, der so genannte *Orowan-Ring*, um jedes umgangene Partikel herum. Diese Ringe stellen für die nachfolgenden Versetzungen zusätzliche Hindernisse dar, sie vergrößern quasi den wirksamen Teilchendurchmesser. Daher weisen die Fließkurven von Werkstoffen, in denen Teilchen nach dem Orowan-Mechanismus umgangen werden, eine starke Verfestigung auf.

Die Orowan-Spannung, welche zum Umgehen der Teilchen erforderlich ist, folgt der Beziehung:

$$\Delta R_{eOR} \sim \frac{1}{\lambda - d_T} \tag{1.42}$$

λ mittlerer Teilchenabstand

Da der Teilchenabstand λ von Mittelpunkt zu Mittelpunkt der Teilchen gerechnet wird, muss der effektive Abstand $\lambda - d_T$ eingesetzt werden. Dieser Zusammenhang ist prinzipiell identisch mit dem gemäß Gl. (1.17), wonach sich die Streckgrenze umgekehrt proportional zum Knotenabstand verhält. Im diskutierten Fall wird der feste Abstand durch die Teilchen vorgegeben.

Bei nicht zu großen Volumenanteilen gilt: $d_T << \lambda$, so dass sich Gl. (1.42) wie folgt vereinfacht:

$$\Delta R_{eOR} \sim \frac{1}{\lambda} \quad \text{für } d_T << \lambda \tag{1.43}$$

Nimmt man runde Teilchen mit gleichmäßiger Verteilung sowie $d_T << \lambda$ an, so lässt sich geometrisch die Beziehung herleiten:

$$\lambda = \frac{\sqrt{\pi}}{2} \cdot \frac{d_T}{\sqrt{f}} \approx 0{,}9 \cdot \frac{d_T}{\sqrt{f}} \tag{1.44}$$

Dies führt auf den Zusammenhang zwischen der Orowan-Spannung und der Teilchengröße:

$$\Delta R_{eOR} \sim \frac{\sqrt{f}}{d_T} \tag{1.45a}$$

Bei eingestelltem, konstantem Volumenanteil f folgt die Orowan-Spannung dem Teilchendurchmesser nach einer Hyperbel:

$$\Delta R_{eOR} \sim \frac{1}{d_T} \quad \text{für } f = \text{const.} \tag{1.45b}$$

In **Bild 1.56** sind die Zusammenhänge für das Schneiden sowie das Umgehen gemeinsam dargestellt. Den maximalen Teilchenhärtungseffekt erreicht man bei schneidbaren, kohärenten Teilchen bei einer Partikelgröße d*, bei welcher sich die liegende Parabel und die Hyperbel schneiden und wo der Orowan-Mechanismus gerade einsetzt und den Schneidvorgang ablöst. Hyperfeine Teilchendispersionen stellen im Falle schneidbarer Teilchen also nicht das Festigkeitsoptimum dar.

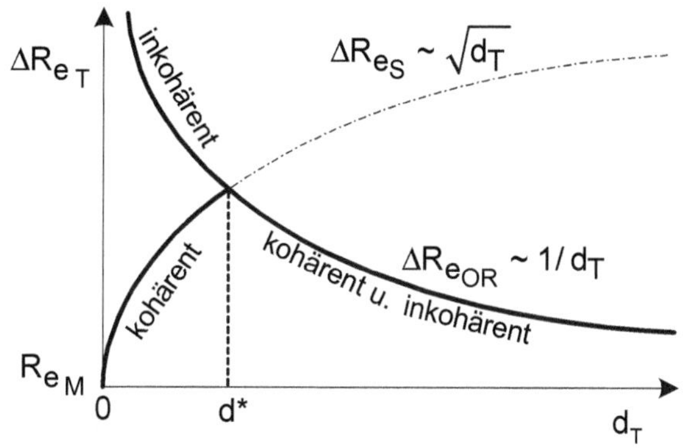

Bild 1.56 Streckgrenzenerhöhung durch Teilchen (f = const.)

d* ist der für schneidbare, kohärente Teilchen optimale Durchmesser. Inkohärente Partikel sollten so fein wie möglich eingestellt werden.
R_{eM} ist die Streckgrenze der teilchenfreien Matrix.

Ist die harte Phase dagegen inkohärent und damit nicht schneidbar, sollte die Teilchengröße möglichst gering sein, weil nur der Hyperbelverlauf zutrifft. Die Regel „je feiner umso besser" gilt z.B. für alle üblichen Karbidarten und auch für Oxide in oxiddispersionsverfestigten Legierungen (ODS-Legierungen).

1.13.3.3 Überklettern

Bei genügend hohen Temperaturen, etwa oberhalb 40 % der absoluten Schmelztemperatur T_S, können die Stufenversetzungen ihre Gleitebene durch Klettern verlassen (Kap. 1.7.4). Dieser Tatbestand eröffnet auch die Möglichkeit, größere

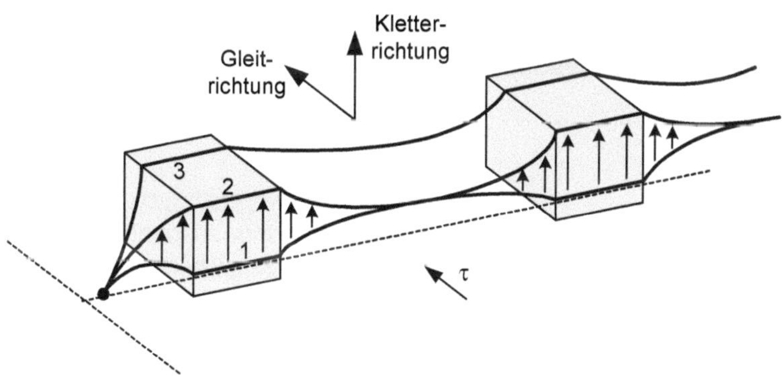

Bild 1.57 Überklettern von Teilchen durch eine Stufenversetzung
Die gestrichelten Linien spannen die ursprüngliche Gleitebene auf, in welcher die Versetzung links verknotet sein möge. Die Pfeile deuten die Kletterrichtung an. 1, 2 und 3 geben die Reihenfolge der Positionen an.

Hindernisse wie Teilchen durch Klettern zu passieren. Besonders im Kriechbereich bei hohen Temperaturen sind die technisch üblichen Spannungen so niedrig angesetzt, dass sie für den Schneid- oder Orowan-Mechanismus nicht ausreichen. Dennoch kommt die Verformung nicht zum Stillstand, da zeitabhängig die Teilchen überklettert werden. Dieser Vorgang ist schematisch in **Bild 1.57** dargestellt.

Bild 1.58 deutet stark vereinfacht an, wie zwei Versetzungen ungleichen Vorzeichens, die zum Auslöschen aufeinander zulaufen, auf ihrem Weg die Teilchenhindernisse zu überwinden haben. Dadurch wird die Abbaurate pro Zeit $(-d\rho/dt)$, d.h. die Erholungsrate verzögert, was gemäß Gl. (1.27) zu einer verringerten Kriechgeschwindigkeit und damit höheren Kriechfestigkeit führt. Die Teilchenhärtung ist der wirkungsvollste Mechanismus zur Kriechfestigkeitssteigerung. Die besonders kriechfesten Superlegierungen auf Ni-Basis für Schaufeln in Flugtriebwerken und Gasturbinenkraftwerken weisen bis zu ca. 60 Vol.-% härtender Teilchen auf. Außerdem sind diese Werkstoffe stark mischkristallgehärtet.

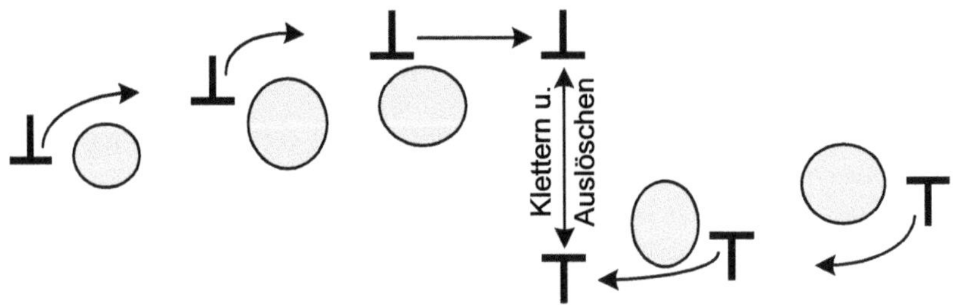

Bild 1.58 Veranschaulichung der Teilchenhärtung bei hohen Temperaturen
Zwei Stufenversetzungen ungleichen Vorzeichens müssen die Teilchen zunächst überklettern, bis sie aufeinander zuklettern können, um sich auszulöschen. Die Erholungsrate ist dadurch reduziert und die Kriechfestigkeit erhöht.

Da das Klettern zeitabhängig ist, bezieht man die Teilchenwirkung zweckmäßigerweise auf die Verformungsgeschwindigkeit $\dot{\varepsilon}$. Nach einem Modell von G.S. Ansell und J. Weertman (1959) gilt der Zusammenhang:

$$\dot{\varepsilon} \sim \frac{1}{d_T^2} \qquad (1.46)$$

Grobe Teilchen wären demnach im Bereich niedriger Spannungen, bei denen nur der Kletterprozess wirksam und geschwindigkeitsbestimmend ist, am günstigsten in Bezug auf hohe Kriechfestigkeit. Zu grobe Ausscheidungen dürfen allerdings auch nicht eingestellt werden, da ansonsten die Orowan-Spannung so gering werden könnte, dass der Kletterprozess durch den Umgehungsprozess abgelöst werden würde. Dies hätte negative Auswirkungen auf die Kriechfestigkeit, da beim Orowan-Prozess $\dot{\varepsilon} \sim d_T$ gilt. Im Übrigen vergröbern die Teilchen bei den hohen Anwendungstemperaturen im Kriechbereich, so dass bei zu groben Anfangspartikeln schon nach kürzerer Zeit ein Mechanismuswechsel auftreten kann. Daher stellt man für kriechfeste Werkstoffe die Teilchengröße eher etwas geringer ein, als es gemäß Gl. (1.46) bei Neumaterial optimal wäre.

1.14 Zusammenfassung der Härtungsmechanismen

Tabelle 1.15 fasst die vier Härtungsmechanismen mit ihren wichtigsten Merkmalen und Gesetzmäßigkeiten zusammen.

Bei den Parametern ist angegeben, wie hoch bzw. wie niedrig der betreffende Wert eingestellt werden kann. Durch starke Kaltverformung werden Versetzungsdichten von maximal etwa 10^{10} m/cm^3 erreicht. Dieser Wert wird einerseits begrenzt durch Rissbildung und Bruch. Andererseits löschen sich die Versetzungen auch bei tiefen Temperaturen aus, weil bei sehr hoher Dichte die Wahrscheinlichkeit steigt, dass sich Versetzungen ungleichen Vorzeichens in derselben Gleitebene begegnen, ohne klettern zu müssen.

Tabelle 1.15 Wirksame Härtungsmechanismen im Temperaturbereich bis ca. 0,4 T_S (nach [1.12])

Mechanismus	Hindernisart u. Parameter	Gesetz	Max.-/Min.-Werte der Parameter	$\frac{\Delta R_e}{\sigma_{theor}} \approx$
Versetzungshärtung (Kaltverformung)	Versetzungen; Versetzungsdichte ρ	$\Delta R_{eV} \sim \sqrt{\rho}$	$\rho <$ ca. 10^{10} m/cm^3	10 %
Feinkornhärtung	Korngrenzen; Korngröße d_K	$\Delta R_{eK} \sim \frac{1}{\sqrt{d_K}}$	$d_K >$ ca. 1 µm	5 %
Mischkristallhärtung	Fremdatome; Konzentration c, Atomgrößendifferenz Δa, Moduldifferenz ΔE	$\Delta R_{eMK} \sim c\lvert\Delta a\rvert \cdot \lvert\Delta E\rvert$ (Exponenten weggelassen)	$\Sigma c_{subst.} <$ ca. 60 Mas.-% $\Sigma c_{interst.} <$ ca. 1 Mas.-%	10 % 10 %
Teilchenhärtung	Teilchen; Volumenanteil f, Teilchendurchmesser d_T	Schneiden: $\Delta R_{eS} \sim \sqrt[3]{f}\sqrt{d_T}$ Umgehen: $\Delta R_{eOR} \sim \frac{\sqrt{f}}{d_T}$	f < ca. 10 % (60 %) $d_T >$ ca. 10 nm	7 % (70%)

Die letzte Spalte gibt an, wie hoch die maximale Streckgrenzenerhöhung *etwa* sein kann relativ zur theoretischen Festigkeit.

Korngrößen werden durch wiederholte Rekristallisation mit sukzessive feinerer Ausgangskorngröße bis auf ca. 1 µm reduziert.

In Mischkristalllegierungen lassen sich in manchen Werkstoffen, wie einigen austenitischen Stählen und Ni-Basislegierungen, Gehalte an Substitutionselementen von bis zu ca. 60 Masse-% realisieren. Interstitielle Fremdatome, wie C und N, sind auf höchstens 1 Masse-% in stark übersättigten Lösungen beschränkt, z.B. im Martensit bei C-Stählen oder in druckaufgestickten Stählen. Die Atomkonzentrationen dieser leichten Elemente sind allerdings viel höher.

Die Volumenanteile härtender Teilchen belaufen sich meist auf wenige Prozent, z.B. bei Karbiden. In Ausnahmefällen werden bis zu ca. 60 % eingestellt (in hochfesten Ni-Basis-Superlegierungen). Teilchendurchmesser liegen minimal bei etwa 10 nm, wie z.B. die hyperfeinen Oxide in pulvermetallurgisch hergestellten, mechanisch legierten ODS-Legierungen. Derart feine Partikel lassen sich nur im Durchstrahlungselektronenmikroskop (TEM) beobachten.

Der maximal erreichbare Streckgrenzenzuwachs ist in der letzten Spalte von Tabelle 1.15 relativ zur theoretischen Festigkeit angegeben, weil diese den äußersten Grenzwert darstellt. Die genannten Prozentzahlen sind ungefähre Richtwerte, um die Wirksamkeit der verschiedenen Härtungsmechanismen zu vergleichen.

Grundsätzlich lassen sich alle vier Härtungsmechanismen miteinander kombinieren, jedoch nicht jeder bis zum Maximum. Beispielsweise schließen sich maximale Kaltverformung und maximale Teilchenhärtung aus, weil bei hohem Teilchenanteil das Verformungsvermögen stark zurückgeht. Feinkörnige Bleche, die zum Schluss kalt in Form gepresst und ausgehärtet werden, wie z.B. aus der hochfesten Al-Legierung AlZnMgCu1,5 für den Flugzeugbau, gewinnen ihre Festigkeit durch alle vier Maßnahmen. Auch martensitisch gehärtete und angelassene Stähle mit einer feinen ehemaligen Austenitkorngröße profitieren von allen Härtungsmechanismen. Sie weisen eine starke Versetzungshärtung aufgrund des sehr dichten Versetzungsnetzwerkes nach dem Umklappen des kfz.- in das tetragonal-raumzentrierte Gitter auf. Außerdem besitzen sie eine ebenfalls sehr wirksame Mischkristallhärtung durch übersättigt gelösten Kohlenstoff und eventuell andere Legierungselemente sowie eine Karbidausscheidungshärtung nach dem Anlassen.

Im *Kriechbereich*, d.h. bei Anwendungstemperaturen oberhalb von ca. 0,4 T_S, müssen *grobkörnige* Gefüge eingestellt werden (Kap. 1.11.5 und 1.11.6). Eine vorherige Kaltverformung ist allenfalls noch sinnvoll im Übergangsbereich zwischen metallphysikalisch tiefen und hohen Temperaturen, also etwa zwischen 0,3 und 0,4 T_S. Bei höheren homologen Temperaturen würde die Kaltverfestigung durch Erholung allmählich abgebaut werden oder das Gefüge rekristallisiert unkontrolliert, was in jedem Fall bei Bauteilen unerwünscht ist. Hohe Kriechfestigkeit wird folglich durch grobkörnige Gefüge erreicht, die mischkristall- und teilchengehärtet sind.

Weiterführende Literatur zu Kapitel 1

R. Bürgel, H.J. Maier, T. Niendorf: Handbuch Hochtemperatur-Werkstofftechnik, 4. Aufl., Vieweg+Teubner, Wiesbaden, 2011

A. Cottrell: An Introduction to Metallurgy, 2nd ed., Edward Arnold, London, 1975

W. Dahl (Hrsg.): Grundlagen des Festigkeits- und Bruchverhaltens, Verl. Stahleisen, Düsseldorf, 1974

W. Dahl, W. Anton (Hrsg.): Werkstoffkunde Stahl und Eisen, Verl. Stahleisen, Düsseldorf, 1983

G. Gottstein: Physikalische Grundlagen der Materialkunde, 2. Aufl., Springer, 2001

D. Hull: Introduction to Dislocations, 4th ed., Elsevier Sci. & Tech. Books, 2001

H. Böhm: Einführung in die Metallkunde, Bibliogr. Inst., Mannheim, 1968

2 Zyklische Belastung

2.1 Einführung und Definitionen

Die meisten Bauteile sind einer schwingenden Belastung ausgesetzt, bei der sich die Spannung zeitlich, oft mit hohen Frequenzen, ändert. Auch die meisten Schäden treten an schwingend beanspruchten Komponenten auf, nämlich rund 90 % aller Ausfälle. Allgemein wird von zyklischer Belastung gesprochen, unabhängig von der Frequenz und auch unabhängig vom Vorzeichen der Spannung. Gemäß der Norm DIN 50 100 *„Dauerschwingversuch"* bezeichnet man als Wechsellast eine solche, bei der sich während eines Schwingspiels das Vorzeichen ändert. Dies ist zwar oft der Fall, es kann aber auch sein, dass alle auftretenden Spannungen nur im Zug- oder nur im Druckgebiet liegen.

Bild 2.1 gibt die zu unterscheidenden Bereiche sowie die kennzeichnenden Größen eines Lastspiels wieder. Zusätzlich sind Spannungsverhältnisse angegeben, die wie folgt definiert sind:

Spannungsverhältnis $$R = \frac{\sigma_u}{\sigma_o} \tag{2.1}$$

und

Mittelspannungsverhältnis $$A = \frac{|\sigma_a|}{\sigma_m} \quad \text{(auch } M_\sigma \text{ genannt)} \tag{2.2}$$

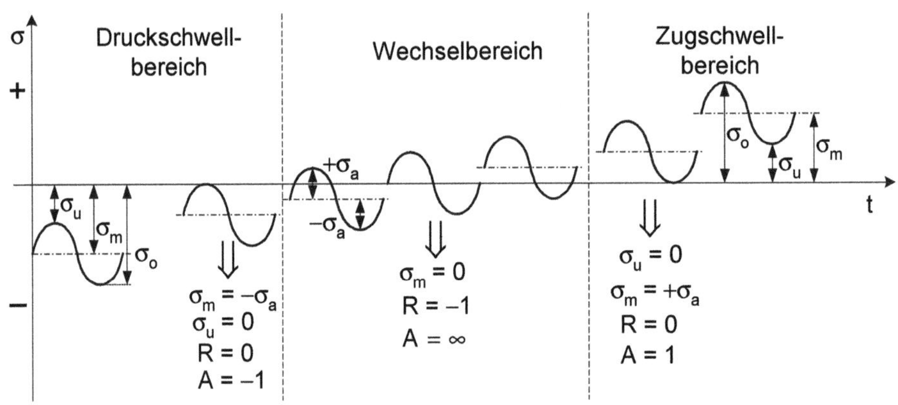

Bild 2.1 Spannungs-Zeit-Verläufe mit den kennzeichnenden Spannungswerten gemäß DIN 50 100
Man beachte die Vereinbarungen zur Bezeichnung der Ober- und Unterspannung im Bereich negativer Mittelspannungen. Zu berücksichtigen ist ebenfalls, dass R den Belastungsfall nicht eindeutig kennzeichnet, nur bei R = –1.

Zwar benutzt man oft das Spannungsverhältnis R zur Kennzeichnung eines Schwingvorganges, jedoch ist dies aufgrund der nicht eindeutigen Definition nicht immer sinnvoll. Wie man den Beispielen in Bild 2.1 entnehmen kann, ist bei der gewählten Definition der R-Wert im Zug- wie im Druck-Mittelspannungsbereich bei spiegelbildlichem Schwingspiel identisch. Das Mittelspannungsverhältnis A (auch M_σ) ist dagegen eindeutig definiert[1].

Eine weitere Definition ist nach DIN 50 100 zu beachten, die oft zu Verwirrungen führt. Als Oberspannung σ_o ist der größte Spannungswert *unabhängig vom Vorzeichen*, also der Absolutbetrag, festgelegt, als Unterspannung σ_u entsprechend der kleinste Absolutwert. Diese Vereinbarung ist im Druckbereich zu berücksichtigen, wie ebenfalls aus Bild 2.1 ersichtlich ist. Ein Schwingspiel ist immer eindeutig gekennzeichnet durch die Mittelspannung und die Amplitude:

$$\sigma(t) = \sigma_m + \sigma_a \sin(\omega t) = \sigma_m + \sigma_a \sin(2\pi n t) \tag{2.3}$$

ω Kreisfrequenz
n Drehzahl oder Frequenz

In Zusammenhang mit der Werkstoffschädigung bei zyklischer Belastung spricht man von *Ermüdung* des Werkstoffes:

Als Ermüdung bezeichnet man die *werkstoffschädigende Folgeerscheinung unter zyklischen Belastungen* in Form von Rissbildung und *langsamem, stabilen* Risswachstum.

Dieser Begriff ist also werkstoffkundlich exakt definiert und sollte auch nur in diesem Sinne verwendet werden, und nicht etwa für allgemeine „Alterung" eines Bauteils (wie in Zeitungsartikeln bei spektakulären Schäden manchmal üblich). Auf die Versagensmechanismen wird in Kap. 5.5 näher eingegangen.

Bei *thermischer Ermüdung* ändert sich ursächlich die Temperatur, wodurch zeitlich veränderliche Wärmespannungen auftreten, die zu Rissbildung und Risswachstum führen können. Aufgrund der geringen Frequenz der Temperaturwechsel unterscheidet sich die thermische Ermüdung von der Schwingbelastung, die häufig mit hohen Frequenzen abläuft. Im Folgenden wird nur schwingende zyklische Belastung mit hohen Lastwechseln (High Cycle Fatigue, HCF) betrachtet. Niederzyklische Ermüdung (Low Cycle Fatigue, LCF) und thermische Ermüdung siehe unter weiterführender Literatur.

2.2 Festigkeit bei schwingender Belastung

2.2.1 Wöhler-Diagramme

Unter zyklischer Belastung sind die statisch-mechanischen Kennwerte eines Materials, wie Streckgrenze oder Zugfestigkeit, gar nicht oder nur bedingt taug-

[1] In der bruchmechanischen Literatur wird das R-Verhältnis ebenfalls als $R = \sigma_u / \sigma_o$ definiert. In diesem Fall ist auch im Druckbereich σ_u die niedrigste und σ_o die höchste Spannung. Für $\sigma_o = 0$ ist dann $R = -\infty$ und für $\sigma_u = 0$ ist $R = 0$. Diese R-Definition ist somit eindeutig, siehe auch [2.1].

lich für die Festigkeitsberechnung. Es müssen zyklische Festigkeitsdaten berücksichtigt werden. Charakteristisch für die Ermüdungsfestigkeit ist die Tatsache, dass der Bruch bei Spannungen deutlich unterhalb der Zugfestigkeit R_m und auch unterhalb der Streckgrenze R_e auftritt. Bei Stählen liegt die Wechselfestigkeit σ_W (Definition siehe später) stets unterhalb der Streckgrenze.

Die erforderlichen Schwingfestigkeitsdaten werden aus Wöhler-Versuchen[2] gewonnen. Der Anlass der damaligen Untersuchungen waren Brüche an Eisenbahnachsen, welche eine Umlaufbiegebelastung aufweisen[3]. Wöhler fand, dass bei den Kohlenstoffstählen, die er untersuchte, ab ca. 10^6 Zyklen kein Bruch mehr auftritt, die dabei anliegende Amplitude also dauerschwingfest ertragen wird. Diese lag allerdings deutlich unter der Streckgrenze, so dass die Brüche zumindest phänomenologisch erklärbar wurden, wenn auch noch nicht von den Mechanismen her.

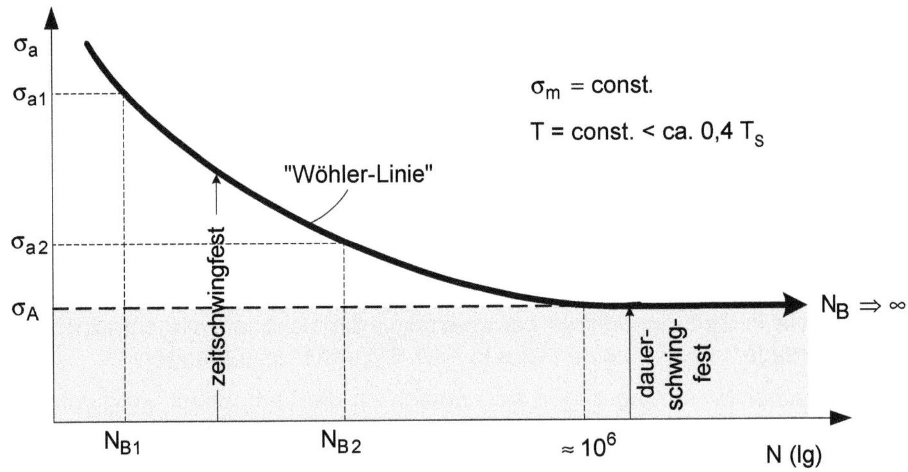

Bild 2.2 Wöhler-Diagramm mit einem ausgeprägten Dauerschwingfestigkeitsbereich beginnend ab ca. 10^6 Zyklen
Bei den Spannungsamplituden σ_{a1} und σ_{a2} tritt nach den Zyklenzahlen N_{B1} bzw. N_{B2} Bruch ein. Die dauerschwingfest ertragene Spannungsamplitude ($N_B \rightarrow \infty$) wird mit dem Index A versehen: σ_A. Im grau markierten Spannungsbereich liegt Dauerschwingfestigkeit vor.

Bild 2.2 zeigt die Abhängigkeit der Zyklenzahl (andere Bezeichnungen: Lastspiel- oder Schwingspielzahl) von der Spannungsamplitude bei konstanter Mittelspannung in einfach-logarithmischer Darstellung. Diese Schaubilder nennt man in der deutschsprachigen Literatur Wöhler-Diagramme, in der angelsächsischen *S-N-diagrams* (von *Stress vs. Number of cycles*). Gemäß dem Kriterium, ob Bruch auftritt oder nicht, spricht man vom Bereich der *Zeitschwingfestigkeit* oder der *Dauerschwingfestigkeit* (um Verwechselungen mit der Zeitstandfestigkeit zu vermeiden, sollte das Infix „-schwing" stets gebraucht werden). Zu betonen ist,

[2] August Wöhler, 1819-1914, dt. Ingenieur, Begründer der modernen Werkstoffprüfung
[3] A. Wöhler: Versuche über die Festigkeit von Eisenbahnwagen-Achsen, Zeitschrift Bauwesen, 1860

dass mit einer Dauerschwingfestigkeit nur im Bereich tiefer physikalischer Temperaturen < ca. 0,4 T_S zu rechnen ist, weil bei höheren Temperaturen durch Kriechvorgänge *in jedem Fall* die Lebensdauer endlich ist und somit immer nur eine Zeitschwingfestigkeit auftreten kann. Zur Schwingbeanspruchung und Ermüdung bei hohen Temperaturen sowie zur niederzyklischen Ermüdung (LCF – Low Cycle Fatigue) wird auf die weiterführende Literatur verwiesen.

Wird auch die Ordinate logarithmisch geteilt, so nimmt der Kurvenast im Zeitschwingfestigkeitsbereich ebenfalls annähernd eine Gerade an.

Als Dauerschwingfestigkeit σ_D bezeichnet man einen Werkstofffestigkeitskennwert, der korrekt geschrieben aus dem Werte*paar* von Mittelspannung und Daueramplitude besteht:

$$\boxed{\sigma_D = \sigma_m \pm \sigma_A} \tag{2.4}$$

Zur Unterscheidung von beliebigen Amplituden wird die dauerschwingfest ertragene Amplitude (= Daueramplitude) nach DIN 50 100 mit dem großen Index A versehen. Die alleinige Angabe der Daueramplitude wäre unvollständig. Im oft vorkommenden Sonderfall mit $\sigma_m = 0$, wie bei der Umlaufbiegung einer Welle, heißt die Dauerschwingfestigkeit nach DIN 50 100 auch *Wechselfestigkeit*:

$$\boxed{\sigma_D(\sigma_m = 0) \equiv \pm \sigma_W} \tag{2.5}$$

Die Wechselfestigkeit σ_W liegt deutlich unterhalb der Streckgrenze R_e; bei Spannungsausschlägen zwischen σ_W und R_e kommt es folglich bereits zu Ermüdungsbrüchen. Auf die Ursachen wird in Kap. 5.5 näher eingegangen.

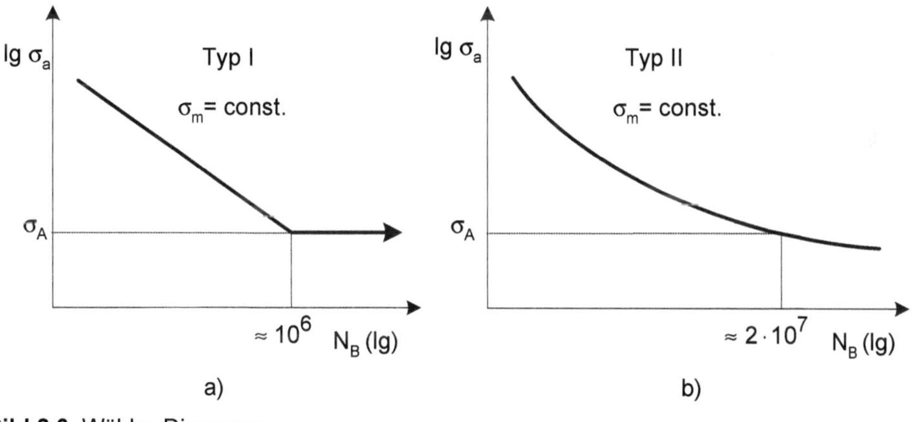

Bild 2.3 Wöhler-Diagramme
a) Typ I-Verhalten mit ausgeprägter Dauerschwingfestigkeit ab ca. 10^6 Zyklen
b) Typ II-Verhalten mit nicht ausgeprägtem Dauerniveau
Vereinbarungsgemäß wird die Dauerschwingfestigkeit ab ca. $2 \cdot 10^7$ Zyklen festgesetzt.

Die Wöhler-Kurven weisen bei niedrigen Spannungsamplituden ein mehr oder weniger ausgeprägtes Plateau auf. Grundsätzlich werden zwei Typen des Verlaufs beobachtet, **Bild 2.3**. Bei Typ I tritt bei gegebener Mittelspannung unterhalb einer bestimmten Spannungsamplitude, die zu Bruchlastspielzahlen von etwa 10^6 führt, kein Bruch mehr auf. Bei Typ II-Verhalten wird ein Dauerniveau bei Lastspielzahlen in der Gegend von einigen 10^7 noch nicht gemessen; es liegt in der Größenordnung ab 10^8 Lastwechseln. **Bild 2.4** zeigt ein Beispiel für niedrig legierten krz.-Stahl (Typ I-Verhalten) im Vergleich mit einer kfz.-Al-Legierung (Typ II-Verhalten).

Wöhler-Diagramme vom Typ I werden beobachtet bei:

- den meisten krz.-Stählen
- vielen interstitiellen Legierungen
- vielen mehrphasigen Nichteisen-Legierungen.

Das Typ II-Verhalten ist dagegen charakteristisch für:

- reine kfz.-Metalle (Al, Cu, Ni...)
- viele kfz.-Legierungen, wie α-Messing, Al-Legierungen und austenitische Stähle.

Gemäß DIN 50 100 wird bei Typ II-Verhalten die Dauerschwingfestigkeit ab ca. $2 \cdot 10^7$ Zyklen festgelegt.

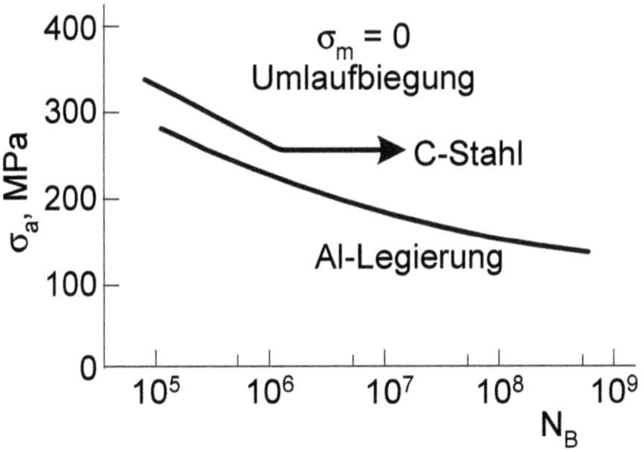

Bild 2.4 Wöhler-Kurven eines krz.-C- Stahles im Vergleich mit einer kfz.-Al-Legierung (nach [2.2])

Zu beachten ist, dass im Wöhler-Diagramm nur die Spannungsamplitude aufgetragen wird. Die Mittelspannung ist jedoch stets mit anzugeben, denn sie ist eine entscheidende Zusatzgröße. Wird sie nicht explizit ausgewiesen, so kann von $\sigma_m = 0$ ausgegangen werden.

2.2.2 Dauerschwingfestigkeitsschaubilder

In technischen Konstruktionen besteht die Belastung an den Bauteilen oft aus einer konstanten Spannung, die der Mittelspannung entspricht, und einer überlagerten, zeitlich veränderlichen Spannung. Der Einfluss der Mittelspannung ist prinzipiell in **Bild 2.5** dargestellt. Gegenüber der reinen Wechselbelastung mit $\sigma_m = 0$ wird die Wöhler-Kurve mit steigender Zug-Mittelspannung ($\sigma_m > 0$) zu geringeren ertragbaren Spannungsamplituden verschoben. Bei Druck-Mittelspannungen ($\sigma_m < 0$) werden dagegen höhere Spannungsamplituden ausgehalten. Oberflächenfehler, wie Riefen oder Kerben, wirken sich im Druck-Mittelspannungsgebiet weniger kritisch als Rissstarter aus. Die Lage der Grenzlastspielzahl, ab der ein Dauerschwingfestigkeitsniveau auftritt, bleibt in etwa gleich bei ca. 10^6 Zyklen für Typ I-Verhalten.

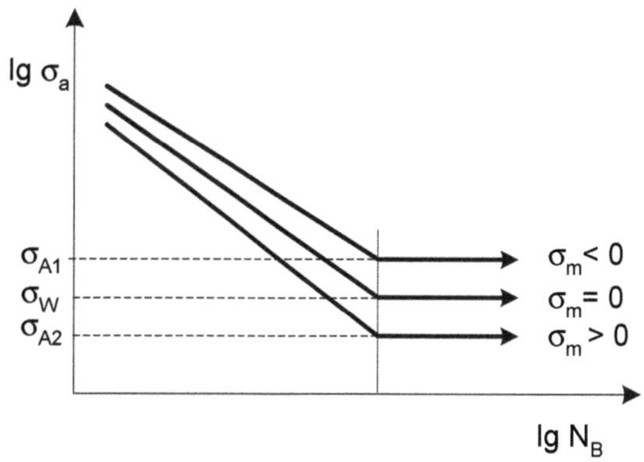

Bild 2.5 Prinzipieller Einfluss der Mittelspannung auf die dauerfest ertragbare Spannungsamplitude

Für $\sigma_m = 0$ ist die Dauerschwingfestigkeit identisch mit der Amplitude und wird als Wechselfestigkeit σ_W bezeichnet.

Die Kombinationen aus Mittelspannung und Daueramplitude werden in Dauerschwingfestigkeitsdiagrammen abgelesen. Es existieren zwei Darstellungsformen, die beide dieselben Informationen beinhalten: das Schaubild nach Smith, welches in der deutschsprachigen Literatur meist verwendet wird, und das nach Haigh, das erheblich einfacher aufgebaut ist als das Smith-Diagramm. Im Folgenden werden beide Diagrammtypen gegenübergestellt. Zunächst werden nur Zug-Mittelspannungen betrachtet.

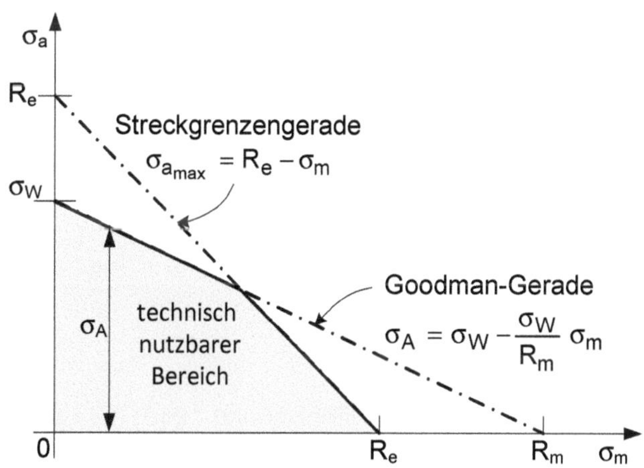

Bild 2.6 Dauerschwingfestigkeitsdiagramm nach Haigh für Zug-Mittelspannungen

Bild 2.6 zeigt ein Dauerschwingfestigkeitsdiagramm nach Haigh (Erstveröffentlichung 1915), bei dem die Daueramplitude (als Absolutbetrag) gegen die Mittelspannung aufgetragen wird, was dem Sinn dieser Schaubilder entspricht. Zunächst werden die Streckgrenze (R_e) und die Zugfestigkeit (R_m) aus Zugversuchen eingetragen. Als Weiteres muss in Wöhler-Versuchen die Wechselfestigkeit

σ_W bei $\sigma_m = 0$ ermittelt werden. Dazu sind für einen Werkstoff pro Charge ca. 7 bis 10 Proben bei unterschiedlichen Amplituden zu verwenden, um diesen Wert möglichst genau zu erfassen.

Man müsste nun für verschiedene Mittelspannungen jeweils die Daueramplitude experimentell bestimmen, was einen enormen Proben- und Zeitaufwand bedeutete. Eine simple Regel nach Goodman hat sich jedoch als zweckmäßig erwiesen, wonach die Wechselfestigkeit σ_W mit der Zugfestigkeit durch eine Gerade, die *Goodman-Gerade*, verbunden wird. Diese folgt somit der Gleichung:

$$\sigma_A = \sigma_W - \frac{\sigma_W}{R_m}\sigma_m = \sigma_W\left(1-\frac{\sigma_m}{R_m}\right) \tag{2.6}$$

Es hat sich herausgestellt, dass diese Form der Interpolation konservativ ist, die tatsächlichen Daueramplituden also leicht oberhalb der Goodman-Geraden liegen.

Grundsätzlich darf die Oberspannung die Streckgrenze nicht überschreiten, weil sonst makroskopische plastische Verformung aufträte. Es ist also ein Streckgrenzenkriterium folgender Art zu formulieren:

$$\sigma_m + \sigma_{a_{max}} \leq R_e \tag{2.7 a}$$

oder als Streckgrenzengerade im σ_m-σ_a-Diagramm:

$$\sigma_{a_{max}} = R_e - \sigma_m \tag{2.7 b}$$

Der technisch nutzbare Amplitudenbereich wird also von zwei Geraden begrenzt: der Goodman-Geraden und der Streckgrenzengeraden.

Auf diese einfache Art und Weise werden für ein Dauerschwingfestigkeitsschaubild lediglich die Wechselfestigkeit sowie die ohnehin immer vorliegenden Zugversuchdaten benötigt.

Die Dauerschwingfestigkeit in Abhängigkeit von der Mittelspannung errechnet sich mit Hilfe der Goodman-Interpolation zu:

$$\boxed{\sigma_D(\sigma_m) = \sigma_m \pm \sigma_A = \sigma_m \pm \sigma_W\left(1-\frac{\sigma_m}{R_m}\right)} \tag{2.8}$$

Das häufig verwendete Smith-Diagramm (Erstveröffentlichung 1910) mit denselben schematisch angenommenen Werten wie in Bild 2.6 zeigt **Bild 2.7**. Als Variable wird auf der Abszisse selbstverständlich auch die Mittelspannung aufgetragen, auf der Ordinate allerdings die Ober- und Unterspannungswertepaare. Zunächst werden wiederum die Streckgrenze und die Zugfestigkeit auf beiden Achsen sowie die Wechselfestigkeit als $\pm\sigma_W$ auf der Ordinate eingetragen. Gemäß der Goodman-Regel werden dann die beiden σ_W-Werte mit der Zugfestigkeit verbunden. Innerhalb des sich daraus ergebenden Dreiecks lägen die dauerschwingfest ertragbaren σ_O-σ_U-Wertepaare. Als Hilfslinie zeichnet man meist noch eine Gerade unter 45° ein, welche das Dreieck nach dem Strahlensatz halbiert, so dass die $\pm\sigma_A$–Werte sofort abgelesen werden können (siehe eingetragenes Beispiel in Bild 2.7).

Da die Streckgrenze der maximal erlaubte Oberspannungswert ist, wird das Diagramm im nächsten Schritt bei R_e abgeschnitten (Strecke AB in Bild 2.7). Dadurch liegen im Bereich der horizontalen Begrenzungslinie zwischen den Punkten A und B die Dauer-Unterspannungswerte σ_U nicht mehr auf der gestrichelten Linie, sondern auf einer Geraden zwischen B und C (wiederum nach dem Strahlensatz). Somit wird der technisch nutzbare Bereich von den Punkten $+\sigma_W$, A, B, C, $-\sigma_W$ aufgespannt. Meist findet man in der Literatur die Verbindungslinien zwischen $\pm\sigma_W$ und R_m leicht ballig gezeichnet, was daran liegt, dass die Goodman-Gerade eine konservative Abschätzung darstellt.

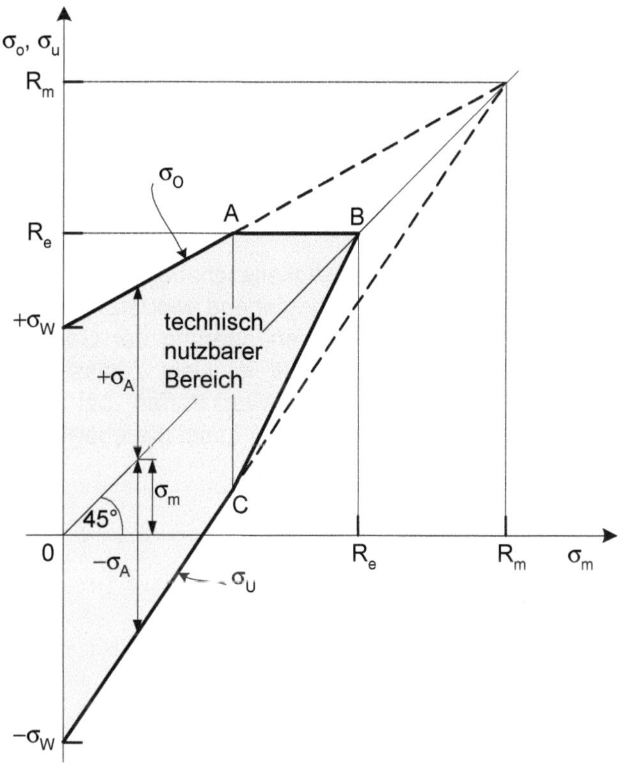

Bild 2.7 Dauerschwingfestigkeitsdiagramm nach Smith für Zug-Mittelspannungen

Die Tatsache, dass die Methode nach Goodman konservativ ist, veranlasste zu präziseren Interpolationsregeln. Einem Vorschlag von Gerber zufolge sollen die Daueramplitudenwerte auf einer Parabel liegen:

$$\sigma_A = \sigma_W \left[1 - \left(\frac{\sigma_m}{R_m} \right)^2 \right] \tag{2.9}$$

Im Vergleich zur Goodman-Regel hat Gerber lediglich den Term σ_m/R_m quadriert. Im Haigh-Diagramm, **Bild 2.8**, ist der Unterschied schematisch dargestellt. Der schraffiert eingezeichnete Bereich könnte zusätzlich technisch genutzt werden. In manchen Fällen stellte sich heraus, dass die Gerber-Interpolation etwas zu optimistisch die Daueramplituden vorhersagt. Deshalb benutzt man – auch der Einfachheit wegen – meist die Goodman-Regel.

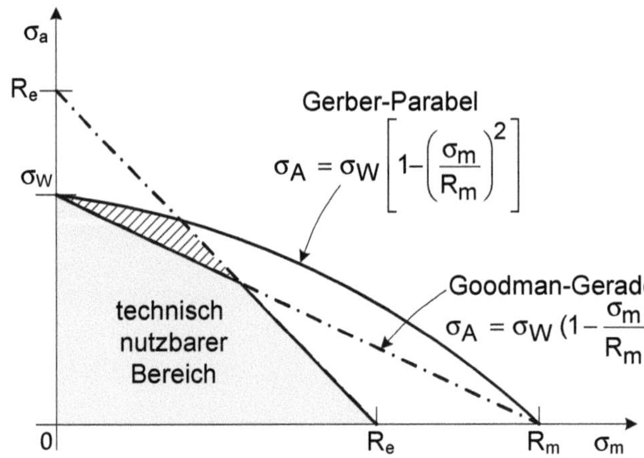

Bild 2.8 Haigh-Diagramm mit dem technisch nutzbaren Feld dauerfest ertragbarer Spannungsamplituden nach der Goodman-Regel (grauer Bereich) sowie nach der Gerber-Regel (grauer + schraffierter Bereich)

Im Folgenden werden die beiden Dauerschwingfestigkeitsschaubilder vollständig für Zug- und Druck-Mittelspannungen vorgestellt, beginnend wiederum mit dem übersichtlicheren Haigh-Diagramm, **Bild 2.9**. Eine Verlängerung der Goodman-Geraden in den Druck-Mittelspannungsbereich hinein ist nicht zulässig. Eine Druckfestigkeit σ_{dB} existiert ohnehin nur bei spröden Werkstoffen, bei duktilen nicht. Vielmehr müssen entlang der fett eingezeichneten Linie, die ebenfalls als

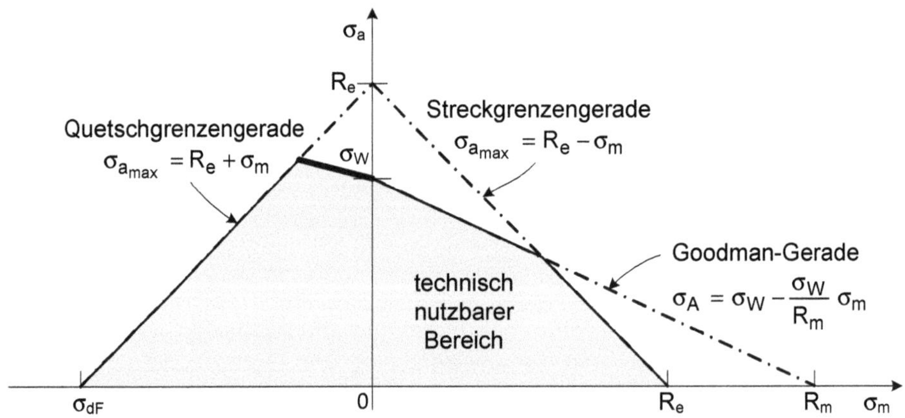

Bild 2.9 Dauerschwingfestigkeitsdiagramm nach Haigh für Zug- und Druck-Mittelspannungen ($R_e = -\sigma_{dF}$ angenommen)
Im fett eingezeichneten Bereich müssen die Dauerschwingfestigkeiten experimentell ermittelt werden, weil hierfür eine Extrapolationsmethode nicht existiert.

Geradenabschnitt angenommen ist, die Daueramplitudenwerte experimentell bestimmt werden. Auf alle Fälle müssen diese mit abnehmender Mittelspannung ansteigen, denn gemäß Bild 2.5 werden für $\sigma_m < 0$ höhere Amplituden dauerschwingfest ertragen. In dem betreffenden Bereich werden jedoch nur wenige – etwa zwei bis drei – Mittelspannungshorizonte benötigt, denn im Druckbereich gilt selbstverständlich analog zum Zugbereich das Quetschgrenzenkriterium (alle Werte sind vorzeichengerecht einzusetzen):

$$\sigma_m - \sigma_{a_{max}} \geq \sigma_{dF} \qquad (2.10\text{ a})$$

oder als Quetschgrenzengerade im σ_m-σ_a-Diagramm:

$$\sigma_{a_{max}} = -\sigma_{dF} + \sigma_m = R_e + \sigma_m \qquad (2.10\text{ b})$$

Die Streck- und die Quetschgrenze werden als betragsmäßig gleich groß angenommen. Würde man deutlich in den Druckfließbereich mit der Belastung vordringen, so käme es zum Beulen der Probe. Zwischen der Ordinate und der Quetschgrenzengeraden befindet sich nur ein relativ schmaler σ_m-Bereich, welcher durch Daueramplituden aus Wöhler-Versuchen abzudecken ist.

Bild 2.10 gibt das entsprechende Schaubild nach Smith wieder. Hierbei sind folgende Besonderheiten im Bereich der Druck-Mittelspannungen zu beachten:

a) Die Grenzlinien für die Ober- und Unterspannung (in Bild 2.10 fett gezeichnet) *divergieren* in Bezug auf die 45°-Hilfslinie zunächst leicht, weil – wie schon erläutert – mit abnehmender Mittelspannung höhere Daueramplituden ertragen werden.

b) Analog zum Zug-Mittelspannungsgebiet wird der technische Einsatzbereich durch die Quetschgrenze σ_{dF} vorgegeben.

c) Gemäß der Definition für die Ober- und Unterspannung nach Bild 2.1 (DIN 50 100) im Bereich negativer Mittelspannungen sind die Grenzlinien für σ_O und σ_U gegenüber dem Zugbereich verdreht (erstere liegt unterhalb, letztere oberhalb der 45°-Linie).

2.3 Einflussgrößen auf die Dauerschwingfestigkeit

Die verschiedenen Einflussgrößen auf die Schwingfestigkeit werden meist in ihrer Auswirkung auf die Dauerschwingfestigkeit betrachtet. Sie lassen sich wie folgt einteilen:

- werkstoffbedingte Einflussgrößen
- geometrische und konstruktive Einflussgrößen
- beanspruchungsbedingte Einflussgrößen.

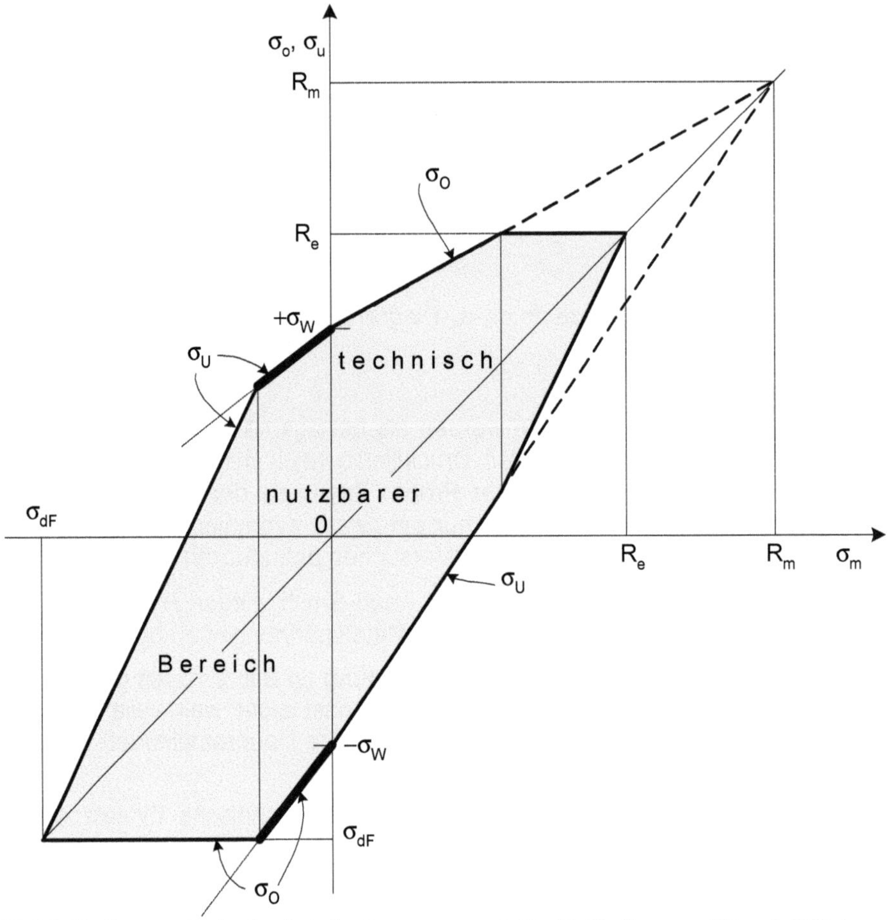

Bild 2.10 Dauerschwingfestigkeitsdiagramm nach Smith für Zug- und Druck-Mittelspannungen
Im fett eingezeichneten Bereich müssen die Dauerschwingfestigkeiten experimentell ermittelt werden, weil hierfür eine Extrapolationsmethode nicht existiert.

2.3.1 Werkstoffbedingte Einflussgrößen

Als wichtigste werkstoffbedingte Einflussgrößen sind zu nennen:

- statische Festigkeit
- Korngröße
- innere Kerben und Fehler
- Randzonenverfestigung.

2.3.1.1 *Statische Festigkeit*

In der Regel steigt mit der statischen Festigkeit, ausgedrückt durch die Kenngrößen aus dem Zugversuch R_e oder $R_{p\,0,2}$ sowie R_m, auch die Schwingfestigkeit. Nach einer groben Faustregel liegt die Dauerschwingfestigkeit bei reiner Wechselbeanspruchung ($\sigma_m = 0$) zwischen 20 und 50 % von R_m. Es muss jedoch beachtet werden, dass eine Erhöhung der Streckgrenze oder Zugfestigkeit durch festigkeitssteigernde Maßnahmen, wie z.B. Kaltverfestigung oder Aushärtung, keineswegs auch die Dauerschwingfestigkeit in gleichem Maße anhebt. Die Duktilität eines Werkstoffes spielt im Bereich der Dauerschwingfestigkeit kaum eine Rolle.

2.3.1.2 *Korngröße*

Die Korngröße wirkt sich auf die Dauerschwingfestigkeit in ähnlicher Weise aus wie auf die Streckgrenze. Das für den Zusammenhang zwischen Streckgrenze und Korngröße geltende *Hall-Petch-Gesetz* wird analog für die Wechselfestigkeit σ_W ($\sigma_m = 0$) bestätigt:

$$\sigma_W = C_1 + \frac{C_2}{\sqrt{d_K}} \tag{2.11}$$

C_1, C_2 Konstanten

Bild 2.11 zeigt Ergebnisse aus Schwingversuchen an einem C-Stahl. Man erkennt, dass die Abhängigkeit der Wechselfestigkeit von der Korngröße schwächer ausgeprägt ist als für die Streckgrenze.

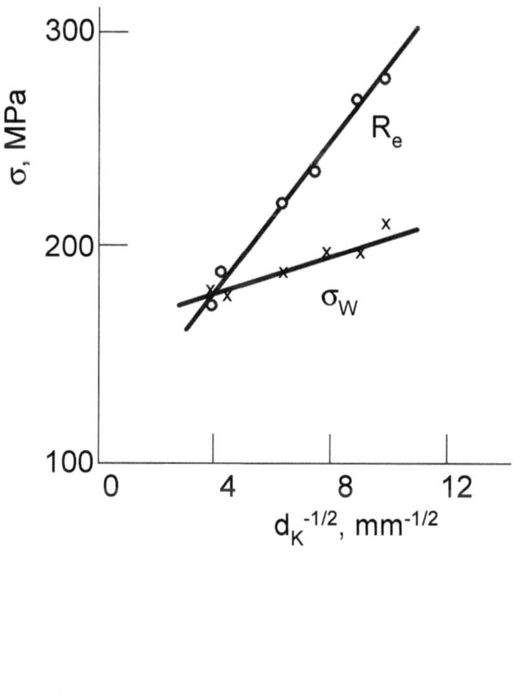

Bild 2.11 Einfluss der Korngröße auf die Wechselfestigkeit sowie im Vergleich auf die Streckgrenze bei einem C-Stahl C10E [2.3]

Auf der Abszisse ist die reziproke Wurzel aus der Korngröße aufgetragen, um zu erkennen, ob das Hall-Petch-Gesetz gültig ist und die Werte auf einer Geraden liegen.

2.3.1.3 Innere Kerben und Fehler

Schwingend belastete Bauteile sind in den meisten Fällen Biegung und/oder Torsion ausgesetzt. Bei diesen beiden Belastungsarten sowie bei Kombinationen mit diesen Grundbelastungsarten treten die höchsten Spannungen immer an der Außenoberfläche auf. Aus diesem Grund und auch wegen der Mikromechanismen der Ermüdung gehen Schwingungsrisse in der Regel von der Oberfläche aus (siehe Kap. 5.5). Liegen jedoch im Werkstoff herstellungsbedingt größere innere Kerben oder Fehler vor, so kann dies die Dauerschwingfestigkeit herabsetzen. Gefügeinhomogenitäten, wie nicht metallische Einschlüsse oder nadel- und plattenförmige Ausscheidungen, können wie Kerben wirken, besonders wenn sie in der Oberflächenzone liegen oder direkt aus der Oberfläche heraustreten. In vielen Fällen lassen sich diese Erscheinungen vermeiden, z.B. durch Verwendung eines reineren Werkstoffes, der eine entsprechende Rohmaterialbehandlung erfahren hat, z.B. durch Elektroschlacke-Umschmelzen.

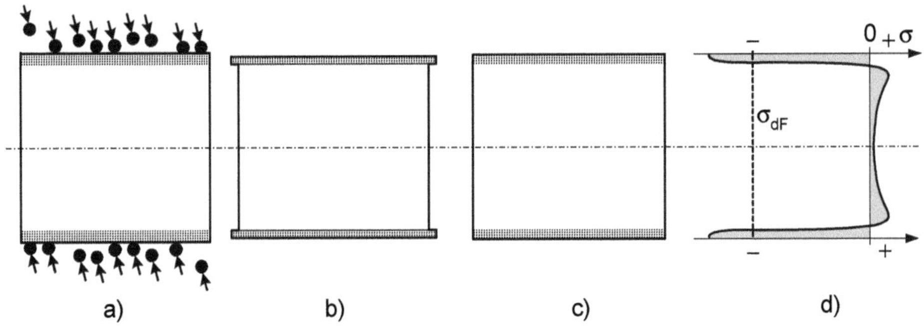

Bild 2.12 Prinzip des Randzonenverfestigens durch Kugelstrahlen
a) Harte Stahlkugeln schießen auf die Oberfläche (Strahlwinkel ca. 70 bis 80°; der markierte Bereich wird plastisch verformt)
b) Gedachte Randzone, die sich frei verformen kann
c) Aufgrund der geometrischen Kompatibilität wird die Randzone zusammengedrückt und der Kern leicht auseinander gezogen (Kräftegleichgewicht!)
d) Eigenspannungsverlauf über den Querschnitt nach dem Kugelstrahlen mit Druckeigenspannungen außen, welche die Quetschgrenze σ_{dF} überschritten haben, und elastischen Zugeigenspannungen im Innern (wegen des Kräftegleichgewichts muss die Fläche im Zugbereich gleich der Fläche im Druckbereich sein)

Liegen im Werkstoff aufgrund der Herstellung oder Fertigung bereits innere Trennungen vor, so können diese möglicherweise unter zyklischen Bedingungen wachsen und die Phase der Ermüdungsanrissbildung aussparen, mit negativen Auswirkungen auf die Dauerschwingfestigkeit.

2.3.1.4 Randzonenverfestigung

Durch gezielte Behandlungen der Randzone lässt sich die Schwingfestigkeit erhöhen, was besonders bei biege- und torsionsbelasteten Bauteilen nützlich ist, weil dabei der Oberflächenbereich maximale Lastspannungen erfährt. Als Methoden zur Randzonenverfestigung bieten sich an:

- mechanische Methoden, z. B. Verfestigungsstrahlen (Kugelstrahlen)
- thermische und thermochemische Methoden (Flammhärten, Induktionshärten, Laseroberflächenhärten, Einsatzhärten, Nitrieren...).

Das *Verfestigungsstrahlen*, meist als *Kugelstrahlen* bezeichnet, stellt die gängigste Methode zur relativ wenig aufwändigen Verbesserung der Schwingfestigkeit dar, **Bild 2.12**. Dabei werden durch die mit hoher kinetischer Energie auf die Oberfläche auftreffenden Stahlkugeln die Randzonenbereiche plastisch gestreckt, das darunter liegende Material jedoch nur elastisch verformt. Aus geometrischen Kompatibilitätsgründen resultieren daraus im Oberflächenbereich Druckeigenspannungen, welche die Quetschgrenze überschreiten, sowie elastische Zugeigenspannungen im Werkstoffinnern. Somit werden in einer relativ dünnen Oberflächenzone Druckeigenspannungen erzeugt. Diese wirken wie Druck-Mittelspannungen und erhöhen die dauerschwingfest ertragbaren Spannungsamplituden. Allerdings kann eine ursprünglich glatte Oberfläche nennenswert aufgeraut werden, **Bild 2.13**, was die Dauerschwingfestigkeit eher negativ beeinflusst. Nur bei sehr rauen und gekerbten Oberflächen, wie an Schweißnähten, werden durch die plastische Verformung des Kugelstrahlens Riefen oder Unebenheiten geglättet oder zugedeckt.

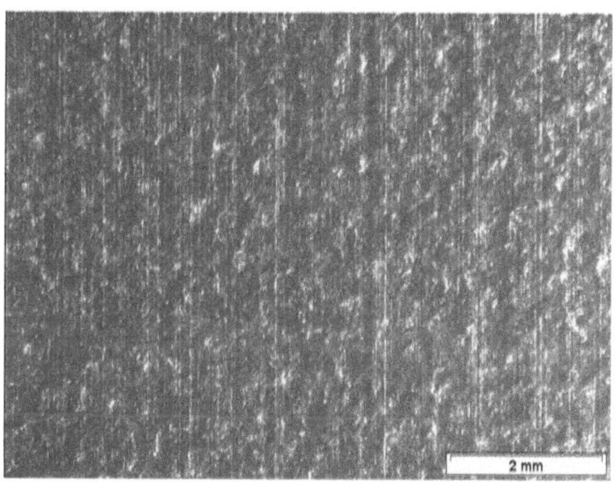

Bild 2.13 Mikroskopische Aufnahme einer geschliffenen und anschließend kugelgestrahlten Oberfläche

Bild 2.14 stellt ein Beispiel dar für die Anhebung der Dauerschwingfestigkeit (hier als Oberlast F_O angegeben) durch Kugelstrahlen an Zahnrädern, die im ungestrahlten Vergleichszustand bereits einsatzgehärtet, d.h. thermochemisch randzonenverfestigt, waren.

Die thermischen und thermochemischen Methoden beruhen auf dem Prinzip der Festigkeitssteigerung des Werkstoffes in der Randzone durch Härten. Zusätzlich können Druckeigenspannungen eingebracht werden, wenn entweder Elemente in die Oberflächenschicht legiert werden (C beim Einsatzhärten oder N beim Nitrieren) oder wenn eine Phasenumwandlung bewirkt wird, bei der ein größeres spezifisches Volumen entsteht gegenüber dem Materialinneren. Letzteres ist bei Martensit gegenüber Perlit der Fall.

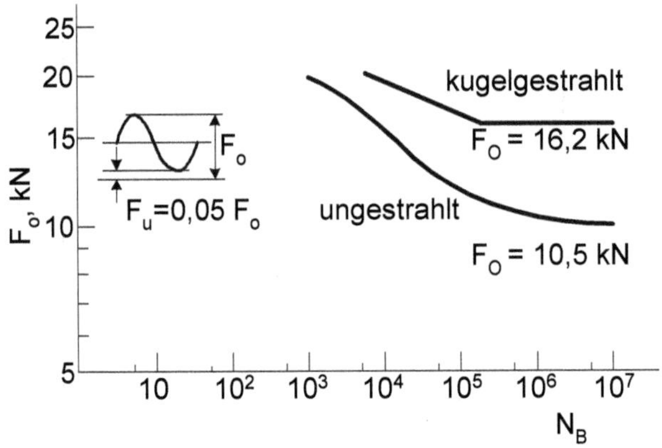

Bild 2.14 Dauerschwingfestigkeitssteigerung durch Kugelstrahlen am Beispiel von einsatzgehärteten Getriebezahnrädern (nach [2.4])

Zugschwellversuche mit $F_u = 0{,}05\, F_o$, d.h. die Mittellast variiert in dieser Versuchsreihe ($A \approx 0{,}9$).
F_O: dauerschwingfeste Oberlast

2.3.2 Geometrische und konstruktive Einflussgrößen

Folgende geometrische und konstruktive Parameter üben einen Einfluss auf die Schwingfestigkeit aus:

- Oberflächengüte
- konstruktive Kerben
- Abmessungen des Bauteils

2.3.2.1 Oberflächengüte

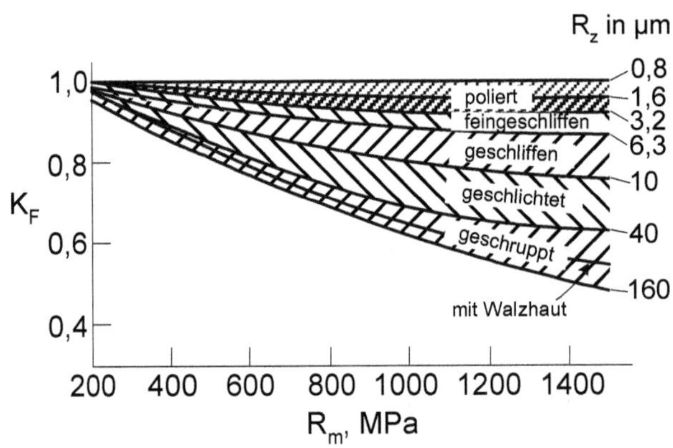

Bild 2.15 Relativer Einfluss fertigungsbedingter Mikrokerben auf die Dauerschwingfestigkeit und in Abhängigkeit von der Zugfestigkeit für Walzstahl (aus [2.5])

Der Rauheitsfaktor K_F ist definiert als:

$$K_F = \frac{\sigma_D(R_Z = x)}{\sigma_D(R_Z \leq 1\mu m)}$$

R_Z gemittelte Rautiefe

Die Oberflächentopographie spielt eine wesentliche Rolle bei der Ermüdungsanrissbildung. Riefen und Rauigkeitstäler wirken wie kleine Kerben und rufen eine Spannungskonzentration hervor, die sich umso stärker auswirkt, je höher die

Festigkeit des Werkstoffes ist, **Bild 2.15**. Polierte Oberflächen erzeugen die höchste Dauerschwingfestigkeit.

2.3.2.2 Konstruktive Kerben

In Kap. 3.4 wird der Einfluss von Kerben auf die Zugfestigkeit vorgestellt. Unter zyklischen Bedingungen machen sich Kerben generell negativ auf die Dauerschwingfestigkeit bemerkbar. Die *Kerbwirkungszahl* β_K wird definiert als das Verhältnis der Dauerschwingfestigkeit eines polierten Vollstabes zur Dauerschwingfestigkeit eines gekerbten Stabes:

$$\beta_K = \frac{\sigma_{D_{glatt}}}{\sigma_{D_{gekerbt}}} \quad \text{mit} \quad \beta_K > 1 \qquad (2.12)$$

Die Wirkung der Kerben im Schwingversuch ist meist geringer als nach der Formzahl K_t (häufig auch Kerbfaktor α genannt) zu erwarten wäre, d.h. $\beta_K < K_t$. Zwischen K_t und β_K besteht ein proportionaler Zusammenhang.

2.3.2.3 Abmessungen des Bauteils

Experimentell findet man oft einen Größeneffekt in der Weise, dass mit zunehmender Bauteilgröße die Dauerschwingfestigkeit abnimmt. Die Erklärung liegt darin, dass mit steigender *absoluter* Oberfläche bei dickeren oder größeren Prüfkörpern die Wahrscheinlichkeit zunimmt, einen Anriss an irgendeiner Fehlstelle, Inhomogenität oder Kerbe zu erzeugen (das *relative* Verhältnis von Oberfläche zu Volumen ändert sich zwar, ist aber hier nicht maßgeblich). Je nach Belastungsart können Unterschiede zwischen dünnen (1 bis 2 mm Durchmesser) und dicken Proben (>10 mm Durchmesser) von 10 bis 20 % in der Dauerschwingfestigkeit auftreten.

2.3.3 Beanspruchungsbedingte Einflussgrößen

Folgende Beanspruchungsgrößen spielen eine Rolle:

- Belastungsart
- Belastungsfrequenz
- Temperatur
- Umgebungsmedium/Korrosion

2.3.3.1 Belastungsart

Die Schwingfestigkeitsdaten lassen sich in unterschiedlichen Versuchsformen und mit unterschiedlichen Belastungsarten gewinnen. Eine homogene Spannungsverteilung über dem Querschnitt wird nur bei einaxialer Zug- und Druckbelastung erreicht, wofür, z. B., ein Hydropulser als Prüfmaschine benötigt wird.

Häufig werden die Wechselfestigkeitswerte σ_W mit $\sigma_m = 0$ in Umlaufbiegeversuchen bestimmt, weil es dafür verhältnismäßig einfach aufgebaute Apparaturen gibt. Diese Versuchsart trifft außerdem die an Wellen oft vorkommende Biegebelastung am besten. Da bei Biegeversuchsführung maximale Spannungen nur in der Außenschicht der Probe auftreten, liegen die Dauerschwingfestigkeiten generell höher als bei gleichmäßiger Spannungsverteilung im Zug-Druck-Versuch. **Tabelle 2.1** stellt die Werte relativ zueinander gegenüber.

2.3.3.2 Belastungsfrequenz

Der Einfluss der Belastungsfrequenz ist im Bereich tiefer Temperaturen schwach und kann in weiten Grenzen vernachlässigt werden. Die benötigten Daten können folglich mit hoher Frequenz relativ rasch ermittelt werden. Bei hohen Temperaturen kommen der Belastungsfrequenz sowie Haltezeiten in bestimmten Zyklusstadien erhebliche Bedeutung zu. Dies liegt an dem Zeiteinfluss auf die Kriech-Ermüdungsvorgänge, siehe auch unter 2.3.3.3 Temperatur.

Tabelle 2.1 Anhaltswerte für Dauerschwingfestigkeiten für ferritischen Stahl, Grauguss und Leichtmetalle relativ zur Zugfestigkeit und relativ zueinander bei verschiedenen Belastungsarten (Diese Werte sind Anhaltswerte! Sie dürfen nur zur ungefähren Abschätzung der Schwingfestigkeit verwendet werden. Die Werte der Schwellfestigkeiten sind die Maximalspannungen bei der Unterspannung 0.)

Werkstoff	Zug		Biegung		Torsion	
	σ_W	σ_{zSch}	σ_{bW}	σ_{bSch}	τ_W	τ_{Sch}
Baustahl	0,45 R_m	1,3 σ_W	0,49 R_m	1,5 σ_{bW}	0,35 R_m	1,1 τ_W
Vergütungsstahl	0,41 R_m	1,7 σ_W	0,44 R_m	1,7 σ_{bW}	0,30 R_m	1,6 τ_W
Einsatzstahl	0,40 R_m	1,6 σ_W	0,41 R_m	1,7 σ_{bW}	0,30 R_m	1,4 τ_W
Grauguss*)	0,25 R_m	1,6 σ_W	0,37 R_m	1,8 σ_{bW}	0,36 R_m	1,6 τ_W
Leichtmetalle	0,30 R_m		0,40 R_m		0,25 R_m	

*) für Grauguss ist $\sigma_{dSch} \approx 3\ \sigma_{zSch}$

2.3.3.3 Temperatur

Mit steigender Temperatur nimmt in der Regel die Schwingfestigkeit entsprechend dem Verlauf der statischen Festigkeitskennwerte ab. Bei Temperaturen im Kriechbereich *oberhalb von ca. 0,4 T_S existiert grundsätzlich keine Dauerschwingfestigkeit*, weil die Werkstoffe bei allen Spannungen kriechen und es dadurch zu Schädigung in Form von Rissen und letztlich zum Versagen kommt. Nähere Ausführungen hierzu finden sich in der weiterführenden Literatur.

Bild 2.16 zeigt das Beispiel einer Ni-Basislegierung, deren Schwingfestigkeit bei 750 °C geprüft wurde, was einer homologen Temperatur von 0,67 T_S entspricht. Auch oberhalb von 10^9 Zyklen treten noch Brüche auf; bei tiefen Temperaturen wäre dies nicht der Fall. Die Angabe der Belastungsfrequenz ist bei hohen Temperaturen wichtig, weil die Dauer bis zum Bruch, die sich nach $t_m = N_B/f$ errechnet, durch die Kriechvorgänge bestimmt wird. Bei gleichen Spannungsparametern nimmt die Anzahl der Zyklen bis zum Bruch und damit auch die Prüfdauer mit abnehmender Frequenz ebenfalls ab.

Die Ermüdungsbrüche bei hohen Temperaturen sind mit durchaus messbarer Bruchdehnung verbunden, wie Bild 2.16 zu entnehmen ist, was an der ablaufenden Kriechverformung liegt. Schwingungsbrüche bei tiefen Temperaturen und hohen Bruchzyklenzahlen sind dagegen makroskopisch spröde und die Angabe einer Bruchdehnung ist unüblich.

2.3.3.4 Umgebungsmedium/Korrosion

Die in Tabellenwerken und Diagrammen zusammengetragenen Dauerschwingfestigkeitswerte wurden generell an Luft ermittelt. Bei erhöhten oder hohen Temperaturen kommt durch Oxidationsvorgänge in Luftatmosphäre ein Umgebungseinfluss zum Tragen, der sich in der Regel im Vergleich zu Inertgas- oder Vakuumversuchsführung negativ auf die Dauerschwingfestigkeit auswirkt.

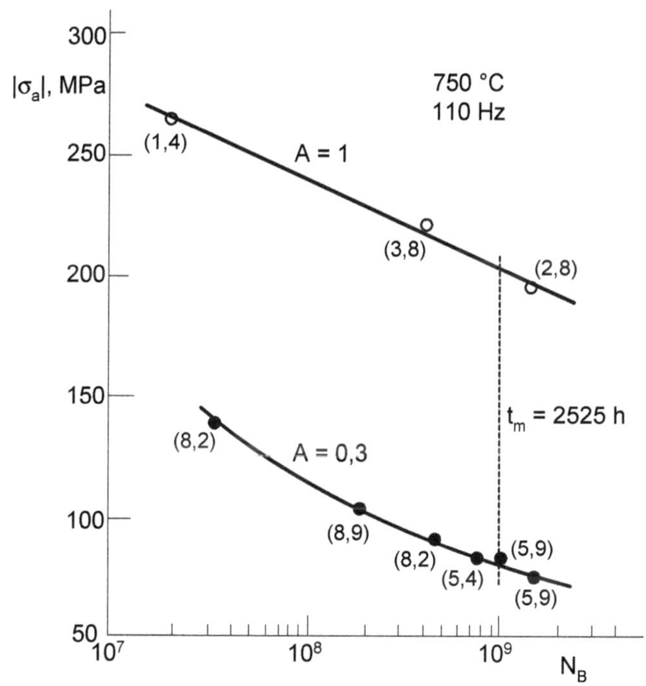

Bild 2.16 Wöhler-Diagramm für die Ni-Basis-Knetlegierung *Nimonic 101* bei 750 °C

Entlang einer Kurve ist hier das Mittelspannungsverhältnis A konstant. Die Werte in Klammern geben die Bruchdehnungen in % an. Bei der gewählten Frequenz entsprechen 10^9 Zyklen einer Belastungsdauer von 2525 h bis zum Bruch. Alle gezeigten Werte summieren sich zu einer Gesamtversuchsdauer von ca. 15.000 h ≈ 1,7 Jahre.

Ein korrosiv wirkendes wässriges Medium übt generell einen schwingfestigkeitsmindernden Einfluss aus. Ein Dauerniveau unter Korrosionsermüdung existiert *nicht*, **Bild 2.17**. Die Mikrorissbildung wird in korrosiver Umgebung beschleunigt. Ein zusätzlicher Kerbeffekt tritt durch Grübchen ein, welche durch selektive Korrosion entstehen und eine Kerbwirkung ausüben. Die durch die zyklische Belastung bedingte Zerstörung einer schützenden Passivschicht kann ebenfalls Mikrokerben verursachen, da sich an diesen Stellen das darunter liegende Metall elektrochemisch auflöst (Metall ist anodisch gegenüber der kathodischen Oxidschicht). Auch das Stadium des Risswachstums ist in korrosiver Atmosphäre verkürzt. Man bezeichnet dies als *Schwingungsrisskorrosion*, die besonders durch Halogenionen (F^-, Cl^-, Br^-, I^-) ausgelöst wird. Cl^--Ionen liegen aufgrund von NaCl-Gehalten in der Luft häufig in genügender Konzentration vor, vorwiegend in Meeresnähe. An der frisch gebildeten Rissoberfläche löst sich das Metall anodisch auf. Außerdem kann sich an der Rissspitze Wasserstoff bilden, der in den Werkstoff eindiffundiert und zur Wasserstoffversprödung führt, sofern der Werkstoff dafür anfällig ist.

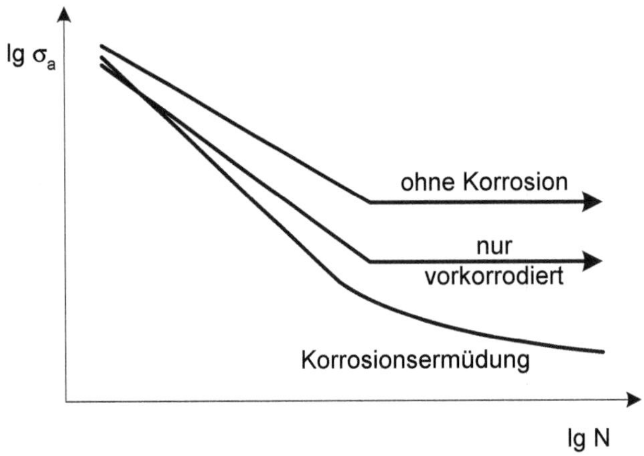

Bild 2.17 Wöhler-Kurven im Vergleich ohne und mit überlagerter Korrosion

Bei der mittleren Kurve hat eine Korrosions-Vorbeanspruchung stattgefunden, welche die Oberfläche angegriffen hat (Kerbung); während der mechanischen Belastung hat kein korrosives Medium mehr vorgelegen.

Für den Fall, dass eine korrosive Vorbeanspruchung vorgelegen hat, die während der zyklischen Belastung nicht mehr einwirkt, bleibt eine Minderung der Dauerschwingfestigkeit aufgrund von Kerbeffekten an der Oberfläche. Oft verschwindet jedoch das korrosive Medium nicht völlig vom Werkstoff, sondern richtet auch während der mechanischen Belastung weiteren Schaden an.

Technisch begegnet man dem Problem des Korrosionseinflusses auf die Schwingfestigkeit meist durch geeignete Beschichtungen.

2.4 Reibermüdung (Fretting Fatigue)

Eine technisch sehr gefürchtete Minderung der Dauerschwingfestigkeit wird unter Bedingungen der *Reibermüdung* festgestellt, für die oft auch der englische Ausdruck *Fretting Fatigue* benutzt wird. Hierunter versteht man Oberflächenschädigung und Risswachstum unter folgenden Bedingungen:

- hohe Flächenpressung zwischen zwei in Kontakt befindlichen Teilen
- geringe periodische Relativbewegungen zwischen den Teilen
- insgesamt schwingende Belastung des Bauteils.

Die hohe Flächenpressung bewirkt örtliche Verschweißungen dort, wo der Kontakt aufgrund der Oberflächentopographie der beiden Teile abstandslos ist und lokal extrem hohe Spannungsspitzen herrschen. Dies ist besonders dann der Fall, wenn zwei Rauigkeitsspitzen zusammentreffen. Durch leichte Relativbewegungen der Paarung gegeneinander, die z.B. bei Laständerungen auftreten können, werden die Schweißstellen aufgebrochen und es können sich winzige Anrisse bilden. Wiederholtes Verschweißen und Aufbrechen lässt die Risse wachsen, die dann unter der schwingenden Belastung als Ermüdungsrisse weiter wachstumsfähig sind und Brüche unterhalb der Dauerschwingfestigkeit hervorrufen können. **Bild 2.18** und **Bild 2.19** zeigen Beispiele von Reibermüdungsrissen an Bauteilen, die in einem Turbinenrotor eingesetzt waren und hohe Flächenpressung sowie leichte Relativbewegung durch die Umlaufbiegung erfahren haben.

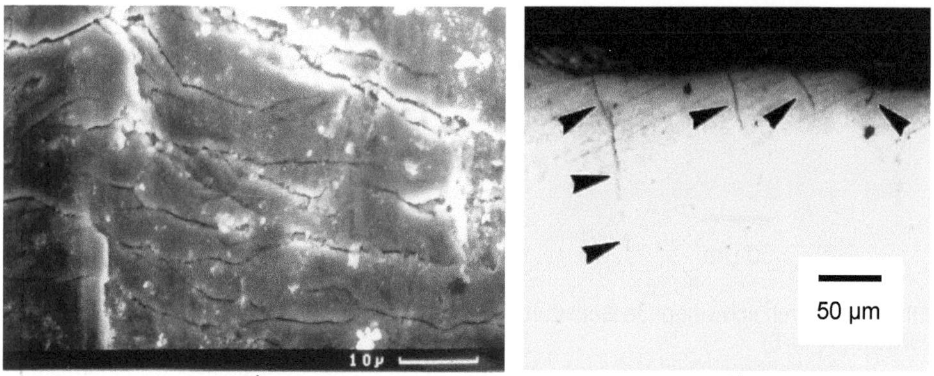

a) b)

Bild 2.18 Risse durch Reibermüdung an Rotorzwischenstücken aus 21CrMoV5-11
a) Oberfläche mit feinem Rissnetzwerk wie Craquelé in der Glasur von Keramik (REM-Aufnahme)
b) Querschliff mit feinen Anrissen (Pfeile); man erkennt die Verformungsspuren durch die Flächenpressung und Relativbewegung im Oberflächenbereich (ungeätzt)

Der Vorgang des Frettings wird oft begleitet von Korrosionsprodukten. Durch die Relativbewegungen der Teile wird Material von den Oberflächen abgeschliffen oder beim Aufreißen der Verschweißungen abgebrochen. Diese winzigen frischen Metallpartikel oxidieren rasch und bilden ein abrasives Pulver zwischen den gepaarten Komponenten. Diese korrosionsbedingte Erscheinung ist für *Fretting Fatigue* zwar keine notwendige Voraussetzung (auch zwei Goldoberflächen zeigen Reibermüdung), beschleunigt aber den Prozess erheblich. Man spricht daher auch von *Reibkorrosion*.

Die technische Schwierigkeit, Reibermüdung zu beherrschen, liegt darin, dass die Grenzparameter nicht bekannt sind. Von Einfluss sind dabei: die Werkstoffpaarung, die Oberflächenrauigkeit, die Art der Beanspruchung und die Höhe der Flächenpressung, das Maß der Relativbewegung, die Temperatur, die Atmosphäre sowie eventuell verwendete Schmiermittel oder Beschichtungen. Um mögliche Schäden zu vermeiden, sollte man sich bei Konstruktionen fragen, ob

Bauteilpaarungen vorliegen, bei denen die genannten Voraussetzungen erfüllt sein könnten. Sofern die Relativbewegungen (und damit die eigentliche Ursache) aus konstruktiven Gründen nicht beseitigt werden können, hilft meist eine Reduktion des Reibkoeffizienten zwischen den Teilen. Dies kann z.B. erreicht werden durch Feststoffschmiermittel, wie MoS_2 oder Graphit. Ein Überzug aus einer verschleißbeständigen Oberflächenschutzschicht mindert ebenfalls die Anfälligkeit für Verschweißungen.

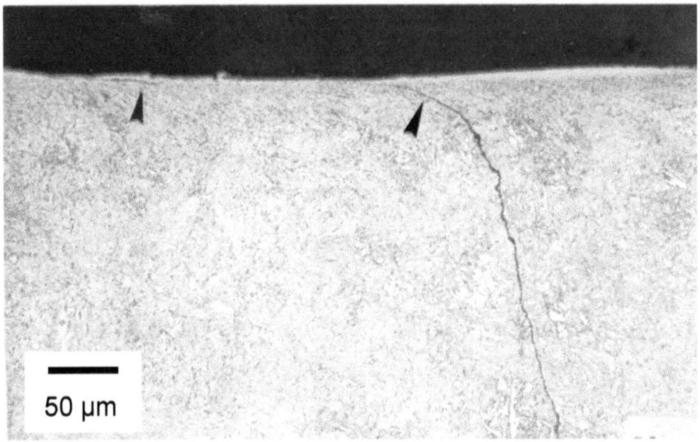

Bild 2.19 Durch schwingende Belastung tief gewachsener Reibermüdungsriss (Werkstoff: 25NiCrMoV14-5)
Der Oberflächenbereich ist plastisch verformt (Pfeile) wegen der Relativbewegung mit dem Gegenstück.

Als ein spektakuläres Beispiel für Reibermüdung mit winzigem Schadenausgangspunkt und großen, tragischen Folgeschäden sei der Absturz einer Boing 747-Frachtmaschine am 04.10.1992 kurz nach dem Start bei Amsterdam genannt. Als Ursache gilt der Bruch des vorderen Aufhängungsbolzens des dritten Triebwerks als sicher, welcher durch das Triebwerkgewicht und den Schub eine hohe Flächenpressung mit der Aufhängungsbuchse erfährt und außerdem durch Laständerungen (Start, Landung etc.) sich in geringem Maße relativ zur Buchse bewegt. Insgesamt treten an dem Bolzen hochzyklische Schwingungen auf. Durch den Bruch des Bolzens fiel das Triebwerk ab und riss dabei den Vorflügel der Tragfläche (*Slat*) ab. Letztlich kam es zum Strömungsabriss an der rechten Tragfläche, wodurch das Flugzeug nicht mehr gesteuert werden konnte und in einen Wohnblock stürzte. Die Fluggesellschaften prüfen die Triebwerksaufhängungen regelmäßig und tauschen die Bolzen aus.

2.5 Zyklische Belastungskollektive

Die konventionelle Ermüdungsprüfung erzeugt Kennwerte für jeweils konstante Spannungs- oder Dehnungsamplituden bei konstantem Mittelwert der Spannung oder der Dehnung. Bauteile sind jedoch in der Regel veränderlichen zyklischen Belastungen unterworfen, d.h. die Mittelwerte und Amplituden können in gewissen Zeitabschnitten schwanken. Auch die Temperatur, Zyklusform und Belastungsfrequenz können sich ändern. Man vergegenwärtige sich dies beispielsweise anhand von Fahrwerkteilen eines kleinen Straßenfahrzeugs und eines Geländewagens (welcher auch als solcher benutzt wird). Grundsätzlich sind solche Komponenten für ein gewisses anzunehmendes Belastungsspektrum dauerschwingfest auszulegen.

Eine einfache Methode zur Abschätzung der Lebensdauer unter zyklischen Belastungskollektiven stellt die *lineare zyklische Schädigungsakkumulationsregel* nach Palmgren und Miner dar, meist kurz *Miner-Regel* genannt. Diese Methode geht davon aus, dass in jedem einzelnen Zyklus eine Werkstoffschädigung erzeugt wird, die sich linear anteilig errechnen lässt aus der Bruchzyklenzahl bei der jeweiligen Beanspruchung, welche durch die Parameter Mittelwert und Amplitude der Spannung festgelegt ist. Ein *einzelner* Zyklus ruft folglich bei einer beliebigen Parameterkombination „i" die Schädigung ΔD_i hervor:

$$\Delta D_i = \frac{1}{N_{B_i}} \tag{2.13}$$

Für eine bestimmte Zyklenzahl N bei dieser Kombination summieren sich nach der Miner-Regel die Einzelschädigungen linear:

$$D_i = N_i \cdot \Delta D_i = \frac{N_i}{N_{B_i}} \tag{2.14}$$

Schwinganteile unterhalb der Dauerschwingfestigkeit – falls eine solche existiert – werden berücksichtigt, indem die Wöhler-Linie mit einer flacheren Neigung als im Zeitschwingfestigkeitsbereich über den Abknickpunkt hinaus verlängert wird, denn durch Belastungen oberhalb der Dauerschwingfestigkeit wird diese gemindert (genauere Angaben zum Vorgehen in einem solchen Fall sind der weiterführenden Literatur zu entnehmen).

Ändern sich nun Beanspruchungsparameter, wie Mittelwert oder Amplitude der Spannung, so wird die Gesamtschädigung D_t, die auch als Ermüdungserschöpfung bezeichnet wird, aus der Summe der Teilschädigungen errechnet:

$$D_t = \sum_i D_i = \frac{N_1}{N_{B_1}} + \frac{N_2}{N_{B_2}} + \ldots + \frac{N_k}{N_{B_k}} = \sum_{i=1}^{i=k} \frac{N_i}{N_{B_i}} \tag{2.15}$$

Falls die der Miner-Regel zugrunde liegenden Annahmen der linearen Schädigungsakkumulation zutreffen, so sollte sich bis zum Bruch für das gesamte Belastungsspektrum eine Gesamtschädigung von $D_t = 1$ ergeben. Eine Bauteilauslegung wäre dann bei einer berechneten Totalschädigung von $D_t < 1$ sicher gegen Bruchversagen. In der Praxis werden jedoch z.T. erheblich abweichende Werte von $D_t = 1$ beobachtet, und zwar sowohl höhere als auch geringere. Dies liegt u.a. an der Reihenfolge der Belastungen und deren jeweiliger Höhe von Mittelwert und Amplitude. Dennoch wird die Miner-Regel weit verbreitet benutzt, besonders wenn verfeinerte Methoden für bestimmte Werkstoffe und bestimmte Belastungskollektive nicht vorliegen. Bei Mehrstufenbelastungen geht man oft von einem konservativen Grenzwert von $D_t = 0{,}4$ aus, der nicht überschritten werden darf.

Bild 2.20 gibt ein Beispiel wieder für eine torsionsbelastete Welle, bei der zwei Messfahrten (Kollektiv 1 und 2) mit verschiedenen Torsionsmomentenamplituden durchgeführt wurden. Das mittlere Torsionsmoment war stets konstant. Nach der von Mises-Hypothese wurden für die Torsionsmomente Vergleichsspannungen

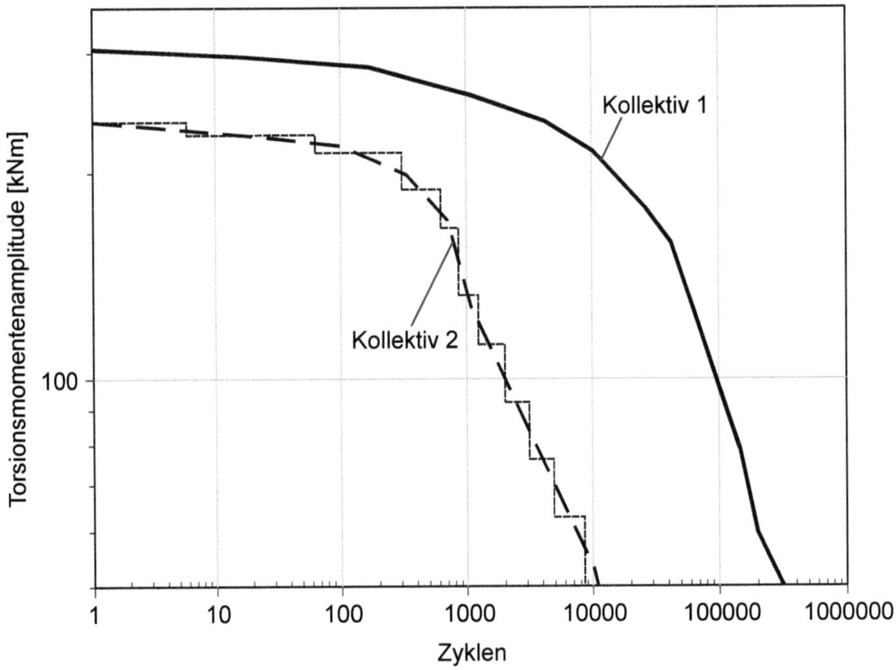

Bild 2.20 Torsionsbelastungskollektive einer Welle in zwei verschiedenen Zeiträumen zur Bestimmung der Ermüdungsschädigung
Bei konstantem mittleren Torsionsmoment sind die variierenden Ausschläge des Torsionsmomentes erfasst. Diese werden in eine Vergleichsspannung umgerechnet, dann werden die einzelnen Schädigungsanteile errechnet und summiert.

berechnet ($\sigma_V = \sqrt{3}\,\tau_{max} = \sqrt{3}\,M_t / W_p$). Für diese wurden dann aus dem Wöhler-Diagramm die einzelnen Schädigungsanteile nach der Miner-Regel bestimmt und schließlich zu D_t summiert. Dies ergab einen Hinweis auf den schädigenden Anteil während der Messfahrten mit überhöhten Torsionsmomentenamplituden.

Weiterführende Literatur zu Kapitel 2

R. Bürgel, H.J. Maier, T. Niendorf: Handbuch Hochtemperatur-Werkstofftechnik, 4. Aufl., Vieweg+Teubner, Wiesbaden, 2011

Forschungskuratorium Maschinenbau FKM: Rechnerischer Festigkeitsnachweis für Maschinenbauteile aus Stahl, Eisenguss- und Aluminiumwerkstoffen, FKM-Richtlinie, 6. Aufl., VDMA Verlag, Frankfurt, 2012

H. Gudehus, H. Zenner: Leitfaden für eine Betriebsfestigkeitsrechnung, 4. Aufl., Stahleisen, Düsseldorf, 1999

E. Haibach: Betriebsfestigkeit, 3. Aufl., Springer, Berlin, 2006

M. Klesnil, P. Lukáš: Fatigue of Metallic Materials, Elsevier, Amsterdam, 1992

J. Polák: Cyclic Plasticity and Low Cycle Fatigue of Metals, Elsevier, Amsterdam, 1991

3 Spannungskonzentrationen und Kerbwirkung

3.1 Spannungs- und Verformungszustände im Kerbbereich

Querschnittsänderungen treten an praktisch allen Bauteilen auf und stören den gleichmäßigen Kraftfluss. Man spricht von Kerben, wenn die Übergänge ziemlich schroff erfolgen, z.B. an Nuten, Absätzen, Gewinden oder Bohrungen. An *allen* Querschnittsübergängen bauen sich Spannungskonzentrationen auf. Auch die Vorgänge in der Umgebung von Werkstofftrennungen, wie Lunkern, Schmiedefalten oder Rissen, sind ähnlich zu betrachten. Die besonderen Verhältnisse an Rissen sind Gegenstand der Bruchmechanik, für deren Verständnis es hilfreich sein kann, sich zunächst Klarheit über die Spannungs- und Verformungszustände an Kerben zu verschaffen.

Bild 3.1 zeigt exemplarisch drei verschiedene Außenkerbformen an einem Zugstab mit unterschiedlicher Überhöhung der Axialspannungen im Kerbgrund sowie unterschiedlicher Spannungsverteilung über dem Ligament (= engste Kerbquerschnittsfläche A_k). Nach der Kraftfließlinienanalogie kann man sich die Kraftlinien wie Fasern vorstellen, welche die inneren Teilkräfte übertragen, deren Summe entlang gleicher und paralleler Wirklinien stets im Gleichgewicht mit der außen anliegenden Kraft stehen muss. Atomar betrachtet werden die inneren Kräfte über die Bindungen der Gitterbausteine übertragen, und wenn sich der Querschnitt ändert, wird auch die gleichmäßige Verteilung der „Bindungsarme" verändert, so dass eine Umlenkung wie bei einem Faserbündel entsteht. Um die Störstelle herum werden höhere innere Teilkräfte übertragen – mit entsprechend vergrößerten Atomabständen. Die lokal wirkende Kraft bildet bezogen auf eine infinitesimale Teilfläche dA die lokale Axialspannung $\sigma_a(r)$, so dass als Folge des Querschnittübergangs eine veränderte, in jedem Fall *inhomogene Spannungsverteilung mit Spannungskonzentrationen an der Kerbspitze* entsteht, wie in Bild 3.1 schematisch gezeigt. Dies bezeichnet man als *Kerbwirkung.*

Das Kräftegleichgewicht lässt sich wie folgt formulieren:

$$F_a = A_k \; \sigma_{nk} = \int_0^{r_k} \sigma_a(r)\,dA \tag{3.1}$$

F_a	außen anliegende Axialkraft
A_k	Kerbquerschnittsfläche (engster Querschnitt, Ligament)
σ_{nk}	Kerbnennspannung
$\sigma_a(r)$	Axialspannung in Abhängigkeit vom Abstand r von der Mittellinie
r_k	Ligamentradius (kleinster Radius in der Kerbfläche)
dA	infinitesimale Fläche im Ligament; bei einem kreisförmigen Querschnitt beträgt eine infinitesimale Ringfläche $dA \approx 2\pi\, r\, dr$

Die Spannungsüberhöhung im Kerbgrund bedeutet nach dem obigen Kräftegleichgewicht zwangsläufig, dass zur Mitte hin geringere Spannungen als die Kerbnennspannung herrschen müssen. Die in Bild 3.1 grau hinterlegte Fläche muss gleich der Rechteckfläche $\sigma_{nk} \cdot 2\ r_k$ sein, was Gl. (3.1) in zweidimensionaler Darstellung entspricht. Die graue Fläche oberhalb der σ_{nk}-Linie muss folglich gleich der weißen Fläche unterhalb dieser Linie sein. Die Verhältnisse außerhalb des Ligamentes werden hier nicht näher betrachtet; man kann sie mit Finite-Elemente-Programmen rechnen und graphisch darstellen. Weit genug von der Kerbe entfernt verlaufen die Kraftlinien wieder geradlinig und die Spannungsverteilung ist bei Zugbelastung homogen.

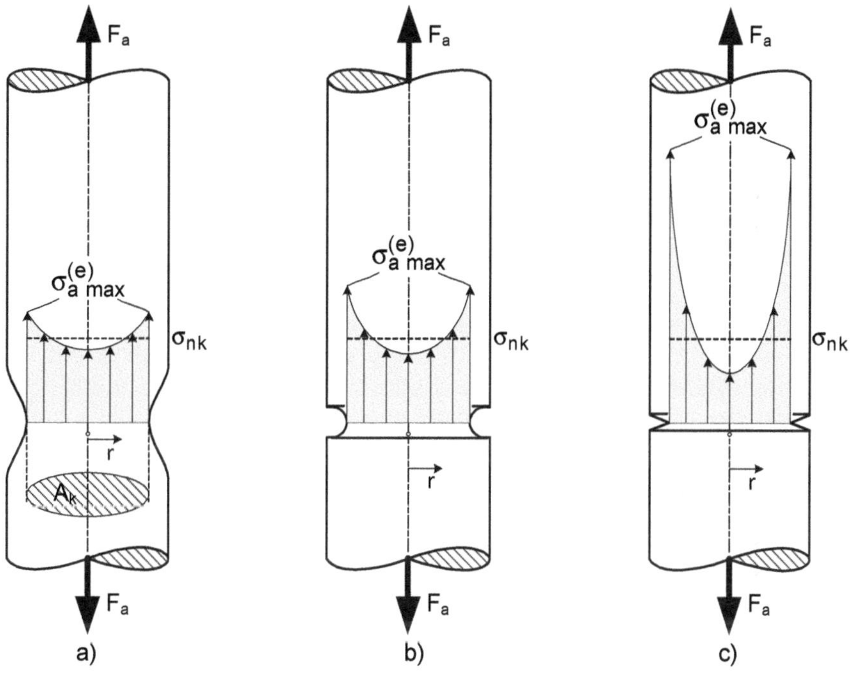

Bild 3.1 Einfluss der Kerbform auf die Höhe und Verteilung der Längsspannungen
Die Kerbquerschnittsfläche ist in allen Fällen gleich und somit bei gleicher Axialkraft F_a auch die Kerbnennspannung σ_{nk}.

a) Flache Kerbe, z.B. im Einschnürbereich einer Zugprobe (die Kerbquerschnittsfläche A_k, das Ligament, ist hier zusätzlich eingezeichnet)
b) Rundkerbe
c) Spitzkerbe

Bei rein elastomechanischem Verhalten gibt die *Formzahl* K_t, auch als *Kerbfaktor* oder als *elastischer Spannungskonzentrationsfaktor* bezeichnet, das Verhältnis der maximalen Axialspannung $\sigma_{a\,max}$ im Ligament, die unmittelbar an der Kerbspitze wirkt, zur Kerbnennspannung an:

$$K_t = \frac{\sigma_{a\,max}^{(e)}}{\sigma_{nk}} \qquad (3.2)^1$$

Man könnte auch von einem Überhöhungsfaktor sprechen. Das hochgestellte (e) des Spannungsspitzenwertes deutet an, dass es sich um den *elastischen* Wert handelt. Oft wird auch anstelle von K_t (t: theoretisch; bedeutet hier rein elastisch) das Symbol α_K benutzt. Da es außer K_t noch andere dimensionslose Konzentrationsfaktoren in Zusammenhang mit der Kerbwirkung gibt, empfiehlt sich das gemeinsame Zeichen K mit unterschiedlichen Indizes (es darf jedoch nicht mit dem Spannungs*intensitäts*faktor K der Bruchmechanik verwechselt werden, welcher die Maßeinheit MPa $m^{1/2}$ hat, Kap. 4).

Die elastizitätstheoretisch berechneten K_t-Werte können für die jeweilige Kerbgeometrie einschlägigen Tabellenwerken entnommen werden. Für Rundkerben wie in Bild 3.1b) ist etwa $K_t \approx 1{,}5$; für eine Spitzkerbe (Bild 3.1d) ist $K_t \approx 3$ (dies sind nur grobe Anhaltswerte; die genaue Geometrie ist zu beachten!). Bei *Gewinden* unter Zugbelastung ist zu beachten, dass die Kerbwirkung mehrerer Gewindegänge weniger kritisch ist als die einer einzelnen Spitzkerbe, weil die Kraftlinien zwischen den Gängen nur leicht gewellt verlaufen; die Gewindespitzen sind also „tote Zonen" ohne nennenswerte Belastung (hierbei wird ein Gewindebolzen nur unter Zug betrachtet).

Die Betonung des Begriffes „elastisch" in Verbindung mit der Formzahl K_t liegt daran, dass sich bei Plastifizierung im Kerbgrund, die man bei genügend duktilen Werkstoffen teilweise akzeptiert, die Spannungsüberhöhungen reduzieren, und man dann die Maximalspannung nicht mehr direkt nach Gl. (3.2) berechnen kann.

Aus der Formzahl kann zwar nicht auf den quantitativen Verlauf der Spannungsverteilung über dem Querschnitt geschlossen werden (dieser kann z.B. mit der Finite-Elemente-Methode berechnet werden), qualitativ wird jedoch sofort ersichtlich, dass mit steigendem K_t-Wert die Ungleichmäßigkeit der Spannungswerte zunimmt.

Als weitere Besonderheit stellt sich im Kerbeinflussbereich stets ein mehrachsiger Spannungszustand ein. Generell entsteht an der Oberfläche des gekerbten Bereiches ein ebener und im Innern ein räumlicher Spannungszustand mit inhomogener Spannungsverteilung, auch wenn die äußere Belastung einachsig erfolgt und die Spannungen im glatten Probenbereich homogen verteilt sind, wie dies bei einer Zugprobe der Fall ist, **Bild 3.2**, siehe auch [3.1]. Die Axialspannung σ_a ist bei einachsiger äußerer Zugbelastung identisch mit der größten Hauptnormalspannung σ_1. Die beiden weiteren Hauptzugspannungen in Tangential- und in Radialrichtung eines jeden infinitesimal breiten Kreisringes im Kerbquerschnitt, $\sigma_t \equiv \sigma_2$ und $\sigma_r \equiv \sigma_3$, sind eine Folge der inhomogenen Verteilung der Axialspannungen und der Poisson'schen Querkontraktion.

[1] In der Literatur wird die Formzahl bzw. der Kerbfaktor häufig als α oder α_K bezeichnet

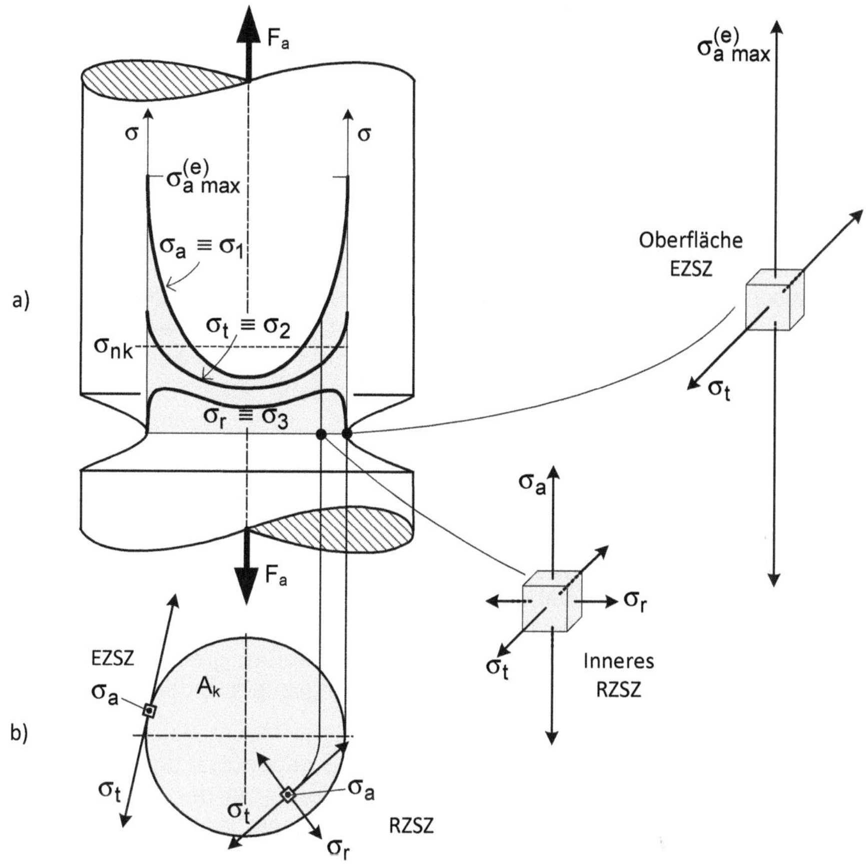

Bild 3.2 Spannungszustände und -verteilungen an einer runden Kerbzugprobe
Die Spannungspfeillängen sind konform mit Teilbild a).

a) Verteilung der drei Hauptnormalspannungen im Kerbquerschnitt bei elastischer Verformung an allen Stellen
Die beiden infinitesimalen Hauptspannungselemente deuten die Spannungszustände an der Oberfläche und an einer beliebigen Stelle im Innern an (EZSZ: ebener Zugspannungszustand; RZSZ: räumlicher Zugspannungszustand).

b) Draufsicht des Kerbquerschnitts A_k mit den Spannungszuständen im Kerbgrund und an einer beliebigen Stelle im Innern (der Vektor von σ_a zeigt aus der Zeichenebene heraus)

Die Querdehnungen ε_q können sich nicht ungehindert so einstellen, wie es der jeweiligen Längsdehnung ε gemäß der Beziehung $\varepsilon_q = -\nu\,\varepsilon$ bei freier Verformung entspräche. Vielmehr treten Kontraktionsbehinderungen durch das umgebende Werkstoffvolumen auf, die umso stärker sind, je schärfer die Kerbe ist, ausgedrückt durch die Formzahl K_t. Zum einen schränkt das wesentlich geringer belastete Material außerhalb des Kerbquerschnittes die freie Querverformung auf dem Ligament ein. Zum anderen entstehen Zwängungen durch die ungleichmäßig hohen Längsspannungen im Kerbbereich. Denkt man sich die Kerbquerschnittsfläche in konzentrische infinitesimale Ringe aufgeteilt, so würde jeder Ring ungehindert eine unterschiedliche Querkontraktion vollziehen. Die Kompatibilität wird durch gegenseitige Zwängung gewahrt, d.h. es müssen *Querspannungen* wirken. Insgesamt führt dies zu Zugspannungen auch in den beiden senkrechten Richtungen zur Belastungsachse. Für die Querdehnungsbehinderung ist auch die englische Bezeichnung *Constraint*-Wirkung gebräuchlich (*constraint* = Zwang, Zwängung).

Für den Einschnürbereich in einem Zugversuch (Kap. 1.10.2) gelten ganz ähnliche Überlegungen wie bei Kerben, obwohl die Einschnürung sich erst als Folge der plastischen Verformung einstellt. Der anfänglich einachsige Spannungszustand an einer Zugprobe wird, nachdem das Kraftmaximum, welches der Zugfestigkeit R_m entspricht, überschritten wurde, aufgrund der sich aufbauenden Querspannungen im Einschnürgebiet mehrachsig [siehe auch Bild 3.1 a) sowie Kap. 5.4].

Mit der Kerbschärfe nimmt der Mehrachsigkeitsgrad des Zugspannungszustandes zu, was bedeutet, dass die Querspannungen in höherem Maße als die Axialspannung σ_1 steigen, die drei Hauptnormalspannungen sich also annähern ($\sigma_2/\sigma_1 \rightarrow 1$ und $\sigma_3/\sigma_1 \rightarrow 1$). Schubspannungen treten im Ligament in den drei Richtungen – axial, tangential und radial – nicht auf; es handelt sich also um Hauptrichtungen (deshalb die Indizes 1, 2, 3). Direkt an der Oberfläche ist die radiale Hauptnormalspannung $\sigma_3 = 0$, denn nach außen greift keine Gegenkraft an (lastfreie Oberfläche). Folglich ist der Spannungszustand dort – wie erwähnt – eben und ansonsten räumlich.

Sind die Proben- oder Bauteilabmessungen groß gegenüber der Kerbtiefe, kann eine praktisch vollständige Querdehnungsbehinderung in der Kerbumgebung in beiden Querrichtungen angenommen werden, so dass der *Verformungs*zustand dann einaxial ist. Weit genug vom gestörten Bereich entfernt liegt ein einaxialer Spannungs- und räumlicher Verformungszustand vor, weil dort $\sigma_2 \approx \sigma_3 \approx 0$ gilt, sofern eine äußere einaxiale Zugbelastung erfolgt.

Bei gekerbten plattenförmigen Proben oder Bauteilen gelten analoge Überlegungen wie bei runden. Bei dicken Platten wird die Querkontraktion senkrecht zur Plattenebene praktisch vollständig unterbunden; es liegen die Verhältnisse eines ebenen Verformungs- und räumlichen Spannungszustandes vor, abgesehen von Richtungen senkrecht zu Oberflächen, wo die Spannungen null sind. Bei dünnen Blechen kann dagegen senkrecht zur Blechebene keine nennenswerte Spannung aufgebaut werden; die Querkontraktion stellt sich also so gut wie ungehindert ein. Im gesamten Kerbbereich herrscht in diesen Fällen folglich ein ebener Spannungs- und räumlicher Verformungszustand. **Tabelle 3.1** fasst die wesentlichen Angaben in einer Übersicht zusammen.

Es sei darauf hingewiesen, dass die Axial-, Tangential- und Radialspannungen nur im Kerbquerschnitt identisch sind mit den Hauptnormalspannungen $\sigma_1 \ldots \sigma_3$. In Querschnitten parallel dazu dreht die Hauptspannung σ_1 aus der Axialrichtung heraus und nimmt erst weit vom Kerbbereich entfernt, wo ein einachsiger Spannungszustand vorliegt, wieder die Längsrichtung an.

Tabelle 3.1 Spannungs- und Dehnungszustände gekerbter plattenförmiger Proben und Bauteile

Kerbschärfe/Wanddicke	Querdehnung	Zustand
schwach gekerbt/ dünnwandig	senkrecht zur Wand kaum behindert; in den beiden anderen Richtungen ebenfalls $\neq 0$	• Spannungen nur in der Wandebene: ESZ • Dehnungen in allen 3 Richtungen: RDZ
scharf gekerbt/ dickwandig	senkrecht zur Wand nahezu vollständig behindert; in den beiden anderen Richtungen $\neq 0$	• Spannungen in allen 3 Richtungen: RSZ • Dehnungen nur in der Wandebene: EDZ

(ESZ: ebener Spannungszustand; RDZ: räumlicher Dehnungszustand; RSZ: räumlicher Spannungszustand; EDZ: ebener Dehnungszustand)

3.2 Fließbeginn im Kerbbereich

Würde man fordern, dass die Streckgrenze an keiner Stelle überschritten werden darf, so wäre die Nennspannung im gekerbten Querschnitt entsprechend stark abzusenken, was einer unwirtschaftlichen Bauteilauslegung gleichkäme. Bei ausreichend duktilen Werkstoffen (nur bei solchen!) lässt man daher bei statischer Belastung in der Regel eine kontrollierte plastische Verformung in der Kerbgrundzone zu und kann so die Nennspannung ohne Versagensrisiko erhöhen.

Zunächst wird der Fließbeginn genauer betrachtet, wobei dieser vereinfacht als ein exakt definierter Punkt im σ-ε-Diagramm angenommen wird. Da man es mit einem mehrachsigen Spannungszustand zu tun hat, muss nach einer Festigkeitshypothese eine Vergleichsspannung σ_V berechnet werden, die äquivalent zur einzigen von null verschiedenen Hauptnormalspannung σ_1 beim einachsigen (Zug-) Belastungsfall ist. Plastische Verformung setzt dann bei $\sigma_V = R_e$ ein. Für duktile Werkstoffe formuliert man entweder nach Tresca das Kriterium der maximalen Schubspannung, die für die Versetzungsbewegung verantwortlich ist und den Fließbeginn einleitet, oder nach von Mises das Kriterium einer maximalen Gestaltänderungsarbeit, die nicht überschritten werden darf, um plastische Verformung auszuschließen (ausführliche Darstellung siehe [3.2]). Für die Schubspannungshypothese (SH, hochgestelltes S) nach Tresca gilt:

$$\boxed{\sigma_V^{(S)} = 2\tau_{max} = \sigma_1 - \sigma_3} \tag{3.3}$$

Nach der von Mises'schen Gestaltänderungsenergiehypothese (GEH, hochgestelltes G) errechnet sich die Vergleichsspannung zu:

$$\sigma_V^{(G)} = \sqrt{\frac{(\sigma_1 - \sigma_2)^2 + (\sigma_2 - \sigma_3)^2 + (\sigma_3 - \sigma_1)^2}{2}} \tag{3.4}$$

Es ergeben sich leicht unterschiedliche Werte, wobei stets $\sigma_V^{(S)} > \sigma_V^{(G)}$ gilt. Üblicherweise berechnet man Vergleichsspannungen sowohl im Tief- als auch im Hochtemperaturbereich nach der GEH gemäß Gl. (3.4).

Beim einachsigen Spannungszustand ohne Kerbe ist $\sigma_2 = \sigma_3 = 0$, so dass Fließen erwartungsgemäß bei $\sigma_V = \sigma_1 = R_e$ beginnt. Bei einem dreiachsigen Zugspannungszustand, wie er im Kerbbereich vorliegt, errechnet sich nach beiden Festigkeitshypothesen dagegen eine Vergleichsspannung, die *niedriger* als die maximale Hauptnormalspannung σ_1 liegt. Dies lässt sich am einfachsten anhand der SH nachvollziehen, wonach σ_1 bis zum Einsetzen plastischer Verformung auf den Wert $(R_e + \sigma_3)$ ansteigen kann. Anders formuliert, wird die plastische Verformung beim mehrachsigen Zugspannungszustand behindert. **Bild 3.3** veranschaulicht diesen Sachverhalt anhand der Mohr'schen Spannungskreise für eine Stelle in unmittelbarer Nähe des Kerbgrundes. Nach der GEH übersteigt σ_1 den Wert der Streckgrenze um einen noch höheren Betrag als σ_3.

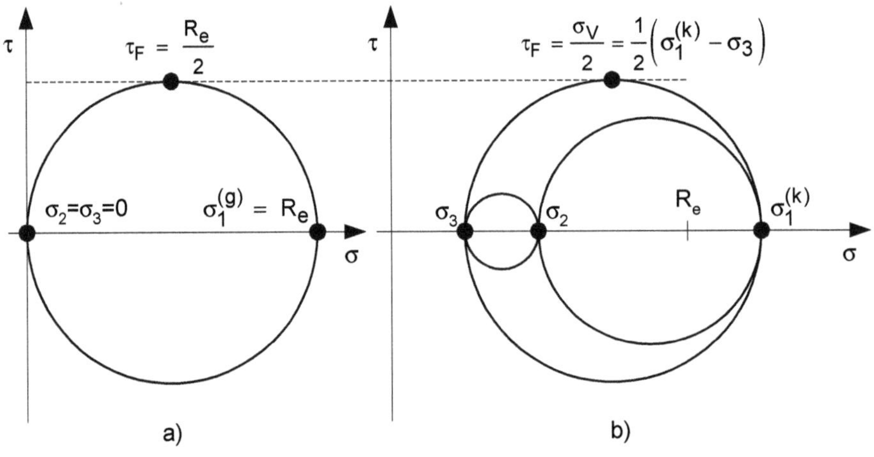

Bild 3.3 Mohr'sche Spannungskreise für den *Fließbeginn* im Kerbbereich unter der Oberfläche

a) Einachsiger Zugspannungszustand eines glatten (g) Zugstabes; Fließbeginn bei $\sigma_1^{(g)} = R_e = 2\,\tau_F$ (τ_F: Fließschubspannung)

b) Räumlicher Zugspannungszustand eines gekerbten (k) Stabes; Fließbeginn nach der SH bei $\sigma_V = \sigma_1^{(k)} - \sigma_3 = R_e = 2\,\tau_F$, d.h. $\sigma_1^{(k)} = \sigma_1^{(g)} + \sigma_3$

Man drückt die Überhöhung der Axialspannung σ_1 im mehrachsigen Spannungszustand gegenüber der Streckgrenze durch den plastischen Zwängungsfaktor L (*plastic constraint factor*), auch als Laststeigerungsfaktor bezeichnet, aus:

$$L = \frac{\sigma_1^{(k)}}{R_e} \tag{3.5}$$

Es lässt sich zeigen, dass der Laststeigerungsfaktor bei äußerst scharfen, rissähnlichen Kerben, maximal den Wert 2,5 annehmen kann (gerechnet mit der GEH und $\nu = 0{,}3$; wird $L_{max} = 3$ angegeben, so wurde $\nu = 1/3$ angesetzt).

Bei der Interpretation des Begriffes „Laststeigerungsfaktor" ist allerdings Vorsicht geboten. Selbstverständlich kann es einen Tragfähigkeitszuwachs immer nur dann geben, wenn *derselbe tragende Querschnitt* zugrunde gelegt wird. Wie in Abschnitt 3.4 noch gezeigt wird, steigt bei ausreichend duktilen Werkstoffen in der Tat die Zugfestigkeit gekerbter Stäbe gegenüber glatten, wenn auf *denselben Querschnitt* (dieselbe Nennspannung) bezogen wird.

Direkt an der Oberfläche ist $\sigma_3 = 0$, so dass hier nach der SH die Vergleichsspannung bei Fließbeginn der größten Hauptnormalspannung $\sigma_1 = R_e$ entspricht. Diese Angabe findet man meist in der Literatur für einsetzende Plastifizierung unmittelbar im Kerbgrund. Gemäß der GEH errechnet sich dagegen ein σ_1-Wert, der die Streckgrenze auch beim ebenen Spannungszustand an der Kerbspitze überschreitet, wenn Fließen einsetzt:

$$\sigma_V^{(G)} = \sqrt{\sigma_1^2 \underbrace{\underbrace{-\sigma_1\sigma_2}_{\text{stets} > \sigma_2^2} + \sigma_2^2}_{\text{stets} < 0}} < \sigma_1 \tag{3.6}$$

Bei $\sigma_V = R_e$ ist folglich $\sigma_1 > R_e$.

Unterhalb der Oberfläche mit $\sigma_3 > 0$ liegen die Verhältnisse wie nach Bild 3.3 b) vor. Je schärfer die Kerbe ist, umso steiler steigt der Verlauf von σ_r bzw. σ_3 an (siehe Bild 3.2). Die drei Spannungskreise rücken nach rechts, d.h. zu höheren Spannungen, *und enger zusammen*, **Bild 3.4**. Dies entspricht der Feststellung in Abschnitt 3.1, dass der Grad der Mehrachsigkeit mit der Kerbschärfe wächst ($\sigma_2/\sigma_1 \rightarrow 1$ und $\sigma_3/\sigma_1 \rightarrow 1$). Die plastische Verformung wird dadurch zunehmend behindert. Im Extremfall erreicht die größte Hauptnormalspannung σ_1 die Trennfestigkeit des Werkstoffes, bevor Fließen einsetzen kann, Bild 3.4 c). Da in einem solchen Fall spontaner Sprödbruch eintritt, spricht man von *Spannungszustandsversprödung*, welche bei allen Werkstoffen vorkommen kann, auch bei ansonsten duktilen.

Das Verständnis der Spannungszustandsversprödung ist entscheidend für die Interpretation spröder Trennbrüche (Normalspannungsbrüche) an rissbehafteten, genügend dicken Proben und Bauteilen. Diese Bedingungen führen in der Bruchmechanik auf den so genannten K_{Ic}-Wert des ebenen Dehnungszustandes.

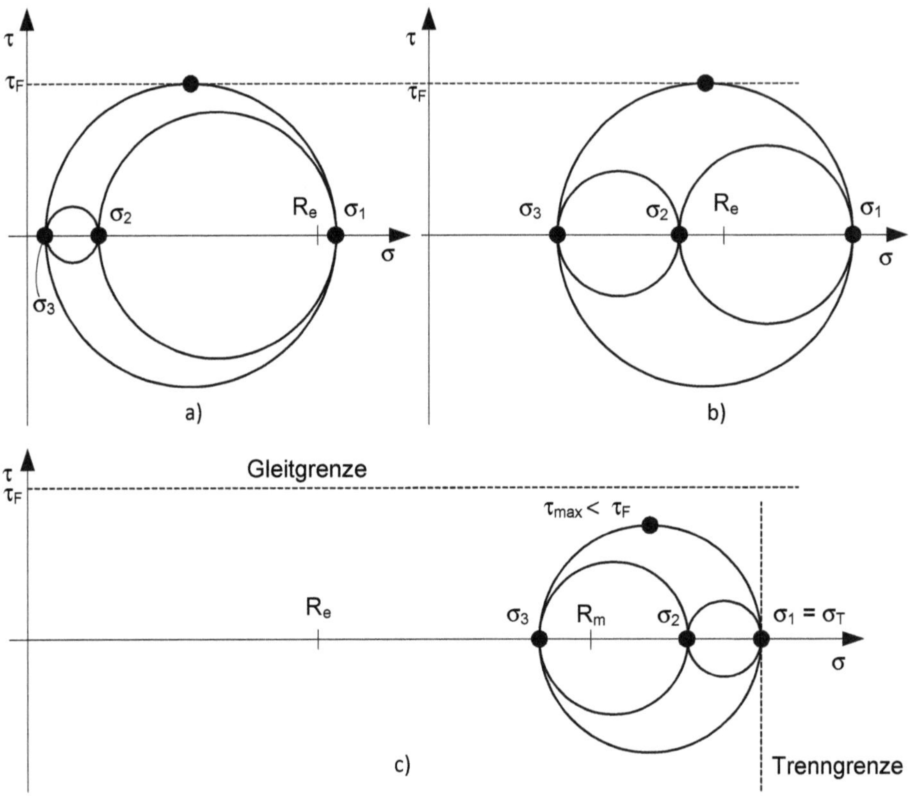

Bild 3.4 Mohr'sche Spannungskreise für den *Fließbeginn* im Kerbbereich unter der Oberfläche für unterschiedliche Kerbschärfen

a) Sehr milde Kerbe, bei der σ_1 die Streckgrenze kaum überschreitet

b) Schärfere Kerbe, bei der σ_1 die Streckgrenze deutlich überschreitet

c) Sehr scharfe Kerbe, bei der σ_1 die Trennfestigkeit σ_T erreicht, bevor es zum Fließen kommen kann ($\tau_{max} < \tau_F$). In diesem Fall tritt *spontaner Sprödbruch* ein (Spannungszustandsversprödung). Die Streckgrenze R_e und die Zugfestigkeit R_m des glatten Stabes sind bedeutungslos, weil kein Fließen stattfindet.

Unter einem dreiachsigem Zugspannungszustand kann bei *allen* Werkstoffen Sprödbruch auftreten, wenn das Verhältnis der beiden Hauptnormalspannungen σ_1/σ_3 einen kritischen Wert unterschreitet und σ_1 die Trennfestigkeit erreicht. Man nennt dieses Versagen *Spannungszustandsversprödung*.

Der oft missverständlich benutzte Begriff „Kerbversprödung" darf mit der Spannungszustandsversprödung nicht verwechselt werden. Als Kerbversprödung bezeichnet man jede Kerb*entfestigung* (und sollte sie auch *nur* so nennen!), siehe Kap. 3.4. Dabei muss nicht notwendigerweise ein spröder Trennbruch auftreten.

3.3 Plastifizierung im Kerbbereich

Die bisherigen Ausführungen geben die Kriterien im elastischen Bereich bis zum Fließbeginn an. Überschreitet die Vergleichsspannung des mehrachsigen Zugspannungszustandes die Streckgrenze, plastifiziert eine entsprechend große

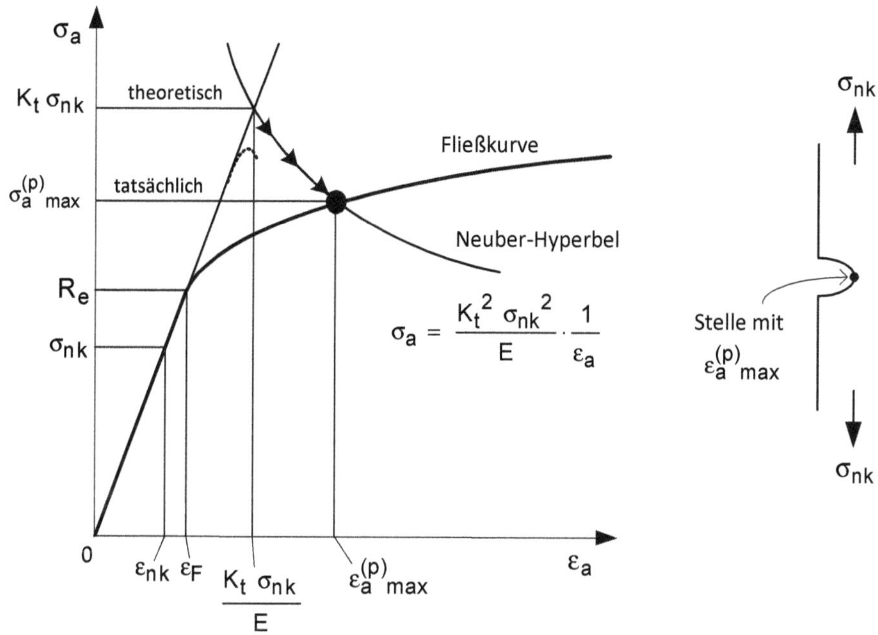

Bild 3.5 Bestimmung der Axialspannung $\sigma_{a\,max}$ und der Dehnung $\varepsilon_{a\,max}$ im Kerbgrund anhand der Neuber-Hyperbel bei Plastifizierung (ε_{nk}: Nenndehnung, die ein glatter Stab bei der Nennspannung erfahren würde; ε_F: Streckgrenzendehnung = Dehnung bei Fließbeginn)
Die Pfeile markieren den gedachten Weg entlang der Hyperbel vom theoretischen zum tatsächlichen Punkt auf der Fließkurve, welcher sich spontan einstellt. Der gestrichelte Kurvenverlauf deutet das Verhalten eines spröden, kerbempfindlichen Werkstoffes an, welcher nicht ausreichend plastifizieren kann.

Zone im Kerbgrundbereich. Die elastizitätstheoretische Formzahl K_t verliert dann ihre Bedeutung. Die nach Gl. (3.2) elastomechanisch berechnete Maximalspannung $\sigma^{(e)}_{a\,max}$ im Kerbgrund wird zu einer fiktiven Größe, die in Wirklichkeit im σ-ε-Diagramm denjenigen Wert auf der Verfestigungskurve einnimmt, welcher sich als Schnittpunkt mit einer Hyperbel, der so genannten *Neuber-Hyperbel*, ergibt, **Bild 3.5**:

$$\sigma_a = \underbrace{\frac{K_t^2 \cdot \sigma_{nk}^2}{E}}_{= \text{const.}} \cdot \frac{1}{\varepsilon_a} \tag{3.7}$$

Für eine bestimmte Belastung und Kerbform ist der erste Quotient konstant, so dass man die Hyperbelfunktion y = c/x erkennt. Ist die Fließkurve des Werkstoffes bekannt, können der Schnittpunkt mit der Hyperbel bestimmt und die größte Axialspannung $\sigma_{a\,max}^{(p)}$ an der Kerbspitze abgelesen werden. Oft wird, besonders bei hohen Temperaturen, näherungsweise bei überelastischer Beanspruchung ideal-plastisches Verhalten ohne Verfestigung angenommen, so dass dann $\sigma_{a\,max}^{(p)}$ gleich der Streckgrenze R_e bei der jeweiligen Temperatur wäre. Die Kerbgrunddehnung nimmt gegenüber dem fiktiven, rein elastischen Verhalten zu, was aus dem σ-ε-Diagramm sofort ersichtlich wird. Die Dehnungsverteilung im Ligament ist folglich nach der Plastifizierung stark inhomogen, während sich die Axialspannungen annähern.

Man definiert bei Plastifizierung einen Spannungskonzentrationsfaktor K_σ und einen Dehnungskonzentrationsfaktor K_ε wie folgt:

$$K_\sigma = \frac{\sigma_{a\,max}^{(p)}}{\sigma_{nk}} \quad \text{und} \quad K_\varepsilon = \frac{\varepsilon_{a\,max}^{(p)}}{\varepsilon_{nk}} \tag{3.8 a und b}$$

Für den Schnittpunkt der Neuber-Hyperbel mit der Verfestigungskurve gilt $K_\sigma \cdot K_\varepsilon = K_t^2$, was sich durch Einsetzen der Gln. (3.8) in die Hyperbel-Funktion Gl. (3.7) mit dem Wertepaar $\left(\sigma_{a\,max}^{(p)}; \varepsilon_{a\,max}^{(p)}\right)$ ergibt:

$$\sigma_{a\,max}^{(p)} = K_\sigma\,\sigma_{nk} = \frac{K_t^2\,\sigma_{nk}^2}{E} \cdot \frac{1}{\varepsilon_{a\,max}^{(p)}} = \frac{K_t^2\,\sigma_{nk}^2}{E} \cdot \frac{1}{K_\varepsilon\,\varepsilon_{nk}} = \frac{K_t^2\,\sigma_{nk}}{K_\varepsilon}$$

Durch die Teilplastifizierung verteilen sich die Spannungen über dem Ligament anders als im elastizitätstheoretischen Fall. Die Abnahme von σ_{1max} gegenüber dem theoretischen Wert ist gleichbedeutend mit einer Entlastung in der plastischen Zone, so dass die Axialspannungen im elastisch gedehnten Mittenbereich des Kerbquerschnittes zunehmen müssen, damit das Kräftegleichgewicht gewahrt bleibt. Man spricht von *Makrostützwirkung*, weil insgesamt eine höhere äußere Kraft bzw. Nennspannung bei erlaubter Teilplastifizierung übertragen werden kann, als wenn $\sigma_V \leq R_e$ gefordert würde.

Wird ein im Kerbbereich überelastisch beanspruchtes Bauteil entlastet, bleiben Eigenspannungen I. Art zurück. Im Kerbgrund bilden sich wegen der bleibenden Dehnung Druckeigenspannungen aus, weiter innen liegend aus Gleichgewichtsgründen Zugeigenspannungen.

Sobald durch die Überbelastung *Rissbildung* im Kerbbereich einsetzt, wird die Kerbe länger und schärfer, der tragende Querschnitt nimmt ab, und es kommt unweigerlich zum spontanen Gewaltbruch im Ligament – egal, ob es sich um einen spröden oder duktilen Werkstoff handelt. Bliebe der Riss bei konstanter Belastung stehen, hieße dies, dass das Bauteil durch den Anriss einen Tragfähigkeitszuwachs erfahren hätte, was niemals sein kann (siehe Diskussion zum Laststeigerungsfaktor in Abschnitt 3.2).

3.4 Kerbeinfluss auf die Zugfestigkeit

Betrachtet man die Festigkeitsveränderung durch Kerben, so geht man am zweckmäßigsten vom Grenzfall des ideal elastisch-spröden Versagens aus. Wird an der Kerbspitze die Trennfestigkeit erreicht, bricht spontan der gesamte Kerbquerschnitt durch die Wirkung der Hauptspannung $\sigma_{1\,max} = \sigma_{a\,max}$ (Trennbruch, Normalspannungsbruch). Die Kerbzugfestigkeit R_{mk} ergibt sich in diesem Fall gemäß (i-s: ideal-spröde):

$$R_{mk}^{(i-s)} = \frac{R_m}{K_t} \tag{3.9}$$

Dieser Zusammenhang geht unmittelbar aus Gl. (3.2) hervor, denn $\sigma_{a\,max}$ entspricht beim ideal elastisch-spröden Bruch der Zugfestigkeit des glatten Stabes R_m, so als ob eine *un*gekerbte Probe mit dieser Spannung getrennt werden würde. Man stelle sich vor, direkt im Kerbgrund befinde sich eine einzelne Faser, die zerrissen wird. Sie bricht bei der Spannung R_m. $R_{mk}^{(i-s)}$ bedeutet die auf das Ligament(!) bezogene Zugkraft bei Bruch, d.h. die Kerbzugfestigkeit. Mit der Kerbschärfe, ausgedrückt durch K_t, nimmt folglich gemäß Gl. (3.9) die Differenz zwischen Kerbzugfestigkeit und Zugfestigkeit glatter Stäbe bei spröden Werkstoffen zu. Dies trifft die allgemeine Aussage, dass spröde Werkstoffe kerbempfindlich sind.

Das Kerbfestigkeitsverhältnis γ_k gibt den relativen Wert der Kerbzugfestigkeit zur Zugfestigkeit an glatten Stäben an, **Bild 3.6**. Dieser Quotient liegt bei realen Werkstoffen stets oberhalb des Grenzwertes $1/K_t$ nach Gl. (3.9):

$$\gamma_k = \frac{\text{Kerbzugfestigkeit}}{\text{Zugfestigkeit glatt}} = \frac{R_{mk}}{R_m} > \frac{1}{K_t} \tag{3.10}$$

γ_k hängt ab vom Werkstoff und Werkstoffzustand, der Kerbgeometrie sowie der Temperatur. Liegt dieser Wert < 1, spricht man von Kerbentfestigung (oft auch fälschlicherweise als Kerbversprödung bezeichnet), bei $\gamma_k > 1$ von Kerbverfestigung.

Spröde Werkstoffe reißen im Kerbgrund ein, wenn – wie erwähnt – die maximale Axialspannung $\sigma_{a\,max}$ die Trennfestigkeit σ_T oder die Kerbgrunddehnung $\varepsilon_{a\,max}$ das geringe Verformungsvermögen übersteigt, siehe Bild 3.5 (kurzer gestrichelter Kurvenverlauf). Es folgt unmittelbar nach dem Einreißen der Bruch, weil der Riss die Kerbschärfe noch erhöht. Das Verhältnis R_{mk}/R_m ist dann < 1 und nähert sich bei sehr spröden Materialien der Hyperbel $1/K_t$. Mit steigendem Spannungskonzentrationsfaktor K_t sinkt γ_k.

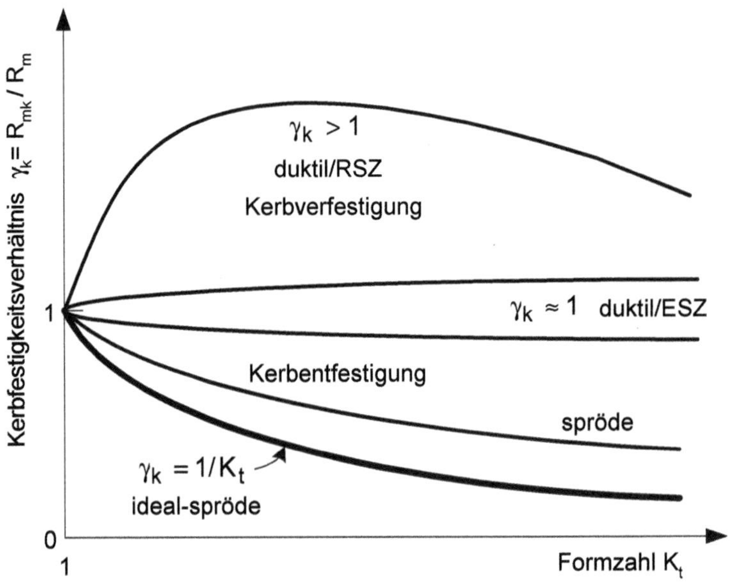

Bild 3.6 Kerbfestigkeitsverhältnis γ_k in Abhängigkeit von der Formzahl K_t
Schematische Verläufe für ideal-sprödes und gewöhnlich sprödes Material sowie für duktile Werkstoffe im ebenen Spannungszustand (ESZ) und räumlichen Zugspannungszustand (RSZ)

Bild 3.7 zeigt Beispiele spröder Werkstoffe, wobei sich der martensitisch gehärtete, nicht angelassene Werkstoffzustand des C 45H der Grenzhyperbel $1/K_t$ nähert. Solange im Gefüge einigermaßen verformungsfähige Bestandteile enthalten sind, wird kein ideal-sprödes Verhalten vorgefunden.

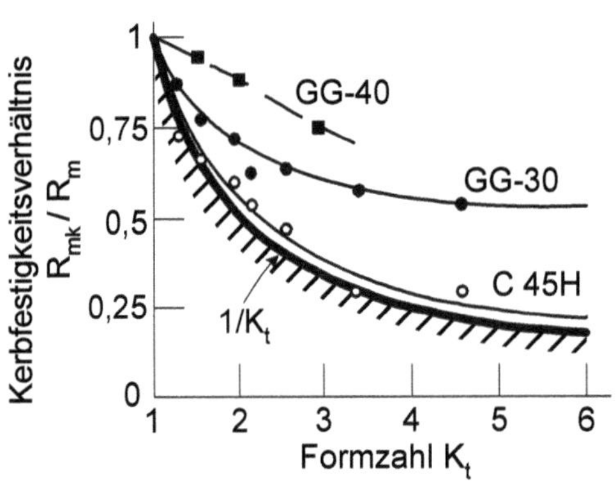

Bild 3.7 Kerbzugfestigkeitsverhältnis in Abhängigkeit von der Kerbschärfe für spröde Werkstoffe (aus [3.3])

Der martensitisch gehärtete Stahl C 45H (nicht angelassen) nähert sich dem hyperbolischen Verlauf des idealspröden Verhaltens; die Graugussvarianten (GG: Gusseisen mit Lamellengraphit) sind wegen der duktilen Ferrit/Perlit-Matrix nicht völlig spröde.

Das Verhältnis der Zugfestigkeiten R_{mk}/R_m liegt für ausreichend duktile Werkstoffe > 1, Bild 3.6, wobei der Wert mit der Formzahl K_t, d.h. mit der Kerbschärfe, zunächst ansteigt. Der Grund für dieses auf den ersten Blick überraschende Phänomen ist darin zu sehen, dass in der Kerbe die plastische Verformung durch den mehrachsigen Zugspannungszustand behindert wird, wie in Abschnitt 3.2 erörtert. Es kann sich also eine höhere Nennspannung aufbauen, bis eine kritische plastische Verformung den Bruch hervorruft. Mit der Kerbschärfe steigt der Grad der Mehrachsigkeit, die Hauptnormalspannungen nehmen somit zu und nähern sich gleichzeitig an, so dass die Schubspannungen geringer werden (siehe Bild 3.4). Diese allerdings sind für die plastische Verformung maßgeblich.

Im Gegensatz zu spröden Materialien stellt man bei duktilen folglich ein mit der Formzahl K_t anwachsendes Kerbzugfestigkeitsverhältnis γ_k fest (bis zu einem Maximum, siehe unten). **Bild 3.8** und **3.9** stellen einige Beispiele dar. Man erkennt, dass das Kerbzugfestigkeitsverhältnis Werte > 2 annehmen kann, es wird also mehr als die doppelte Zugfestigkeit gemessen bei einem gekerbten Stab gegenüber einem glatten.

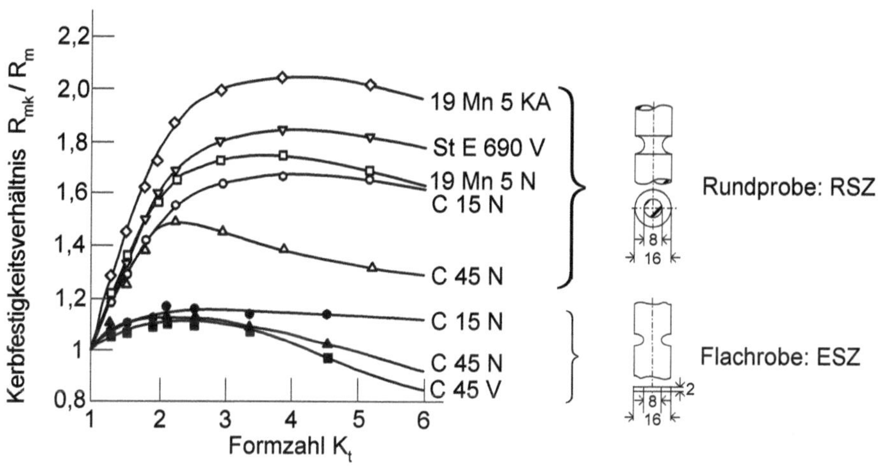

Bild 3.8 Kerbzugfestigkeitsverhältnis in Abhängigkeit von der Kerbschärfe und des Spannungszustandes für duktile Werkstoffe (aus [3.3])
Werkstofferläuterungen: 19 Mn 5 = 1.0482; St E 690 (S690Q) = 1.8931, Feinkornbaustahl; Endung KA: kaltgezogen/alterungsbeständig; V: vergütet; N: normalgeglüht

Ergänzend muss festgestellt werden, dass ein γ_k-Wert > 1 an die Verhältnisse beim räumlichen Zugspannungszustand gebunden ist, wie er in den gezeigten Fällen durch Rundproben realisiert wurde (genügend dicke Flachproben brächten den gleichen Effekt hervor). Liegt im gesamten Kerbbereich ein annähernd *ebener* Spannungszustand mit $\sigma_3 \approx 0$ vor, wie bei einem dünnen gekerbten Flachstab, so ändert sich an dem Verhältnis von σ_1 zu τ_{max} gegenüber dem einachsigen Zugversuch nichts, und man misst $R_{mk}/R_m \approx 1$ (siehe Bild 3.6 und 3.8).

Zusammenfassend lässt sich herausstellen, dass bei spröden Werkstoffen die erhöhte Hauptnormalspannung an der Kerbspitze entscheidend ist für die Kerb*entfestigung*. Bei duktilen Werkstoffen ist dagegen die Behinderung der plastischen Verformung im dreiachsigen Zugspannungszustand des Kerbbereiches maßgeblich für die Kerb*verfestigung*, gleichbedeutend mit einer Vergrößerung der Differenz zwischen der größten Hauptnormalspannung und der maximalen Schubspannung.

Die erwähnte *relative* Abnahme der maximalen Schubspannung beim räumlichen Zugspannungszustand gegenüber dem einachsigen Zustand hat eine weitere mögliche Auswirkung. Bei einem hohem K_t-Wert, d.h. sehr scharfer Kerbe, und entsprechend hoher Axialspannung σ_1 können die Mohr'schen Kreise mit den Hauptnormalspannungen σ_1, σ_2 und σ_3 so weit nach rechts verschoben sein (siehe Bild 3.4), dass σ_1 die Trennfestigkeit σ_T erreicht. Bei ansonsten duktilen Materialien tritt dann spontan ein spröder Bruch ein, bevor die maximale Schubspannung Versetzungsbewegung auslösen könnte. Der oben erwähnte Anstieg des γ_k-Wertes mit K_t setzt sich also nicht beliebig weit fort, sondern kehrt sich wieder um (Bild 3.6 und 3.8). Wie in Kap. 3.2 bereits vorgestellt, bezeichnet man dieses Phänomen als *Spannungszustandsversprödung*. Sie ist zu unterscheiden von inhärenter Werkstoffsprödigkeit, z.B. der von kubisch-raumzentrierten Metallen und Legierungen bei sehr tiefen Temperaturen, der Anlassversprödung oder der Versprödung durch Neutronenbeschuss in kerntechnischen Anlagen. Die Spannungszustandsversprödung kann bei allen Werkstoffen auftreten.

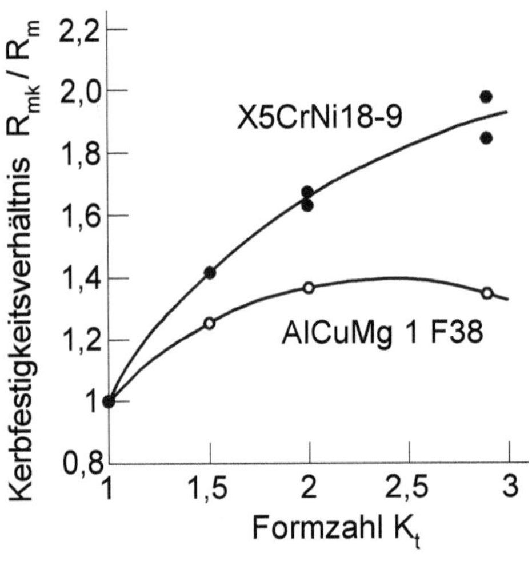

Bild 3.9 Kerbzugfestigkeitsverhältnis in Abhängigkeit von der Kerbschärfe für einen sehr duktilen austenitischen Stahl und eine mittelmäßig duktile, ausgehärtete Al-Knetlegierung (aus [3.3])

Versuche an Rundproben (räumlicher Zugspannungszustand) mit D_0 = 18 mm und D_k = 10 mm

Um oft auftretende Missverständnisse zu vermeiden, sei in diesem Zusammenhang noch einmal darauf hingewiesen, dass durch Einbringen von Kerben oder Rissen weder bei spröden noch bei duktilen Werkstoffen unter keinen Umständen die Tragfähigkeit, ausgedrückt als maximale Last(!), gegenüber der glatten Probe oder dem glatten Bauteil mit dem ungekerbten Bruttoquerschnitt erhöht werden kann.

Nur bezogen auf denselben Querschnitt kann die Bruchlast eines gekerbten Stabes größer oder kleiner als die eines glatten sein. Dies sei in folgenden Lastvergleichen zusammengefasst:

$$F_{max\,k} < F_{max\,g}^{(brutto)} \tag{3.11 a}$$

$$F_{max\,k} \gtrless F_{max\,g}^{(netto)} \tag{3.11 b}$$

$F_{max\,k}$ Bruchlast eines gekerbten Stabes

$F_{max\,g}^{(brutto)}$ Bruchlast eines glatten Stabes mit dem Bruttoquerschnitt

$F_{max\,g}^{(netto)}$ Bruchlast eines glatten Stabes mit dem Nettoquerschnitt (Kerbquerschnitt)

Die bei ausreichend duktilen Werkstoffen gemessene erhöhte Kerbzugfestigkeit stellt folglich auch keinen Kennwert dar, welcher in Festigkeitsberechnungen eingeht. Das Kerbzugfestigkeitsverhältnis gibt lediglich Auskunft darüber, ob bei dem betreffenden Material mit Kerbempfindlichkeit zu rechnen ist oder ob es sich eher gutmütig verhält.

Folgendes *Beispiel* mit tatsächlichen Messwerten an einer Kerbzugprobe soll die Verhältnisse verdeutlichen.

Aus S235 (früher: St 37, Soll-Zugfestigkeit R_m = 340-470 MPa) wurden Zugproben hergestellt. Zunächst wurden diese um einen kleinen, über die Lüders-Dehnung hinausgehenden Betrag vorgereckt, um die normalerweise auftretende ausgeprägte Streckgrenze zu eliminieren. An einer *glatten* Probe wurde die Zugfestigkeit bestimmt zu R_m = 468 MPa.

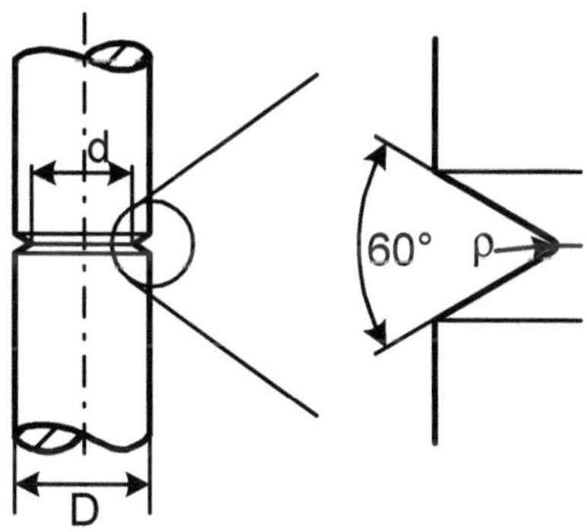

Bild 3.10 Geometrie der Spitzkerbprobe

Dann wurden in mehrere Proben unterschiedliche umlaufende Kerben eingebracht. Hier wird das Beispiel einer tiefen Spitzkerbe vorgestellt, **Bild 3.10**. Geometriekennwerte: Öffnungswinkel 60°; Kerbradius ρ = 0,21 mm (unter einem Stereomikroskop mittels einer digitalen Bildauswertung ermittelt); Bruttodurchmesser D = 9,88 mm; Ligamentdurchmesser d = 7,68 mm. Bei Bruch wird eine maximale Last von F_{max} = 31.910 N gemessen.

Aus Formzahldiagrammen, die man in verschiedenen Mechanik-Lehrbüchern oder Tabellenwerken findet, wird für die Kerbgeometrie unter Zugbelastung eine Formzahl von $K_t \approx 3{,}9$ abgelesen. Die Kerbzugfestigkeit beträgt:

$$R_{mk} = \frac{F_{max}}{A_k} = \frac{4F_{max}}{\pi d^2} = 689 \text{ MPa}$$

Das Kerbfestigkeitsverhältnis errechnet sich zu:

$$\gamma_k = \frac{R_{mk}}{R_m} = \frac{689 \text{ MPa}}{468 \text{ MPa}} = 1{,}47$$

Wie zu erwarten weist der duktile Werkstoff S235 eine Kerbverfestigung auf. Um jedoch zu verdeutlichen, dass die Bruchlast bezogen auf den *ungekerbten Bruttoquerschnitt* S_0 nicht durch Kerben anwachsen kann, wird zusätzlich die Nennfestigkeit σ_0 ermittelt:

$$\sigma_0 = \frac{F_{max}}{S_0} = \frac{4\,F_{max}}{\pi\,D^2} = 416 \text{ MPa} < R_m$$

Dieser Festigkeitswert *muss* geringer als die Zugfestigkeit des glatten Stabes sein, was auch tatsächlich zutrifft (R_m = 468 MPa).

Weiterführende Literatur zu Kapitel 3

H. Blumenauer, G. Pusch: Technische Bruchmechanik, 3. Aufl., Wiley-VCH, Weinheim, Dt. Verl. f. Grundstoffindustrie, Leipzig, 1993

D. Broek: The Practical Use of Fracture Mechanics, Kluwer Academic Publ., Dordrecht, 1989

D. Broek: Elementary Engineering Fracture Mechanics, 4. Aufl., Kluwer Acad. Publ., Dordrecht, 1991

H.L. Ewalds, R.J.H. Wanhill: Fracture Mechanics, Edward Arnold/Delftse Uitgevers Maatschappij, London/Delft, 1986

L. Issler, H. Ruoß, P. Häfele: Festigkeitslehre – Grundlagen, 2. Aufl., Springer, Berlin, 2004

H. Gudehus, H. Zenner: Leitfaden für eine Betriebsfestigkeitsrechnung, 4. Aufl., Stahleisen, Düsseldorf, 1999

4 Bruchmechanik

4.1 Einführung

Der erste Schritt bei der Festigkeitsauslegung von Bauteilen besteht darin, Spannungen zu berechnen und sicherzustellen, dass ein zulässiger Wert an keiner Stelle überschritten wird. Im einfachsten Fall wird makroskopische plastische Verformung ausgeschlossen durch das Kriterium $\sigma_V \leq R_e/S_F$. Ebenso kann – je nach Beanspruchung – als Festigkeitskennwert anstelle der Streckgrenze z.B. die Dauerschwingfestigkeit, eine bestimmte Zeitdehngrenze oder die Zeitstandfestigkeit gesetzt werden. All diesen Festigkeitsberechnungen liegt die Annahme zugrunde, dass der *Werkstoff im Ausgangszustand* keine kritischen Fehlstellen enthält, welche unter den herrschenden Belastungen wachstumsfähig wären und gegenüber einem fehlerfreien Material vorzeitig zum Bruch führten. Unter Fehlstellen sind hierbei Werkstofftrennungen zu verstehen, welche in spezifikations- oder normgerechtem Probenmaterial nicht vorhanden sind (also nicht etwa Gitterfehler, wie Versetzungen, Korngrenzen oder Ausscheidungen).

Die meisten *Bauteile* enthalten jedoch Trennungen in irgendeiner Form und Größe, auch bereits im Ausgangszustand. Dies können Lunker, Heiß- oder Kaltrisse in Gussteilen, Schmiedefalten in Schmiedestücken, Heiß- oder Eigenspannungsrisse oder Einbrandkerben in Schweißnähten sowie Härterisse in gehärteten Stählen sein. Auch während des Betriebseinsatzes können Anrisse durch (einmalige) statische oder zyklische Überbelastung oder auch korrosionsbedingte Trennungen vorkommen, die nicht dem fehlerfreien Zustand entsprechen. Bauteile ohne jegliche Fehlstellen zu fordern, wäre technisch in vielen Fällen kaum realisierbar und erst recht nicht bezahlbar.

Die minimale anzunehmende Fehlergröße wird durch den *zerstörungsfrei* messbaren Wert aufgezeigt. Von Defekten *unterhalb* der zerstörungsfreien Nachweisgrenze – üblicherweise etwa 1 mm – muss man grundsätzlich annehmen, dass sie vorhanden sind. Enthält ein Bauteil einen Fehler, der mittels zerstörungsfreier Prüfung erkannt wird, ist zu beurteilen, ob der Betrieb bei den zu erwartenden Belastungen dennoch freigegeben werden kann oder ob das Teil Ausschuss oder zu reparieren ist.

Werkstoffe, deren kritische Fehlergröße unterhalb der üblichen zerstörungsfreien Nachweisgrenze liegt, sind als Konstruktionswerkstoffe ungeeignet oder nur bei geringer Belastung und auszuschließender Überbelastung einsetzbar. Außerdem dürfen in solchen Fällen keine größeren Folgeschäden auftreten. Keramische Materialien fallen in diese Kategorie.

Ganz besonders bei Bauteilen, deren Versagen schwerwiegende Folgeschäden verursachen könnte, wie z.B. in der Luft- und Raumfahrt, im Kraftwerksbau, bei manchen chemischen Industrieanlagen, im Schiffbau und in der Meerestechnik, stellt sich die Frage, wie man unvermeidbare Fehlstellen in die Festigkeitsauslegung und den Integritätsnachweis der gesamten Maschine oder Anlage einbeziehen kann. Dies ist Gegenstand der Bruchmechanik.

Die Bruchmechanik befasst sich mit der Bewertung fehlerbehafteter und angerissener Bauteile.

Bild 4.1 zeigt einen Turbinenrotor aus einem Dampfkraftwerk, welcher aufgrund eines Fehlerfeldes von der Fertigung, das durch Ultraschallprüfung unterschätzt worden war, bei einem Kaltstart zerborsten ist. Ein solcher Schaden bedeutet den „größten anzunehmenden Unfall" in einem konventionellen Kraftwerk.

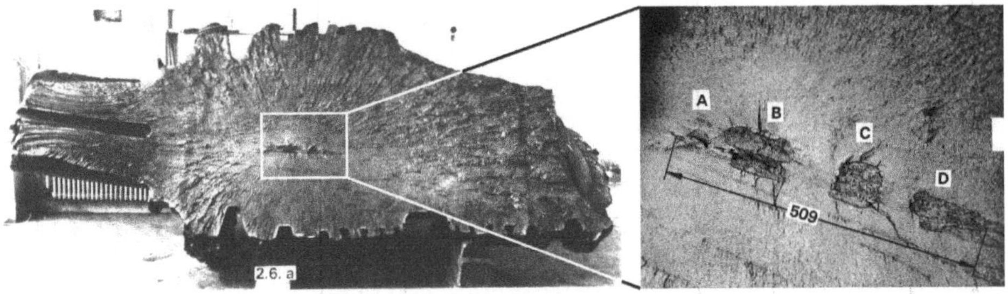

Bild 4.1 Zerborstene Turbinenwelle mit Fehlerfeld bestehend aus vier größeren Einzelfehlern A – D („Schmiedefalten") nach ca. 58.000 Betriebsstunden sowie 728 Warm- und 110 Kaltstarts (aus [4.1])
Der Schaden ereignete sich am 31.12.1987 im Kraftwerk Irsching b. München. Bruchstücke mit ca. 1300 kg Masse flogen mehr als 1 km weit. Wie durch ein Wunder gab es keine Personenschäden.

Was ist nun bei Proben oder Bauteilen, die Risse enthalten, anders in der Festigkeitsauslegung? Man könnte zunächst annehmen, dass lediglich der tragende Nettoquerschnitt A_{eff} (Nennquerschnitt minus Rissfläche) zu berücksichtigen sei und dass die darauf bezogene Vergleichsspannung bei statischer Belastung kleiner als R_e sein muss, um plastische Verformung auszuschließen. Bruch sollte nach dieser Überlegung verhindert werden, wenn $F_{max} < R_m \cdot A_{eff}$ gilt. Dies beschreibt die so genannte *Grenztragfähigkeit*, die nur bei sehr weichen und duktilen Werkstoffen erreicht wird. Für den *Bruch* ist dann allein die Zugfestigkeit R_m maßgeblich (es wird von Zugbelastung ausgegangen).

In angerissenen Proben und Bauteilen aus Ingenieurwerkstoffen stellt man jedoch meist eine Bruchspannung fest, die nicht nur deutlich unter der Grenztragfähigkeit liegt, sondern auch die Streckgrenze R_e unterschreitet. Ganz offenbar ist diese Feststellung für die Bauteilauslegung von besonderer Bedeutung. Die Aufgabe der Bruchmechanik ist es, mit Hilfe weiterer Kennwerte – außer der Streckgrenze und Zugfestigkeit – eine sichere Festigkeitsberechnung rissbehafteter Bauteile zu gewährleisten. Wie der Begriff besagt, geht es darum, *Bruch* zu vermeiden. Plastische Verformung tritt auch bei geringerer äußerer Belastung in der Umgebung der Fehlstelle auf, ist makroskopisch am Bauteil aber nicht oder kaum messbar.

Wie bei Kerben baut sich in der Umgebung von Rissen ein *mehrachsiger Spannungszustand* auf. Dies führt dazu, dass nicht in einfacher Weise mit Nennspannungen, auch nicht mit Netto-Nennspannungen bezogen auf den tatsächlich tragenden Querschnitt, gerechnet werden darf. Vielmehr müssen die komplexeren Verhältnisse mit *Spannungsüberhöhungen und einem mehrachsigen Spannungszustand vor der Rissspitze* analysiert und einbezogen werden.

Die allgemeine Forderung $\sigma_V \leq R_e/S_F$, um *generelles Fließen* auszuschließen, wird in der Bruchmechanik ergänzt durch die Forderung, dass bei gegebener Spannung eine bestimmte Risslänge nicht überschritten werden darf oder umgekehrt bei vorhandener Risslänge eine bestimmte Spannung sicher unterschritten werden muss, um *Bruch* zu verhindern. Plastische Verformung in der Rissumgebung darf dabei auftreten.

Den Kennwert, bei dessen Erreichen in einer *rissbehafteten* Probe oder einem Bauteil Bruch eintritt, nennt man *kritischen Spannungsintensitätsfaktor* oder *Bruchzähigkeit* K_c (engl. *fracture toughness*). K_c ist *keine Spannung*, wie beispielsweise die Zugfestigkeit, denn darin wäre kein Riss berücksichtigt. Vielmehr spricht man von einer *Spannungsintensität*, die der Spannungsüberhöhung und dem mehrachsigen Spannungszustand in der Rissumgebung, ähnlich wie bei Kerben (Kap. 3), Rechnung trägt.

Das Versagen erfolgt spontan, wenn eine *kritische Kombination aus Rissgröße und Belastung* auftritt; ein stabiles, eventuell mess- und kontrollierbares Risswachstum unterbleibt also. Man spricht auch von schnellem oder spontanem Bruch oder von Gewaltbruch, wenn die *Bruchfestigkeit* oder *Restfestigkeit* σ_B überschritten wird – in Abgrenzung zum Ermüdungs- oder Kriechbruch, denen immer stabiles, sich zeitlich entwickelndes Risswachstum vorausgeht.

Bei größeren Rissen und/oder geringer Bruchzähigkeit K_c kann die noch vorhandene Restfestigkeit die Streckgrenze deutlich unterschreiten. Eine einfache Auslegung gegen makroskopisches plastisches Fließen wäre in solchen Fällen zu optimistisch und eine korrekte Festigkeitsberechnung müsste mit bruchmechanischen Kennwerten erfolgen.

Hat man die Bruchzähigkeit an *Proben* gemessen, kann man bei bekannter Risslänge in einem *Bauteil* berechnen, ob der Riss bei nomineller Belastung kritisch wäre, also zum Bruch führen würde. Ebenso lässt sich bestimmen, auf welche Belastung eventuell reduziert werden müsste, damit dies nicht geschieht. Weiterhin kann ermittelt werden, ab welcher Belastungsüberhöhung das Teil mit einem bekannten Riss sofort brechen würde, so dass der Sicherheitsabstand zur nominellen Spannung angegeben werden kann. Die Übertragung von Proben auf Bauteile setzt voraus, dass bei gleichem Spannungs- und Verformungszustand geprüft wird.

Leider wird die Handhabung bruchmechanischer Gesetzmäßigkeiten dadurch erschwert, dass es verschiedene Kennwerte mit bestimmten Gültigkeitsgrenzen gibt. Entscheidend für die Frage, welche bruchmechanische Methode angewandt werden darf, sind die Duktilität des betreffenden Werkstoffes, die den Plastifizierungsgrad in der Rissumgebung bestimmt, sowie der Spannungs- und Verzerrungszustand, in welchem sich der Riss befindet und ausbreitet.

Eine bruchmechanische Bewertung angerissener Bauteile soll in erster Linie sprödes Versagen ausschließen.

Sprödes Versagen rissbehafteter Materialien wird durch die Regeln der *linear-elastischen Bruchmechanik (LEBM)* beschrieben. In der Rissumgebung findet dabei nur geringe Plastifizierung statt. Zu den betreffenden Werkstoffen zählen hochfeste metallische Legierungen mit relativ geringer Duktilität sowie alle keramischen Werkstoffe und Gläser. Das makroskopische Bruchbild muss einen *verformungsarmen Normalspannungsbruch* ausweisen oder diesen im Falle eines (zu vermeidenden) Bruches erwarten lassen.

Weniger feste und duktilere Materialien weisen eine zu stark ausgedehnte plastische Zone auf, und die LEBM verliert dann ihre Gültigkeit. Allgemein ist immer dann, wenn die Restfestigkeit in die Gegend der Streckgrenze rückt oder diese überschreitet, das Ergebnis nach der LEBM *konservativ*. Die Rissbewertung erfolgt in solchen Fällen präziser mit den Gesetzmäßigkeiten *der elastisch-plastischen Bruchmechanik* (EPBM), auch *Fließbruchmechanik* genannt. Die folgenden Ausführungen beschränken sich auf die LEBM, welche für die Bauteilbeurteilung die größte Bedeutung hat und in den meisten technischen Fällen anwendbar ist.

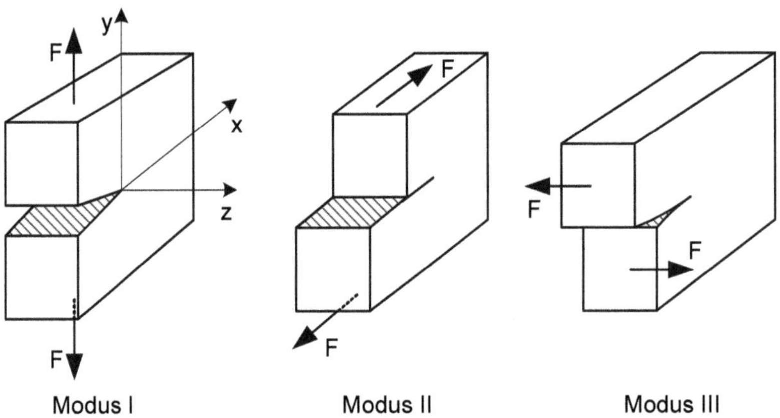

Bild 4.2 Arten der Rissbeanspruchung
Modus I: Rissöffnung durch Zugbelastung (*opening mode*) mit dem üblichen Koordinatensystem
Modus II: Rissuferverschiebung durch Längsscherung (*shear mode*)
Modus III: Rissuferverschiebung durch Querscherung (*tearing mode*)

Für eine weitere Kategorie von Werkstoffen erübrigt sich eine Fehlerbewertung nach bruchmechanischen Methoden, weil sie durch so genannten *plastischen Kollaps* versagen. Dies bedeutet, dass dem Bruch eine plastische Verformung über dem gesamten Ligament oder sogar dem gesamten Werkstoffvolumen vorausgeht. Sehr verformungsfähige, weiche Materialien, die technisch eher selten zum Einsatz kommen, fallen in diese Gruppe. Zur Berechnung der Bruchfestigkeit ist in diesen Fällen lediglich der tragende Nettoquerschnitt anzusetzen, wie eingangs beschrieben.

Im Übrigen spielt selbstverständlich die Temperatur eine wichtige Rolle, wenn die Werkstoffe nach ihrer Duktilität und dem Bruchverhalten im angerissenen Zustand einzuordnen sind. Während manche von ihnen bei tieferen Temperaturen nach der LEBM zu behandeln sind, zeigen sie bei höheren Temperaturen ausgedehnte Plastifizierung.

Man unterscheidet grundsätzlich drei Rissbeanspruchungsarten, je nach Richtung der angreifenden Kräfte relativ zum Riss, **Bild 4.2**. Im Folgenden wird ausschließlich der am häufigsten vorkommende *Modus I* durch Zugbelastung angenommen. Die Berechnungen und Kennwerte der beiden anderen Modi sind bei Bedarf weiterführender Literatur zu entnehmen (siehe z.B [4.2]).

Zusammenfassend lassen sich die Kriterien für eine zuverlässige Festigkeitsauslegung im Bereich tiefer homologer Temperaturen unterhalb ca. 0,4 T_S wie folgt beschreiben:

a) *Makroskopische plastische Verformung* ist auszuschließen durch die Bedingung $\sigma_V \leq \sigma_{zul} = R_e/S_F$. Diese Berechnung berücksichtigt zunächst *keine* Risse.
b) Werkstoffe mit einem Steilabfall der Kerbschlagarbeit, d.h. krz.-Metalle und Legierungen, wie besonders die ferritischen Stähle, werden nicht bei Temperaturen in der Tieflage betrieben oder nur unter kontrollierten Bedingungen ohne schnelle Belastungsänderung.
c) Der *Spannungsintensitätsfaktor* muss an jeder Stelle, wo sich ein Riss befindet, unter der dort herrschenden Spannung kleiner als der kritische Spannungsintensitätsfaktor des Werkstoffes sein: $K < K_c$. Dadurch wird plötzlicher Bruch durch instabiles Risswachstum ausgeschlossen. Dies geschieht entweder dadurch, dass bei gegebener Belastung und bekanntem K_c-Wert die kritische Risslänge durch die Herstellverfahren und die Qualitätsprüfung sicher weit unterschritten wird, oder indem die Belastung so weit abgesenkt wird, dass sie für eine zu erwartende Risslänge keinesfalls kritisch werden kann. Unter Umständen muss ein Werkstoff mit einem höheren K_c-Wert eingesetzt werden.
d) Die Konstruktion muss *dauerschwingfest* sein. *Vorhandene* Risse dürfen unter zyklischer Belastung nicht bis zu einer Größe wachsen, bei der die dritte Bedingung nicht mehr erfüllt wäre. Ebenso dürfen keine kritischen Risse durch die Beanspruchung, einschließlich Korrosion, *entstehen*.

Bei Druck führenden Bauteilen, wie Rohrleitungen und Druckbehältern, muss zudem das *Leck-vor-Bruch-Kriterium* erfüllt sein, d.h. die nach der dritten Bedingung berechnete kritische Rissgröße muss *größer* als die Wanddicke sein, so dass vor einem katastrophalen Bruch eine messbare Leckage aufträte: $a_c > s$ (für Außenrisse).

Man unterscheidet bei der bruchmechanischen Analyse einen *Spannungsintensitätsansatz* und einen *Energieansatz* (historisch in umgekehrter Reihenfolge).

Beide bringen Materialkennwerte hervor, mit denen sich das Bruchverhalten angerissener Bauteile beschreiben lässt. Die Hypothesen führen auf das gleiche Ergebnis und die Kennwerte sind miteinander verknüpft. Zunächst wird der Spannungsintensitätsansatz und danach der Energieansatz vorgestellt.

4.2 Plastischer Kollaps und Grenztragfähigkeit

Die Bruchmechanik behandelt Vorgänge rissbehafteter Körper, die beim Bruch nicht vollständig im gerissenen Querschnitt plastifizieren. Die unter diesen Bedingungen gemessenen Bruch- oder Restspannungen σ_B liegen stets unterhalb der so genannten *Grenztragfähigkeit*. Darunter versteht man diejenige Bruchspannung, die sich einstellt, wenn die Mehrachsigkeit und die Spannungsüberhöhungen in der Rissumgebung *ohne Auswirkungen* bleiben und durch den Riss lediglich eine geometrische Querschnittsschwächung zu berücksichtigen ist. Dies ist nur bei äußerst duktilen Werkstoffen der Fall. Die dazu folgenden Ausführungen sind also als technisch seltener Grenzfall, dem so genannten *plastischen Kollaps*, zu verstehen.

Bei voll durchplastifizierenden Materialien öffnet sich der ursprünglich scharfe Riss zu einer weit ausgerundeten Kerbe, die bei weiterer Verformung ihre Wirkung verliert. Die zunächst ungleichmäßige Spannungsverteilung über dem Ligament gleicht sich durch das Fließen allmählich aus und bei vollständiger Plastifizierung wird eine nahezu homogene Verteilung erreicht. Die Probe oder das Bauteil bricht dann nach Durchplastifizierung infolge Erschöpfung des plastischen Verformungsvermögens – gleichermaßen wie eine rissfreie Zugprobe.

Die Grenztragfähigkeit lässt sich ohne die Gesetzmäßigkeiten der Bruchmechanik wie ein gewöhnlicher Zugversuch beschreiben. Der tragende effektive Querschnitt (Nettoquerschnitt) an einer außen gerissenen Probe gemäß **Bild 4.3 a)** beträgt $A_{eff} = B \cdot (W-a)$ [Anm.: In der Bruchmechanik werden meist auch im deutschsprachigen Schrifttum die Zeichen der angloamerikanischen Literatur übernommen, hier W für <u>w</u>*idth* und B für <u>b</u>*readth*]. Für die maximal erreichbare Last bei Bruch gilt:

$$F_{max} = R_m A_{eff} = R_m B(W-a) \tag{4.1}$$

Eine höhere Bruchlast kann unter keinen Umständen gemessen werden als diejenige, bei der die Zugfestigkeit des glatten Stabes und der Nettoquerschnitt angenommen werden. Ein anderes Ergebnis würde bedeuten, dass Kerbung oder Risse die Tragfähigkeit erhöhen, was unrealistisch wäre.

An Bauteilen wird die Bruchfestigkeit selbstverständlich stets auf die rissfreie Querschnittsfläche A_0 (Bruttoquerschnitt) bezogen, so dass sich die Grenztragfähigkeit mit Gl. (4.1) wie folgt berechnet:

$$\sigma_{B\,max} = \frac{F_{max}}{A_0} = R_m \frac{A_{eff}}{A_0} = \frac{F_{max}}{WB} = \frac{R_m B(W-a)}{WB} = R_m - \frac{R_m}{W} \cdot a \tag{4.2}$$

Der Index „max" deutet an, dass diese Bruchfestigkeit – wie schon betont – niemals überschritten werden kann. Aus Gl. (4.2) ist zu erkennen, dass die Grenztragfähigkeit nach einer Geradengleichung mit steigender Risslänge abnimmt; bei a = 0 kommt selbstverständlich die Zugfestigkeit R_m heraus und bei a = W muss die Spannung null werden, **Bild 4.3 b)**.

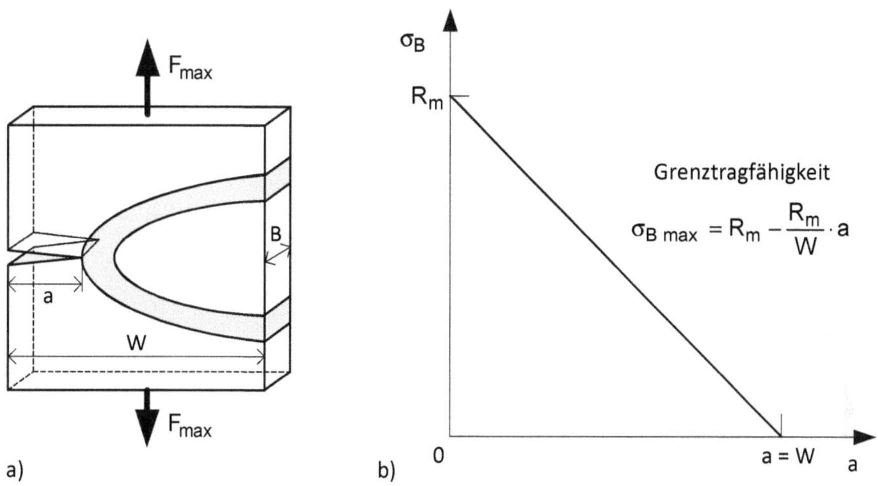

Bild 4.3 Grenztragfähigkeit angerissener zugbelasteter Körper
a) Prinzipskizze mit Andeutung der Durchplastifizierung; F_{max} ist die Last bei Bruch
b) Maximale Bruchfestigkeit in Abhängigkeit von der Risstiefe a (hier für einen Außenriss)

4.3 Linear-elastische Bruchmechanik (LEBM)

4.3.1 Spannungen an der Rissspitze

Die in Kap. 4.2 beschriebene Grenztragfähigkeit wird bei den meisten technischen Werkstoffen nicht erreicht. In diesen Fällen ist es erforderlich, die Spannungshöhe und -verteilung in der Rissumgebung zu analysieren, um einen Zusammenhang zwischen der Bruchfestigkeit und der Rissgröße, bei gegebenen geometrischen Verhältnissen, zu schaffen. Zunächst werden die Gleichungen vorgestellt, welche die Spannungen um den Riss herum beschreiben. Für das generelle Verständnis kann dieses Kapitel übersprungen und das Endergebnis, die Definition des Spannungsintensitätsfaktors (Kap. 4.3.2), als gegeben hingenommen werden.

Risse unterscheiden sich von Kerben – außer, dass sie in jedem Fall ungewollt in einem Bauteil vorliegen – dadurch, dass ihr Krümmungsradius an der Spitze gegen null geht. Der Spannungskonzentrationsfaktor K_t gemäß Gl. (3.2) würde dabei gegen unendlich streben, ebenso wie die Maximalspannung an der Rissspitze, unabhängig von der Höhe der Nennspannung. Nach Gl. (3.9) und Bild 3.6 wäre die Zugfestigkeit eines rissbehafteten spröden Werkstoffes scheinbar null, was offenbar nicht der Wirklichkeit entspricht. Risse müssen folglich in einigen Aspekten anders behandelt werden als Kerben.

Beim Spannungsintensitätsansatz der Bruchmechanik, der auf G.R. Irwin (1957) zurückgeht, werden zunächst die Spannungen beschrieben, die in der Umgebung der Rissspitze herrschen. Sie sind für die Rissausbreitung maßgeblich. Dazu stellt man sich nach **Bild 4.4** einen schlitzförmigen Innenriss vor und legt ein Koordinatensystem mit seinem Ursprung in eine Rissspitze. Einer internationalen Konvention folgend, wird die Länge eines Risses mit *einer* Spitze (also eines Außenrisses) als *a* und die mit zwei Spitzen (Innenriss) als *2a* angegeben. Die Rissöffnung soll nach Modus I erfolgen (Bild 4.2). Die y-Richtung stellt nach dieser Vereinbarung die Axialrichtung dar, in der die höchsten Spannungen zu erwarten sind.

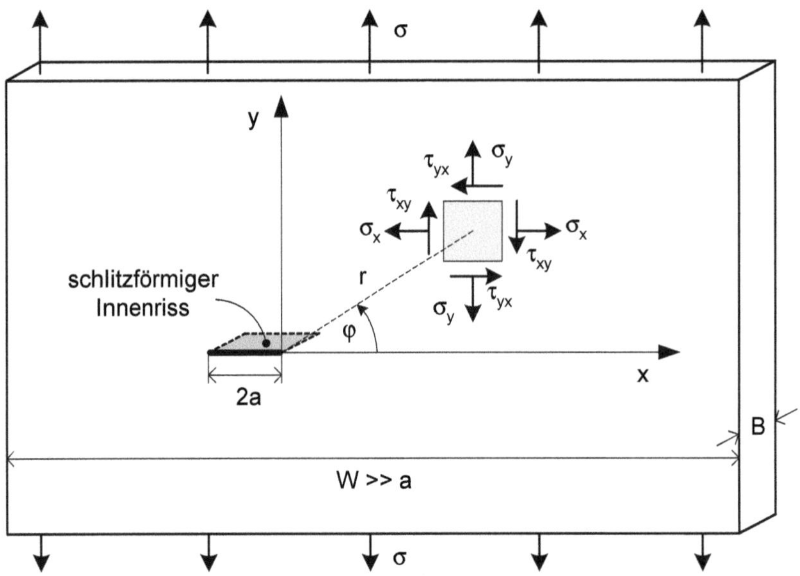

Bild 4.4 Durchgehender Innenriss bei Belastungsmodus I mit Koordinatensystem für das Spannungsfeld und Bezeichnungen an einem beliebigen Spannungselement
Es wird ein ebener Spannungszustand angenommen ($\sigma_z = 0$), wie er an jeder lastfreien Oberfläche oder näherungsweise in einer dünnen Platte herrscht (B klein).

Für elastisches, d.h. dem Hooke'schen Gesetz gehorchendes Verhalten können mit Hilfe der Kontinuumsmechanik die Normal- und Schubspannungen für ein beliebiges Spannungselement in einem Abstand r und unter einem Winkel φ zur x-Achse berechnet werden. Die Kontinuumsmechanik geht von völlig homogenen und isotropen Materialien aus; reale Gefügemerkmale können hierbei nicht berücksichtigt werden. Die Berechnungen führen auf die so genannten *Sneddon-Gleichungen* (auch als *Irwin-Williams-Gleichungen* bezeichnet), deren Herleitung hier entbehrlich ist:

$$\sigma_x = \sigma\sqrt{\frac{a}{2r}}\cos\frac{\varphi}{2}\left(1-\sin\frac{\varphi}{2}\cdot\sin\frac{3\varphi}{2}\right) \tag{4.3 a}$$

$$\sigma_y = \sigma\sqrt{\frac{a}{2r}}\cos\frac{\varphi}{2}\left(1+\sin\frac{\varphi}{2}\cdot\sin\frac{3\varphi}{2}\right) \quad (4.3\text{ b})$$

$$\tau_{xy} = -\tau_{yx} = \sigma\sqrt{\frac{a}{2r}}\sin\frac{\varphi}{2}\cdot\cos\frac{\varphi}{2}\cdot\cos\frac{3\varphi}{2} \quad (4.3\text{ c})$$

$$\sigma_z = 0 \qquad \text{im ESZ} \quad (4.3\text{ d})$$

$$\sigma_z = \nu(\sigma_x + \sigma_y) \qquad \text{im EDZ} \quad (4.3\text{ e})$$

Die Gleichungen gelten für eine scharfe Rissspitze, nicht für abgerundete Kerben. σ bedeutet in den Gleichungen stets die Spannung (*Nenn*spannung), bezogen auf den rissfreien Querschnitt W·B, und *a* die halbe Länge eines Innenrisses. Auf die Unterschiede zwischen ebenem Spannungszustand (ESZ) und ebenem Dehnungszustand (EDZ) wird in Kap. (4.3.5) näher eingegangen. Im Übrigen gelten die Beziehungen für eine sehr breite Platte im Vergleich zur Risslänge (W >> a).

Man beachte die Proportionalität der Spannungsüberhöhung in der Rissumgebung: $\sim \sigma_n\sqrt{a}$. In einem elastisch beanspruchten Körper müssen die Spannungen an jeder beliebigen Stelle, also auch die in der Rissumgebung, proportional zur angelegten Kraft und somit zur Nennspannung σ_n sein, was die Sneddon-Gleichungen widerspiegeln (σ_n wird im Folgenden kurz mit σ bezeichnet). Wird beispielsweise die Last und damit σ verdoppelt, erhöhen sich auch alle inneren Spannungswerte um den Faktor 2. Die Proportionalität zur Wurzel aus der Risslänge ist qualitativ nachvollziehbar, denn je länger der Riss ist, umso höher sind die Spannungen in der Rissumgebung. Auf die Proportionalität zu $1/\sqrt{r}$ wird weiter unten eingegangen.

Mit $\varphi = 0°$, d.h. für die Spannungselemente im Rissligament entlang der x-Achse (deshalb r = x gesetzt), vereinfachen sich die Gleichungen zu:

$$\sigma_y(0°) = \sigma_x(0°) = \sigma_1(0°) = \sigma_2(0°) = \sigma\sqrt{\frac{a}{2\,x}} \quad (4.4\text{ a})$$

$$\tau_{xy}(0°) = \tau_{yx}(0°) = 0 \quad (4.4\text{ b})$$

$$\sigma_z(0°) = \sigma_3(0°) = 0 \qquad \text{im ESZ} \quad (4.4\text{ c})$$

$$\sigma_z(0°) = \sigma_3(0°) = 2\,\nu\,\sigma\sqrt{\frac{a}{2x}} = \nu\,\sigma\sqrt{\frac{2a}{x}} \qquad \text{im EDZ} \quad (4.4\text{ d})$$

Es handelt sich bei dieser Ebene um einen Hauptschnitt, in welchem Hauptspannungselemente liegen, an denen nur die Hauptnormalspannungen σ_1, σ_2 und σ_3 auftreten; die Schubspannungen werden im Ligament zu null (Anm.: Finite-Elemente-Berechnungen weisen manchmal, auch bei Kerben, im Ligament

Schubspannungen ≠ 0 aus. Dies ist dann der Fall, wenn das Elementenetz nicht engmaschig genug gewählt wurde). Es ist allerdings zu beachten, dass im Ligament nicht die größtmögliche Normalspannung σ_1 der gesamten Rissumgebung herrscht. Anhand von Gl. (4.3 c) lässt sich ablesen, dass die Schubspannungen außer für $\sin(\varphi/2) = 0$ ($\varphi = 0°$, Ligament) auch für $\cos(3\varphi/2) = 0$ verschwinden, was für $\varphi = \pm 60°$ der Fall ist (die Lösung für $\cos(\varphi/2) = 0$ braucht nicht betrachtet zu werden, weil mit $\varphi = \pm 180°$ die Ebene im Riss läge, wo *alle* Spannungen null sind). Unter $\varphi = \pm 60°$ liegen also weitere Hauptschnitte. Für diese Schnittwinkel errechnen sich folgende Normalspannungen:

$$\sigma_y(\pm 60°) = 1{,}3\ \sigma \sqrt{\frac{a}{2\,r}} = \sigma_{1\,max} \tag{4.5 a}$$

$$\sigma_x(\pm 60°) = 0{,}43\ \sigma \sqrt{\frac{a}{2\,r}} \tag{4.5 b}$$

$$\tau_{xy}(\pm 60°) = \tau_{yx}(\pm 60°) = 0 \tag{4.5 c}$$

$$\sigma_z(\pm 60°) = \sigma_3(\pm 60°) = 0 \qquad \text{im ESZ} \tag{4.5 d}$$

$$\sigma_z(\pm 60°) = 1{,}73\ \nu\ \sigma \sqrt{\frac{a}{2r}} \approx 0{,}5\ \sigma \sqrt{\frac{a}{2\,r}} \qquad \text{im EDZ} \tag{4.5 e}$$

Dieses Ergebnis besagt, dass unter $\varphi = \pm 60°$ die Längs- oder Axialspannung σ_y ihr Maximum annimmt, die Querspannung σ_x ist dagegen gemäß Gl. (4.4 a) unter $\varphi = 0°$ maximal, ebenso σ_z im EDZ gemäß Gl. (4.4 d). Setzt man für $\nu = 0{,}3$ ein, so wird im EDZ unter $\varphi = \pm 60°$ die Spannung σ_z größer als σ_x, so dass man konsequenterweise die Hauptnormalspannungen in der Reihenfolge $\sigma_z(\pm 60°) = \sigma_2(\pm 60°)$ und $\sigma_x(\pm 60°) = \sigma_3(\pm 60°)$ sortieren müsste.

Im Folgenden werden die Spannungen im Ligament, Gln. (4.4), näher diskutiert. Bei großer Entfernung von der Rissspitze ($x \to \infty$) wird $\sigma_x = 0$, d.h. der Einfluss des Risses verschwindet erwartungsgemäß. Nach Gl. (4.4 a) klingt σ_y ebenso mit $1/\sqrt{x}$ ab. Für $x \to \infty$ wäre allerdings auch $\sigma_y = 0$, was nicht korrekt sein kann, weil eine äußere Kraft in Axialrichtung anliegt. Der Grund liegt darin, dass σ_y durch Gl. (4.4 a) nur in der näheren Rissumgebung treffend beschrieben wird. Weiter entfernt addieren sich zusätzliche Terme, die sicherstellen, dass sich für $x \to \infty$ die Axialspannung $\sigma_y(0°)$ der Nennspannung σ_n nähert.

Direkt im Rissgrund für $x = 0$ würde nach Gl. (4.4 a) σ_y unendlich werden. Führt man sich die Spitze mit einem Radius von null vor Augen, so würde sich dort eine theoretisch unendlich hohe Spannungskonzentration K_t gemäß Gl. (3.2) aufbauen; $\sigma_{a\,max}^{(e)}$ wäre nach der elastischen Kontinuumsmechanik folglich unendlich. Praktisch wird allerdings lokales Fließen einsetzen, so dass die Spannungsspitze begrenzt ist. Die Sneddon-Gleichungen gelten also nur im Bereich außerhalb der plastischen Zone sowie für nicht zu große Abstände von der Rissspitze.

Aufgrund der starken Spannungsüberhöhung an der Rissspitze besteht die Gefahr des Risswachstums bei zyklischer Belastung oder des spontanen Versagens bei Überschreiten einer bestimmten äußeren Last. In der Praxis bohrt man Risse – sofern zugänglich – manchmal „ab", setzt also unmittelbar an die Rissspitze eine Bohrung und entschärft damit die Spannungskonzentration erheblich (Beispiel: angerissene Windschutzscheibe).

Die Proportionalität der lokalen Spannungen in der Rissumgebung zur Nennspannung und zur Wurzel aus der Risslänge gilt grundsätzlich auch für andere Geometrien, d.h. andere Risslagen und andere Verhältnisse a/W. Es ist zusätzlich eine risslagenabhängige Korrekturfunktion f(a/W) einzufügen. Dies führte G.R. Irwin dazu, einen *Spannungsintensitätsfaktor* K zu definieren, der die genannten Größen beinhaltet.

4.3.2 Spannungsintensitätsfaktor

Für alle Spannungskomponenten in der Rissumgebung, die Normal- und Schubspannungen in allen Richtungen, taucht eine Proportionalität zu $\sigma\sqrt{a}$ auf, wie in Kap. 4.3.1 gezeigt. σ bedeutet die Spannung senkrecht zum Riss, bezogen auf den riss*freien* Querschnitt, und *a* die Länge eines Außenrisses oder die halbe Länge eines Innenrisses (es sei an dieser Stelle wiederholt, dass einer internationalen Konvention folgend die Länge eines Risses mit *einer* Spitze, also eines Außenrisses, als *a* und die mit zwei Spitzen – Innenriss – als *2a* angegeben wird). Es leuchtet ein, dass die Spannungsüberhöhung an der Rissspitze umso höher ist, je höher die äußere Spannung ist. Außerdem wachsen die Spannungsüberhöhungen mit der Wurzel der Risslänge an. Der *Spannungsintensitätsfakor* K, der ein Maß für die Höhe der lokalen Spannungen im Spannungsfeld um den Riss herum ist, wird daher wie folgt definiert:

$$K \sim \sigma\sqrt{a} \tag{4.6}$$

K hat die unanschauliche Maßeinheit $\text{MPa}\sqrt{\text{m}} = \text{MN m}^{-3/2}$ (man beachte: Spannungs*konzentrations*faktoren an Kerben sind dimensionslos, siehe Gl. 3.2).

Der Proportionalitätsfaktor für Gl. (4.6), der hier als β, häufig auch als f oder Y bezeichnet wird, beschreibt die genaue Risslage und -form und berücksichtigt außerdem das Verhältnis der Risslänge a zur Breite W (*width*) der Probe oder des Bauteils. Er wird deshalb auch *Geometriefaktor* genannt. Darin kommt in allen Fällen der Wert $\sqrt{\pi}$ vor, der – ebenfalls etwas irreführend, aber mathematisch zweckmäßig – üblicherweise aus dem Geometriefaktor herausgezogen und mit $\sqrt{a}$ vereint wird. Mit diesen Erläuterungen gelangt man schließlich zur Definitionsgleichung des Spannungsintensitätsfaktors K:

$$\boxed{K_I = \beta\,\sigma\,\sqrt{\pi\,a}} \tag{4.7}$$

Der Index I bezieht sich auf den Belastungsmodus Zug, d.h. der Riss öffnet sich unter einer Zug-Normalspannung (Bild 4.2). Auf die Rissuferverschiebung unter Längs- und Querscherung, Modus II und III genannt, wird hier nicht eingegangen, (siehe dazu unter „Weiterführende Literatur" und z.B. [4.2]).

Tabelle 4.1 und **Tabelle 4.2** geben für vier häufig anzutreffende Geometrien die Berechnungsgleichungen für β wieder. Die β-Werte für weitere Fälle finden sich in verschiedenen Handbüchern (z.B. in [4.2], [4.3], [4.4]). Für die Fehlerbewertung in Bauteilen muss der Geometriefaktor β möglichst treffend beschrieben werden.

Bei einer genügend breiten Platte oder Probe beträgt der Geometriefaktor im Fall eines Mittenrisses $\beta \approx 1$. Bei Außenrissen ist der Faktor etwas höher als 1 (siehe Tabelle 4.1). Für kleine Risse in großer Scheibe wird der Spannungsintensitätsfaktor durch die häufig anzutreffende Formel

$$K_I \approx \sigma \sqrt{\pi\, a} \qquad (\text{für } a << W) \tag{4.8}$$

näherungsweise berechnet.

4.3.3 Kritischer Spannungsintensitätsfaktor, Bruchzähigkeit

Zunächst ist festzustellen, dass der Wert K für eine bestimmte äußere Spannung und Risslänge sowie bei gegebener Risslage und Proben- oder Bauteilgeometrie nach Gl. (4.7) *berechnet* werden kann. Um zu beurteilen, ab welcher *Risslänge* ein Riss in einem Bauteil instabil wachstumsfähig ist und zum Gewaltbruch führt oder bei welcher *Spannung* ein vorhandener Riss dieses Versagen auslöst, muss der *kritische* K-Wert bekannt sein. Dieser muss *gemessen* werden. Dazu bringt man in eine Probe einen künstlichen Riss definierter Länge ein. Die Spannung, bei der die Probe bricht, sowie die Startrisslänge werden in Gl. (4.7) eingesetzt und der K-Wert bestimmt. Die Spannung bei Bruch bezeichnet man als *Bruchfestigkeit* oder auch – etwas anschaulicher – als *Restfestigkeit* σ_B (Maximalkraft bezogen auf den *rissfreien* Querschnitt; das Präfix „Rest" deutet an, dass es sich um die verbleibende Festigkeit in Gegenwart eines Risses handelt). Bei diesem Spannungsintensitätsfaktor K liegt offensichtlich eine kritische Kombination aus Spannung und Ausgangsrisslänge vor, und man bezeichnet diesen Wert als *kritischen Spannungsintensitätsfaktor* oder *Bruchzähigkeit* K_c (*fracture toughness*):

$$\boxed{K_c = \beta\, \sigma_B \sqrt{\pi\, a}} \tag{4.9}$$

Die Bruchzähigkeit kennzeichnet somit die höchste Spannungsintensität, die von einer rissbehafteten Probe aus dem verwendeten Werkstoff ertragen werden kann. In den in Kap. 4.3.2 genannten Sonderfällen mit $\beta \approx 1$ wird $K_c \approx \sigma_B \sqrt{\pi\, a}$.

Erschwert wird die Handhabung des K_c-Wertes dadurch, dass er *wanddickenabhängig* ist, wie **Bild 4.5** anhand des Verlaufes $K_c = f(B)$ sowie von Skizzen gebrochener Proben zeigt. Je höher die Wanddicke ist, umso niedriger ist der K_c-

Wert, bis er in den K_{Ic}-*Wert* einmündet. Dieser stellt den geringst möglichen K_c-Wert im Belastungsmodus I dar. Erläuterungen zur in Bild 4.5 angegebenen Größenbedingung für B im Bereich des EDZ folgen später.

Tabelle 4.1 Gängige Beispiele für die Berechnung des Geometriefaktors β

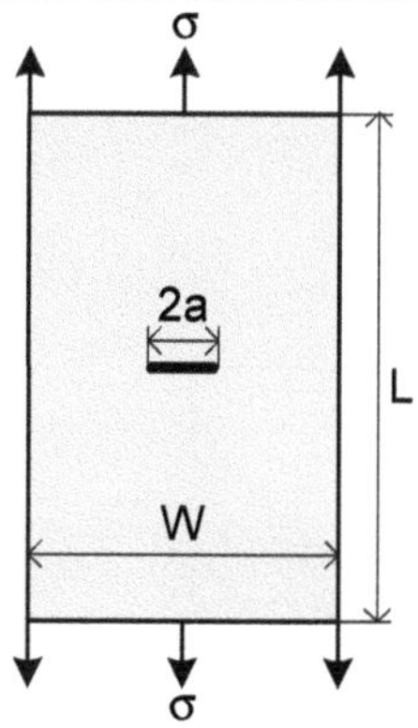

Fall A:
Durchgehender Mittenriss

$$\beta = \left(\cos\frac{\pi a}{W}\right)^{-0,5}$$

Für $a \ll W$ wird $\beta \approx 1$.

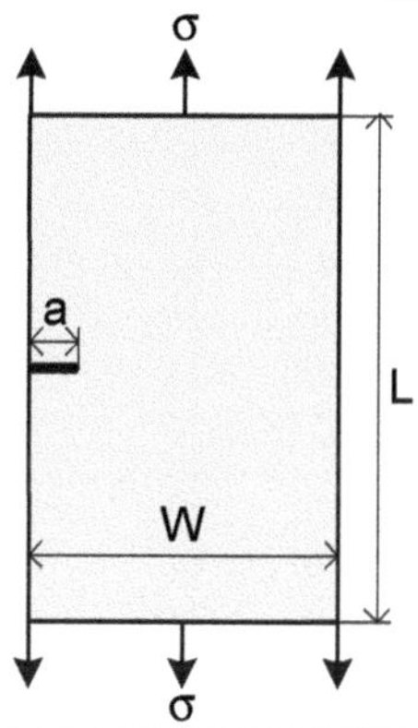

Fall B:
Einseitiger Oberflächenriss

$$\beta = 1{,}12 - 0{,}23\frac{a}{W} + 10{,}56\left(\frac{a}{W}\right)^2 - 21{,}74\left(\frac{a}{W}\right)^3 + 30{,}42\left(\frac{a}{W}\right)^4$$

Für $a \ll W$ wird $\beta \approx 1{,}12$.

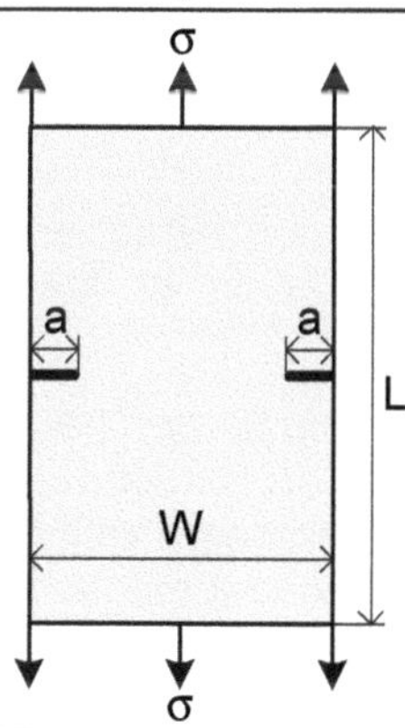

Fall C:
Beidseitiger Oberflächenriss

$$\beta = 1{,}12 + 0{,}43\frac{a}{W} - 4{,}79\left(\frac{a}{W}\right)^2 + 15{,}46\left(\frac{a}{W}\right)^3$$

Für $a \ll W$ wird $\beta \approx 1{,}12$.

Tabelle 4.2 Geometriefaktor β für halbelliptischen Oberflächenriss

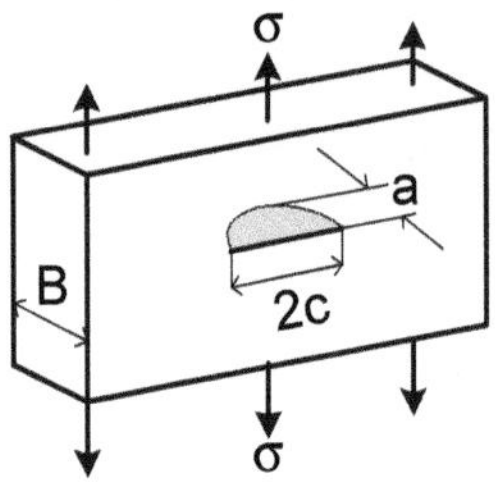

Halbelliptischer Oberflächenriss

$\beta = \sqrt{1{,}21/Q}$

mit Rissformparameter Q = f(σ/R_e und a/2c). Der Wert Q wird aus folgendem Diagramm abgelesen. Das Q-Diagramm gilt näherungsweise auch für einen elliptischen Innenriss mit den Achsen 2a und 2c.

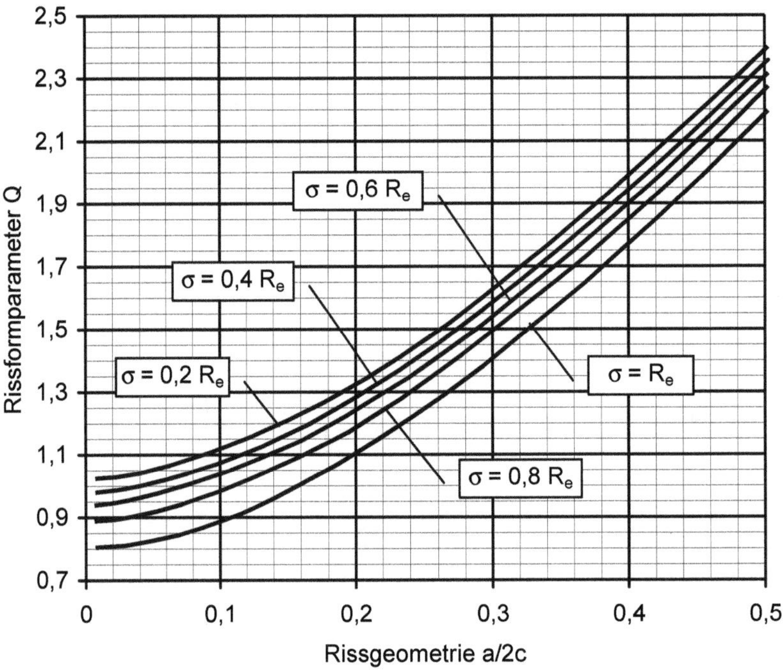

Entscheidend für die Form des Bruches und für den K_c-Wert ist der herrschende Spannungs- und Verzerrungszustand, welcher wanddickenabhängig ist. Diese Zusammenhänge werden in Kap. 4.3.5 näher erläutert.

Zum Vergleich der Bruchzähigkeit verschiedener Werkstoffe sowie für den häufig vorkommenden Fall des ebenen Dehnungszustandes bei höheren Bauteilwanddicken und/oder weniger verformungsfähigen Werkstoffen konzentrieren sich die Messungen auf den K_{Ic}-Wert. Dieser stellt, wie erwähnt, den geringst möglichen K_c-Wert im I-Modus (Zug) bei genügend großen Wanddicken dar. Man nennt den K_{Ic}-Wert die *Bruchzähigkeit für den ebenen Dehnungszustand* (DIN EN ISO 12737, engl.: *plane-strain fracture toughness*). Oft findet man die Kurzbezeichnung Bruchzähigkeit, was missverständlich sein kann, wenn der Spannungs- und

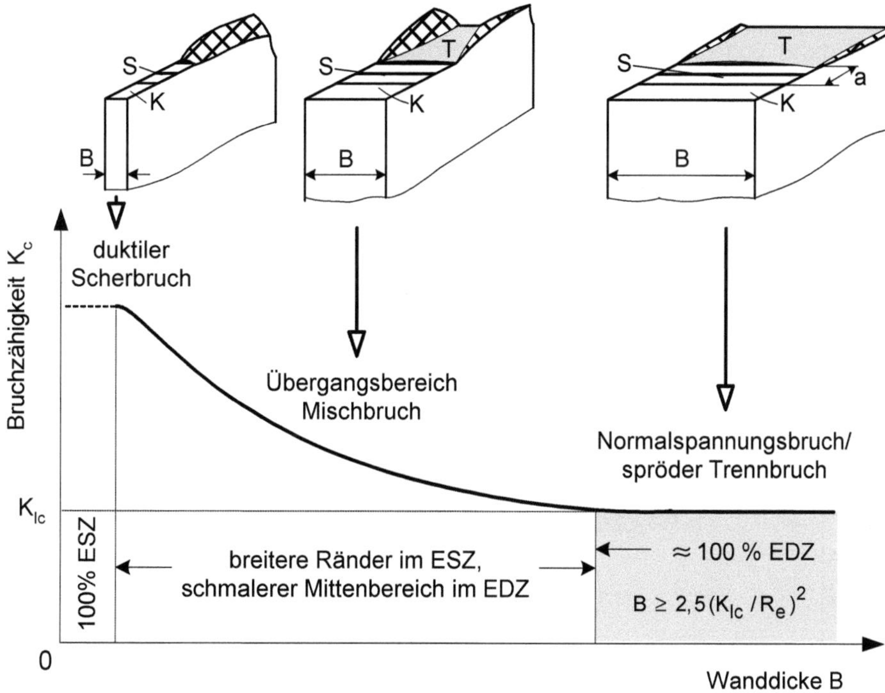

Bild 4.5 Abhängigkeit der Bruchzähigkeit und der Bruchart von der Wanddicke angerissener Proben und Bauteile (im Belastungsmodus I)
Die Bruchhälften von Probekörpern, wie sie zur Bestimmung von K_c verwendet werden, sind schematisch dargestellt (K: Startkerbe; S: Schwingungsanriss der Tiefe a; T: Trennbruchfläche; EDZ: ebener Dehnungszustand; ESZ: ebener Spannungszustand)

Dehnungszustand nicht eindeutig klar sind (siehe Bild 4.5). Spricht man dagegen von der Bruchzähigkeit K_{Ic}, so ist mit dem zusätzlichen Symbol deutlich, dass unter den Bedingungen eines EDZ gemessen wurde.

Die Bruchzähigkeit K_{Ic} kennzeichnet einen spröden Normalspannungs- oder Trennbruch unter Bedingungen eines ebenen Dehnungszustandes (EDZ), wie er bei höherfesten, weniger duktilen Werkstoffen und/oder größeren Wanddicken auftritt.

Ab welcher Wanddicke ein EDZ vorliegt, hängt folglich vom Werkstoff ab. Je duktiler ein Material ist, umso größere Wanddicken sind erforderlich, um einen EDZ einzustellen und somit die Bruchzähigkeit K_{Ic} bestimmen zu können. Es bildet sich ein spröder Normalspannungs- oder Trennbruch aufgrund der *Spannungszustandsversprödung* (siehe Kap. 3.2).

Basierend auf dem ASTM-Standard E 399 (*Standard Test Method for Linear-Elastic Plane-Strain Fracture Toughness K_{Ic} of Metallic Materials*) wurden zahlreiche internationale und nationale Prüfrichtlinien erarbeitet. Man testet in der Regel Außenrisse, weil diese künstlich viel einfacher zu erzeugen sind. Da das Rissende scharf sein muss, um einen echten Riss und nicht eine abgerundete

Kerbe zu simulieren, bringt man zunächst maschinell einen Schlitz ein und erzeugt dann von dieser vorgeschwächten Stelle aus einen Schwingungsanriss, den man so weit wachsen lässt, bis der geforderte Wert für die Risstiefe *a* erreicht ist. Die Rissfront muss möglichst gerade und senkrecht zur Seitenfläche verlaufen. Meist werden Kompaktzugproben (*compact tension*, CT-Proben) verwendet, von denen **Bild 4.6** einen Typ mit dem so genannten Chevronkerb zeigt. Man wählt jedoch überwiegend gerade geschlitzte CT-Proben, weil die Fertigung des Chevronkerbs aufwändiger ist. Durch genaue Steuerung der Schwingungsrissausbreitung wird eine nahezu gerade Rissfront erreicht.

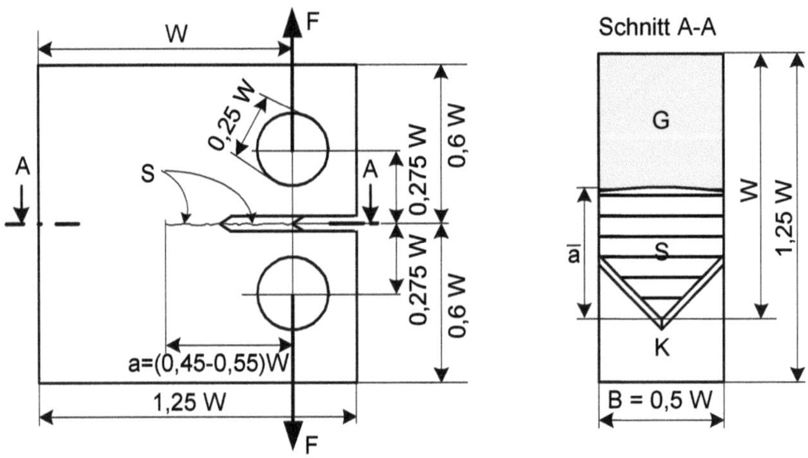

Bild 4.6 Kompaktzugprobe (*compact tension*, CT-Probe) nach ASTM E399
K Startkerbe (Schlitz)
S Schwingungsrissfläche
G Gewaltbruchfläche im Bruchmechanikversuch
$\bar{a}$ Mittelwert der Risstiefe
Das Maß B = 0,5 W entspricht der Standardprobe. Der maschinell eingebrachte Schlitz weist in der gezeigten Probe eine so genannte Chevronform auf; weitere Einzelheiten zur Geometrie dieses Kerbs siehe ASTM E 399.

Zur exakten Bestimmung des K_I-Wertes gemäß Gl. (4.7) muss der Geometriefaktor $\beta = f(a/W)$ berechnet werden. Die Nennspannung beträgt für die CT-Probe $\sigma = F/(W \cdot B)$, so als ob die Kraft F gleichmäßig über einen rissfreien Querschnitt $W \cdot B$ wirken würde. Die β-Funktion wird an diese Festlegung entsprechend angepasst. Damit ergibt sich für K_I eine Gleichung folgender Form, die für den Bereich $0{,}45 < a/W < 0{,}55$ bei CT-Proben (unabhängig von der Geometrie der Startkerbe) gültig ist (siehe ASTM-Standard E 399):

$$K_I = \beta \sigma \sqrt{\pi a} = \beta \frac{F}{W \cdot B} \sqrt{\pi a} \tag{4.10}$$

Werden für β die entsprechenden Formelausdrücke eingesetzt, so ergeben sich folgende Beziehungen:

$$K_I = \underbrace{\left[16{,}7 - 104{,}6\frac{a}{W} + 370\left(\frac{a}{W}\right)^2 - 574\left(\frac{a}{W}\right)^3 + 361\left(\frac{a}{W}\right)^4\right]}_{=\beta} \underbrace{\frac{F}{W \cdot B}\sqrt{\pi a}}_{=\sqrt{\frac{\pi\, a}{W}}\cdot\frac{F}{B\sqrt{W}}}$$

$$= \underbrace{\left[29{,}6\left(\frac{a}{W}\right)^{0,5} - 185{,}5\left(\frac{a}{W}\right)^{1,5} + 655{,}7\left(\frac{a}{W}\right)^{2,5} - 1017\left(\frac{a}{W}\right)^{3,5} + 639\left(\frac{a}{W}\right)^{4,5}\right]}_{=\beta\sqrt{\pi a/W}} \frac{F}{B\sqrt{W}}$$

Die in der letzten Zeile gewählte Umformung, aus der nicht auf Anhieb die Identität mit Gl. (4.7) zu erkennen ist, findet man in ASTM E 399 sowie oft in der Literatur. Bei einer Risstiefe von exakt $a = 0{,}5\,W$ beträgt der Geometriewert beispielsweise $\beta = 7{,}71$ und $\beta\sqrt{\pi a / W} = 9{,}66$. In Gl. (4.10) ist für eine beliebige Last F allgemein K_I angegeben; bei Bruch ist $= {}_B$ und der K_I-Wert entspricht der Bruchzähigkeit K_c (siehe Gl. 4.9).

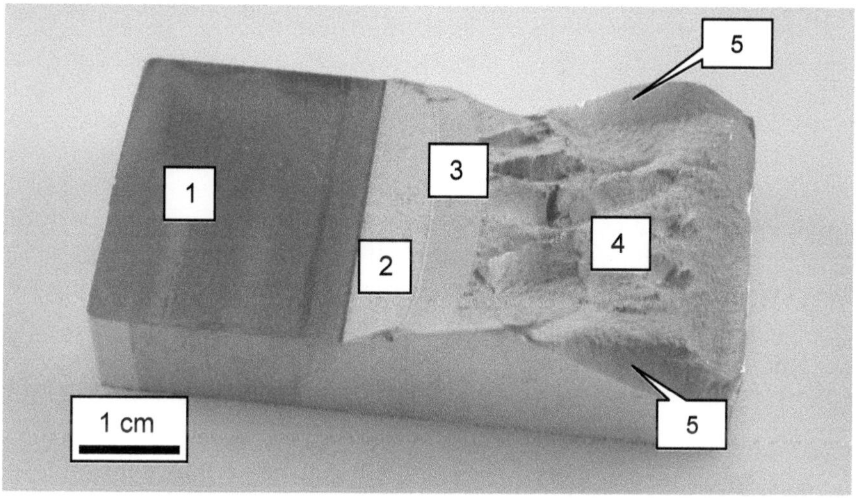

Bild 4.7 Bruchmechanikprobe aus AlMgCuPb geprüft im Belastungsmodus I

1 Drahterodierter Schlitz als Startkerbe
2 Schwingungsanriss mit höherer Amplitude (gröbere Schwingungsstreifen)
3 Schwingungsanriss mit niedrigerer Amplitude (feinere Schwingungsstreifen); von 2 nach 3 erkennt man deutlich eine Rastlinie wegen der Belastungsänderung
4 Spröde Trennbruchfläche im EDZ
5 Seitliche Scherlippen unter ca. ±45° im ESZ

Bild 4.7 zeigt eine relativ dicke Bruchmechanikprobe aus der mittelmäßig duktilen Al-Automatenlegierung AlMgCuPb. Man erkennt gut die seitlichen Scherlippen unter ca. ±45° (hier in der Tat nach oben und nach unten zeigend) sowie den spröden Trennbruchbereich, welcher wegen der Inhomogenitäten des Materials nicht ideal senkrecht zur angelegten Normalspannung verläuft.

Es gibt wegen der Wanddickenabhängigkeit von K_c *keine universellen Abmessungen* für eine CT-Probe oder irgendeine andere Bruchmechanik-Probenform. Ob der ermittelte K_c-Wert tatsächlich der niedrigste aller K_c-Werte, d.h. der K_{Ic}-Wert, ist, muss überprüft werden. Da bei der Versuchsauswertung zunächst nicht sicher ist, ob der echte K_{Ic}-Wert ermittelt wurde, bezeichnet man üblicherweise die Bruchzähigkeit *vorläufig* als K_Q.

Zunächst einmal begutachtet man die Bruchfläche. Ist der Anteil der duktil gerissenen seitlichen Scherflächen gering und überwiegt die spröde Trennbruchfläche deutlich, wie es in Bild 4.7 der Fall ist, so wird man dem K_{Ic}-Wert nahe gekommen sein oder hat ihn bereits erreicht. Zur objektiveren quantitativen Abschätzung hat man so genannte Größenbedingungen formuliert, die sicherstellen, dass zu nahezu 100 % ein EDZ vorgelegen hat. Diese Bedingungen hat man – ziemlich willkürlich, aber brauchbar – wie folgt definiert (zum Zusammenhang mit der plastischen Zone siehe Kap. 4.3.6):

$$\left.\begin{array}{ll}\text{Breite des Bruches} & (W-a) \\ \text{(Wand-)Dicke} & B \\ \text{Risslänge/-tiefe} & a\end{array}\right\} \geq L_C = 2{,}5\left(\frac{K_{Ic}}{R_e \text{ oder } R_{p\,0,2}}\right)^2 \qquad (4.11)$$

L_c stellt ein kritisches Längenmaß dar, mit welchem die links stehenden Größen verglichen werden. Man setzt zunächst den vorläufigen Wert K_Q auf der rechten Seite ein. Sind mit diesem Wert die drei Größenbedingungen erfüllt, so ist $K_Q \equiv K_{Ic}$; andernfalls müsste der Versuch mit höheren (W; B; a)-Werten wiederholt werden, bis der kleinstmögliche K_c-Wert erreicht ist.

Man erkennt an Gl. (4.11), dass die Voraussetzungen für die Anwendung der LEBM und des K_{Ic}-Wertes bei Werkstoffen mit höherer Streckgrenze am ehesten gegeben sein werden, weil L_c umso geringer ist, je höher die Streckgrenze ist.

Es kann auch vorkommen, dass die Probenabmessungen nach Gl. (4.11) unrealistisch groß werden, wie dies bei hochreinen, duktilen Metallen der Fall wäre. Man stelle sich eine CT-Probe beispielsweise aus reinem Al oder Cu vor, welche extrem dick sein müsste, um einen spröden Bruch durch Spannungszustandsversprödung in einem EDZ hervorzurufen (siehe Kap. 3.2). Solche Wanddicken kommen in der Technik nicht vor, abgesehen davon, dass derart weiche Materialien nicht als Konstruktionswerkstoffe verwendet werden, für die eine bruchmechanische Fehlerbewertung infrage käme. Es hat keinen technischen Sinn, mit dem K_{Ic}-Wert zu rechnen, wenn in Wirklichkeit viel geringere Wanddicken am Bauteil vorliegen, als sie für die K_{Ic}-Messung erforderlich sind.

Sollte sich herausstellen, dass das Bauteil eine geringere Wanddicke aufweist als nach der Größenbedingung gefordert, so läge kein durchgehend ebener Dehnungszustand vor und man müsste den gültigen K_c-Wert ansetzen. Da dieser stets größer als K_{Ic} ist, würde sich eine höhere kritische Risslänge ergeben. Bei der Bewertung eines rissbehafteten Bauteils für den Betrieb liegt man mit dem K_{Ic}-Wert also auf der sicheren Seite. Will man dagegen einen eingetretenen Schaden nachträglich deuten, könnte die Ermittlung der tatsächlichen kritischen Risslänge mit dem betreffenden K_c-Wert erforderlich sein.

Die Lage des Risses muss im Bauteil nicht unbedingt identisch mit der in der Probe sein, vorausgesetzt, man kann den β-Wert für die betreffende Rissgeometrie genau genug angeben. Für Seiten- und Kantenrisse liefert der Vergleich mit dem an CT-Proben gewonnenen K_{Ic}-Wert in jedem Fall brauchbare Ergebnisse. Bei Mittenrissen kann die Methode sehr konservativ sein, d.h. die tatsächlich ertragbare Spannung bei einem vorhandenen Mittenriss wäre deutlich größer.

Werkstoffe mit einer hohen Streckgrenze besitzen in der Regel auch ein geringes Verformungsvermögen. Dies hat zur Folge, dass an der Rissspitze wenig Energie für Plastifizierung absorbiert wird und somit die Bruchzähigkeit allgemein mit steigender Streckgrenze abnimmt. Diese Regel gilt jedoch nicht im Vergleich unterschiedlicher Legierungsgruppen, z.B. von Stählen mit Al-Legierungen, sondern nur innerhalb einer Klasse, wie z.B. der Vergütungsstähle (siehe auch das Beispiel in Kap. 4.3.4, Bild 4.10).

Der K_{Ic}-Wert wird häufig benutzt, um die Zähigkeit verschiedener Werkstoffe miteinander zu vergleichen, auch wenn bei weicheren Werkstoffen unrealistisch dicke Proben für die K_{Ic}-Bestimmung zu verwenden sind. Typische Bruchzähigkeiten K_{Ic} liegen für sehr spröde Werkstoffe, wie Keramik, Glas oder Beton, deutlich unter 10 MPa $m^{1/2}$ und für Gusseisen um 10 MPa $m^{1/2}$. Al-Legierungen weisen K_{Ic}-Werte von ca. 25...80 MPa $m^{1/2}$ auf, Stähle decken – je nach Zusammensetzung, Behandlung und Gefüge – einen weiten Bereich von etwa 50...200 MPa $m^{1/2}$ ab, **Bild 4.8** (siehe auch **Tabelle 4.3** am Ende von Kap. 4). Krz.-Stähle brechen allerdings spröde mit K_{Ic}-Werten um nur 10 MPa $m^{1/2}$ bei sehr tiefen Temperaturen (Kap. 1.9.4). Polymere Werkstoffe sind unterhalb ungefähr 75 % der absoluten Glastemperatur spröde, was bedeutet, dass die meisten Kunststoffe (ohne Faserverstärkung) bei Raumtemperatur einen K_{Ic}-Wert von unter ca. 5 MPa $m^{1/2}$ aufweisen.

4.3.4 Bruchmechanische Bewertung und Restfestigkeit

Stellt man durch zerstörungsfreie Prüfung einen Riss im Bauteil fest und misst dessen Länge und Lage aus, so kann der Geometriefaktor β ermittelt und bei bekannter Bauteilspannung der Spannungsintensitätsfaktor errechnet werden. Ist dieser kleiner als die Bruchzähigkeit K_c, kann keine instabile Rissausbreitung und somit kein Bruch auftreten.

Bild 4.9 zeigt schematisch ein Diagramm der Bruch- oder Restfestigkeit in Abhängigkeit von der Anfangsrisslänge a. Stellt man Gl. (4.9) nach der Restfestigkeit σ_B um, erkennt man, dass diese mit $1/\sqrt{a}$ abklingt:

$$\sigma_B = \underbrace{\frac{K_C}{\beta\sqrt{\pi}}}_{= \text{const.}} \cdot \frac{1}{\sqrt{a}} \tag{4.12}$$

Liegt ein ebener Dehnungszustand (EDZ) vor, ist der K_{Ic}-Wert in die Gleichung einzusetzen.

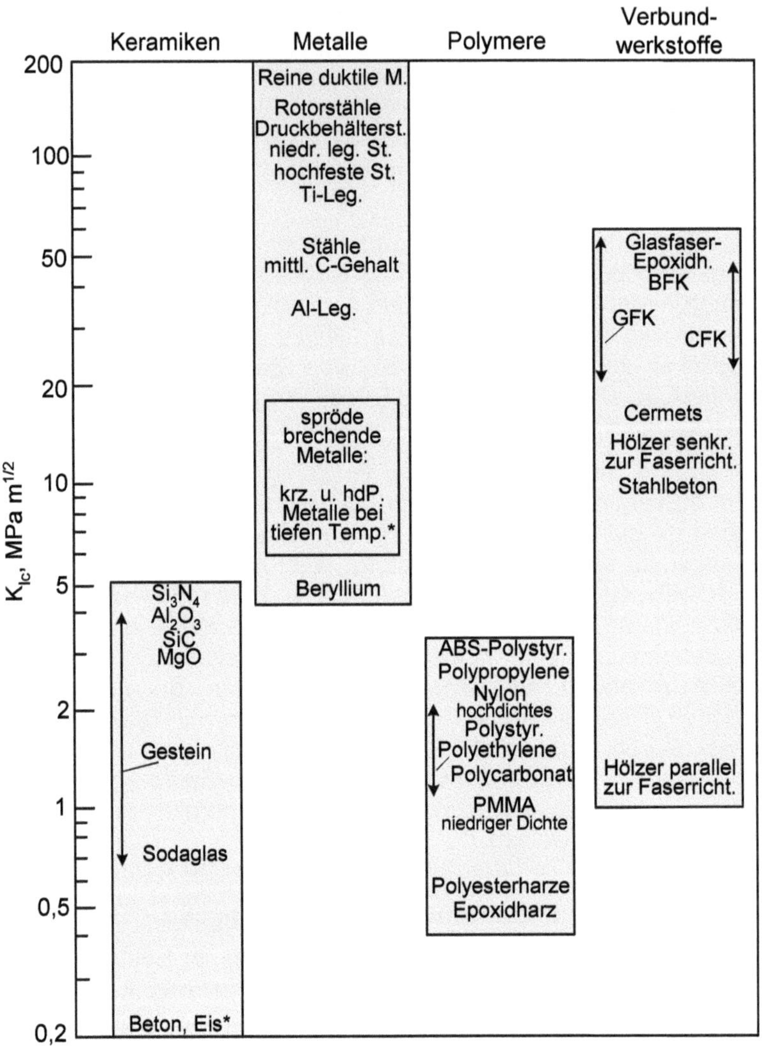

Bild 4.8 Bruchzähigkeitswerte K_{Ic} bei Raumtemperatur (bis auf *); nach [4.5] (ABS: Acrylnitril-Butadien-Styrol; PMMA: Polymethylmethacrylat/„Plexiglas"; GFK: glasfaserverstärkte Reaktionsharze; BFK: borfaserverstärkte Kunststoffe; CFK: kohlefaserverstärkte Kunststoffe; Cermets: Keramik-Metall-Verbundwerkstoffe)

Bei gegebenem K_c-Wert würde sich nach Gl. (4.12) für $a \rightarrow 0$ eine Bruchfestigkeit $\sigma_B \rightarrow \infty$ ergeben, was unrealistisch wäre. Der Maximalwert der Bruchfestigkeit ist beim Belastungsmodus I die Grenztragfähigkeit, die in der Regel nur wenig unter der Zugfestigkeit liegt (siehe Kap. 4.2/Gl. 4.2).

Da in der LEBM weniger verformungsfähige Werkstoffe betrachtet werden, ist das Streckgrenzenverhältnis R_e/R_m im Allgemeinen recht hoch. Die Restfestigkeit einer rissbehafteten Probe kann die Streckgrenze eines rissfreien Materials in solchen Fällen schon bei relativ geringen Risslängen unterschreiten.

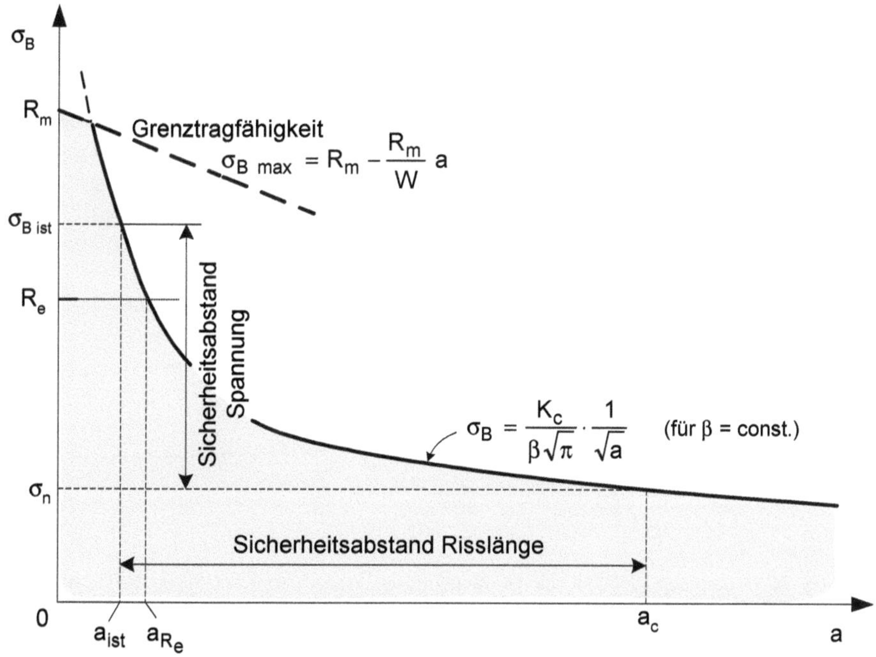

Bild 4.9 Restfestigkeit σ_B in Abhängigkeit von der Risslänge a
Im grau markierten Bereich besteht Sicherheit gegen Bruch. Für eine Nennspannung $\sigma_N = \sigma$ und eine vorhandene Risslänge a_{ist} sind die Sicherheitsabstände eingezeichnet. Die σ_B-Kurve ist vereinfacht für β = const. berechnet; in Wirklichkeit ist $\beta = f(a/W)$.

Bild 4.10 gibt Beispiele für die Restfestigkeitskurven eines Vergütungsstahles sowie einer hochfesten Al-Legierung wieder. Dabei wurde die Gültigkeit des K_{Ic}-Wertes vorausgesetzt sowie mit $\beta = 1$ gerechnet, was für einen Außenriss in einer genügend dicken Wand (a << W) zutrifft. Bei der Al-Legierung unterschreitet die Restfestigkeit die Streckgrenze bereits ab einer Risslänge von ca. 2 mm, bei dem Vergütungsstahl ab ca. 4 mm. Das Bild zeigt auch die Schwierigkeiten im Umgang mit monolithischen, nicht faserverstärkten Keramiken, die Bruchzähigkeiten von maximal etwa 5 MPa $m^{1/2}$ aufweisen. Um das Festigkeitspotenzial der Keramiken ausschöpfen zu können, müssten extrem geringe Fehlergrößen garantiert werden (die gestrichelte Kurve ginge für $a_c \rightarrow 0$ steil nach oben).

Sind die Gültigkeitskriterien der LEBM erfüllt, so lässt sich mit dem K_c-Wert eine bruchmechanische Analyse am Bauteil vornehmen. Einerseits kann die Bruch- oder Restfestigkeit $\sigma_{B\,ist}$ ermittelt werden für eine bekannte Risslänge a_{ist}:

$$\sigma_{B\,ist} = \frac{K_c}{\beta\sqrt{\pi\,a_{ist}}} \overset{!}{>>} \sigma_n \tag{4.13}$$

Man weiß dann, ob die Bruchfestigkeit einen ausreichenden Abstand von der Nennspannung σ_n aufweist, siehe in Bild 4.9 „ Sicherheitsabstand Spannung“.

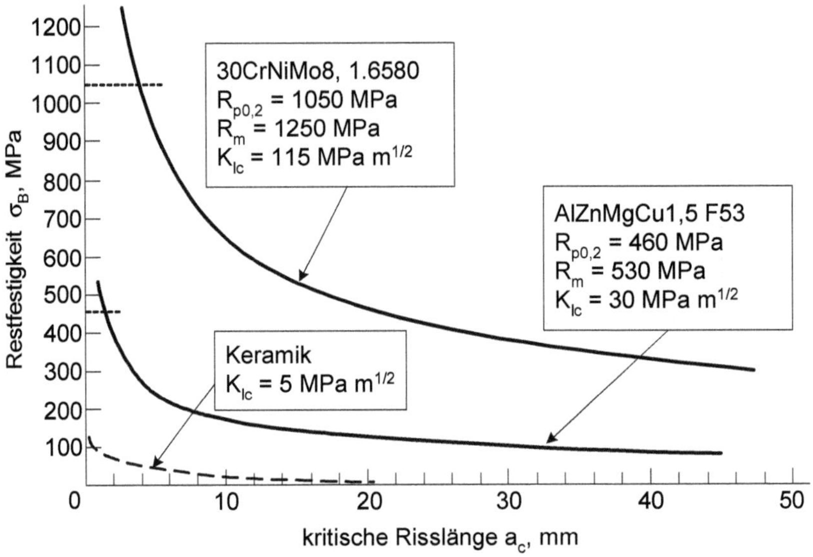

Bild 4.10 Restfestigkeitskurven für den Vergütungsstahl 30CrNiMo8 (W.-Nr. 1.6580) und die warmausgehärtete Al-Legierung AlZnMgCu1,5 F53
Zum Vergleich ist eine Kurve für Keramik mit K_{Ic} = 5 MPa $m^{1/2}$ (relativ hoher Wert für monolithische Keramik) eingezeichnet. Die Kurven wurden mit $\beta = 1$ gerechnet. Die gestrichelten horizontalen Linien schneiden die Kurven jeweils bei $R_{p\,0,2}$ ab.

Andererseits lässt sich die kritische Risslänge a_c für eine konstante anliegende Nennspannung berechnen, siehe in Bild 4.9 „Sicherheitsabstand Risslänge":

$$a_c = \frac{1}{\pi}\left(\frac{K_c}{\beta\sigma_n}\right)^2 \overset{!}{>>} a_{ist} \qquad (4.14)$$

Da grundsätzlich bei Festigkeitsberechnungen das Kriterium $\sigma_V < R_e$ gelten muss, sind Risslängen kleiner als der betreffende Wert bei R_e für Bauteile ohne weitere Bedeutung. Sofern die Risslänge a_{Re} sicher nicht überschritten wird, erübrigt sich eine bruchmechanische Auslegung. Dieses Kriterium kann für eine Werkstoffwahl bei sicherheitsrelevanten Komponenten entscheidend sein: Liegt a_{Re} deutlich oberhalb der garantiert einhaltbaren und nachweisbaren Fehlergröße, so zieht man einen solchen Werkstoff möglicherweise einem anderen vor, bei dem a_{Re} vielleicht gerade eben der Nachweisgrenze entspricht.

4.3.5 Dehnungs- und Spannungszustände in der Rissumgebung

Das Spannungsfeld und der Spannungs- und Dehnungszustand um einen Riss herum hängen von der Proben- bzw. Bauteildicke ab. Dies liegt in der unterschiedlichen Querdehnungsbehinderung begründet. Bei einer genügend dicken Probe baut sich um den Riss – Gleiches gilt analog für Kerben – im Innern ein *räumlicher Zugspannungs- und ebener Dehnungszustand* (EDZ) auf, in einer dünnen Platte dagegen ein ebener (Zug-)Spannungszustand (ESZ), siehe auch Kap. 3.1.

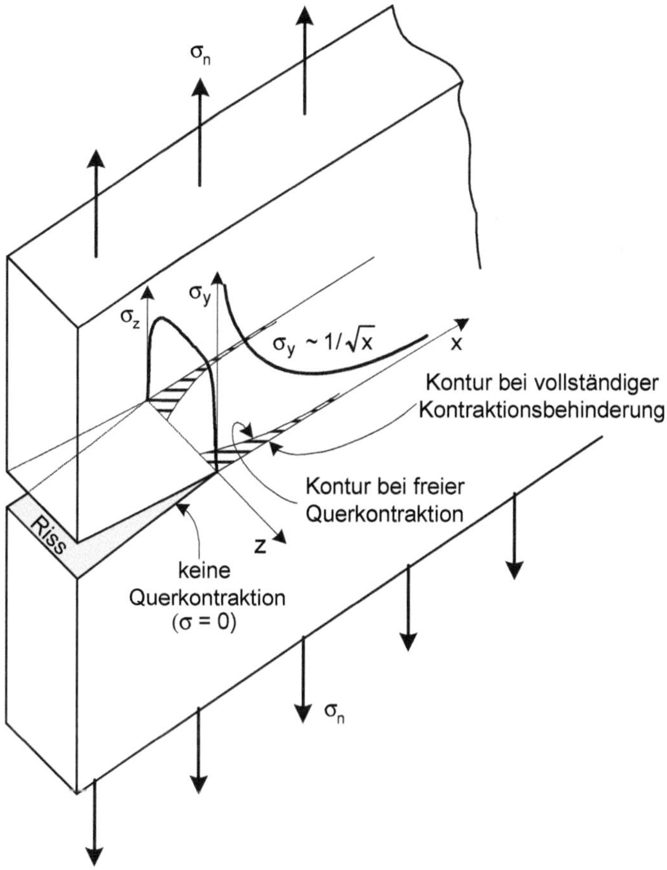

Bild 4.11 Prinzip der Kontraktionsbehinderung vor der Rissspitze an einer dicken Platte Der schraffierte Bereich zeigt – übertrieben – die Differenz zwischen der freien und der behinderten Querkontraktion in z-Richtung. Es sind nur Verformungen in x- und y-Richtung möglich, es entsteht also ein ebener Dehnungszustand (EDZ).

Bild 4.11 veranschaulicht das Bestreben zur Querkontraktion in der Umgebung eines Risses in z-Richtung. Durch den Riss und die inhomogene Verteilung der Axialspannung $\sigma_y = f(x)$ würde sich im ungehinderten Fall eine ungleichmäßige Querkontraktion einstellen, siehe schraffierte Kontur in Bild 4.11. Entlang der Rissflanken wird keine Kraft übertragen, so dass dort auch keine Kontraktion stattfindet. Direkt vor der Rissspitze will sich das Material dagegen relativ stark zusammenziehen, weil dort σ_y am größten ist. Auf dem Ligament – dem angerissenen Restquerschnitt – klingt σ_y mit $1/\sqrt{x}$ ab, entsprechend nimmt auch die Querdehnung ab. Dies bedeutet insgesamt, dass vor der Rissspitze ein Zusammenziehen in z-Richtung durch das steife umgebende Material nahezu vollständig verhindert wird: $\varepsilon_z \approx 0$.

Die Zwängung der Kontraktion bedeutet eine Spannung σ_z in z-Richtung, deren schematischer Verlauf direkt vor der Rissspitze und über der Wanddicke in Bild 4.11 angedeutet ist (bogenförmiger Verlauf). In x-Richtung bauen sich Zugspannungen auf, weil die stark inhomogene Spannungsverteilung von σ_y ebenfalls keine freie Kontraktion für jede Axialfaser zulässt. Die *Verformungen* in x-Richtung sind allerdings nicht – auch nicht näherungsweise – null. Folglich ist der Dehnungszustand in der Risszone ein ebener (EDZ) und der Spannungszustand ein räumlicher Zugspannungszustand (siehe auch Bild 3.2 für Kerben).

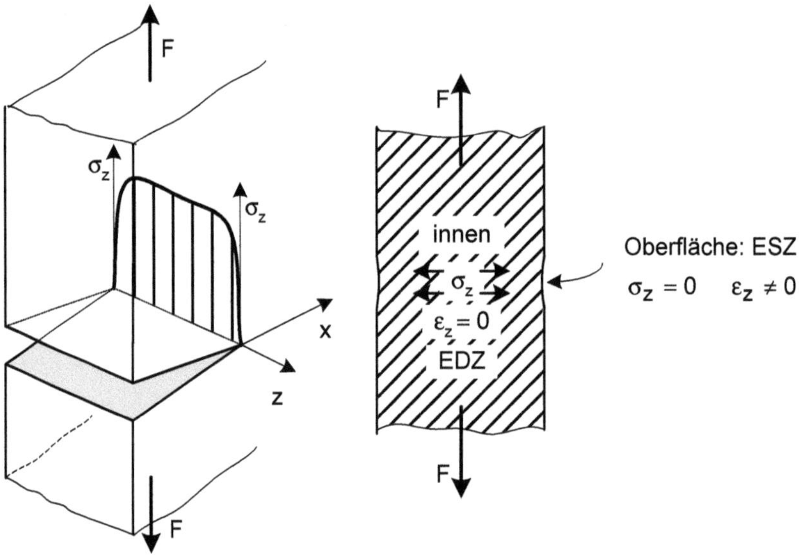

Bild 4.12 Dicke Platte zur Veranschaulichung eines EDZ vor der Rissspitze
Die rechte Skizze zeigt einen Schnitt vor der Rissspitze. Im Innern wird die Querdehnung in z-Richtung praktisch vollständig behindert; es entstehen Spannungen σ_z gemäß Gl. (4.16), deren Verlauf direkt vor der Rissspitze in der linken Zeichnung angedeutet ist. An den Seitenflächen ist $\sigma_z = 0$; deshalb bildet sich außen eine leichte Delle durch Querkontraktion aus.

Die Einzelbeiträge der *Verformung in z-Richtung* setzen sich somit aus der positiven Hooke'schen Dehnung durch σ_z sowie den beiden negativen Querdehnungen (Kontraktionen) durch σ_x und σ_y zusammen:

$$\varepsilon_z = \frac{\sigma_z}{E} - \nu \frac{\sigma_x}{E} - \nu \frac{\sigma_y}{E} \approx 0 \tag{4.15}$$

Daraus folgt:

$$\sigma_z = \nu\,(\sigma_x + \sigma_y) \approx 0{,}3\,(\sigma_x + \sigma_y) \qquad \text{mit } \nu \approx 0{,}3 \tag{4.16}$$

An den Enden der kontraktionsbehinderten Zone ist die Spannung $\sigma_z = 0$ (kraftfreie Oberfläche, siehe Verlauf in Bild 4.11). Dort wird sich also eine kleine Querdehnung einstellen können, was an einer leichten Delle vor den äußeren Rissenden sichtbar wird. An diesen Enden herrscht folglich ein ebener Spannungs- und räumlicher Verzerrungszustand. **Bild 4.12** verdeutlicht diese Zusammenhänge für eine genügend dicke Platte oder Bauteilwand.

Die Ausbildung eines EDZ entlang der Rissfront im Werkstückinnern setzt eine dicke Platte oder ein dickes Bauteil voraus, so dass die steife Umgebung die fast vollständige Kontraktionsbehinderung in z-Richtung bewirkt. Bei geringen Wandstärken, wie z.B. dünnen Blechen, baut sich zwar auch von außen ($\sigma_z = 0$) nach innen eine Spannung σ_z auf, die jedoch bei weitem nicht das Maximum wie bei dicken Teilen erreicht. Näherungsweise kann man in diesen Fällen σ_z vernachlässigen und einen durchgehend *ebenen Spannungszustand* (ESZ) unterstellen, das Material kann sich also in z-Richtung nahezu ungehindert zusammenziehen, **Bild 4.13**.

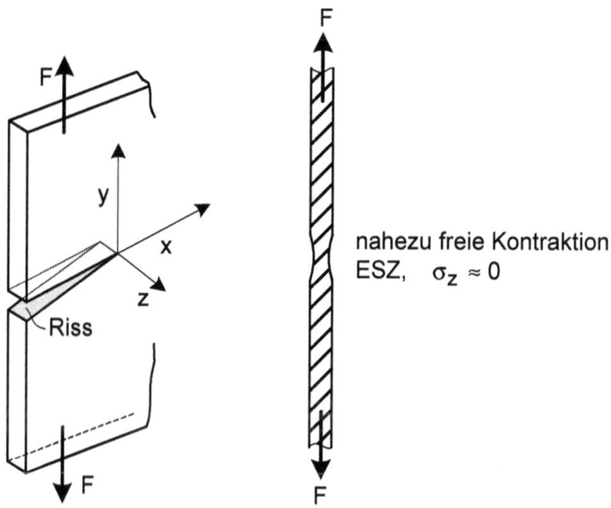

Bild 4.13 Dünne Platte oder Blech zur Veranschaulichung eines annähernd ebenen Spannungszustandes (ESZ) vor der Rissspitze
Die rechte Skizze zeigt einen Schnitt vor der Rissspitze. In z-Richtung können sich kaum Spannungen aufbauen; deshalb findet die Querkontraktion fast ungehindert statt.

Nach Bild 4.5 und gemäß der drei Größenbedingungen nach Gl. (4.11) gilt der Bruchzähigkeitswert K_{Ic} nur im annähernd 100-prozentigen ebenen Dehnungszustand EDZ. Dies lässt sich aus dem Bruchbild in der Regel zweifelsfrei ablesen, siehe Skizzen in Bild 4.5. Schmale seitliche Scherlippen rühren vom ebenen Spannungszustand (ESZ) an den Oberflächen her. Befindet sich das Material über der gesamten Wanddicke im ESZ, findet man einen Scherbruch unter etwa ± 45° vor. Dieser benötigt viel mehr Energie für die plastische Verformung, folglich ist der K_c-Wert hierfür höher.

4.3.6 Plastische Zone

Die linear-elastische Bruchmechanik setzt voraus, dass das makroskopische Bruchverhalten des betreffenden Bauteils oder der Probe spröde erfolgt. Gleichwohl bildet sich vor der Rissfront eine schmale plastische Zone, wenn die Vergleichsspannung die Streckgrenze überschreitet. Im Folgenden wird die Breite dieser Zone berechnet.

Gemäß Gl. (4.4 a) sind die beiden Spannungen σ_x und σ_y auf dem Ligament ($\varphi = 0°$) gleich groß und entsprechen in dieser Ebene den Hauptnormalspannungen $\sigma_1(\varphi = 0°) = \sigma_2(\varphi = 0°)$. $\sigma_z(\varphi = 0°) = \sigma_3$ beträgt gemäß Gl. (4.16) somit:

$$\sigma_z(\varphi = 0°) = \sigma_3 = 2\nu\, \sigma_1(\varphi = 0°) \approx 0{,}6\, \sigma_1(\varphi = 0°) \quad \text{mit } \nu = 0{,}3 \qquad (4.17)$$

Setzt man die drei Hauptnormalspannungen in Gl. (3.4) ein, so errechnet sich die Vergleichsspannung nach der GEH für den EDZ, dem ein räumlicher Spannungszustand zugrunde liegt, im Ligament ($\varphi = 0°$) zu:

$$\sigma_V^{(EDZ)} = \sqrt{\frac{(\sigma_1 - 2\nu\sigma_1)^2 + (2\nu\sigma_1 - \sigma_1)^2}{2}} = \sigma_1(1-2\nu) \approx 0{,}4\sigma_1 \qquad (4.18)$$

In diesem Fall ist das Ergebnis nach der GEH zufällig das gleiche wie nach der SH (Gl. 3.3). Bei $\sigma_V = R_e$ setzt plastische Verformung ein:

$$\sigma_1(1-2\nu) = R_e \quad \text{bei Fließbeginn an der Rissspitze im EDZ} \qquad (4.19)$$

Die Axialspannung übersteigt bei Fließbeginn die Streckgrenze nach Gl. (4.19) also etwa um den Faktor 1/0,4 = 2,5:

$$\sigma_1 \approx 2{,}5 R_e \quad \text{bei Fließbeginn an der Rissspitze im EDZ} \qquad (4.20)$$

In der Literatur findet man auch den Faktor 2,9 angegeben, wenn mit $\nu = 0{,}33$, oder 3, wenn mit $\nu = 1/3$ gerechnet wird. Man spricht vom *plastischen Zwängungsfaktor* (*plastic constraint factor*), weil durch den mehrachsigen Spannungszustand eine Behinderung der plastischen Verformung stattfindet. Auch der Begriff *Laststeigerungsfaktor*, L, ist gebräuchlich, weil die äußere Last oder Spannung gegenüber der Streckgrenze angehoben werden kann, ohne dass es zu Plastifizierung kommt. Dieser Vorgang tritt ebenso in der Umgebung von Kerben auf, wie in Kap. 3.2 erörtert. An einer Rissspitze ist der Laststeigerungsfaktor gemäß Gl. (4.19) im EDZ maximal, bei weniger scharfen Kerben liegt er zwischen 1 und 2,5 (bzw. 2,9 oder 3).

In **Bild 4.14** ist der Verlauf von $\sigma_y(\varphi = 0°) = \sigma_1(\varphi = 0°)$ in Abhängigkeit von der Entfernung von der Rissspitze dargestellt. Im Fall einer breiten Platte mit dem Geometriefaktor $\beta = 1$ und gemäß Gl. (4.4 a) gilt für $\sigma_y(\varphi = 0°) = \sigma_1(\varphi = 0°)$:

$$\sigma_y(0°) = \sigma_1(0°) = \sigma\sqrt{\frac{a}{2x}} = \frac{K_I}{\sqrt{2\pi x}} \qquad (4.21)$$

In Bild 4.14 ist außerdem die Breite der plastischen Zone schematisch angedeutet. Dabei ist vereinfachend angenommen, dass ideal elastisch-plastisches Verhalten vorliegen möge, d.h. eine Verfestigung durch plastische Verformung sei vernachlässigt. Setzt man in Gl. (4.21) für $x = x_p^{(EDZ)}$, die Breite der plastischen Zone im Fall des EDZ, ein, löst nach $x_p^{(EDZ)}$ auf und verwendet außerdem Gl. (4.19) und (4.7), so folgt mit $\nu = 0,3$:

$$x_p^{(EDZ)} = \frac{1}{2\pi}\left(\frac{K_I}{\sigma_1}\right)^2 = \underbrace{\frac{(1-2\nu)^2}{2\pi}}_{\approx\,0{,}025}\left(\frac{K_I}{R_e}\right)^2 = \frac{a\,(1-2\nu)^2}{2}\left(\frac{\beta\,\sigma}{R_e}\right)^2 \approx 0{,}08\,a\left(\frac{\beta\,\sigma}{R_e}\right)^2 \tag{4.22}$$

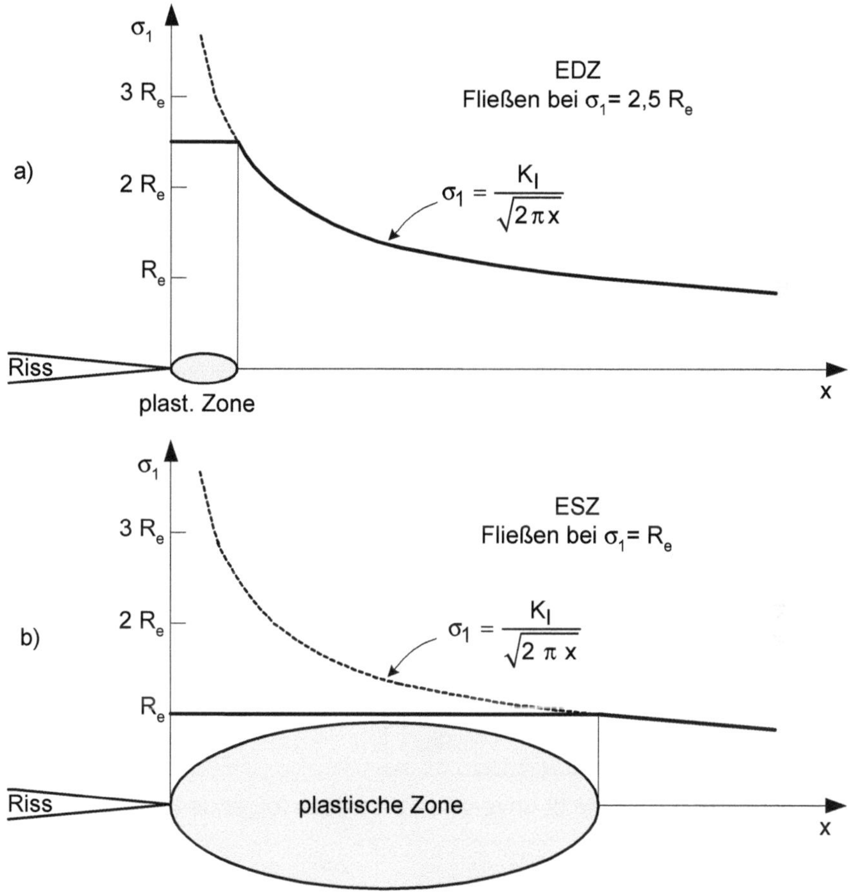

Bild 4.14 Breite der plastischen Zonen auf dem Ligament in x-Richtung berechnet nach der GEH
Die plastische Zone ist lediglich in ihrer Ausdehnung auf dem Ligament angedeutet, die übrige Geometrie entspricht nicht der realen Kontur.
a) Ebener Dehnungszustand EDZ
b) Ebener Spannungszustand ESZ

Dieser Wert wird nun verglichen mit demjenigen im ebenen Spannungszustand (ESZ), welcher an den Rissenden zur Oberfläche hin herrscht. Mit $\sigma_z = \sigma_3 = 0$ und $\sigma_1 = \sigma_2$ beträgt die Vergleichsspannung gemäß Gl. (3.4) sowie hier – zufällig – ebenfalls gemäß Gl. (3.3):

$$\sigma_V^{(ESZ)} = \sigma_1 \tag{4.23}$$

Die Breite der plastischen Zone errechnet sich für den ESZ somit zu:

$$x_p^{(ESZ)} = \frac{1}{2\pi}\left(\frac{K_I}{\sigma_1}\right)^2 = \frac{1}{2\pi}\left(\frac{K_I}{R_e}\right)^2 = \frac{a}{2}\left(\frac{\beta\sigma}{R_e}\right)^2 \approx 6{,}25\; x_p^{(EDZ)} \tag{4.24}$$

Der Faktor 6,25 ergibt sich aus dem Vergleich mit Gl. (4.22) [0,5:0,08 = 6,25]. Die Abhängigkeiten in den Gln. (4.22) und (4.24) sind unmittelbar plausibel: Die Breite der plastischen Zone nimmt mit der Risstiefe/-länge zu, weil die Axialspannung vor der Rissspitze mit a ansteigt und damit ein größerer Fließbereich entsteht. Selbstverständlich ist x_p umso größer, je höher die anliegende Spannung und je geringer die Fließgrenze ist. Wie bei den Kerben bereits erörtert, wird in einem räumlichen Zugspannungsfeld die plastische Verformung behindert, was hier durch den deutlich geringeren x_p-Wert beim EDZ gegenüber dem ESZ zum Ausdruck kommt.

In Wirklichkeit ist der Unterschied zwischen innen und der Oberfläche allerdings nicht so ausgeprägt. Die obigen Berechnungen zur plastischen Zone berücksichtigen nicht, dass sich durch das Fließen und die damit verbundene Absenkung von σ_1 auf R_e auch die übrige Spannungsverteilung gegenüber der rein elastischen Berechnung verändert. Aus Gründen des Kräftegleichgewichts müssen die Spannungen außerhalb der plastischen Zone anwachsen. Dies bedeutet gleichzeitig, dass die Streckgrenze über eine größere Breite überschritten wird als in Bild 4.14 eingezeichnet – etwa das Doppelte. Üblicherweise setzt man für x_p folgende korrigierte Werte an:

$$x_p^{(EDZ)} \approx \frac{1}{6\pi}\left(\frac{K_I}{R_e}\right)^2 \approx 0{,}05\left(\frac{K_I}{R_e}\right)^2 \tag{4.25}$$

Der x_p-Wert für den ESZ bleibt unverändert, so dass folgende Relation gilt:

$$x_p^{(ESZ)} = \frac{1}{2\pi}\left(\frac{K_I}{R_e}\right)^2 \approx 3\, x_p^{(EDZ)} \tag{4.26}$$

Berechnet man in analoger Weise die Abmessungen der plastischen Zone in Neigungswinkeln φ zur Ligamentebene, so erhält man schließlich die Kontur des plastifizierten Volumens vor der Rissfront, welches bei einer genügend hohen Wanddicke eine so genannte Hundeknochenform aufweist, **Bild 4.15**.

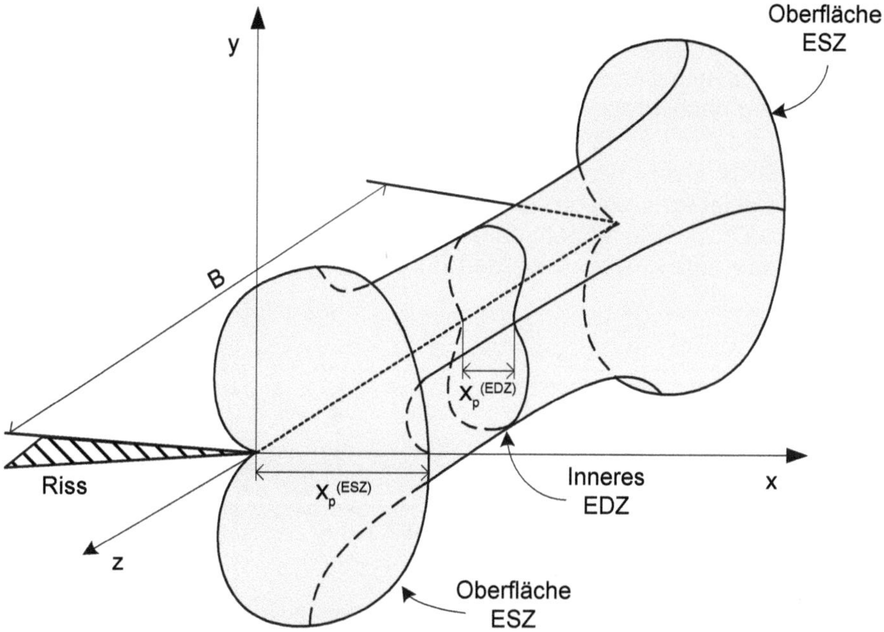

Bild 4.15 Kontur der plastischen Zone vor der Rissspitze mit der so genannten Hundeknochenform

Die plastische Zone ist im äußeren ESZ-Bereich etwa dreimal so breit wie innen im EDZ-Gebiet (Gl. 4.26). Dieser Größenfaktor trifft allerdings nur bei identischem K_I-Wert innerhalb ein und desselben Körpers zu. Falls man den Bruch eines dicken Bauteils mit überwiegendem EDZ zu vergleichen hat mit dem ESZ beispielsweise in einem dünnen Blech, so wären unterschiedliche kritische K_I-Werte anzusetzen (K_c genannt). Derjenige im ESZ ist deutlich höher als der minimale im EDZ (siehe Bild 4.5), so dass die Breite der plastischen Zone im ESZ gegenüber dem EDZ den Faktor 3 meist erheblich übersteigt.

Ein Vergleich von Gl. (4.25) für den x_p-Wert im EDZ mit der Größenbedingung nach Gl. (4.11) zeigt, dass man – einigermaßen willkürlich – den 50fachen Wert von x_p für die drei Größen (W – a), B und a angesetzt hat ($50 \cdot 0{,}05$ ergibt den Faktor 2,5 in Gl. 4.11).

4.3.7 Leck-vor-Bruch-Kriterium

Bei Druck führenden Bauteilen, wie Rohrleitungen und Druckkesseln, muss gewährleistet sein, dass es nicht zu katastrophalem Versagen ohne Vorwarnung kommt. Eine solche Vorwarnung kann – neben einer Verformungsmessung mittels DMS – in einer aufspürbaren Leckage mit Druckabbau bestehen, ohne dass Bruch eintritt, vergleichbar mit einem Reifen, aus dem die Luft langsam entweicht, ohne zu platzen. Mit den Mitteln der Bruchmechanik wird eine „Leck-vor-Bruch"-Bedingung formuliert, indem unter bestimmten Belastungsannahmen eine kritische Risstiefe berechnet wird, welche die Wanddicke des Bauteils *überstei-*

gen muss. Wenn dies der Fall ist, strömt an der gerissenen Stelle das Medium aus, andernfalls würde die gesamte Behälterwand bersten.

Anhand eines Beispiels für einen zylindrischen, dünnwandigen Druckbehälter soll die Berechnung nachvollzogen werden, **Bild 4.16**. Die größte Hauptnormalspannung σ_1 ist in diesem Fall die Umfangsspannung σ_t, die sich gemäß der „Kesselformel" $\sigma_t = p \cdot R/s$ errechnet. Ein axial verlaufender Riss, welcher durch σ_t im Zugmodus belastet wird, soll halbelliptisch an der Oberfläche vorliegen. Es möge sich um einen Druckbehälterstahl handeln, für den in etwa zutreffende mechanische Kennwerte herangezogen werden (im konkreten Fall wären exakte Daten zu benutzen!).

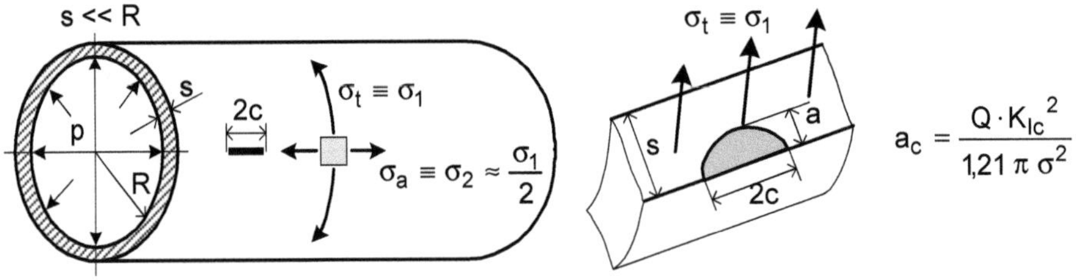

Bild 4.16 Zylindrischer Druckbehälter mit halbelliptischem Außenfehler in Axialrichtung
Auf der Mantelfläche ist der axial verlaufende Riss angedeutet sowie ein ebenes Spannungselement mit den beiden Hauptnormalspannungen σ_t und σ_a gezeichnet. Das rechte Teilbild zeigt eine Draufsicht des angerissenen Querschnitts. Der Rissformparameter Q ist dem Diagramm in Tabelle 4.2 zu entnehmen.

Gegeben: p = 200 bar = 20 MPa; R = 0,5 m; $R_{p\,0,2}$ = 600 MPa; K_{Ic} = 80 MPa $m^{1/2}$ = 2530 MPa $mm^{1/2}$; s = 45 mm; Rissachsenverhältnis a/2c = 0,4.

Lösung: Die Umfangsspannung beträgt $\sigma_t = \sigma_1$ = 222 MPa = 0,37 $R_{p\,0,2}$. Aus dem Diagramm für Q in Tabelle 4.2 liest man für a/2c = 0,4 und $\sigma/R_{p0,2} \approx 0{,}4$ ab: Q = 1,95 und erhält für den Geometriefaktor nach der in Tabelle 4.2 angegebenen Formel: $\beta = 0{,}79$. Die kritische Risstiefe wird nach Gl. (4.14) errechnet (siehe auch die Gleichung in Bild 4.16). Darin ist als Nennspannung die senkrecht zum Riss wirkende Umfangsspannung σ_t = 222 MPa einzusetzen, weil sie für die Rissöffnung maßgeblich ist. Außerdem wird zunächst angenommen, dass die Größenbedingungen für den K_{Ic}-Wert nach Gl. (4.11) erfüllt sein mögen. Damit erhält man die kritische Risstiefe zu a_c = 66,2 mm > s, das Leck-vor-Bruch-Kriterium wäre also erfüllt.

Nun müssen die Größenbedingungen kontrolliert werden, um zu sehen, ob K_{Ic} überhaupt angesetzt werden darf. Man erhält als maßgebliche Länge nach Gl. (4.11): $L_c = 2{,}5\,(K_{Ic}/R_{p\,0,2})^2$ = 44,4 mm. Das Maß B (*breadth*) entspricht hier der Wanddicke s (siehe Tabelle 4.2); das Maß (W – a) ist bei einem großen Behälter ohne Belang. Der Vergleich zeigt, dass sowohl die Bedingung s ≥ 44,4 mm als auch a_c ≥ 44,4 mm erfüllt ist, allerdings ist die Wanddicke s mit den gewählten Daten nur geringfügig größer als das kritische Längenmaß L_c.

4.4 Energiebilanz bei Rissausbreitung und Bruch

Der *Energieansatz* der Bruchmechanik wurde zunächst durch A.A. Griffith im Jahre 1920 für ideal-spröde Werkstoffe (Glas) aufgestellt. Später wurde von G.R. Irwin (1948) dieser Ansatz dahin gehend erweitert, dass ein *Energiekennwert* eingeführt wurde, welcher ausdrückt, wie viel Energie aufzubringen ist, um in einem Werkstoff einen Riss mit einer bestimmten Fläche zu erzeugen (Maßeinheit: J/m^2). Je höher dieser Wert ist, umso zäher ist ein Material, denn Zähigkeit ist definiert als Arbeits- oder Energieaufnahme bei der Rissbildung und beim Bruch. Dies entspricht der Fläche unter einer Kraft-Verlängerungs-Kurve.

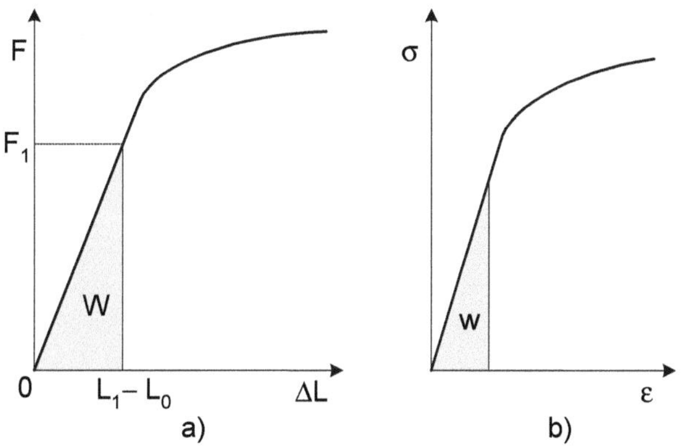

Bild 4.17
Veranschaulichung der
a) Formänderungsarbeit W
b) spezifischen Formänderungsarbeit w

Im linear-elastischen Bereich gilt die Geradengleichung:

$$F = \frac{F_1}{L_1 - L_0} \Delta L$$

Ein unter mechanischer Spannung stehender Körper, der sich rein elastisch verhält, besitzt eine Verzerrungsenergie, die von der Höhe der Spannung sowie vom E-Modul abhängt und außerdem proportional zum Volumen des Körpers ist. Die elastische Verzerrungsenergie U_e stellt einen mechanischen Anteil der gesamten inneren Energie U dar und ist gleich der geleisteten Formänderungsarbeit W; diese wiederum ist gleich der Fläche unter der Kraft-Verlängerungs-Kurve, **Bild 4.17**. Für einen Zugstab ergibt sich nach dem Hooke'schen Gesetz:

$$W = U_e = \int_0^{L_1 - L_0} F\,d(\Delta L) = \frac{F_1}{L_1 - L_0} \int_0^{L_1 - L_0} \Delta L\,d(\Delta L) = \frac{F_1}{L_1 - L_0} \cdot \left. \frac{\Delta L^2}{2} \right|_0^{L_1 - L_0}$$
$$= \frac{F_1 (L_1 - L_0)}{2} = \frac{F_1 L_0 \varepsilon}{2} = \frac{F_1 L_0 \sigma}{2\ E} = \frac{\sigma^2 S_0 L_0}{2\ E} = \frac{\sigma^2 V_0}{2\ E} = \frac{\sigma \varepsilon V_0}{2} \qquad (4.27)$$

Bei der spezifischen Formänderungsarbeit w wird auf das Volumen bezogen, welches somit in Gl. (4.27) verschwindet ($w = \sigma\ \varepsilon/2$), so dass w die Fläche unter der Spannungs-Dehnungs-Kurve repräsentiert, Bild 4.17 b).

Die Verzerrungsenergie eines zugbelasteten Körpers gemäß Gl. (4.27) verringert sich in Gegenwart eines Risses (Vorzeichen: –). Dies liegt daran, dass ober- und unterhalb der Trennung eine „tote Zone" entsteht, in der die Spannungen und damit auch die gespeicherte Verzerrungsenergie auf null zurückgehen. Betrachtet man einen durchgehenden Mittenriss in einer breiten Platte gemäß **Bild 4.18** und stellt man sich das spannungsfreie Volumen als Zylinder mit dem Radius a

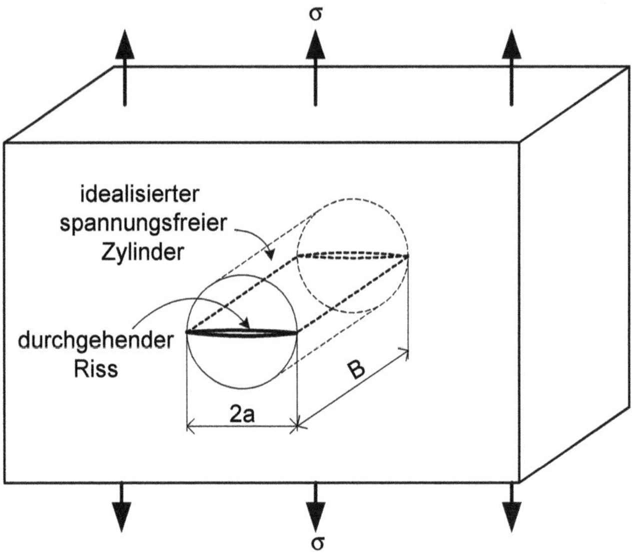

Bild 4.18 Zur Veranschaulichung der spannungsfreien Zone um einen Riss herum
Idealisiert ist ein zylinderförmiges Volumen um einen durchgehenden Mittenriss herum angenommen.

um den Riss herum vor, so beträgt das Volumen dieses Zylinders $\pi a^2 \cdot B$. Gemäß Gl. (4.27) wäre in diesem die Verzerrungsenergie $\sigma^2 \pi a^2 B/(2E)$ gespeichert. Genauere elastizitätstheoretische Rechnungen zeigen, dass der doppelte Wert anzusetzen ist. Außerdem ist zwischen ebenem Spannungszustand (ESZ) und ebenem Dehnungszustand (EDZ) zu unterscheiden:

$$\Delta U_e^{(Riss)} = -\frac{\sigma^2 \pi a^2 B}{E} \qquad \text{im ESZ} \qquad (4.28\text{ a})$$

$$\Delta U_e^{(Riss)} = -\frac{\sigma^2 \pi a^2 B}{E}(1-\nu^2) \qquad \text{im EDZ} \qquad (4.28\text{ b})$$

Für einen Oberflächenriss sind die Beträge zu halbieren. Bezieht man die Energieänderung auf die Dicke B, so verschwindet diese Größe in Gl. (4.28) und man erhält die Energieänderung pro Einheitsbreite (Maßeinheit J/m anstelle von J).

Der verringerten Verzerrungsenergie durch den vorhandenen Riss steht Oberflächenenergie gegenüber, weil Bindungen durch den Riss getrennt sind. Diese erhöhte Oberflächenenergie (Vorzeichen: +) ergibt sich aus der Rissfläche, bestehend aus *beiden* Flanken, und der spezifischen Oberflächenenergie γ_{Of} des Werkstoffs:

$$\Delta U_{Of}^{(Riss)} = +2(2aB) \cdot \gamma_{Of} \qquad (4.29)$$

Wie zuvor bei der elastischen Verzerrungsenergie wird meist auf die Breite normiert. Insgesamt beträgt die innere Energie eines elastisch gezogenen und mit einem Mittenriss behafteten Körpers im ESZ:

$$U = \sum U_i = U_0 + U_e + \Delta U_e^{(Riss)} + \Delta U_{Of}^{(Riss)} = U_0 + \frac{\sigma^2 V_0}{2E} - \frac{\sigma^2 \pi a^2 B}{E} + 4aB\gamma_{Of} \tag{4.30 a}$$

und im EDZ:

$$U = U_0 + \frac{\sigma^2 V_0}{2E} - \frac{\sigma^2 \pi a^2 B}{E}(1-\nu^2) + 4aB\gamma_{Of} \tag{4.30 b}$$

U_0 innere Energie des Körpers ohne Belastung und ohne Riss, d.h. die innere Energie des Gitteraufbaus und der Gitterfehler

Analysiert man nun, unter welchen Bedingungen sich der Riss ausbreiten kann, so ist die Änderung der gesamten inneren Energie ΔU bezogen auf die gewachsene Länge Δa entscheidend, infinitesimal also dU/da. Durch den sich vergrößernden Riss wird weitere Verzerrungsenergie frei, bei Bruch die gesamte. Die Oberflächenenergie des Körpers nimmt dagegen zu.

Solange die gesamte innere Energie U des Körpers bei der Rissvergrößerung ansteigt ($dU/da > 0$), kann kein instabiles, d.h. spontanes und bei konstanter Last nicht mehr zu stoppendes Versagen eintreten. Es müsste Energie von außen zugefügt, die Spannung also erhöht werden. Wird eine kritische äußere Spannung überschritten oder wird eine Risslänge erreicht oder ist von Anfang an bereits vorhanden, bei der die Änderung der inneren Energie bei weiterer Rissvergrößerung negativ wird ($dU/da < 0$), breitet sich der Riss instabil aus und endet unweigerlich im (Gewalt-)Bruch. Das Kriterium $dU/da = 0$ kennzeichnet also den Übergang vom stabilen zum instabilen Rissfortschritt und ergibt sich aus der Ableitung von Gl. (4.30) wie folgt:

$$\frac{dU}{da} = -\frac{2\sigma^2 \pi a B}{E} + 4B\gamma_{Of} = 0 \qquad \text{im ESZ} \tag{4.31 a}$$

und

$$\frac{dU}{da} = -\frac{2\sigma^2 \pi a B}{E}(1-\nu^2) + 4B\gamma_{Of} = 0 \qquad \text{im EDZ} \tag{4.31 b}$$

Daraus erhält man folgende Formulierungen:

$$\sigma^2 \pi a = 2E\gamma_{Of} \qquad \text{im ESZ} \tag{4.32 a}$$

und

$$\sigma^2 \pi a = \frac{2E\gamma_{Of}}{1-\nu^2} \qquad \text{im EDZ} \tag{4.32 b}$$

Diese Energiebilanz gilt *nur für ideal-spröde Werkstoffe*; plastische Verformungsanteile bei der Rissausbreitung sind nicht berücksichtigt. Spontaner Bruch (= Gewaltbruch) tritt demnach ein, wenn die linke Seite der jeweils zutreffenden Gleichung eine bestimmte kritische Kombination aus Spannung und Rissgröße erreicht. Diese kann mittels der bekannten Materialkenngrößen E, γ_{Of} und gegebenenfalls noch ν berechnet werden. Bei bekannter Risslänge a_{ist} beträgt die kritische Spannung, die Bruchfestigkeit des ideal-spröden Materials:

$$\sigma_B^{(i-s)} = \sqrt{\frac{2E\gamma_{Of}}{\pi a_{ist}}} \quad \text{im ESZ} \qquad (4.33\text{ a})$$

und

$$\sigma_B^{(i-s)} = \sqrt{\frac{2E\gamma_{Of}}{\pi a_{ist}(1-\nu^2)}} \quad \text{im EDZ} \qquad (4.33\text{ b})$$

Bei konstanter Spannung (Nennspannung) σ_n errechnet sich umgekehrt die kritische, zum Bruch führende Risslänge zu:

$$a_c^{(i-s)} = \frac{2E\gamma_{Of}}{\pi\sigma_n^2} \quad \text{im ESZ} \qquad (4.34\text{ a})$$

und

$$a_c^{(i-s)} = \frac{2E\gamma_{Of}}{\pi\sigma_n^2(1-\nu^2)} \quad \text{im EDZ} \qquad (4.34\text{ b})$$

Aus diesen Gleichungen kann man anschaulich die Schwierigkeit im Umgang mit sehr spröden Werkstoffen, wie Keramiken, für Konstruktionen ablesen: Im Zähler der Brüche taucht die relativ geringe spezifische Oberflächenenergie auf; weitere Energie ist bei diesen Materialien für die Rissausbreitung nicht aufzubringen. Die kritische Risslänge ist daher so klein, dass sie möglicherweise weit unterhalb der üblichen zerstörungsfreien Nachweisgrenze liegt. Zwischen dem kritischen und dem nachweisbaren Wert klafft also eine recht weite Lücke. Herstelltechnisch kann kaum garantiert werden, dass die kritische Fehlergröße sicher und reproduzierbar unterschritten wird.

Mit typischen Werten von E = 400 GPa (Keramik), γ_{Of} = 1 J/m^2 und ν = 0,3 errechnet sich bei einer Risslänge von 1 mm nach Gl. (4.33 b) eine Bruchfestigkeit von nur 17 MPa. Dies ist ein Wert, der das Festigkeitspotential idealer riss*freier* keramischer Materialien erheblich unterschreitet und für Konstruktionswerkstoffe kaum noch interessant ist. Man versteht aufgrund dieser Zusammenhänge auch, warum bei sehr spröden Werkstoffen die Zug- oder Biegefestigkeit stark streut und volumenabhängig ist: Die Festigkeit wird bestimmt durch die Fehlergröße in einer Probe oder einem Bauteil, und mit dem Volumen steigt die Wahrscheinlichkeit, dass größere Fehler vorhanden sind. Die Zug- oder Biegefestigkeit nimmt folglich mit steigendem Volumen *ab* (eine auf den ersten Blick kuriose Feststellung).

Faserverstärkte Keramiken mit einer absichtlich relativ schwachen Bindung zwischen der Matrix und den Fasern weisen einen erhöhten K_{Ic}-Wert auf, weil wachsende Risse an den Fasern abstumpfen und sich verzweigen. Dadurch entstehen andere Spannungsverhältnisse an der Rissfront als bei einem scharfen, senkrecht zur Belastung laufenden Riss.

Die einfachen, nur auf vorhandenen Daten basierenden Formeln nach dem Griffith'schen Energieansatz sind ungeeignet, das Bruchverhalten in metallischen und polymeren Materialien einigermaßen korrekt zu beschreiben, was folgende Rechnung deutlich macht: Nimmt man z.B. für Nickel die Werte E = 200 GPa, γ_{Of} = 1,7 J/m^2 [4.6] und ν = 0,3 an, so würde sich bei einer Nennspannung von 200 MPa nach Gl. (4.34 b) eine kritische Risslänge von nur $2a_c \approx 12$ µm im EDZ ergeben. Ganz offensichtlich liegt dieser Wert für Ni viel zu niedrig.

Die Diskrepanz ist dadurch zu erklären, dass sich diese Werkstoffe niemals mikroskopisch völlig spröde verhalten, sondern dass bei der Rissausbreitung stets eine gewisse Plastifizierung an der Rissspitze stattfindet. Die dafür aufzubringende Verformungsenergie überwiegt die Oberflächenenergie meist um mehrere Zehnerpotenzen, d.h. es muss viel mehr Verzerrungsenergie bei der Rissausbreitung frei werden, als allein zur Schaffung neuer Oberfläche benötigt wird. Dies wiederum hat zur Folge, dass die Bruchfestigkeit bei gegebener Risslänge erheblich höher ist als nach Gl. (4.33) oder dass viel längere Risse gegenüber dem Wert nach Gl. (4.34) bei konstanter Nennspannung vorliegen können.

Da der Energiebetrag für die Plastifizierung nicht in einfacher Weise wie zuvor bei den Überlegungen zur Oberflächenenergie in die Rechnung einbezogen werden kann, sind in jedem Fall Experimente erforderlich, um die kritischen Parameter σ_B oder a_c zu ermitteln (in den Gln. 4.33 und 4.34 tauchen dagegen nur bereits bekannte Werte auf).

In Erweiterung des Griffith'schen Energieansatzes wurde von G.R. Irwin (1948) ein Energiekennwert eingeführt: die *spezifische Rissenergie* G (Energie pro Fläche; J/m^2). Die Änderung der elastischen Verzerrungsenergie mit der Risslänge ergibt sich aus der Differenziation von Gl. (4.28):

$$\frac{d(\Delta U_e^{(Riss)})}{da} = -\frac{2\sigma^2 \pi a B}{E} \quad \text{im ESZ} \qquad (4.35\text{ a})$$

und

$$\frac{d(\Delta U_e^{(Riss)})}{da} = -\frac{2\sigma^2 \pi a B}{E}(1-\nu^2) \quad \text{im EDZ} \qquad (4.35\text{ b})$$

Man bezieht diesen Wert auf die Einheitsbreite, teilt also durch B. Ferner ist zu berücksichtigen, dass Gl. (4.28) für einen Riss mit zwei Enden (Mittenriss) gilt, der sich an beiden Fronten um den Betrag *da* ausbreitet, so dass bei Bezug auf *da* die Hälfte des frei werdenden infinitesimalen Energiewertes $d\,(\Delta U_e^{(Riss)})$ anzusetzen ist. Schließlich folgt daraus die Definition der Größe G (nach *Griffith*)

$$G^{(ESZ)} = \frac{d(\Delta U_e^{(Riss)})}{da} \cdot \frac{1}{2B} = -\frac{\sigma^2 \pi a}{E} \quad \text{im ESZ} \qquad (4.36\ a)$$

und

$$G^{(EDZ)} = -\frac{\sigma^2 \pi a}{E}(1-\nu^2) \quad \text{im EDZ} \qquad (4.36\ b)$$

Diese Gleichungen gelten allein für den Fall eines Mittenrisses in einer sehr breiten Platte (Bild 4.18), weil nur dafür die freigesetzte Energie gemäß Gl. (4.28) berechnet werden darf.

Wird eine kritische Kombination aus σ und a erreicht, bei der es zur Rissausbreitung und in Folge zum Bruch kommt, nimmt G ebenfalls einen kritischen Wert an, der als G_c bezeichnet wird. Mehrere Ausdrücke sind für G_c gebräuchlich: spezifische Riss- oder Bruchenergie, Rissausbreitungskraft (*crack extension force*), Energiefreisetzungsrate (*[critical strain] energy release rate*) oder manchmal auch einfach Zähigkeit. Spezifische Riss- oder Bruchenergie ist der treffendste Begriff, aus der sich auch sofort die Maßeinheit [Energie/Fläche] erkennen lässt. Beim Begriff „Energiefreisetzungsrate" ist die Endung „-rate" missverständlich, weil damit üblicherweise ein Vorgang pro Zeit, also eine Geschwindigkeit, gemeint ist, was bei G nicht zutrifft. Der Begriff Zähigkeit gibt ebenfalls zu Verwechselungen Anlass.

G_c gibt an, wie viel Verzerrungsenergie bei der Rissausbreitung, bezogen auf die gewachsene Rissfläche ($B \cdot da$), freigesetzt wird. Das Minuszeichen resultiert aus der allgemeinen Vereinbarung, frei werdende Energiebeträge negativ zu zählen, wenngleich üblicherweise als Kennwert der Absolutbetrag genannt wird. Die Maßeinheit für G_c ist J/m^2 oder N/m. Die letztgenannte Einheit geht mit der Bezeichnung „Rissausbreitungskraft" konform, welche allerdings unanschaulich ist, denn eine Kraft pro Länge taucht in den Überlegungen zur Rissausbreitung nicht auf. Die Einheit [Energie/Fläche] ist dagegen plausibel.

Die spezifische Riss- oder Bruchenergie G_c ist der Kennwert aus dem Energieansatz der Bruchmechanik. Er gibt an, wie viel Energie pro gewachsene Rissfläche aufzubringen ist oder beim Bruch frei wird.

Typische Werte für G_c bei Raumtemperatur liegen in folgenden Größenordnungen:

Glas und Keramiken	10 bis 100 J/m^2
Gusseisen	ca. 1 kJ/m^2
polymere Werkstoffe	0,1 bis 10 kJ/m^2
hochfeste Al-Legierungen	ca. 10 kJ/m^2
Verbundwerkstoffe	< 100 kJ/m^2
zähe Stähle	> 100 kJ/m^2.

Anschaulich bedeutet ein Wert von z.B. 10 kJ/m², dass eine Energie von 10 kJ zur Erzeugung eines 1 m² großen Risses aufzubringen ist. In **Bild 4.19** und **Tabelle 4.3** finden sich Angaben über weitere Werkstoffe.

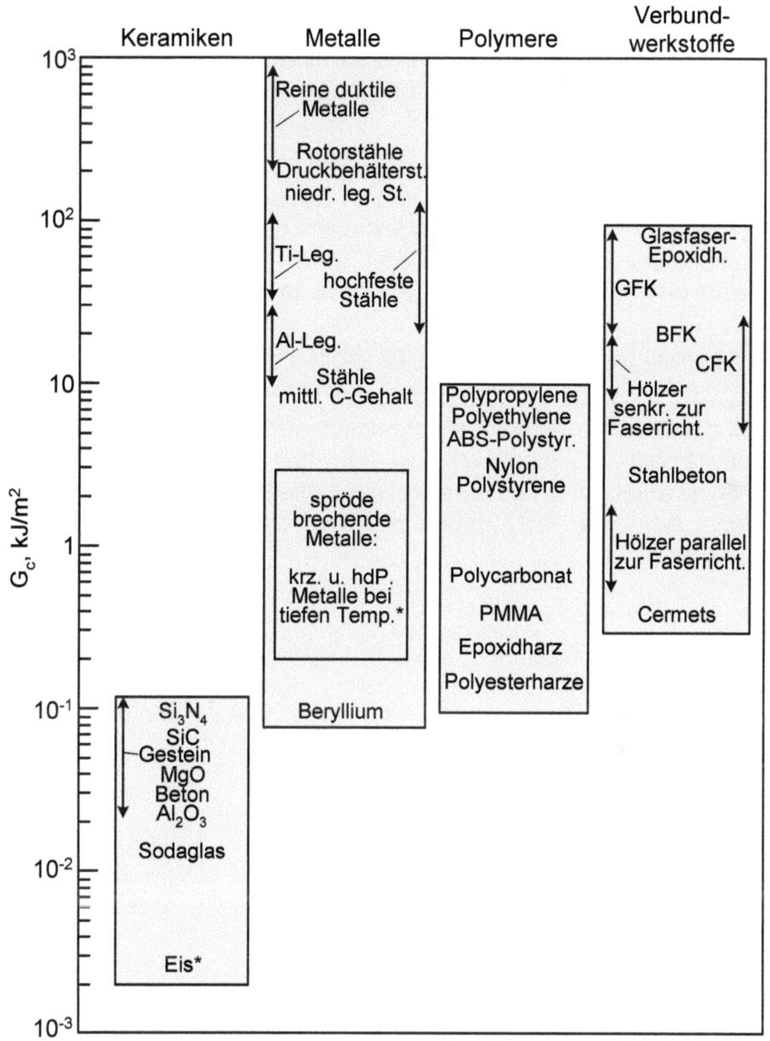

Bild 4.19 Spezifische Rissenergien G_c bei Raumtemperatur (bis auf *); nach [4.5] (ABS: Acrylnitril-Butadien-Styrol; PMMA: Polymethylmethacrylat/„Plexiglas"; GFK: glasfaserverstärkte Reaktionsharze; BFK: borfaserverstärkte Kunststoffe; CFK: kohlefaserverstärkte Kunststoffe; Cermets: Keramik-Metall-Verbundwerkstoffe)

Setzt man die Gln. (4.33 a) bzw. (4.33 b) in die Gln. (4.36 a) und (4.36 b) ein, so erhält man die spezifische Rissenergie für ideal-spröde Werkstoffe:

$$G_c^{(i-s)} = -2\,\gamma_{Of} \quad \text{im ESZ und EDZ} \tag{4.37}$$

In diesem Fall besteht – wie bereits zuvor festgestellt – der Widerstand, den der Werkstoff der Rissausbreitung entgegensetzt, allein aus der aufzubringenden Oberflächenenergie. Allgemein bezeichnet man die Summe aller Energieterme, die in der Bilanz des Risswachstums und des Bruches bereitzustellen sind (Vorzeichen: +), als *Riss-* oder *Bruchwiderstand* R (von *fracture resistance*; nicht zu verwechseln mit den Festigkeitskennwerten wie R_m. Es handelt sich nicht um eine Spannung, sondern um eine spezifische Energie). Das Kriterium

$$\boxed{G_c = -R} \tag{4.38}$$

kennzeichnet also den Zustand, bei dem es zur Rissausbreitung und zum Bruch kommt. Es sei noch einmal darauf hingewiesen, dass hier die Vorzeichen konsequent belassen wurden; üblicherweise findet man die Schreibweise $G_c = R$, wobei Absolutwerte gemeint sind. Bei ideal-spröden Materialien ist folglich $R^{(i\text{-}s)} = 2\,\gamma_{Of}$. Dieser Risswiderstandswert wird bei metallischen und polymeren Werkstoffen wegen der Plastifizierung an der Rissspitze erheblich übertroffen.

In den Gln. (4.13) und (4.14) sind ebenfalls Formeln für die Bruch- oder Restfestigkeit und die kritische Risslänge hergeleitet worden basierend auf dem Spannungsintensitätsansatz, siehe auch Bild 4.8. Setzt man die Formel für die Bruchfestigkeit σ_B nach Gl. (4.12) mit der Bruchzähigkeit K_{Ic} für den EDZ in Gl. (4.36 b) ein, so ergibt sich eine Verknüpfung zwischen der spezifischen Rissenergie G_c und der Bruchzähigkeit K_{Ic}:

$$G_c^{(EDZ)} = -\frac{K_{Ic}^2\,(1-\nu^2)}{\beta^2\,E} = -R \tag{4.39 a}$$

oder

$$\boxed{K_{Ic} = \beta\sqrt{\frac{E\cdot R}{1-\nu^2}} \approx \sqrt{\frac{E\cdot R}{1-\nu^2}}} \tag{4.39 b}$$

Da die Formel für G für einen Mittenriss in einer sehr breiten Platte gilt, ist $\beta \approx 1$ zu setzen (siehe Tabelle 4.1). Manchmal findet man vereinfacht die Beziehung:

$$\boxed{K_{Ic} \approx \sqrt{E\,G_c}} \quad \text{oder} \quad \boxed{G_c \approx \frac{K_{Ic}^2}{E}} \tag{4.40}$$

Der Ausdruck $1/\sqrt{1-\nu^2}$ ergibt mit $\nu \approx 0{,}3$ einen Wert von 1,05, so dass die Näherung gut zutrifft. Der Vorzeichenunterschied zwischen G_c und R wird – wie schon diskutiert – ignoriert.

Tabelle 4.3 Spezifische Rissenergien G_c und Bruchzähigkeiten K_{Ic} für verschiedene keramische, metallische, polymere Werkstoffe und für Verbundwerkstoffe (Werte bei Raumtemperatur, bis auf *); nach [4.5]

Werkstoff	G_c, kJ/m^2	K_{Ic}, MPa m$^{1/2}$
Reine duktile Metalle (z.B. Cu, Ni, Ag, Al)	100 – 1000	100 – 350
Rotorstähle (*A533, Discalloy*)	220 – 240	204 – 214
Druckbehälterstähle (*HY 130*)	150	170
Hochfeste Stähle	15 – 118	50 – 154
Niedrig legierte Stähle	100	140
Ti-Legierungen (Ti-6Al-4V)	26 – 114	55 – 115
GFK – glasfaserverstärkte Reaktionsharze	10 – 100	20 – 60
Epoxid-Glasfaser-Verbund	40 – 100	42 – 60
Al-Legierungen (hohe Festigkeit – geringe F.)	8 – 30	23 – 45
CFK – kohlefaserverstärkte Kunststoffe	5 – 30	32 – 45
Hölzer, Bruch senkrecht zur Faserrichtung	8 – 20	11 – 13
BFK – borfaserverstärktes Epoxidharz	17	46
Stähle mit mittlerem C-Gehalt	13	51
Polypropylene (PP)	8	3
Polyethylene (PE, niedermolekular)	6 – 7	1
Polyethylene (PE, hochmolekular)	6 – 7	2
ABS Polystyrene (ABS: Acrylnitril-Butadien-Styrol)	5	4
Polyamidfasern (Nylon)	2 – 4	3
Stahlbeton (Beton mit Stahlarmierung)	0,2 – 4	10 – 15
Gusseisen	0,2 – 3	6 – 20
Polystyrene (PS)	2	2
Hölzer, Bruch parallel zur Faserrichtung	0,5 – 2	0,5 – 1
Polycarbonat (PC)	0,4 – 1	1 – 2,6
Co/WC-Cermets	0,3 – 0,5	14 – 16
PMMA – Polymethacrylmethacrylat („Plexiglas")	0,3 – 0,4	0,9 – 1,4
Epoxidharz	0,1 – 0,3	0,3 – 0,5
Si_3N_4	0,1	4 – 5
Granit	0,1	3
Polyesterharze	0,1	0,5
Be	0,08	4
SiC	0,05	3
MgO	0,04	3
Beton, nicht armiert	0,03	0,2
Al_2O_3	0,02	3 – 5
Calcit (Kalkspat $CaCO_3$, Marmor, Kalkstein)	0,02	0,9
Schiefer (Ölschiefer)	0,02	0,6
el. Isolierporzellan	0,01	1
Sodaglas	0,01	0,7 – 0,8
Eis*	0,003	0,2

Der Zusammenhang zwischen Spannung, kritischer Risslänge und spezifischer Rissenergie lässt sich über Gl. (4.14) und Gl. (4.40) wie folgt herstellen:

$$a_c = \frac{1}{\pi}\left(\frac{K_{Ic}}{\sigma_n}\right)^2 = \frac{1}{\pi}\cdot\frac{E\,G_c}{\sigma_n^2} \qquad \text{mit } \beta \approx 1$$

oder

$$\boxed{\sigma_n\sqrt{\pi\,a_c} = \sqrt{E\,G_c} \approx K_{Ic}} \tag{4.41}$$

Diese Beziehung beschreibt die kritische Risslänge a_c bei einer bestimmten Bauteilspannung σ_n, die zum spontanen, instabilen Versagen durch Gewaltbruch führt. Ebenso lässt sich für eine vorhandene Risslänge $a < a_c$ die Restfestigkeit σ_B angeben, bei der Gewaltbruch aufträte.

$$\boxed{\sigma_B = \sqrt{\frac{E\,G_c}{\pi\,a}} \approx \frac{K_{Ic}}{\sqrt{\pi\,a}}} \qquad \text{mit } \beta \approx 1 \tag{4.42}$$

Für den Grenzfall ideal-spröden Verhaltens ließe sich der K_{Ic}-Wert ohne weitere Experimente berechnen, indem man $R^{(i\text{-}s)} = 2\,\gamma_{Of}$ mit bekanntem Wert für γ_{Of} einfügt. Mit $E = 400$ GPa, $\gamma_{Of} = 1\ \text{J/m}^2$ und $\nu = 0{,}3$ errechnet sich ein K_{Ic}-Wert von etwa 1 MPa $m^{1/2}$, der die tatsächliche Größenordnung der Bruchzähigkeit von Keramiken wiedergibt (siehe Tabelle 4.3).

Weiterführende Literatur zu Kapitel 4

ASTM-Standard E 399-05: *Standard Test Method for Linear-Elastic Plane-Strain Fracture Toughness K_{Ic} of Metallic Materials*

ASTM-Standard E 1820-05a: *Standard Test Method for Measurement of Fracture Toughness*

H. Blumenauer, G. Pusch: Technische Bruchmechanik, 3. Aufl., Dt. Verl. für Grundstoffindustrie, Leipzig, 2003

D. Broek: The Practical Use of Fracture Mechanics, Kluwer Academic Publ., Dordrecht, 1989

D. Broek: Elementary Engineering Fracture Mechanics, 4. Aufl., Kluwer Acad. Publ., Dordrecht, 1991

H.L. Ewalds, R.J.H. Wanhill: Fracture Mechanics, Edward Arnold/Delftse Uitgevers Maatschappij, London/Delft, 1986

K.-H. Schwalbe: Bruchmechanik metallischer Werkstoffe, Hanser Fachbuchverl., München, 1980

5 Versagensmechanismen

5.1 Einführung

Versagen eines Bauteils bedeutet, dass es nicht mehr einsatzfähig ist und dass ein Schaden für das Gerät, die Maschine oder die ganze Anlage oder ein Fahrzeug eingetreten ist. Die Funktion ist nicht mehr gewährleistet oder das Risiko für einen Weiterbetrieb ist zu groß. Ursachen für Versagen können sein:

- Unzulässig große plastische Verformung, einschließlich Knicken, Kippen und Beulen
- Rissbildung und eventuell Bruch
- Korrosion
- Verschleiß oder
- Kombinationen davon.

a)

c)

b)

Bild 5.1 Das ICE-Unglück von Eschede am 03.06.1998

a) 101 Tote, 108 zum Teil schwer Verletzte, viele Personen mit seelischen Spätfolgen, darunter auch Rettungskräfte
b) Der gebrochene Radreifen führte zum Unfall
c) Bruchfläche des gebrochenen Radreifens mit ausgedehntem Ermüdungsrisswachstum

Auch wenn ein *technisch* verursachter Schaden noch so gewaltig erscheint, so ist der Ausgangspunkt des Versagens häufig winzig und liegt im mikroskopischen oder im atomaren Bereich. **Bild 5.1** zeigt einen besonders tragischen

Schadensfall[1]. Will man aus solchen Schäden lernen, so muss man sich mit den *Mechanismen* des Versagens befassen. Aus Schaden wird man klug, besagt ein altes Sprichwort, jedoch nur, wenn man ihn aufklärt, die Ursachen begreift und Abhilfe schafft. In der Schadenskunde spielen in besonderem Maße die Festigkeitslehre und die Werkstoffkunde zusammen.

Die folgenden Darstellungen beschränken sich auf mechanisch verursachtes Versagen; korrosive Einflüsse werden nicht behandelt, weil die hierbei wirkenden Versagensmechanismen mehr zum Fachgebiet der Korrosion gehören und weniger zu dem der Werkstoffmechanik.

Risse sind *immer* mit einer Krafteinwirkung verbunden, denn Rissbildung bedeutet das Auftrennen von Bindungen. Risse haben also definitionsgemäß eine mechanische Ursache (Korrosion kann die Rissbildung fördern). Selbstverständlich können dies auch ausschließlich Eigenspannungen sein. Liegt *allein* eine korrosive Beanspruchung vor, so kann Material chemisch herausgelöst werden, und es kann dadurch zu Werkstofftrennungen kommen, z.B. bei der interkristallinen Korrosion. Hierbei sollte nicht von Rissen gesprochen werden, wenn eine mechanische Komponente fehlt.

Tabelle 5.1 Definitionen von Brüchen (SpRK: Spannungsrisskorrosion; SwRK: Schwingungsrisskorrosion; H-Versprödung: Wasserstoffversprödung)

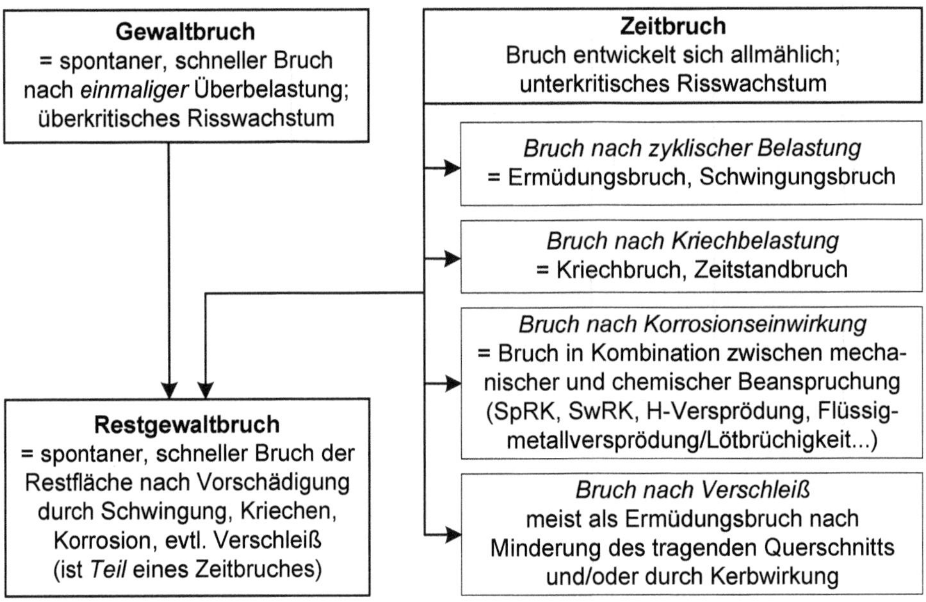

Tabelle 5.1 teilt die Brüche ein in spontane *Gewaltbrüche* (engl.: *fast fracture, forced fracture*) und allmählich sich entwickelnde *Zeitbrüche*. Während erstgenannter Ausdruck üblich ist, wird der Begriff „Zeitbruch" hier eingeführt für sämtli-

[1] Auf den ICE-Unfall wird in Kap. 5.5.1 noch einmal kurz eingegangen, jedoch nur so weit, wie es allgemein zugängliche Fakten gestatten.

che Brüche, die zeit- oder zyklenzahlabhängig sind. Die oft zu findende Bezeichnung „Dauerbruch“ sollte vermieden werden, was in Kap. 5.5.1 noch erläutert wird. Zyklenzahlabhängige Brüche, einfacher als Ermüdungsbrüche bezeichnet, treten selbstverständlich auch erst nach gewissen Zeiten und nicht bei einmaliger Überbelastung auf. Die weitaus meisten Schäden sind auf Zeitbrüche zurückzuführen, dabei wiederum überwiegend auf Ermüdungsbrüche. Diese machen rund 90 % aller Schäden in der Praxis aus.

Von *Restgewaltbruch* spricht man, wenn der tragende Restquerschnitt zuletzt spontan bricht, weil die Restfestigkeit überschritten wird. Die Restfestigkeit bedeutet dabei eine gegenüber der Bruchfestigkeit des intakten, nicht geschädigten Bauteils reduzierte Festigkeit aufgrund vorangegangener Schädigung, z.B. durch Schwingungsrisse (siehe auch Kap. 4.3.4).

Des Weiteren sind die verschiedenen Ausdrücke für Spröd- und Verformungsbrüche aufzulisten, **Tabelle 5.2**. Um zu verdeutlichen, welcher Hauptspannung der Bruch folgt, der größten Hauptnormalspannung σ_1 oder der größten Hauptschubspannung τ_{max}, sind die Begriffe *Normalspannungsbruch* und *Scher(spannungs-)bruch* anschaulich und unmissverständlich. Neben diesen beiden Grundarten treten auch Mischbrüche auf, die sowohl spröde als auch verformungsreiche Anteile aufweisen.

Tabelle 5.2 Spröd- und Verformungsbrüche

Sprödbruch	**Verformungsbruch**
auch: - Trennbruch - Spaltbruch - Normalspannungsbruch ($\perp$ zu σ_1) Keine sichtbare makroskopische Verformung	auch: - Duktilbruch - Wabenbruch - Gleitbruch - Scher(spannungs-)bruch (makrosk. oder mikrosk. $\parallel$ zu τ_{max}) Sichtbare makroskopische Verformung

Mischbruch

Tritt ein Sprödbruch unter reiner Druckbelastung auf, wie dies z.B. bei Baustoffen vorkommen kann, so erfolgt dieser selbstverständlich nicht senkrecht zu σ_1, denn σ_1 ist hierbei null. Vielmehr scheren in solchen Fällen die Bindungen unter $\pm 45°$ spröde ab nach Erreichen der Bruch*schub*spannung, welche halb so groß ist wie σ_3 (Absolutbeträge, siehe Kap. 5.3.2).

Beim Bruchverlauf ist zu unterscheiden, ob er durch die Körner verläuft (*transkristallin*) oder entlang der Korngrenzen (*interkristallin*), **Tabelle 5.3**. Typischerweise verläuft ein Ermüdungsbruch transkristallin und ein Kriechbruch interkristallin.

Wenn die Korngrenzen die Schwachstellen im Gefüge darstellen, so bedeutet dies praktisch immer, dass über das Kornvolumen wenig plastische Verformung erzeugt werden kann, bevor die interkristallinen Schädigungsvorgänge den Bruch auslösen. Interkristalline Brüche weisen daher in der Regel wenig Bruchverformung auf, meist weniger als etwa 10 %. Dies gilt auch für die meisten Zeitstandbrüche. Transkristalline Brüche können dagegen sehr duktil sein, wie z.B. der Bruch einer Zugprobe aus einem verformungsfähigen Stahl oder aus Kupfer, oder sie sind makroskopisch spröde, wie z.B. die meisten Schwingungsbrüche (Ermüdungsbrüche).

Tabelle 5.3 Trans- und interkristalline Brüche

Transkristalline Brüche	**Interkristalline Brüche**
- meist in Versuchen der Werkstoffprüfung (Zug, Kerbschlag...) - Ermüdungsbrüche/Schwingungsbrüche - transkristalline Spannungsrisskorrosion (vorwiegend bei austenitischen CrNi-Stählen)	- Kriechbrüche (bis auf Ausnahmen) - interkristalline Spannungsrisskorrosion (vorwiegend bei Al-Leg. u. ferritischen Stählen) - nach Anlassversprödung/Korngrenzenseigerungen - Lötbrüchigkeit
Transkristalline Brüche können spröde oder duktil sein.	Interkristalline Brüche sind meist verformungsarm.

5.2 Energiebilanz der Risskeimbildung

Zunächst ist es hilfreich, sich Klarheit zu verschaffen über die Größen, welche in die Risskeimbildung eingehen und in welcher Größenordnung stabile Risskeime in etwa liegen.

Betrachtet man die Energiebilanz eines sich bildenden Risses, so sind mechanische und chemische Energieterme zu berücksichtigen. Dabei wird der Zustand unmittelbar vor der Rissentstehung verglichen mit dem nach dem Aufreißen an einer Stelle mit genügend hoher Spannung. Die außen anliegende Kraft F bleibt dabei konstant. In **Bild 5.2** ist der Vorgang schematisch durch eine kugelförmige Fehlstelle modelliert.

Folgende Terme sind zu bilanzieren:

a) Es wird *Formänderungsarbeit* W geleistet. Die Probe oder der Körper verlängert sich um den (unmessbar kleinen) Betrag x von L_1 nach L_2. Das Volumen V_R der Fehlstelle wird am Ende des Rundstabs als „Scheibe" angesetzt. Dafür müsste ansonsten von außen Verformungsenergie aufgebracht werden; hier liefert sie der entstehende Riss, sobald er die kritische Risskeimgröße überschritten hat (negatives Vorzeichen). Die Formänderungsarbeit W entspricht der Fläche im Kraft-Verlängerungs-Diagramm (Bild 5.2 b).

b) Der Riss selbst stellt eine neue Oberfläche dar; es muss also Oberflächenenergie aufgebracht werden (positives Vorzeichen). Neue Oberfläche gibt es energetisch nicht „umsonst“, sondern sie bedeutet immer eine Erhöhung der inneren Energie, weil Bindungen aufgebrochen werden und nach außen dann die Bindungspartner fehlen.

c) Zusätzlich vergrößert sich die Oberfläche des Körpers. Der außen angesetzten „Scheibe“ mit der Dicke x ist ebenfalls eine Oberflächenenergie für die Mantelfläche dieser Scheibe zuzuordnen (positives Vorzeichen).

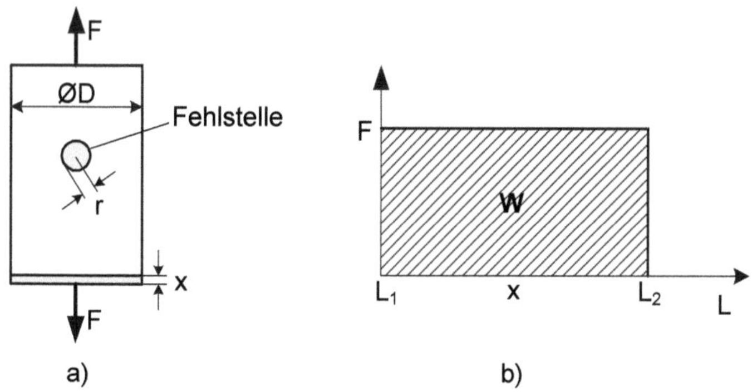

Bild 5.2 Modell der Risskeimbildung und Formänderung

a) Kugelförmig angenommene Fehlstelle mit Radius r lässt die Rundprobe um den Betrag x länger werden

b) Formänderungsarbeit W durch Verlängerung der Probe von L_1 nach L_2 bei konstanter Kraft F

Die geleistete Formänderungsarbeit W unter a) ergibt sich zu:

$$W = \int_{L_1}^{L_2} F\,dL = F\int_{L_1}^{L_2} dL = \underbrace{\sigma A}_{=F} \cdot L\Big|_{L_1}^{L_2} = \sigma A\underbrace{(L_2 - L_1)}_{=x} = \sigma\, V_R \qquad (5.1)$$

F anliegende Zugkraft in Richtung der Verlängerung

σ anliegende Zugspannung in Richtung der Verlängerung

A Querschnittsfläche des Körpers senkrecht zur anliegenden Zugkraft

V_R Volumen der Fehlstelle

Die Oberflächenenergie der Fehlstelle beträgt $A_R\,\gamma_{Of}$, wobei A_R die Oberfläche der Fehlstelle darstellt und γ_{Of} die spezifische Oberflächenenergie des Werkstoffes. Die Oberflächenenergie der Scheibe ergibt sich analog zu $A_S\,\gamma_{Of}$.

Im Folgenden wird gezeigt, dass letzterer Term unter c) gegenüber der Oberflächenenergie der Fehlstelle vernachlässigbar ist. Zur einfacheren Rechnung wird eine kugelförmige Fehlstelle wie in Bild 5.2 a) angenommen sowie ein zylindrischer Körper. Das Volumen der Fehlstelle beträgt:

$$V_R = \underbrace{\frac{4}{3}\pi r^3}_{\text{Kugel}} = \underbrace{\frac{\pi D^2}{4}\cdot x}_{\text{Scheibe}}$$

Daraus ergibt sich die Dicke der Scheibe zu:

$$x = \frac{16\,r^3}{3\,D^2}$$

Nun wird die Oberfläche der Fehlstelle A_R mit der Mantelfläche der Scheibe A_S verglichen:

$$\underbrace{A_R = 4\pi r^2}_{\text{Kugel}} \quad \Big| \quad A_S = \underbrace{\pi D x = \frac{16\pi r^3}{3D}}_{\text{Scheibe}}$$

$$1 \;\Big|\; \frac{4}{3} \cdot \frac{r}{D}$$

$$1 \gg \frac{4}{3} \cdot \frac{r}{D}$$

Wegen $r \ll D$ erkennt man, dass die rechte Seite, d.h. die Oberfläche der Scheibe, erheblich kleiner ist als die linke. Der oben unter c) aufgeführte Energieterm, die Oberflächenenergie $A_S\,\gamma_{Of}$ der angesetzten Scheibe, darf also vernachlässigt werden gegenüber derjenigen der Fehlstelle $A_R\,\gamma_{Of}$.

Die Bilanz der freien Enthalpieänderung ΔG bei der Rissbildung setzt sich somit aus zwei Termen zusammen:

$$\Delta G = -V_R\,\sigma + A_R\,\gamma_{OF} \tag{5.2}$$

Herrschen ausschließlich Druckspannungen (Vorzeichen σ: –), wie im Falle einer einaxialen Druckbelastung, können keine Hohlräume entstehen, weil ΔG stets > 0 wäre.

Falls sich der Anriss an einer Grenzfläche, wie einer Korngrenze oder einer Phasengrenzfläche, bildet, ist zusätzlich eine Grenzflächenenergie zu berücksichtigen. Man spricht von heterogener Rissbildung, welche praktisch immer der Fall ist, weil sich im ungestörten Kristallgitter keine genügend hohen Spannungskonzentrationen aufbauen können. Im Folgenden wird exemplarisch von einem Korngrenzenriss ausgegangen; bei Betrachtung an einer Phasengrenze wären lediglich die Indizes auszutauschen. Beim Anriss an einer Korngrenze wird an der betreffenden Stelle die freie Enthalpie der gerissenen Korngrenze gewonnen (Vorzeichen –). Die Energiebilanz für einen Korngrenzenriss lautet dann insgesamt:

$$\Delta G = -V_R\,\sigma + A_R\,\gamma_{OF} - A_{KG}\,\gamma_{KG} \tag{5.3}$$

A_{KG} Fläche des bei der Rissbildung verschwundenen Korngrenzenstückes

γ_{KG} spezifische freie Korngrenzflächenenthalpie

Spielt sich die Rissbildung an Korngrenzenteilchen ab, ist in der Bilanz außerdem der Energieterm für die Schaffung freigelegter Teilchenoberfläche (+) sowie für vernichtete Teilchen/Matrix-Phasengrenzfläche (–) zu berücksichtigen. Zudem ist die in der Regel vorhandene Gitterverzerrung in und um Teilchen herum einzubeziehen, weil der Riss die Gitter entspannt.

Es muss eine kritische Keimgröße überschritten werden, damit wachstumsfähige Risse entstehen. Ansonsten würde sich der Werkstoff an der betreffenden Stelle sofort wieder „schließen". Für einen angenommenen kugelförmigen Risskeim auf Korngrenzen ohne Ausscheidungen und unter der Annahme, dass das verschwundene Korngrenzenstück die Großkreisfläche der Pore darstellt, errechnet sich nach Gl. (5.3) folgende Änderung der freien Enthalpie:

$$\Delta G = -\frac{4}{3}\pi r^3 \sigma + 4\pi r^2 \gamma_{OF} - \pi r^2 \gamma_{KG} \quad (5.4)$$

Die kritische Risskeimgröße r_c ergibt sich aus dem Maximum der Funktion $\Delta G(r)$ und folglich aus der 1. Ableitung $\Delta G'(r_c) = 0$:

$$\Delta G'(r_c) = -4\pi r_c^2 \sigma + 8\pi r_c \gamma_{OF} - 2\pi r_c \gamma_{KG} = 0 \quad (5.5)$$

und somit:

$$r_c = \frac{4\gamma_{OF} - \gamma_{KG}}{2\sigma} \quad (5.6)$$

Bild 5.3 zeigt die Energiebilanz graphisch, wobei der Einfachheit halber homogene Risskeimbildung angenommen ist, d.h. es werden lediglich die Formänderungsarbeit und die Oberflächenenergie angesetzt; γ_{KG} wird außer Acht gelassen. Durch heterogene Keimbildung wird in allen Fällen die kritische Risskeimgröße r_c zu geringeren Werten verschoben, die Rissbildung wird an solchen Stellen also begünstigt. Nur wenn der Wert r_c erreicht ist, ist der Riss stabil und kann weiter wachsen, weil ab dem Sattelpunkt der Summenkurve Energie freigesetzt wird. Unterhalb von r_c würde ein Riss sofort wieder kollabieren. ΔG_c bedeutet die kritische Rissbildungsenergie, welche aufgebracht werden muss, damit ein Riss kritischer Größe entsteht. Es ist die Aktivierungsenergie der Rissbildung.

Mit typischen Werten von $\gamma_{KG} \approx 0{,}3...0{,}5\ \gamma_{OF}$ beträgt der kritische interkristalline Keimradius $r_c \approx 1{,}8\ \gamma_{OF}/\sigma$. Setzt man beispielsweise den für Ni gültigen Wert von $\gamma_{OF} = 1{,}7$ J/m^2 ein, so errechnet sich bei einer Spannung von 500 MPa ein kritischer Risskeimradius von etwa 6 nm, was im Durchmesser etwa 50 Gitterparameterabständen entspricht. Auf einer Länge von rund 50 Atomabständen muss also der Werkstoff entlang einer Korngrenze einreißen, damit der Riss stabil bleibt und wachsen kann.

Um die Wahrscheinlichkeit der Rissinitiierung zu verringern, müssen die kritische Risskeimgröße r_c oder die zugehörige freie Enthalpieänderung ΔG_c möglichst hoch sein. Generell sind all diejenigen Maßnahmen geeignet, die Rissgefahr zu mindern, welche die spezifische Oberflächenenthalpie γ_{OF} erhöhen und die Korngrenzflächenenthalpie γ_{KG} sowie die Phasengrenzflächenenthalpie γ_{Ph} reduzieren. Im Übrigen muss erreicht werden, dass die lokalen Zugspannungen, welche die Trennung der Gitterbausteine bewirken, möglichst klein bleiben.

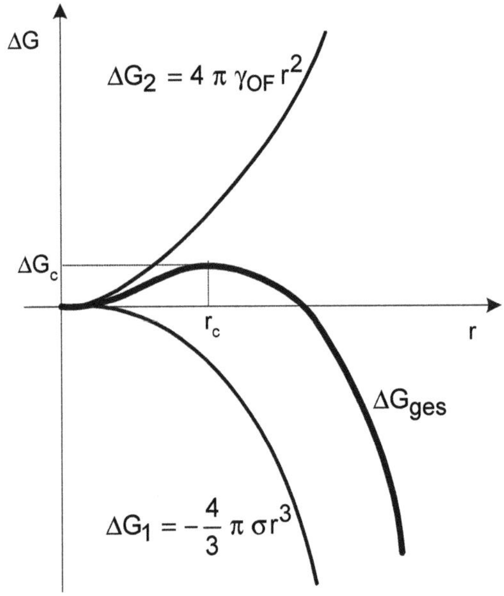

Bild 5.3 Energiebilanz bei der Risskeimbildung (r_c: kritischer Risskeimradius)

Hier ist homogene Rissbildung an einer beliebigen Stelle im Korn angenommen. Heterogene Risskeimbildung, z.B. an einer Korngrenze, verschiebt das Maximum der Summenkurve nach links unten, d.h. zu geringeren kritischen Rissgrößen.

Aus dieser Betrachtung kann auch entnommen werden, dass interkristalline Risse energetisch bevorzugt sind, wenn auch der abzuziehende Term im Zähler von Gl. (5.6) klein ist gegenüber dem ersten Term. Diese Tatsache darf man jedoch nicht generell auf das gesamte Bruchgeschehen übertragen, denn zum einen spielen weitere Mechanismen bei der Rissbildung und dem Risswachstum eine Rolle und zum andern wäre eine interkristalline Bruchfläche flächenmäßig größer als ein glatt transkristallin durchlaufender Riss, und damit wäre die insgesamt aufzubringende Oberflächenenergie höher. Interkristalline Brüche treten nur dann auf, wenn die Korngrenzen besondere Schwachstellen im Gefüge darstellen, wie beispielsweise beim Kriechen oder bei Anlassversprödung durch korngrenzenschwächende Verunreinigungen.

5.3 Sprödbrüche

5.3.1 Allgemeines

Die weitaus meisten Brüche an Bauteilen sind verformungsarm; seltener geht einem Bruch höhere plastische Verformung voraus. Statistisch betrachtet, machen die Ermüdungsbrüche (Schwingungsbrüche) in der Technik den weitaus größten Anteil aus, und diese Brüche weisen wenig makroskopische Verformung auf. Folgeschäden können dagegen nach dem primären Versagen durchaus mit hoher plastischer Verformung verbunden sein. **Bild 5.4** zeigt das Beispiel eines Schaufelschadens in einem Gasturbinenverdichter, der von einem spröden

Schwingungsbruch ausging und bei dem sich durch abgebrochene Schaufelteile sekundäre Schäden mit starker Deformation an allen benachbarten Schaufeln ereigneten.

Bild 5.4 Verformungsarmer Schwingungsbruch an zwei Schaufeln eines Gasturbinenverdichters (eingekreist) mit verformungsreichen Folgeschäden durch Bruchstücke

Sprödbrüche werden auch als Trenn-, Spalt- oder Normalspannungsbrüche bezeichnet (siehe Tabelle 5.2). Wenn die größte Hauptnormalspannung σ_1 (Zugspannung!) die Trennfestigkeit σ_T erreicht, reißen die atomaren Bindungen auf und es kommt zu einem spröden Trenn- oder Spaltbruch. Solche Brüche verlaufen global gesehen immer senkrecht zur Hauptnormalspannung σ_1. Dies ist auch bei den verformungsarmen Ermüdungsbrüchen der Fall.

Aus dieser Erkenntnis resultiert die Normalspannungshypothese zur Festigkeitsauslegung spröder Werkstoffe (siehe z.B. [5.1]). Unabhängig vom Spannungszustand tritt ein spröder Bruch unter statischer Belastung dann ein, wenn σ_1 die Zugfestigkeit erreicht: $\sigma_1 = R_m = \sigma_T$. **Bild 5.5** veranschaulicht dies anhand eines simplen Zugversuchs an einem Stück Tafelkreide.

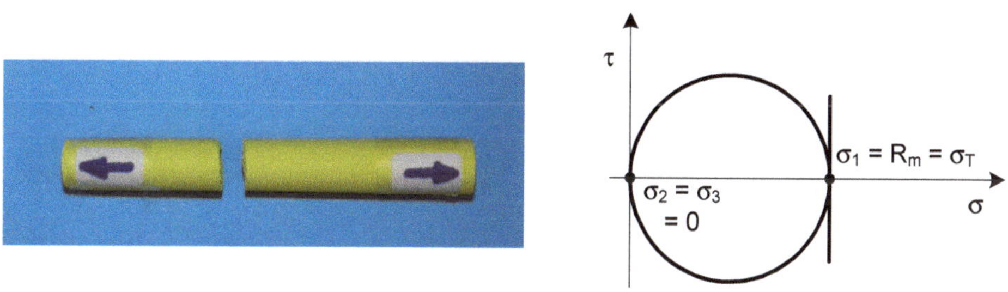

a) b)

Bild 5.5 Trennbruch unter Zug

a) Spröde getrenntes Stück Tafelkreide; Bruch senkrecht zu σ_1

b) Darstellung im Mohr'schen Spannungskreis

Unter folgenden Bedingungen ist mit einem spröden Versagen zu rechnen:

a) *Inhärent spröder Werkstoff*

Bei inhärent spröden Werkstoffen, wie Grauguss, gehärtetem und nicht angelassenem Stahl oder Keramik, kommt es unter allen Bedingungen zu einem Sprödbruch. Inhärent spröde ist ein Werkstoff unter folgenden möglichen Voraussetzungen:

- Er wurde extrem verfestigt und besitzt keine Verformungsreserven mehr, z.B. nach sehr starker Kaltverformung oder nach dem Härten ohne Anlassen.
- Die Peierls-Spannung zur Versetzungsbewegung ist höher als die Trennfestigkeit. Dies ist z.B. bei keramischen Werkstoffen oder intermetallischen Phasen als Matrixwerkstoff *ein* Grund für deren Sprödigkeit.
- Das von Mises-Kriterium ist nicht erfüllt, d.h. in dem betreffenden Kristallgitter gibt es keine fünf voneinander unabhängigen Gleitsysteme, um beliebige Verformung in einem Vielkristallverbund zu gewährleisten. In diesem Fall verhielte sich ein Einkristall aus dem Material duktil.

b) *Versprödeter Werkstoffzustand*

Im Betrieb hat sich der Zustand des Werkstoffes versprödet, wie z.B.

- nach Kaltaushärtung bei bestimmten Al-Legierungen,
- durch Anlassversprödung aufgrund von Segregation korngrenzenschwächender Elemente (S, P, Sn, Sb, As...) an die Korngrenzen bei erhöhten Betriebstemperaturen,
- im Falle von Spannungsrisskorrosion oder Wasserstoffversprödung,
- bei Lötbrüchigkeit durch Eindiffundieren niedrig schmelzender Elemente als Korngrenzenfilm oder
- durch Neutronenstrahlung in kerntechnischen Anlagen.

c) *Tieftemperatursprödigkeit*

Krz.-Metalle und -Legierungen verhalten sich im Bereich sehr tiefer homologer Temperaturen spröde, weil die Peierls-Spannung bei diesen Werkstoffen hoch und nicht vollständig thermisch aktiviert ist (Kap. 1.9.3 und 1.9.4). Dieser Effekt tritt besonders dann auf, wenn das Material vorher kaltverfestigt wurde, so dass die Fließspannung die Trennfestigkeit übersteigt.

d) *Schlagsprödigkeit*

Bei hoher Verformungsgeschwindigkeit und sehr tiefen Temperaturen verhalten sich krz.-Metalle und Legierungen schlagspröde. Wegen der Geschwindigkeitsabhängigkeit des effektiven Spannungsanteils bei der Verformung (siehe Kap. 1.9.3 und 1.9.4) macht sich dieses Phänomen bereits bei höheren homologen Temperaturen bemerkbar als die Tieftemperatursprödigkeit bei normalen Belastungsgeschwindigkeiten.

Früher waren viele Schiffsuntergänge auf Schlagsprödigkeit und geringe Bruchzähigkeit, besonders an Schweißnähten und Nieten, zurückzuführen, weil man die Zusammenhänge noch nicht kannte und die Qualität der Werkstoffe oft nicht ausreichte. Hohe Belastungsgeschwindigkeiten auf Biegung traten bei starkem Wellengang auf, was sprödes Auseinanderbrechen in kaltem Wasser verursachen konnte. Auch beim Titanic-Untergang hat sprödes Versagen des schwefelreichen Stahls nach dem Zusammenprall mit einem Eisberg, d.h. in sehr kalter See, offenbar eine Rolle gespielt.

e) *Spannungszustandsversprödung*

Bei einem dreiachsigen Zugspannungszustand tritt Dehnungsbehinderung in der Umgebung von Kerben und Rissen auf. Bei nahezu totaler Dehnungsbehinderung in einer Richtung im Falle ausreichend dicker Bauteilwandungen liegt ein ebener Dehnungszustand (EDZ) vor, so dass plastische Verformung unterdrückt wird und dann auch ein ansonsten duktiles Material spröde brechen kann (siehe Kap. 3.2, 4.3.3 und 4.3.5). **Bild 5.6** zeigt ein Schadenbeispiel an einer Fahrwerkaufhängung eines Flugzeuges. Über der 14 mm dicken Wand des Teiles aus einer Al-Legierung erkennt man seitlich die 45°-Scherlippen, die sich durch den ebenen Spannungszustand ausbilden, und innen den spröden Normalspannungsbruch aufgrund des EDZ.

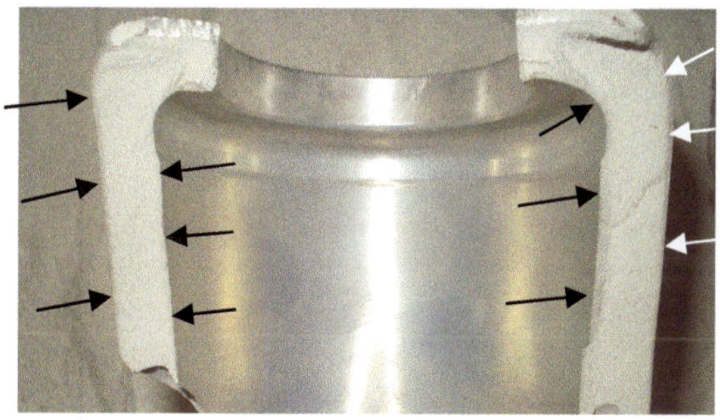

Bild 5.6 Spröder Gewaltbruch an einer dickwandigen Hülse einer Fahrwerkaufhängung

Seitlich treten 45°-Scherlippen durch den ESZ auf (Pfeile), in der Mitte liegt ein Normalspannungsbruch aufgrund des EDZ vor.

f) *Ermüdung*

Unter zyklischer, schwingender Belastung erfolgt das Werkstoffversagen ebenfalls makroskopisch spröde, sofern nicht der Ermüdungsbruch nach relativ wenigen Zyklen mit Spannungsausschlägen oberhalb der Fließgrenze erzeugt wurde. Auch der Schwingungsbruch verläuft senkrecht zur größten Hauptnormalspannung σ_1, es handelt sich also ebenfalls um einen Normalspannungsbruch. Zu beachten ist allerdings, dass es sich bei einem Ermüdungsbruch keineswegs um einen spröden Trennbruch handelt. Vielmehr spielt sich im Rissbereich Mikroplastizität ab. Dies ist auch der Grund, warum bei mehrachsigen Spannungszuständen die Vergleichsspannung unter schwingender Belastung in der Regel nach der von Mises-Hypothese (Gestaltänderungsenergiehypothese) berechnet wird und nicht nach der Normalspannungshypothese wie für spröde oder versprödete Werkstoffe.

Unter Bedingungen der Korrosionsermüdung und Schwingungsrisskorrosion erfolgt der Bruch erst recht spröde.

Während für Zug und Biegung die größte Hauptnormalspannung σ_1 und damit der Sprödbruchverlauf sofort zu identifizieren ist, bedarf ein Bruch unter Druckbelastung sowie unter Torsion einer gesonderten Betrachtung.

5.3.2 Sprödbruch unter Druckbelastung

Werden spröde Werkstoffe nur auf *Druck* belastet, was z.B. bei Baustoffen wie Mauersteinen der Fall ist, so kann ein Versagen nach dem Normalspannungskriterium nicht auftreten. **Bild 5.7** zeigt den Bruch einer Graugussprobe unter Druck

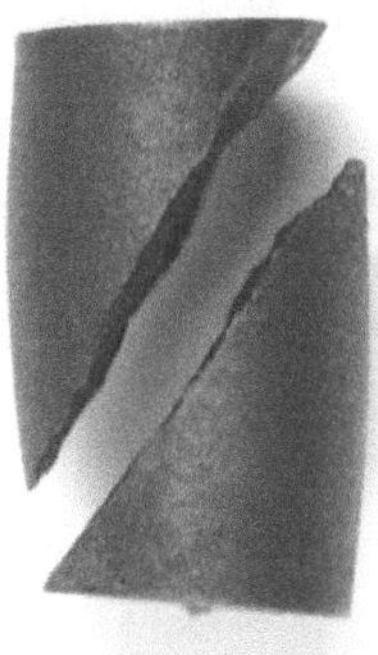

a)

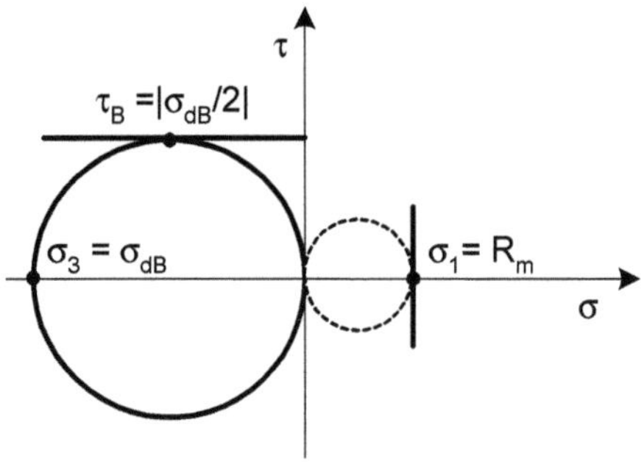

b)

Bild 5.7 Sprödbruch an einer GG-30-Probe (Grauguss mit Lamellengraphit) unter Druckbelastung
Gemessene Druck-Bruchfestigkeit: $\sigma_{dB} \approx 900$ MPa
Zum Vergleich nach Norm: R_m = 300 bis 400 MPa; A < 1 %
a) Probe mit Bruch unter ca. 45° zur Belastungsachse
b) Darstellung im Mohr'schen Spannungskreis; zum Vergleich ist der Spannungskreis für Bruch unter Zugbelastung (strichlierter Kreis) eingezeichnet mit dem für GG-30 genormten Zugfestigkeitswert relativ zur Druckfestigkeit

und den zugehörigen Mohr'schen Spannungskreis. Hier kann es nicht zum Aufreißen der Bindungen durch σ_1 kommen (σ_1 = 0) und durch σ_3 ohnehin nicht, sondern vielmehr scheren die Bindungen ab unter der Wirkung der maximalen Schubspannung $\tau_{max} = |\sigma_{dB}/2|$, der Scherbruchspannung τ_B. Im dargestellten Beispiel ist die gemessene Druckfestigkeit σ_{dB} (absolut) mehr als doppelt so hoch wie die genormte Zugfestigkeit. Der Grund für diesen hohen Unterschied liegt darin, dass sich bei Zugbelastung innere Fehler und Kerben durch die Graphitlamellen viel stärker auswirken und zu Rissbildung führen als unter Druck. Bei Baustoffen und anderen Keramiken wäre die Differenz zwischen der Druck- und Zugfestigkeit (falls eine solche überhaupt gemessen würde) noch viel höher als bei Grauguss, weil bei diesen Werkstoffen praktisch keine Fehlertoleranz durch mikroplastische Verformung besteht.

5.3.3 Spröder Torsionsbruch

Besondere Aufmerksamkeit muss dem *spröden Torsionsbruch* gewidmet werden. Dies liegt zum einen daran, dass der Bruch auf den ersten Blick ungewöhnlich verläuft, nämlich spiralförmig um die Torsionsachse herum, und deshalb einer ausführlicheren Deutung bedarf. Zum andern kommen derartige Anrisse oder Brüche häufiger an Wellen vor. Wellenwerkstoffe sind zwar grundsätzlich nicht inhärent spröde, aber da die Wellen umlaufen und somit zyklischen Belastungen ausgesetzt sind, können Ermüdungsrisse auftreten, welche senkrecht zu σ_1 verlaufen. Ein Torsions-Ermüdungsriss oder -bruch windet sich also spiral- oder schraubenförmig um die Wellenachse herum (siehe Kap. 5.5.6).

Bild 5.8 zeigt einen spröden Torsionsbruch, wie man ihn an einem Stück Tafelkreide in einem beliebten Hörsaalexperiment einfach erzeugen kann. Für die genaue Analyse des Bruchverlaufes müssen die Drehmoment- und Schubspannungsrichtung beachtet werden. Das folgende Beispiel wird mit einem linksdrehenden (positiven) Moment behandelt (siehe z.B. [5.1]). Die 1-Achse der größten Hauptnormalspannung σ_1, welche für den Sprödbruch verantwortlich ist, liegt in dem gewählten Fall unter -45° (mathematischer Drehsinn) zur Wellenachse, so dass der erste Anriss an der Oberfläche senkrecht dazu, also unter +45° zur Axialrichtung, auftritt.

Bei einem rechtsdrehenden Torsionsmoment müssen alle Spannungspfeile umgedreht sowie σ_1 und σ_3 getauscht werden. Vergleicht man den spiralförmigen Bruch mit einem Schraubengewinde, so erzeugt ein *rechts*drehendes Torsionsmoment auch ein *rechts*drehendes „Gewinde“ und umgekehrt, **Bild 5.9**.

5.3.4 Ideale Sprödbrüche

Unter einem ideal-spröden Bruch versteht man einen solchen, dem gar keine, auch keine mikroskopische plastische Verformung vorangeht (das Adjektiv „ideal“ suggeriert einen positiven Vorgang, was keineswegs der Fall ist). Bei einem solchen Bruch brechen die atomaren Bindungen nach rein elastischer Verformung auf, ohne dass sich Versetzungen bewegen können. Es gilt hierbei also bezogen auf einen Zugversuch:

$$R_e = R_m = \sigma_T \tag{5.7}$$

Ideale Sprödbrüche können *nur spontan* als Gewaltbrüche erfolgen, denn ein allmähliches Anwachsen der Spannung auf die Trennfestigkeit ist undenkbar. Dies würde voraussetzen, dass es ein stabiles Risswachstum gibt, welches jedoch bei ideal-spröden Materialien nicht existiert. Die Plastifizierung an einer Rissspitze, welche den Metallen ihre allgemein hohe Bruchzähigkeit verleiht, ist bei ideal-spröden Werkstoffen ausgeschlossen. Man könnte dies in Kurzform so formulieren: Entweder es hält oder es bricht sofort.

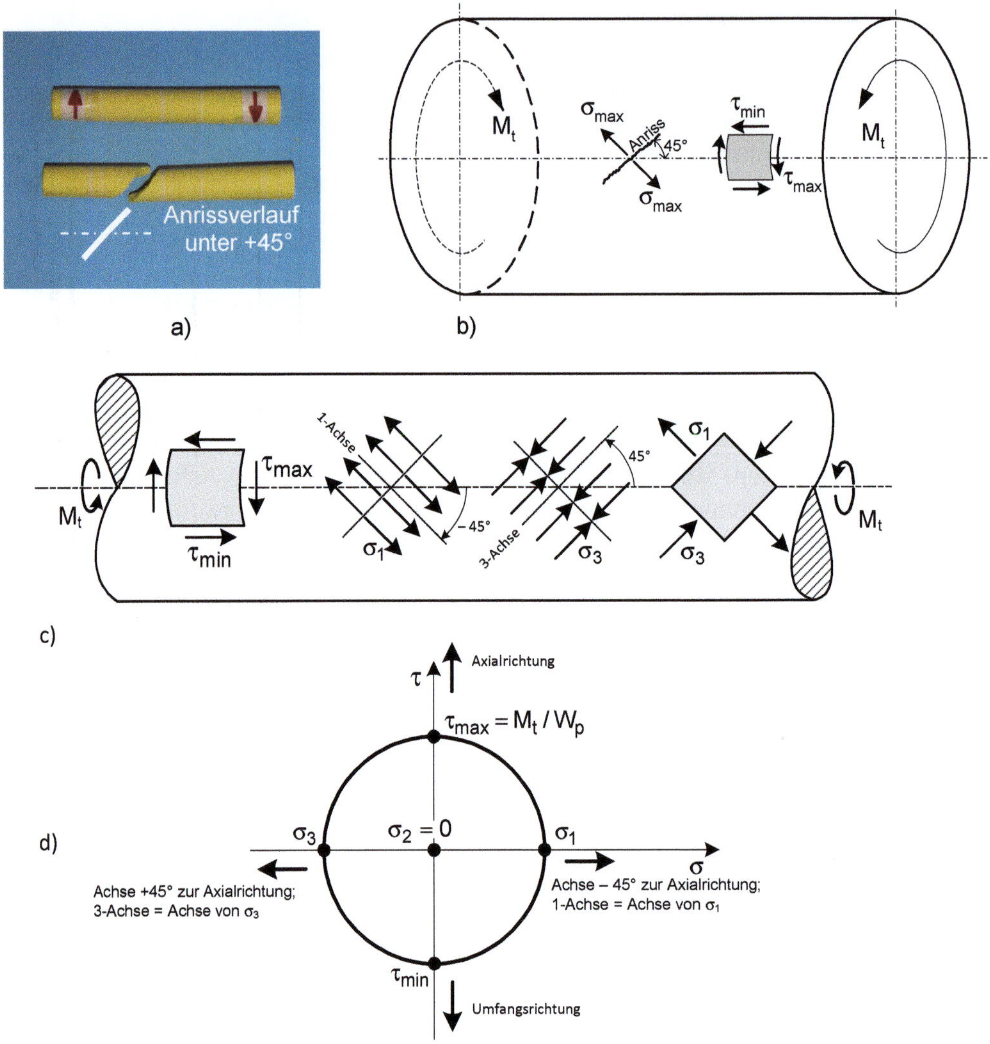

Bild 5.8 Zur Deutung des spröden Torsionsbruches

a) Spröder Torsionsbruch an einem Stück Tafelkreide bei *links*drehendem (positivem) Moment
Man muss die Kreide langsam mit beiden Händen *nur* tordieren. Der spiralförmige Bruch verläuft wie ein linksdrehendes Gewinde (siehe Strich).

b) Proben- oder Bauteilskizze mit dem Belastungsspannungselement auf der Oberfläche und dem Anrissverlauf unter der Wirkung von $\sigma_1 = \sigma_{max}$

c) Wie b), zusätzlich mit dem Hauptspannungselement sowie den Richtungen von σ_1 und σ_3

d) Mohr'scher Spannungskreis für den dargestellten Fall mit Angabe aller Hauptspannungen sowie den Vektoren der vier maßgeblichen Richtungen: Axialrichtung, Umfangsrichtung, 1-Achse und 3-Achse (W_p: polares Widerstandsmoment der Wellenquerschnittsfläche)

Die höchste erreichbare Festigkeit stellt die theoretische Festigkeit dar, welche sich zu $\sigma_{T\,max} \approx E/15$ aus den Bindungskräften berechnen lässt (Kap. 1.5). Für Stahl ergibt sich der enorm hohe Wert von $\sigma_{T\,max} \approx 14.000$ MPa, welcher von *keinem* Werkstoff erreicht wird. Eine höhere Festigkeit ist unter keinen Umständen möglich. Dieser Wert würde nur für einen völlig *fehlerfreien Kristall* zutreffen, ohne Versetzungen und ohne innere Trennungen, welchen es in der Praxis nicht gibt. Beispielsweise kann man, wie schon einige Male diskutiert, mit einem Stück Tafelkreide leicht einen ideal-spröden Bruch vorführen; die dabei erreichbare Festigkeit liegt jedoch bekanntermaßen viele Größenordnungen unterhalb des theoretischen Wertes, weil das Material – Tafelkreide ist ein Funktionswerkstoff – bei weitem nicht vollständig dicht ist. An inneren Fehlern und Rissen („Ungänzen") bauen sich Spannungsüberhöhungen auf, so dass die außen aufzubringende Bruchspannung stets erheblich geringer als der theoretische Wert ist.

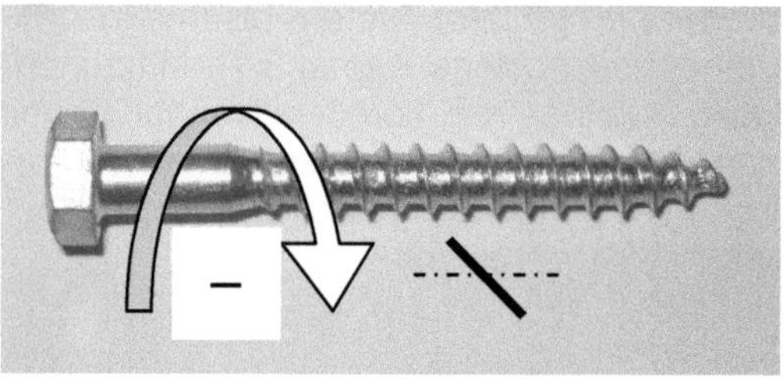

Bild 5.9 Rechtsdrehende Schraube

Die Schraubenlinie entspricht dem spröden Anrissverlauf unter -45° bei einem rechtsdrehenden (= negativen) Torsionsmoment.

Beispiele für ideal-sprödes Bruchverhalten stellen die meisten Keramiken, Mineralien, Gläser sowie Baustoffe wie Steine und Beton bei üblichen Umgebungstemperaturen dar. Wegen ihrer Sprödigkeit reagieren diese Stoffe auch besonders empfindlich auf innere Fehler, weil Spannungsüberhöhungen nicht „gutmütig" durch plastische Verformung abgebaut werden können; sie besitzen keine hohe Fehlertoleranz. Versetzungsbewegung ist in diesen Materialien bei tiefen Temperaturen praktisch ausgeschlossen, weil sie einen komplexen Kristallaufbau aufweisen mit großen Burgers-Vektorbeträgen (d.h. hohe innere Energieerhöhung durch Versetzungen, siehe Gl. 1.8). Außerdem ist die Peierls-Spannung, welche den Gitterwiderstand gegen das Versetzungsgleiten repräsentiert, sehr hoch wegen der starken ionischen oder kovalenten Bindungskräfte. Sie liegt in der Größenordnung von E/30, was z.B. für Al_2O_3-Keramik über 10.000 MPa bedeutet.

5.3.5 Reale Sprödbrüche

Reale Sprödbrüche, welche bei metallischen Werkstoffen vorkommen, sind nur makroskopisch spröde, mikroskopisch weisen sie eine gewisse Plastizität auf. Es laufen also Versetzungsbewegungen in begrenztem Ausmaß ab. Allerdings ist die Mobilität der Versetzungen stark eingeschränkt und/oder es liegen Schwachstellen im Gefüge vor, wie leicht aufreißende Phasen- oder Korngrenzen. Die Bruchzähigkeit K_{Ic} ist bei solchen Werkstoffen oder Werkstoffzuständen gering, so dass relativ kurze Anrisse schon zum instabilen, sofortigen Bruch führen (siehe Kap. 4). Mikroplastizität findet nur vor der Rissspitze statt; die Breite der plastischen Zone ist umso geringer, je niedriger der K_{Ic}-Wert und je höher die Streckgrenze des Werkstoffes ist (siehe Gl. 4.25 und 4.26).

Risskeime von kritischer Länge liegen herstellungs- oder fertigungsbedingt in einem Bauteil bereits vor oder sie werden durch Gleitvorgänge gebildet, **Bild 5.10**. Der erstgenannte Fall trifft besonders bei keramischen Werkstoffen zu. In metallischen Werkstoffen kommt es durch Gleiten zum Aufstau von Versetzungen vor Hindernissen, wie Korngrenzen oder Phasengrenzen. Die Spannungskonzentration durch den Aufstau übersteigt die Grenzflächenfestigkeit und es bildet sich ein Anriss besonders dann, wenn die Kohäsion an diesen Grenzflächen durch segregierende Spurenelemente oder durch einen Korrosionsprozess, bei dem schädigende Elemente von außen hineindiffundieren, geschwächt ist. Die Anzahl der aufstauenden Versetzungen ist proportional zur Korngröße, d.h. bei groben Körnern können sich mehr Versetzungen aufstauen. Folglich bilden sich in grobkörnigen Materialien eher und größere Anrisse als in feinkörnigen: $2\,a \sim d_K$ (2 a ist die Länge eines Innenrisses, siehe Kap. 4.3.1). Mit zunehmender Korngröße steigt daher das Risiko für einen real-spröden Trennbruch mit Mikroplastizität. Jede zusätzlich in einen Anriss einlaufende Versetzung vergrößert diesen, so dass letztlich eine kritische Risslänge a_c erreicht wird und makroskopisch sprödes Versagen bei geringerem K_{Ic}-Wert auftritt.

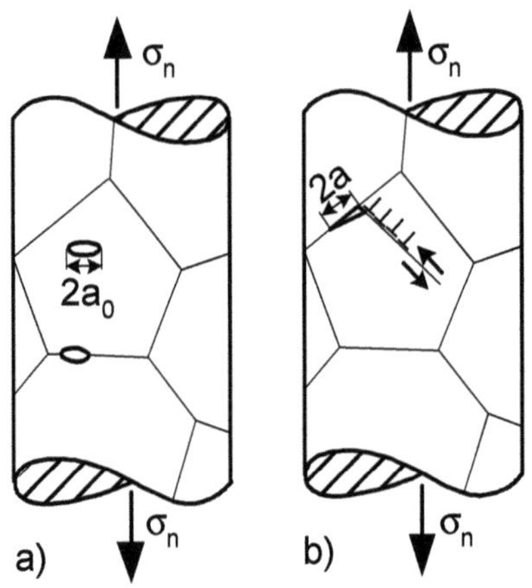

Bild 5.10 Risskeime in spröden Werkstoffen (nach [5.2])

a) Risse von kritischer Länge liegen bereits vor, hier trans- und interkristallin
b) Risse werden durch Aufstau von Versetzungen an Grenzflächen gebildet, hier an einer Korngrenze

Zu weiterer makroskopisch plastischer Verformung kommt es in den real-spröden Werkstoffen nicht, weil sie generell kein hohes Verformungsvermögen besitzen. Dies kann an einer oder mehreren der in Kap. 5.3.1 aufgezählten Ursachen liegen.

Der real-spröde Trennbruch verläuft interkristallin, wenn die Korngrenzen besonders geschwächt sind, was beispielsweise nach Anlassversprödung durch seigernde Spurenelemente wie P, S, As... in Stählen und vielen anderen Werkstoffen der Fall ist. **Bild 5.11** zeigt ein Bruchbild einer Fe-P-Legierung. Auch bei der so genannten Lötbrüchigkeit, bei der bei höheren Temperaturen von außen, z.B. aus einer Beschichtung, Elemente bevorzugt entlang von Korngrenzen eindringen (wie beim Löten), wird der interkristalline Zusammenhalt geschwächt.

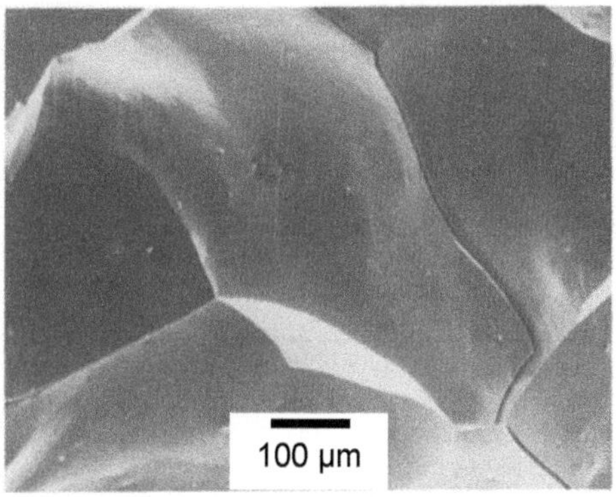

Bild 5.11 Spröder interkristalliner Bruch an einer Fe-P-Legierung (aus [5.3])

Transkristallin wird ein Werkstoff spröde versagen, wenn Phasengrenzen im Korninnern als Schwachstellen auftreten. Eine schwache Grenzfläche ist eine solche mit hoher Grenzflächenenergie, d.h. mit starker Gitterstörung (siehe Kap. 5.2 und Gl. 5.6). Auch an spießigen oder plattenförmigen Ausscheidungen, an denen sich eine hohe Kerbwirkung durch starke Störung des gleichmäßigen Kraftlinienflusses ausbildet, reißen die Phasengrenzen durch die Spannungskonzentration bevorzugt ein. Die Bruchflächen weisen oft ein so genanntes Flussmuster (*river pattern*) auf, **Bild 5.12**, welches Stufen von aufeinandertreffenden Spaltflächen markiert. Diese dürfen nicht mit Verformungsspuren verwechselt werden.

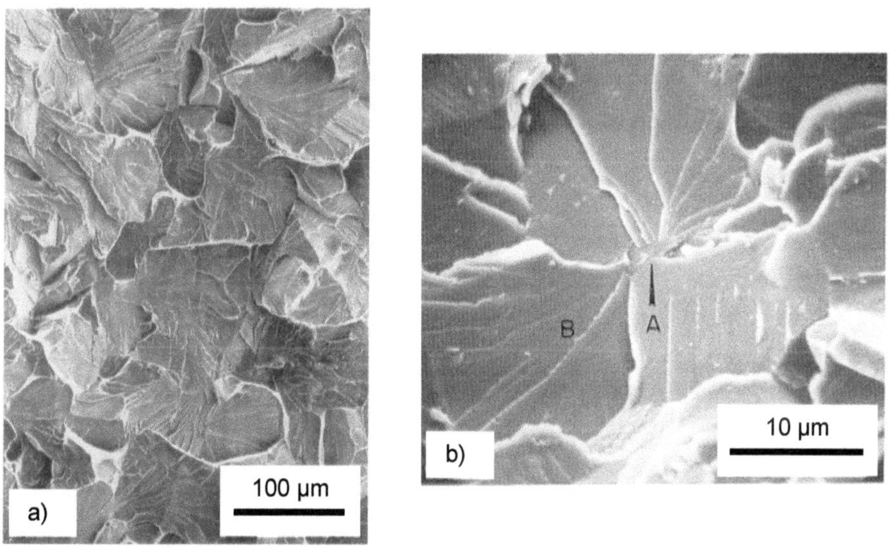

Bild 5.12 Transkristalline Sprödbrüche

a) Facettenförmige Spaltflächen, Ähnlichkeit mit verzweigten Flussläufen (*river pattern*), Werkstoff: X2CrTi12 (1.4512), aus [5.3]
b) Spaltbruchflächen von einem gebrochenen Karbid (A) ausgehend; B deutet die Flussmuster (*river pattern*) an, aus [5.4]

Ermüdungs- oder Schwingungsbrüche, die ebenfalls in die Kategorie der realen Sprödbrüche fallen, werden ausführlicher in Kap. 5.5 behandelt.

5.3.6 Statistik der Festigkeiten spröder Werkstoffe

Die Festigkeitsangabe bei spröden Werkstoffen, besonders bei Keramiken, erfolgt in Verbindung mit einer *Wahrscheinlichkeit* für einen bestimmten Festigkeitswert. Dies liegt daran, dass sich herstellungsbedingte Fehler in spröden Materialien direkt auf die Festigkeit auswirken. Diese Werkstoffe zeigen praktisch keine Fehlertoleranz (engl.: *forgiveness*), so dass die Bruchfestigkeit von der Fehlergröße und der örtlich an einem Fehler herrschenden Spannung abhängt. Die Festigkeit ist deshalb auch *volumenabhängig*. Die Wahrscheinlichkeit für einen kritischen Fehler ist in einem großen Volumen höher als in einem kleinen.

Die Festigkeit spröder Werkstoffe lässt sich meist gut mithilfe der *Weibull-Statistik* beschreiben. Die Versagenswahrscheinlichkeit p_B (p: Probabilität = Wahrscheinlichkeit, B: Bruch) gibt an, welcher Anteil einer Menge identischer Proben eines bestimmten Volumens bei einer bestimmten Spannung σ bricht. Die mathematische Formulierung ist identisch mit der Avrami-Johnson-Mehl-Funktion (kurz meist Avrami-Funktion), welche einen S-förmigen Verlauf aufweist. Die Steilheit des „S“ ist hier ein Maß für die Streuung der Festigkeitswerte.

Die allgemeine Funktion lautet:

$$y = 1 - e^{-x^n} \quad \text{mit } n > 1 \tag{5.8}$$

Bezogen auf die Weibull-Statistik für Festigkeitswerte ergibt sich folgende Formulierung:

$$p_B(\sigma) = 1 - e^{-(\sigma_B / \sigma_0)^m} \tag{5.9 a}$$

p_B Bruchwahrscheinlichkeit

σ_B Bruchfestigkeit (Zugfestigkeit R_m, Biegefestigkeit σ_{bB} oder auch Druckfestigkeit σ_{dB})

σ_0 Spannungskonstante, um den Exponenten benennungslos zu machen

m Weibull-Exponent (bei Keramiken: $m \approx 3...10$; bei metallischen Werkstoffen: $m >$ ca. 40).

Die Spannungskonstante σ_0 hat keine besondere Bedeutung; sie muss lediglich eingeführt werden, um den Exponenten benennungslos zu machen. Für $\sigma_B = \sigma_0$ ist $p_B(\sigma_0) = 1 - 1/e \approx 0{,}632$. Bei einer Bruchwahrscheinlichkeit von 63,2 % lässt sich σ_0 aus einem Datensatz ablesen.

Die Bruchwahrscheinlichkeitswerte p_B stammen im einfachsten Fall aus der Summenverteilung genügend vieler Festigkeitswerte, z.B. Zugfestigkeiten oder – wie bei Keramiken meist üblich – Biegefestigkeiten. Bei einer bestimmten Bruchfestigkeit σ_1 wird der Anteil *aller* Proben, die bei Spannungen $\leq \sigma_1$ gebrochen sind, zur *Gesamtzahl* aller geprüften Proben als Bruchwahrscheinlichkeit p_B eingetragen. Bei einer Spannung σ_2 wird analog verfahren, usw. Im Bereich geringer Spannungen existieren naturgemäß immer nur sehr wenige Messwerte, beginnend selbstverständlich mit nur einem, nämlich dem geringsten Festigkeitswert. Aus diesem Grund weichen die geringen Festigkeitswerte vom Weibull-Verlauf manchmal deutlich ab.

Um zu erkennen, ob sich die Kennwerte nach der Weibull-Statistik beschreiben lassen und um den Weibull-Exponenten m einfach zu ermitteln, werden die gemessenen Bruchfestigkeiten meist nicht in linearer Achsenteilung mit dem typischen S-Verlauf aufgetragen, sondern so, dass sich eine Gerade ergeben sollte. Um eine Geradengleichung zu erhalten, muss die Weibull-Funktion zweifach logarithmiert werden. Zunächst wird Gl. (5.9 a) wie folgt umgestellt:

$$\frac{1}{1-p_B} = e^{(\sigma_B/\sigma_0)^m} \tag{5.9 b}$$

Die erste natürliche Logarithmierung ergibt:

$$\ln\frac{1}{1-p_B} = \left(\frac{\sigma_B}{\sigma_0}\right)^m \tag{5.10}$$

und die zweite dekadische Logarithmierung:

$$\begin{aligned} \lg\left(\ln\frac{1}{1-p_B}\right) &= \underbrace{-m\,\lg\sigma_0}_{=\text{const.}} + m\,\lg\sigma_B \\ \text{Gerade}: \; y &= \quad b \quad + m\;x \end{aligned} \tag{5.11}$$

Die Steigung m, den Weibull-Exponenten, erhält man folglich aus zwei beliebigen Wertepaaren (σ_{B1}, p_{B1}) und (σ_{B2}, p_{B2}) auf der Geraden:

$$m = \frac{\lg\left(\ln\frac{1}{1-p_{B_1}}\right) - \lg\left(\ln\frac{1}{1-p_{B_2}}\right)}{\lg\sigma_{B_1} - \lg\sigma_{B_2}} = \frac{\lg\left(\ln\frac{1}{1-p_{B_1}}\right) - \lg\left(\ln\frac{1}{1-p_{B_2}}\right)}{\lg\left(\sigma_{B_1}/\sigma_{B_2}\right)} \tag{5.12}$$

Der letzte Umformschritt wurde gewählt, um im Nenner den Numerus dimensionslos zu machen. Bei Verwendung doppelt-logarithmischen Papiers wird auf der Abszisse die Bruchfestigkeit σ_B aufgetragen und auf der Ordinate die Zahlenwerte von $\ln[1/(1-p_B)]$. Trifft die statistische Auswertemethode zu, so liegen die Werte auf einer Geraden mit der Steigung m.

Bild 5.13 zeigt ein Beispiel für Keramik, wobei sich $m \approx 5$ ergibt. Man kann auch so genanntes Weibull-Wahrscheinlichkeitspapier benutzen (nicht zu verwechseln mit dem normalen Wahrscheinlichkeitspapier nach einer Gauß-Verteilung), bei dem die Ordinate so geteilt ist, dass direkt die p_B-Werte eingetragen werden können (siehe Bild 5.13 b, linke Ordinatenteilung).

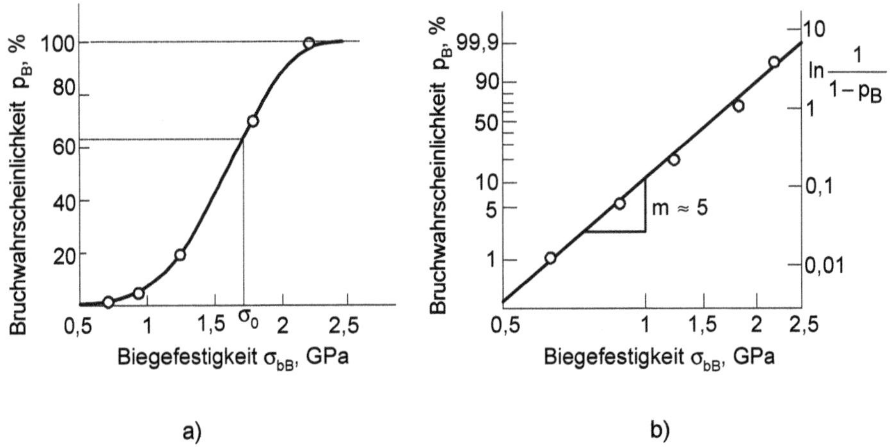

Bild 5.13 Statistische Festigkeitsauswertung nach der Weibull-Methode (nach [5.5])

a) Lineare Achsenteilung der Bruchwahrscheinlichkeit gegen die Biegefestigkeit von Keramik ($\sigma_0 \approx 1{,}7$ GPa)

b) Auftragung in zweifach logarithmierter Form (linke Ordinate) und einfach logarithmiert (rechte Ordinate) gegen die Biegefestigkeit (log.)
Falls die Messwerte auf einer Geraden liegen, gehorchen sie der Weibull-Auswertung.

Je größer der Weibull-Exponent ist, umso steiler verläuft die S-Kurve, d.h. die Streuung der Festigkeitswerte ist umso geringer. Sehr spröde Materialien, wie Keramiken, Mineralien (auch Gestein), Glas oder Baustoffe, weisen einen geringen Weibull-Exponenten von etwa 3 bis 5 auf. Ingenieurkeramiken, die für Bauteile mit höherer Zuverlässigkeit hergestellt werden, erreichen m ≈ 10. Für Gusseisen, welches zwar spröde ist, aber als metallischer Werkstoff eine gewisse

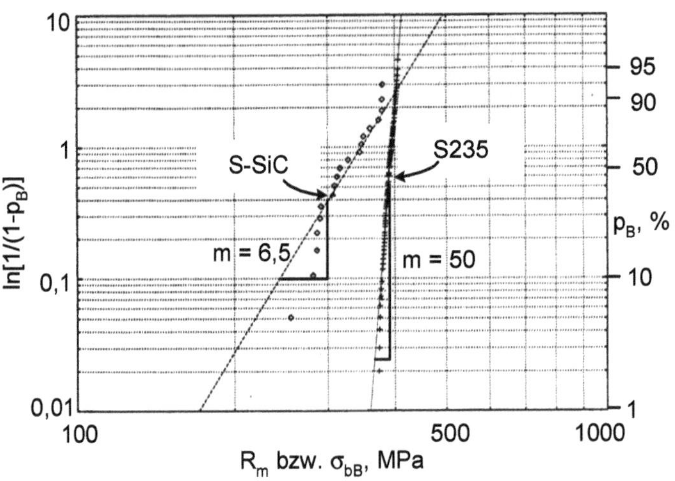

Bild 5.14 Weibull-Auswertung der Biegefestigkeit von gesintertem SiC im Vergleich zur Zugfestigkeit von S235

Die p_B-Werte stammen aus Summenverteilungen.

Mikroplastizität erlaubt, wird m ≈ 40 ermittelt. Duktilere Werkstoffe, die wesentlich weniger empfindlich auf innere Fehler reagieren, besitzen einen um einen Faktor

10 höheren m-Wert als Keramiken: m ≈ 50. Bei ihnen ist eine Auswertung nach der Weibull-Statistik unüblich, allenfalls zum Vergleich zu spröden Materialien. Dazu zeigt **Bild 5.14** ein Beispiel für gesinterte SiC-Keramik mit m ≈ 6,5 im Vergleich zu S235 mit m ≈ 50. Der Weibull-Exponent kann also als Maß für die Fehlertoleranz und auch für die Herstellungsqualität spröder Werkstoffe angesehen werden.

5.4 Duktilbrüche

Bei den Duktilbrüchen bezieht man sich überwiegend auf die Befunde von Proben aus Zugversuchen. Bei *Bauteilen* treten in der Praxis derartige Brüche jedoch kaum auf. Dennoch ist es sinnvoll, die Versagensmechanismen bei Duktilbrüchen zu analysieren und damit das Werkstoffverhalten in dem wichtigen Versuch der Werkstoffprüfung zu verstehen.

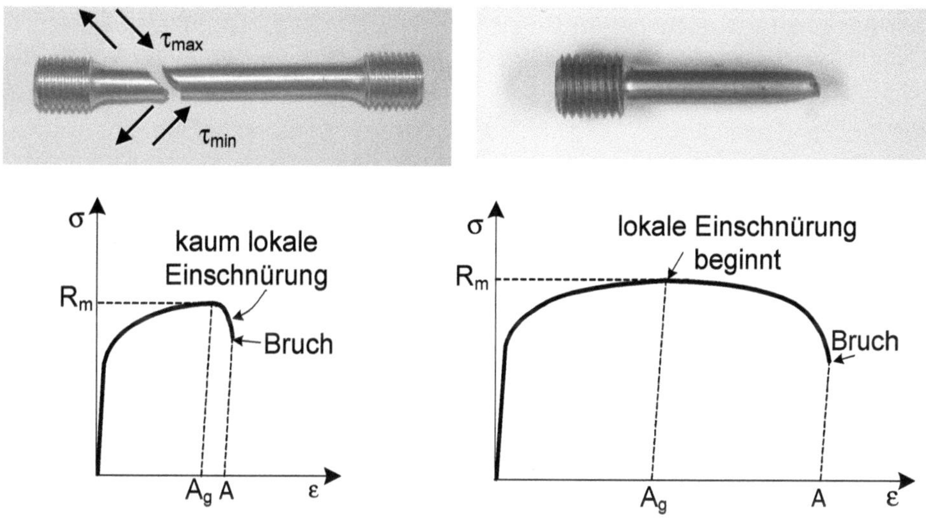

a) b)

Bild 5.15 Verformungsbrüche im Zugversuch mit zugehörigen schematischen Spannungs-Dehnungs-Diagrammen

a) Scherspannungsbruch unter ±45° an einer Probe aus einer Aluminium-Automatenlegierung AlMgCuPb; A = 11 %; Z = 18 %
b) Trichterbruch („Teller-Tassen-Bruch") an einer Baustahlprobe aus S235JR (frühere Bezeichnung: St 37-2); A = 35 %; Z = 65 % (die bei diesem Werkstoff auftretende ausgeprägte Streckgrenze ist in der Skizze weggelassen; sie hat nichts mit dem Bruch zu tun.)

Duktiles Versagen erfolgt in aller Regel *transkristallin*, weil es interkristalline Brüche bei sehr hoher Verformung so gut wie nicht gibt (siehe Tabelle 5.3). Auch interkristalline Kriechbrüche (siehe Kap. 5.6) weisen meist keine sehr hohe Duktilität auf, denn die „Schwachstelle Korngrenze“ führt zum Bruch, bevor hohe Beträge durch Kornvolumenverformung zustande kommen können.

Duktilbrüche von Zugproben zeichnen sich durch eine messbare Einschnürung aus. Die Brucheinschnürung Z gibt die prozentuale Änderung des jüngsten Querschnittes gegenüber dem Anfangsquerschnitt an: $Z = (S_0 - S_u)/S_0$. Als S_u wird stets der *kleinste* Querschnitt nach dem Bruch gemessen. Allerdings sind zwei Fälle zu unterscheiden, **Bild 5.15**. In dem einen, Bild 5.15 a), spielt sich die Querschnittsverjüngung nahezu gleichmäßig über der ganzen Messlänge ab; eine lokal höhere Einschnürung wird kaum gemessen. Im σ-ε-Diagramm macht sich dies dadurch bemerkbar, dass nach Erreichen der maximalen technischen Spannung, der Zugfestigkeit R_m, fast sofort der Bruch eintritt, ohne dass sich die Probe nennenswert weiterdehnt. Die Bruchdehnung A und die Gleichmaßdehnung A_g unterscheiden sich kaum. Im anderen Fall, Bild 5.15 b), erkennt man deutlich eine lokal höhere Einschnürung, welche sich in einem lang gestreckten Dehnbereich nach Überschreiten von R_m äußert: $A >> A_g$. Es wäre zweckmäßig, zusätzlich zur Einschnürung eine *Gleichmaßverjüngung* Z_g anzugeben, bei welcher der untere Querschnitt im Bereich der *gleichmäßig* verformten Messlänge bestimmt wird. Dies ist jedoch unüblich und in der Norm für den Zugversuch (DIN EN 10 002) auch nicht vorgesehen.

Die Brüche dieser beiden duktilen Versagenstypen unterscheiden sich gravierend. Bei mittelmäßig duktilen Werkstoffen, wie dem Beispiel in Bild 5.15 a), beobachtet man einen reinen Scherspannungsbruch (oder Scherbruch), welcher unter etwa ±45° zur Achse von σ_1 und somit unter der Wirkung von τ_{max} bzw. τ_{min} auftritt. Für die Versetzungsbewegungen und das Versagen spielt das Vorzeichen von τ, ganz anders als von σ, keine Rolle. Bei Bruch gilt für die Bruchschubspannung: $\tau_B = R_m/2$ (siehe Mohr'scher Kreis z.B. in Bild 5.5).

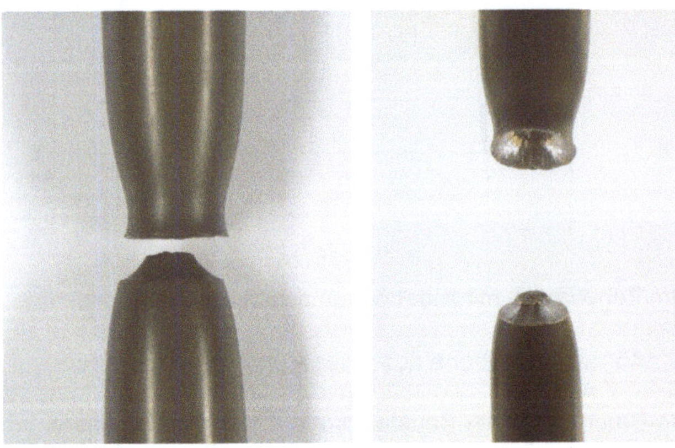

Bild 5.16 Trichterbruch an einer Kupferprobe („Teller-Tassen-Bruch“; *Cup-and-cone*-Bruch)

Der Trichterrand weist einen Scherbruch unter 45° auf, der Trichterboden einen Normalspannungsbruch unter 90°, allerdings mit der duktilen Wabenstruktur.

Bei höherer Duktilität, ausgedrückt durch eine höhere Bruchdehnung und besonders durch eine höhere Einschnürung, treten an Rundzugproben Mischbrüche auf, die auch als Trichterbrüche oder „Teller-Tassen-Brüche“ (engl.: *cup and cone fracture*) bezeichnet werden, **Bild 5.16**. Dieser Bruch teilt sich in zwei Bereiche auf: einen seitlich umlaufenden Scherbruch unter ca. ±45°, den Trichterrand, sowie einen mittigen Normalspannungsbruch unter 90° zu σ_1, den Trichterboden.

Durch die Einschnürung bildet sich ein mehrachsiger Zugspannungszustand wie bei einem Kerbstab aus (Kap. 3.1 und Bild 3.2). Direkt an der Oberfläche können sich keine Radialspannungen aufbauen; der Spannungszustand ist dort zweiachsig. Im Innern liegen neben den axialen und tangentialen auch radiale Zugspannungen vor. Je stärker sich die Probe lokal einschnürt und je größer somit der Spannungskonzentrationsfaktor wird, umso stärker nimmt auch die Radialspannung $\sigma_r \equiv \sigma_3$ relativ zur Axialspannung $\sigma_a \equiv \sigma_1$ zu. Dadurch rücken diese beiden Hauptnormalspannungen enger zusammen, der von ihnen aufgespannte Mohr'sche Kreis wird kleiner, wenngleich die absoluten Werte der *wahren* Spannungen durch die steigende zügige Belastung zunehmen, die Kreise also nach rechts verschoben werden, siehe Bild 3.4. Durch den dreiachsigen Zugspannungszustand und den ebenen Dehnungszustand wird die weitere plastische Verformung behindert. Schließlich kann sogar im Mittenbereich σ_1 die Trennfestigkeit σ_T erreichen und dadurch einen spröden Normalspannungsbruch der Restfläche hervorrufen (siehe Bild 3.4 c). Dieses Phänomen wurde schon als *Spannungszustandsversprödung* vorgestellt (Kap. 3.2).

Bei Blechproben oder bei sehr dünnen Rundproben tritt kein Trichterbruch auf, weil sich nur ein zweiachsiger Zugspannungszustand ausbilden kann, wie am Rand der dicken Rundproben. Die duktilen Werkstoffe scheren dann ab und schnüren zu Meißel- bzw. Nadelspitzen ein. An genügend dicken Rechteckproben beobachtet man selbstverständlich ebenso einen Mischbruch wie an dicken Rundproben.

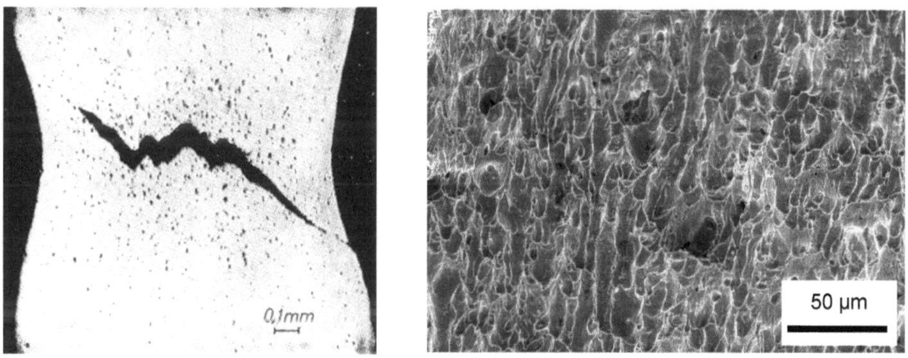

a) b)

Bild 5.17 Duktiler transkristalliner Wabenbruch im Zugversuch

a) Schnitt durch einen eingeschnürten und angerissenen Stab kurz vor dem Bruch (aus [5.6])
Die Schädigung konzentriert sich auf den Einschnürbereich.

b) Rasterelektronenmikroskopische Aufnahme einer Bruchfläche mit der typischen Wabenstruktur an S235

Man hat es bei dem Mischbruch mit einem scheinbaren Widerspruch zwischen sehr duktilem Werkstoffverhalten und einem spröden Trennbruchanteil zu tun. Letzterer tritt aber erst als *Folge* starker Einschnürung auf, welche ihrerseits ein Maß für hohe Verformungsfähigkeit ist. Wie schon in Kap. 3.2 erwähnt, kann die

Spannungszustandsversprödung auch bei sehr duktilen Werkstoffen vorkommen.

Bevor es beim Trichterbruch zum Trennbruch kommt, geht im letzten Stadium hohe plastische Verformung mit mikroskopischer Schädigung voraus, **Bild 5.17**. Man spricht von einem *Wabenbruch*, weil die Anrisse durch weitere plastische Verformung zu wabenförmigen Hohlräumen (engl.: *dimples*) an- und zusammenwachsen, die man unter einem Rasterelektronenmikroskop und oft auch schon unter einem Stereomikroskop bei geringerer Vergrößerung erkennen kann.

Wie Bild 5.17 erkennen lässt, spielt sich die beschriebene Schädigung fast ausschließlich im Einschnürbereich ab; im übrigen Messlängenbereich findet man kaum Anrisse. Die Einschnürung ist in der Regel *keine* Folge der Anrisse, sondern diese entstehen erst, nachdem sich die Probe lokal eingeschnürt hat. Stoppt man einen Zugversuch, nachdem man gerade eben den Beginn einer Einschnürung beobachtet hat, dreht die Probe dann über, so dass wieder überall derselbe Durchmesser vorliegt, und zieht sie dann erneut, so wird sie sich in den meisten Fällen an einer anderen als der ursprünglichen Stelle einschnüren. Wo dies geschieht, hängt von zufälligen kleineren Schwachstellen ab, wie Riefen oder einem etwas geringeren Durchmesser.

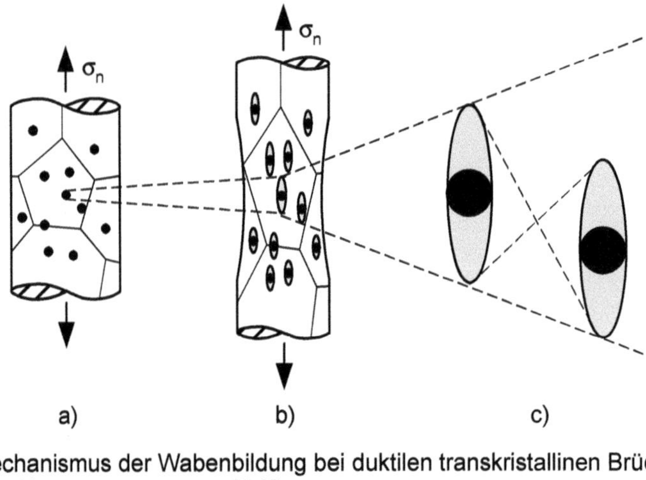

Bild 5.18 Mechanismus der Wabenbildung bei duktilen transkristallinen Brüchen (σ_n ist die anliegende Nennspannung; aus [5.2])

a) Der Werkstoff enthält Teilchen, wie harte Ausscheidungen oder nichtmetallische Einschlüsse; die Verformung befindet sich hier im Bereich der Gleichmaßdehnung.
b) An den Teilchen stauen sich Versetzungen auf und die Phasengrenze reißt durch die Spannungskonzentration auf; dies geschieht überwiegend im Einschnürbereich.
c) Ausschnittvergrößerung: Die Risse weiten sich durch plastische Verformung zu wabenförmigen Hohlräumen (*Dimples*) auf; die Verbindungsstege scheren ab oder brechen durch den dreiachsigen Spannungszustand spröde auseinander.

Bild 5.18 verdeutlicht den Mechanismus des Wabenbruchs. Dabei spielen harte Teilchen, wie absichtlich erzeugte Ausscheidungen oder herstellbedingte, nichtmetallische Einschlüsse (Oxide, Sulfide) eine entscheidende Rolle. Versetzungen stauen sich vor diesen Phasen auf und bewirken eine lokale Spannungskonzentration, die umso höher ist, je mehr Versetzungen blockiert werden. Es kommt nach stärkerer Deformation – wie erwähnt meist erst nach Einschnürung – zu Anrissen an den Phasengrenzen (Analogie: Gedränge einer Menschenmenge vor einer verschlossenen Tür, die bei genügend hohem Druck aufbricht). Anders als bei spröden Werkstoffen bilden sich diese Anrisse bei viel höheren Verformungsbeträgen, und sie führen dann auch nicht sofort zum Bruch, weil sich die Versetzungen leicht bewegen können. Die Anrisse weiten sich vielmehr durch fortschreitende plastische Verformung zu länglichen, wabenähnlichen Hohlräumen auf (*Dimples*). Die Stege zwischen diesen Löchern können durch weitere Plastifizierung abscheren und die Waben somit zusammenwachsen. Falls sich ein ebener Dehnungszustand aufgebaut hat, kann es auch zu einem spröden Restbruch kommen, der senkrecht zu σ_1 liegt. Die Seitenflächen der Probe scheren, wie beschrieben, in jedem Fall duktil ab und folgen τ_{max} oder τ_{min}.

Die Anzahl der sich vor harten Teilchen aufstauenden Versetzungen hängt von der Korngröße ab. Je *gröber* ein Korn ist, umso *mehr* Versetzungen laufen vor Hindernissen auf und umso höher ist folglich die Spannungskonzentration an der Phasengrenze. Dies erklärt, warum feinkörnige Materialien eine höhere Duktilität besitzen als grobkörnige.

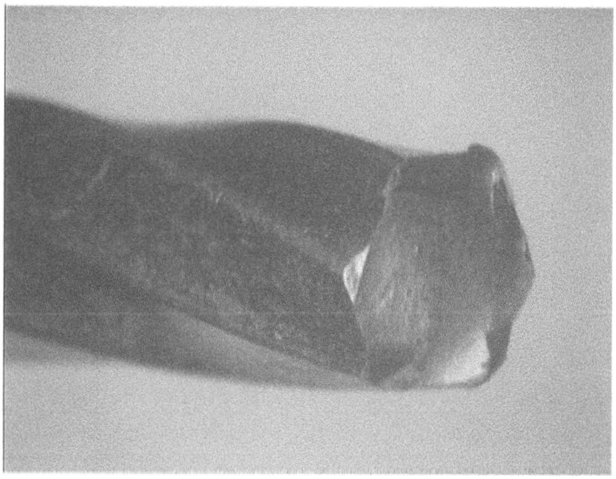

Bild 5.19 Duktiler Torsionsbruch

Die Bruchfläche liegt in der Querschnittebene parallel zu τ_{max} oder τ_{min}, hier erzeugt an einem „billigen" Innensechskantschlüssel, welcher sich bei der Torsion mehrfach um die Längsachse verdreht hat, bevor der Bruch entstand.

Durch den geschilderten Schädigungsmechanismus wird verständlich, dass hoch reine, einphasige Werkstoffe ohne oder mit nur wenigen Einschlüssen, bei denen auch ansonsten die Versetzungsbewegungen nicht behindert sind, sich außerordentlich duktil verhalten und Einschnürwerte von nahezu 100 % erreichen.

Die Oberflächen duktil gebrochener Proben weisen oft eine so genannte Orangenhautstruktur auf, weil sich die Körner in Zugrichtung eindrehen und weil zur Oberfläche hin freie, ungehinderte Deformation stattfinden kann.

Bild 5.19 zeigt einen Duktilbruch unter Torsion im Vergleich zum Sprödbruch (Bild 5.8). Er folgt der größten Schubspannung τ_{max} oder τ_{min} (abhängig von der Richtung des Torsionsmomentes), welche bei Torsion in der Querschnittsebene liegt, siehe Bild 5.8. Folglich verläuft der Bruch auch in dieser Ebene. Der Anriss startet außen, wo die Schubspannungen über dem Querschnitt am größten sind, und wächst dann weiter nach innen, bis zuletzt ein Steg in der Mitte bricht.

5.5 Ermüdung und Schwingungsbrüche

5.5.1 Einführung

In Kap. 2 sind die Kennwerte der zyklischen Belastung und Ermüdung behandelt, die Schädigungs- und Bruchmechanismen werden nachfolgend vorgestellt.

Zunächst wird darauf aufmerksam gemacht, dass der oft benutzte Begriff „Dauerbruch" ungünstig gewählt ist, denn im Bereich der Dauerschwingfestigkeit kommt es *nicht* zum Bruch. Falls durch das Präfix „Dauer-" ein Zeitbruch gemeint sein sollte (siehe Kap. 5.1), so trifft dies selbstverständlich z.B. auch für einen Kriechbruch zu. Schon aus diesem Grund wäre die Bezeichnung „Dauerbruch" nicht eindeutig. Die Ausdrücke *Ermüdungsbruch* oder *Schwingungsbruch* treffen den Sachverhalt demgegenüber exakt. In Kap. 5.1 wurde der Begriff „Zeitbruch" für alle zeit- und zyklenzahlabhängigen Brüche gewählt, welcher sowohl für statische Zeitstandbrüche bei hohen Temperaturen (Kap. 5.6) als auch für das hier behandelte Versagen im Gebiet der Zeitschwingfestigkeit geeignet ist.

Als *Ermüdung* bezeichnet man in der Technik die den Werkstoff *schädigende Folgeerscheinung einer zyklischen Belastung.*

Ermüdung hat somit nichts mit einer „Alterung" des Werkstoffs oder Bauteils zu tun, wie manchmal fälschlicherweise formuliert, sondern allein mit der mechanischen Beaufschlagung durch zeitlich veränderliche Spannungen. Die primäre Ursache kann auch eine zeitlich variierende Temperatur sein, welche zyklische Wärmespannungsänderungen hervorruft. Man spricht dann von *thermischer Ermüdung*, die hier nicht näher behandelt wird (siehe „Weiterführende Literatur").

Um die Mechanismen der Ermüdung zu verstehen, ist ein Vergleich mit idealspröden Werkstoffen zweckmäßig (siehe Kap. 5.3.4). Plastifizierung an der Rissspitze, wie sie bei Metallen üblich ist, ist bei ideal-spröden Materialien ausgeschlossen. Folglich kann es bei diesen auch kein stabiles Risswachstum unter zyklischen Bedingungen geben. Es kommt spontan zum instabilen Wachstum des längsten Risses und damit zum Bruch, wenn die Zugspannung einen kritischen Wert erreicht. Dies träfe für reine, monolithische Keramiken zu. Allerdings existiert bei Keramiken eine Reihe von möglichen Maßnahmen, um das spontane, nahezu geradlinige Durchlaufen eines Risses senkrecht zu σ_1 zu verhindern, z.B. durch Partikel- oder Faserverstärkung sowie durch Umwandlungs-„Plastizität". Es handelt sich dabei nicht um klassische Plastizität im Sinne von Versetzungsbewegungen, sondern um andere, pseudo-plastische Effekte, welche die Bruchzähigkeit erhöhen und ein stabiles Risswachstum ermöglichen (z.B. [5.7]).

Erfahrungsgemäß sind Studenten zunächst überrascht von der Tatsache, dass Ermüdungsbrüche bei Oberspannungen unterhalb der Streckgrenze auftreten können. Die Streckgrenze markiert eben *nicht*, wie in der Festigkeitslehre vereinfachend angenommen, diejenige Spannung, unterhalb derer *ausschließlich* elastische Verformung geschieht. Bei rein elastischer Verformung könnte sich kein zeit- oder zyklenzahlabhängiger Bruch entwickeln, allenfalls ein spontaner Gewaltbruch bei Überschreiten der Trennfestigkeit. Vielmehr spielen sich schon bei Spannungen deutlich unterhalb der Streckgrenze mikroplastische Vorgänge ab (siehe z.B. Kap. 1.9). Als Folge davon entwickelt sich allmählich irreversible Schädigung in Form von Rissen, **Tabelle 5.4**. Zyklische Verformung kennzeichnet die ablaufenden *Versetzungs*mechanismen, Ermüdung die Schädigungs- oder *Versagens*mechanismen.

Tabelle 5.4 Schema der Vorgänge bei der zyklischen Verformung und Ermüdungsschädigung (nach [5.8])

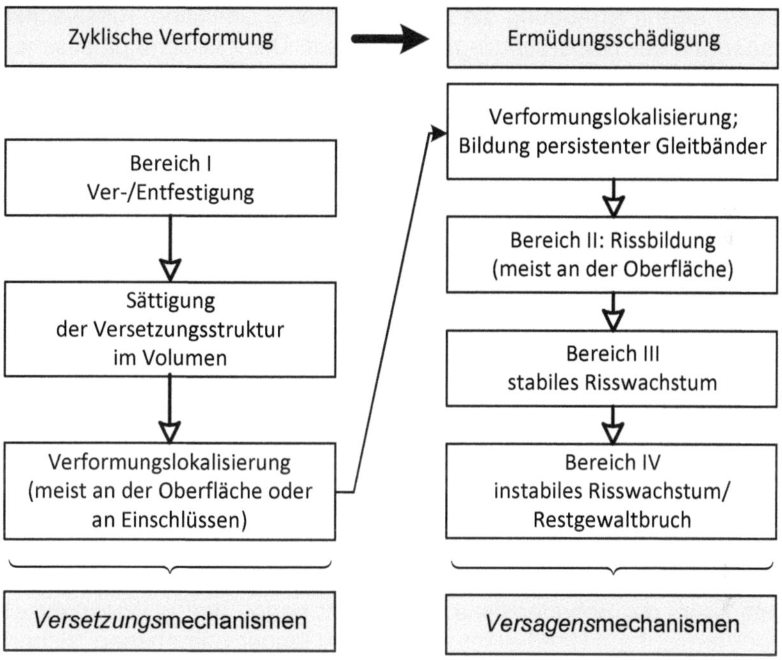

Bild 5.20 stellt die einzelnen Bereiche in einem Wöhler-Diagramm grob schematisch im Zusammenhang mit der Risswachstumskurve dar. Die strichpunktierten Linien sollen lediglich ungefähre Übergänge markieren; keinesfalls sind sie quantitativ oder relativ zur Bruchzyklenzahl zu verstehen. Außerdem beachte man die logarithmische Abszissenteilung, um nicht einer „optischen Täuschung" über die Zyklenzahlen in den verschiedenen Abschnitten zu unterliegen. Die vier zu unterscheidenden Bereiche sind wie folgt charakterisiert:

I. In der anrissfreien Anfangsphase tritt Verfestigung oder Entfestigung ein – je nach Ausgangszustand des Werkstoffes – oder aufeinanderfolgende Ver- und Entfestigung im gesamten Werkstoff*volumen*. Diese Vorgänge spielen sich auch bei Spannungen unterhalb der Dauerschwingfestigkeit ab.

II. Nach Verlagerung der plastischen Verformung vom gesamten Werkstoffvolumen auf randnahe Bereiche oder auf besonders exponierte Stellen im Innern, wie z.B. nichtmetallische Einschlüsse oder spießige oder plattenförmige Ausscheidungen mit hoher Kerbwirkung, erfolgt *Mikrorissbildung*. Diese ist beschränkt auf den *Zeitschwingfestigkeitsbereich* oberhalb der Dauerschwingfestigkeit oder eventuell noch leicht darunter bei lokalen Spannungskonzentrationen.

III. In der *Risswachstumsphase* erfolgt ein definierter, stabiler Risslängenzuwachs pro Zyklus da/dN, wie z.B. 0,1 µm/Zyklus. Dieses Stadium erfasst sowohl zeitlich den größten Lebensdauerbereich (logarithmische Achsenteilung!) als auch visuell praktisch die gesamte Ermüdungsbruchfläche. Es verleiht dem Begriff Ermüdung die zuvor gegebene Definition. Risswachstum tritt *nur oberhalb der Dauerschwingfestigkeit* auf. Die zyklische plastische Verformung ist fast ausschließlich auf die Zone vor der Rissspitze konzentriert.

IV. Der *Restgewaltbruch* des verbleibenden Querschnittes tritt im letzten Zyklus dann ein, wenn die anliegende Spannung die Restfestigkeit des angerissenen Querschnitts erreicht.

Als *Schadenslinie* (im angelsächsischen Schrifttum als *French-Linie* bekannt) bezeichnet man den Übergang von Bereich II nach III. Diese Kurve kennzeichnet σ_a-N-Parameter, bis zu denen eine Probe oder ein Bauteil belastet werden darf, ohne dass bei nachfolgender Belastung in Höhe der Dauerschwingfestigkeit Bruch auftritt. Würde dagegen eine Vorbeanspruchung oberhalb der Schadenslinie erfolgen, so wäre anschließend die Dauerschwingfestigkeit herabgesetzt. Bis zur Schadenslinie bilden sich Mikrorisse – bei niedrig gekohlten Stählen z.B. typisch in der Größenordnung von 0,1 mm –, welche bei Belastung auf Dauerschwingfestigkeitsniveau nicht wachstumsfähig sind. Die Schadenslinie führt auf die Anrisslastspielzahlen N_A im Gegensatz zur Bruchlastspielzahl N_B der Wöhler-Kurve.

Für die technische Praxis ist diese Erkenntnis allerdings von geringem Nutzen, denn man kennt die Schadenslinie meist nicht genau genug. Vielmehr wird zum einen bei Verdacht auf Überbelastung oder bei länger betriebenen, sicherheitsrelevanten Bauteilen eine zerstörungsfreie Rissprüfung vorgenommen und zum andern berechnet man nach der Miner-Regel die Ermüdungserschöpfung (Kap. 2.5).

Bei dem eingangs in Bild 5.1 gezeigten tragischen ICE-Unglück hatte sich an der Innenseite des Radreifens ein Ermüdungsriss gebildet. Infolge der Radbelastung (Radaufstandskraft) und der Radumdrehungen kam es zu einer zyklischen Belastung des Radreifens. Die Zugschwellbeanspruchung an der Innenseite des Radreifens führte zu einem ausgedehnten Ermüdungsrisswachstum und zum Bruch des Radreifens (siehe z.B. [5.10])

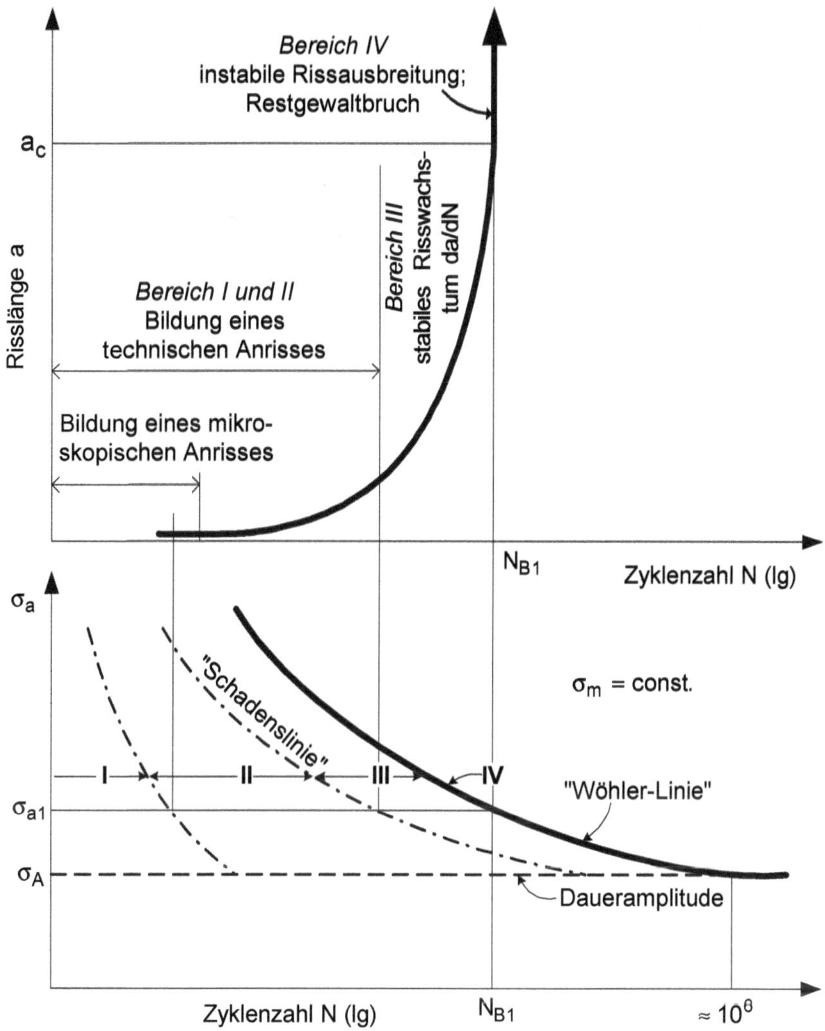

Bild 5.20 Schematisches Wöhler-Diagramm (unten) mit den Bereichen I–IV im Zeitschwingfestigkeitsgebiet sowie dem Verlauf der Ermüdungsrissbildung und –ausbreitung (oben) in Abhängigkeit von der Zyklenzahl für eine Spannungsamplitude $\sigma_{a\,1}$ und die Bruchlastspielzahl $N_{B\,1}$ (oberes Teilbild nach [5.9])

I Aufbau einer Versetzungsstruktur im gesamten Volumen durch zyklische Verformung

II Verformungslokalisierung und lokalisierte Risskeimbildung; Wachsen zu einem Mikroriss = technischer Anriss mit nachweisbarer Länge (Größenordnung: 1 mm)

III Stabiles Risswachstum mit konstantem Längenzuwachs pro Zyklus da/dN (logarithmische Abszissenteilung beachten!). Den Übergang zum Bereich III bezeichnet man als Schadenslinie, weil ab dieser Linie der Anriss so lang ist, dass er auch bei Spannungen unterhalb der Daueramplitude wachsen könnte. Bei Vorbelastung bis zur Schadenslinie bliebe die Dauerschwingfestigkeit unbeeinflusst.

IV Instabile Rissausbreitung und Restgewaltbruch im letzten Zyklus; a_c ist die kritische Risslänge, ab der spontanes Versagen auftritt.

5.5.2 Bereich I – Zyklische Ver- und Entfestigung sowie Verformungslokalisierung

Im Bereich I in Bild 5.20 laufen Versetzungsreaktionen im gesamten Werkstoffvolumen ab, bis ein Sättigungszustand in der Versetzungsstruktur erreicht ist. Dies ist meist schon in der Größenordnung von einigen hundert Zyklen oder wenigen Prozent der Gesamtzyklenzahl der Fall (logarithmische Achsenteilung!).

Eine zyklische Verfestigung ist typisch für weichgeglühtes Ausgangsmaterial, zyklische Entfestigung tritt dagegen bei vorverformten Zuständen auf. Neben der Änderung der Versetzungsdichte spielt sich auch eine Umverteilung der Versetzungen ab, die je nach Werkstoff unterschiedliche Formen annehmen kann, **Bild 5.21**. Neben mehreren anderen Parametern sind dabei die Höhe der Maximalspannung (in erster Linie ist die Oberspannung maßgeblich) sowie die Stapelfehlerenergie γ_{SF} von Bedeutung. Auch bei Oberspannungen unterhalb der Streckgrenze finden diese Vorgänge statt, weil lokal stets eine genügend hohe Spannung vorliegt, um Versetzungsmaschen zu bewegen (siehe z.B. Kap. 1.9.1 und Bild 1.24 zur Verdeutlichung). Bei einmaliger Belastung, wie im Zugversuch, bringen diese plastischen Mikroverformungen keine besonders auffälligen Veränderungen in der Versetzungsstruktur mit sich. Bei zyklischer Belastung kommt es demgegenüber zu deutlichen Abweichungen von der Ausgangsstruktur durch die wiederkehrenden Spannungen, bis sich letztlich ein Sättigungszustand eingestellt hat, welcher sich zumindest im gesamten Volumen nicht mehr nennenswert verändert bei gleich bleibendem Belastungsmodus.

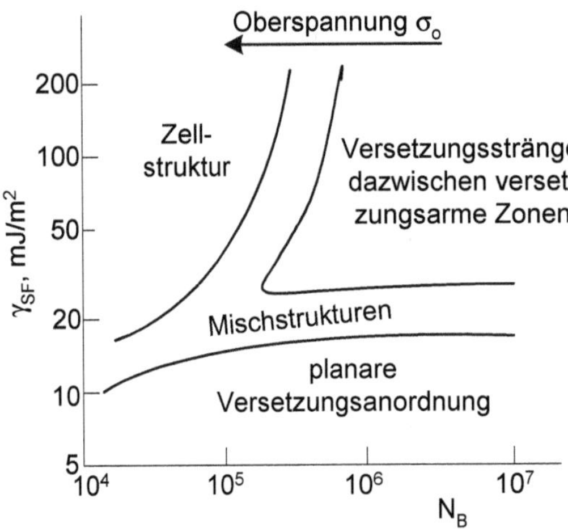

Bild 5.21 Versetzungsstrukturen bei zyklischer Belastung im ganzen Werkstoffvolumen in Abhängigkeit von der Stapelfehlerenergie sowie der Bruchlastspielzahl bzw. der Oberspannung (qualitativ), nach [5.11]

Bei tiefen physikalischen Temperaturen beeinflusst die Stapelfehlerenergie u.a. das Quergleiten von Schraubenversetzungen, und dieses wiederum wirkt sich auf die Versetzungsanordnung aus. Bei hoher Versetzungsaufspaltung (niedriger Wert von γ_{SF}, wie z.B. bei vielen austenitischen Stählen und α-Messingen) ist das Quergleiten erschwert und die Versetzungen konzentrieren sich planar in ihren parallelen Hauptgleitebenen. Ist die Versetzungsaufspaltung gering (hoher Wert von γ_{SF}, wie bei ferritischen Stählen und Al-Legierungen) und die wirksame

Spannung hoch genug, so findet man eine Versetzungszellstruktur vor, die Ähnlichkeit mit Subkörnern hat, ohne dass sich jedoch durch Klettern von Stufenversetzungen Kleinwinkelkorngrenzen ausbilden konnten. Bei geringeren Oberspannungen konzentrieren sich die Versetzungen eher in weniger zellförmig ausgeprägten Strängen oder Bändern. Die Zwischenräume zwischen den Zellwänden und den Versetzungssträngen sind dabei versetzungsarm.

Die Versetzungsreaktionen stellen noch keine irreversible Schädigung dar. Sozusagen den Anfang vom Ende, den Beginn der *Versagens*mechanismen, leitet erst die Konzentration der zyklischen plastischen Verformung auf bestimmte Bereiche ein. In erster Linie geschieht dies in oberflächennahen Gebieten. Dies ist zurückzuführen auf Spannungskonzentrationen, welche an Oberflächen durch Riefen und Kerben stets vorliegen. In Kap. 2.3.2 wurde bereits der Einfluss der Oberflächenqualität auf die Dauerschwingfestigkeit vorgestellt. Auch im Werkstoffinnern kann es an groben Teilchen, wie nichtmetallischen Einschlüssen (Oxide, Sulfide) oder kerbwirkenden nadel- oder plattenförmigen Ausscheidungen, zu Spannungskonzentrationen kommen. Besonders kritisch wirken sich solche Phasen aus, wenn sie zufällig direkt an der Oberfläche liegen.

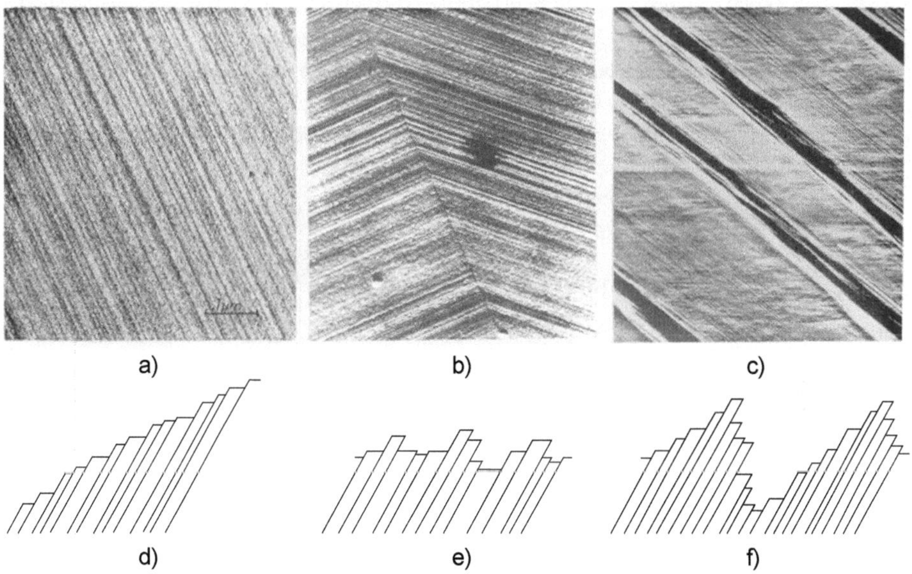

Bild 5.22 Oberflächenstrukturen nach plastischer Verformung (aus [5.6])
a), d) Gleitbänder nach einsinniger, nicht zyklischer Belastung zum Vergleich
b), e) Nach zyklischer Belastung mit geringer Lastspielzahl
c), f) Nach zyklischer Belastung mit Lastspielzahlen im Bereich der Sättigung (Ende Bereich I) mit ausgeprägten Extrusionen und Intrusionen

In den oberflächennahen Körnern findet man verstärkt *Ermüdungsgleitbänder*, die so genannten *persistenten Gleitbänder* (= anhaltende, nicht verschwindende Gleitbänder, engl.: *persistent slip bands* – PSB). In diesen Gleitbändern, die besonders markant in Körnern mit einer zufällig günstigen Orientierung des Gleitsystems unter dem Winkel der maximalen Schubspannung auftreten, d.h. unter ca. ±45° zur Achse von σ_1, findet eine höhere Gleitaktivität statt als in Körnern im Werkstoffinnern. Dies wird damit begründet, dass an den Oberflächenkörnern die Zwängungen durch Nachbarkörner weniger ausgeprägt sind.

Die Bildung der PSB nahe der Oberfläche hat eine Konsequenz, die das weitere Ermüdungsgeschehen beeinflussen kann. Das Gleiten der Versetzungen in den PSB führt zu einem Oberflächenrelief mit Ausstülpungen und Einstülpungen, auch als *Extrusionen* und *Intrusionen* bezeichnet, **Bild 5.22**. Besonders die Intrusionen in Bild 5.22 c) und f) stellen Mikrokerben dar, an welchen sich mikroskopisch feine Anrisse bilden können, aus denen im Bereich II technische Anrisse entstehen.

5.5.3 Bereich II – Mikrorissbildung

Grundsätzlich gibt es zwei Möglichkeiten der Mikrorissbildung: Entweder liegen an Bauteilen technische Anrisse bereits von Anfang an vor oder sie werden im Bereich II durch die zyklische Belastung gebildet. Als technischer Anriss wird ein Riss verstanden, der mit hoch auflösenden zerstörungsfreien Methoden erkennbar ist. Die typische Länge eines solchen Anrisses liegt in der Größenordnung von zehntel Millimetern, meist aufgerundet auf 1 mm.

Sofern technische Anrisse, z.B. in Form von Einbrandkerben an nicht oder schlecht verschliffenen Schweißnähten oder in Form von Schmiedefalten, bereits vorhanden sind, brauchen die nachfolgend beschriebenen Vorgänge nicht beachtet zu werden. Bei kritischen Belastungsparametern erfolgt dann sofort stabiles Risswachstum im Bereich III.

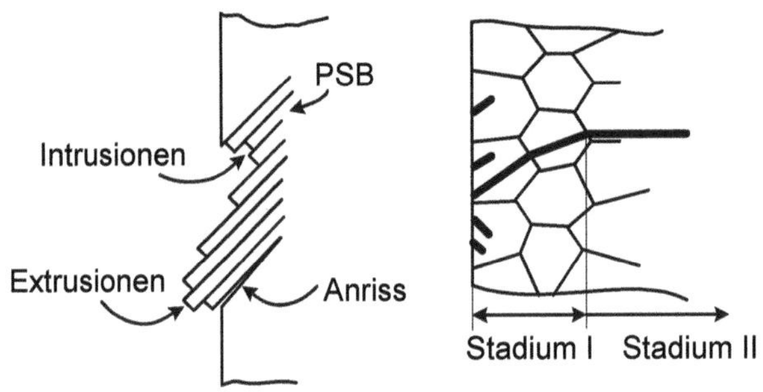

Bild 5.23 Anrissbildung im Stadium I unter ca. ±45° aufgrund von Intrusionen und Extrusionen an der Oberfläche (nach [5.12])

PSB: Persistente Gleitbänder

Auch an anrissfreien, polierten Proben aus hochreinen Werkstoffen ohne kerbwirkende Phasen können sich Ermüdungsrisse bilden und zum Bruch führen. Die mikroskopisch feinen Anrisse entstehen in solchen Fällen an den Intrusionen der an der Oberfläche austretenden Gleitbänder. Da – wie erwähnt – die Gleitbänder besonders markant an den günstig orientierten Körnern unter ca. ±45° zu beobachten sind, verlaufen auch die im Bereich II erzeugten Anrisse etwa unter diesem Winkel. Sie erstrecken sich nur über die Breite von ein bis zwei Körnern und werden oft als Stadium I des Ermüdungsrisses bezeichnet, **Bild 5.23** (engl.: *stage I*; nicht zu verwechseln mit dem Bereich I der zyklischen Verformung, Tabelle 5.4 und Bild 5.20). Fehlt ein Anriss unter etwa ±45°, was bei praktischen Schadensfällen oft der Fall ist, so war entweder von vornherein ein kritischer, wachstumsfähiger Anriss vorhanden oder der Stadium I-Anriss kann wegen geringer Korngröße nicht klar erkannt werden. Falls sich Anrisse im Werkstoffinnern an groben Einschlüssen bilden, tritt ohnehin kein 45°-Anrissstadium in Erscheinung.

Aufgrund der geschilderten Mechanismen verläuft der Anriss unter zyklischen Belastungen *transkristallin*, und auch das Risswachstum erfolgt durch die Körner hindurch. Nur in selteneren Fällen reißt einmal eine Korngrenze auf.

5.5.4 Bereich III – Stabiles Risswachstum

Das Geschehen im Bereich III macht den nahezu gesamten Anteil der Ermüdungsrissfläche aus. Im Bereich II hat sich mindestens *ein* Anriss gebildet (oder war bereits vorhanden), welcher unter den Belastungsparametern wachstumsfähig ist. Andernfalls wäre die Konstruktion dauerschwingfest. Der Riss (im Folgenden wird im Singular geschrieben; es können aber auch zunächst mehrere Risse wachsen) wächst etwa so, wie sich ein Reißverschluss Krampe für Krampe öffnet. Eine Krampe entspricht dabei einem Schwingstreifen, **Bild 5.24**. Dieses Wachstum, das *makroskopisch* senkrecht zur größten Hauptnormalspannung σ_1 und *transkristallin* stattfindet, bezeichnet man als Stadium II (*stage II*).

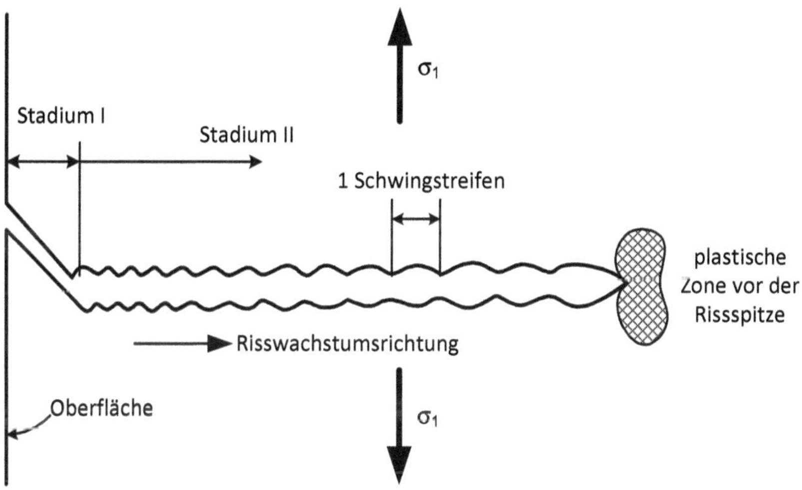

Bild 5.24 Schematisches Ermüdungsrisswachstum im Stadium I und II (nach [5.13]) Hier ist angenommen, dass der Anriss sich im Stadium I unter ca. 45° bildet. Im Stadium II erfolgt stabiles Risswachstum; jeder Lastwechsel erzeugt einen Schwingstreifen. Der Schwingstreifenabstand nimmt mit der Zyklenzahl leicht zu, weil die Spannung am Riss mit wachsender Risslänge ansteigt.

Schwingstreifen (engl.: *fatigue striations*) markieren den Risslängenzuwachs pro Zyklus: da/dN. Ihr Abstand ist oft so gering (Bereich: 5 nm bis 0,1 µm), dass sie mikroskopisch bestenfalls mit dem Rasterelektronenmikroskop aufgelöst werden können, dies aber auch nicht immer. In jedem Fall ist die Ermüdungsrissfläche makroskopisch ziemlich glatt.

Mikroskopisch weist die Ermüdungsrissfläche im Stadium II eine Zickzackstruktur auf (siehe Bild 5.24), weil das Risswachstum bei metallischen Werkstoffen auf Versetzungsbewegungen in einer plastischen Zone vor der Rissspitze zurückzuführen ist. Dies führt zu sukzessiven winzigen Rissöffnungen jeweils unter etwa ±45° zu σ_1.

Die Schwingstreifen formieren sich zu unzähligen feinsten Streifen etwa konzentrisch um die Rissausgangsstelle herum, **Bild 5.25**. Dadurch lässt sich der Ausgangspunkt oft gut mit bloßem Auge eingrenzen, auch wenn er selbst nicht markant hervortritt, es sei denn, es hat ein klassischer Stadium I-Anriss unter ca. 45° stattgefunden.

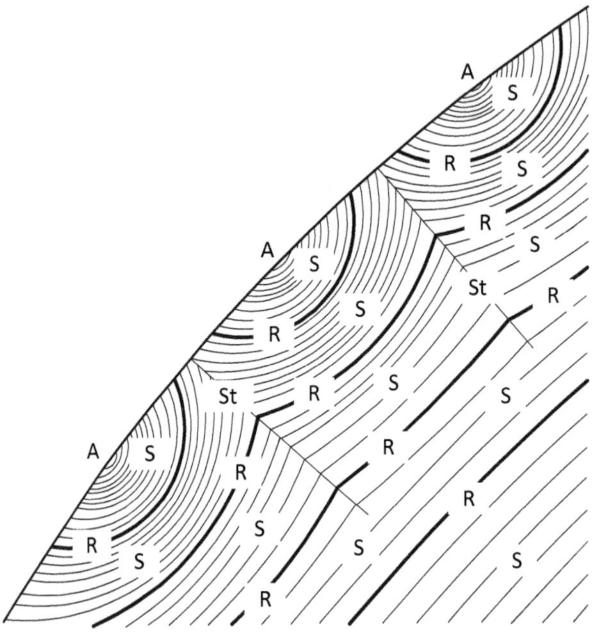

Bild 5.25 Schematischer Aufbau einer Ermüdungsrissfläche (nach [5.13])

Hier sind drei Ausgangspunkte angenommen.
A – Rissausgänge (*origins*)
S – Schwingstreifen (*striations*)
R – Rastlinien (*beach marks*)
St – radiale Streifen, an denen Rissbahnen zusammentreffen (*ratchet marks*)

Bei mehreren Rissausgängen, wie in Bild 5.25 angedeutet, wachsen zunächst Schwingstreifen unabhängig voneinander nach innen, bis die Rissbahnen zusammentreffen. Dort entstehen Stufen (als „St" in Bild 5.25 bezeichnet) oder radiale Streifen (engl.: *ratchet marks*). Weiter entfernt von den Rissausgängen verlaufen die Schwingstreifen auf gemeinsamen Linien.

Bild 5.26 zeigt Schwingstreifen, die gut im REM zu erkennen sind. Allerdings wurden hierbei in Laborversuchen hohe Belastungen eingestellt, die zu Abständen in der Größenordnung von zehntel Millimetern führen, wie sie für technische Ermüdungsbrüche eher selten sind.

Bei praktisch allen Bauteilen finden bei der zyklischen Belastung Unterbrechungen in Form von Ab- und Anschaltvorgängen statt. Das Wiederanfahren ist mit einem größeren Risswachstum verbunden, das sich als mit bloßem Auge meist gut erkennbare *Rastlinie* absetzt, siehe Bild 5.25 und 5.26.

Rastlinien (engl.: *beach marks* oder *arrest lines*) sind visuell meist gut zu erkennen und auszählbar. Sie markieren eine stärkere Änderung in der Belastungshöhe sowie Unterbrechungen (daher *Rast*linien) in der Belastung, d.h. Ab- und Wiederanschaltvorgänge. Der englische Ausdruck *beach marks* erinnert an Markierungen im Sand, die vom ansteigenden Wasser „gezeichnet" werden. Durch Auszählen der Rastlinien können manchmal der Anrisszeitpunkt und das Anrissereignis näher eingegrenzt werden.

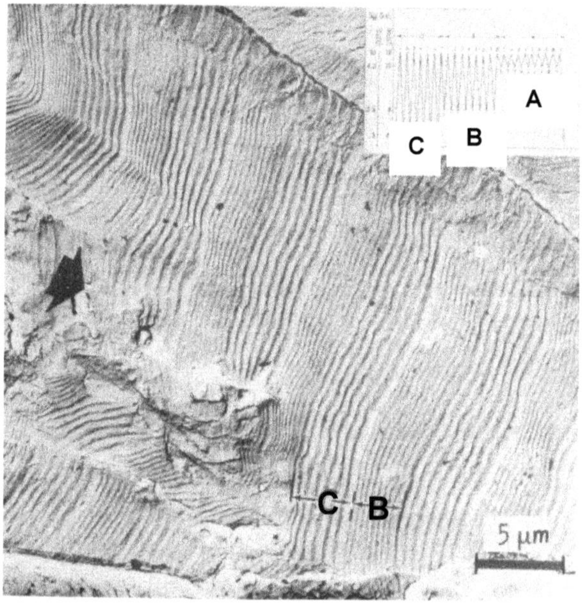

Bild 5.26 Schwingstreifen in Abhängigkeit von der Belastung in AlCuMg2 (aus [5.6])

Hier sind relativ große Schwingstreifenabstände von ca. 0,3 bis 0,5 µm/Zyklus erzeugt worden. Die Belastung ist oben rechts angedeutet. Der Modus A hat kein erkennbares Risswachstum erzeugt.

Das stabile Ermüdungsrisswachstum, welches sich im Bereich von etwa 10^{-4} µm bis 10 µm pro Zyklus bewegt, lässt sich bruchmechanisch deuten und beschreiben. Vor der Rissspitze bildet sich eine Spannungsüberhöhung aus, wie dies in Kap. 4.3.1 erläutert ist. Für das Risswachstum ist der *zyklische Spannungsintensitätsfaktor* ΔK maßgeblich. Dieser ist definiert als:

$$\Delta K = \beta\ \Delta\sigma\ \sqrt{\pi a} = \beta\ (\sigma_o - \sigma_u)\ \sqrt{\pi a} \qquad (5.13)$$

Trägt man doppelt-logarithmisch den Risslängenzuwachs pro Zyklus, da/dN, gegen den zyklischen Spannungsintensitätsfaktor ΔK auf, ergibt sich typischerweise eine Kurve gemäß **Bild 5.27**.

Das Diagramm lässt sich in drei Bereiche unterteilen: den Bereich der Dauerschwingfestigkeit ohne Risswachstum, den Bereich des stabilen Risswachstums sowie den Bereich des instabilen Risswachstums, welches zum Restgewaltbruch führt.

Unterhalb des Schwellwertes ΔK_0, für den ein Risswachstum von ca. 0,1 nm/Zyklus gilt, sind die Anrisse nicht wachstumsfähig, d.h. die Belastung liegt im Gebiet der Dauerschwingfestigkeit. Allerdings ist zu beachten, ob es sich um kurze oder lange Anrisse handelt. Von kurzen Rissen spricht man bei Längen von bis etwa 0,1 mm, von langen Rissen ab ca. 0,1 mm. Es kann vorkommen, dass ein langer Anriss in einem Bauteil bereits vorhanden ist, kurze Anrisse werden typischerweise durch die zyklische Belastung selbst erzeugt, wie an Intrusionen an der Oberfläche. Für Kurzrisse gilt ein geringerer ΔK_0-Wert als für Langrisse.

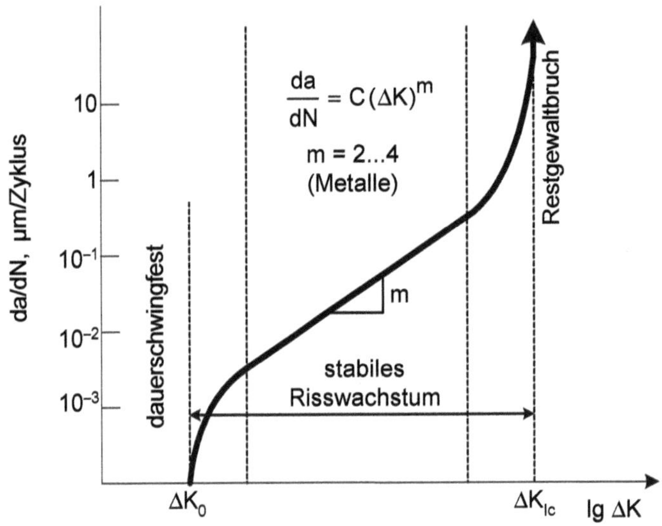

Bild 5.27 Zyklische Risswachstumsgeschwindigkeit in Abhängigkeit vom zyklischen Spannungsintensitätsfaktor

Im mittleren Bereich gilt die *Paris-Erdogan-Gleichung*. Die Zahlenwerte auf der Ordinate sind als ungefähre Anhaltswerte zu verstehen.

Im mittleren Abschnitt der Kurve für das stabile Risswachstum wird eine Wachstumsrate der Risse mit steigendem zyklischen Spannungsintensitätsfaktor nach einem Potenzgesetz beobachtet, dem *Paris-Erdogan-Gesetz* (1963):

$$\frac{da}{dN} = C(\Delta K)^m \tag{5.14}$$

C Konstante, abhängig vom Werkstoff und der Atmosphäre
m Exponent, ebenfalls abhängig vom Werkstoff und der Atmosphäre ($m \approx 2...4$ für metallische Werkstoffe)

In doppelt-logarithmischer Darstellung liegen die Werte auf einer Geraden, wenn das Potenzgesetz zutrifft. Die Paris-Erdogan-Gleichung gilt etwa im Bereich von 0,005 bis 0,1 µm/Zyklus (0,005 µm = 5 nm entspricht rund 10 bis 20 Atomabständen). Dies ist der typische Schwingstreifenabstand, wie er an Ermüdungsbruchflächen in der Praxis ermittelt wird.

Der dritte Bereich der da/dN-Kurve ab etwa 10 µm/Zyklus bedeutet den Übergang vom stabilen zum instabilen Risswachstum, d.h. zum Restgewaltbruch. Den betreffenden ΔK-Wert bezeichnet man auch als ΔK_{Ic}.

5.5.5 Bereich IV – Instabiles Risswachstum und Restgewaltbruch

Bild 5.28 Markanter Übergang von der relativ glatten Ermüdungsrissfläche (E) in die zerklüftete Restgewaltbruchfläche (G)

Das instabile Risswachstum im Bereich IV (Bild 5.20), welches zum Restgewaltbruch führt, ist vergleichbar mit einem statischen Bruchmechanikversuch. Die Oberspannung übersteigt die Restfestigkeit des angerissenen Bauteils und es kommt zum Restgewaltbruch. Bei genügend dicken Bauteilen stellt sich fast vollständige Querverformungsbehinderung in einer Richtung und somit ein ebener Dehnungszustand ein, so dass es in der Restbruchfläche zu einem spröden Normalspannungsbruch kommt. Der Übergang vom Ermüdungsriss zum Restgewaltbruch ist meist scharf ausgeprägt, **Bild 5.28**.

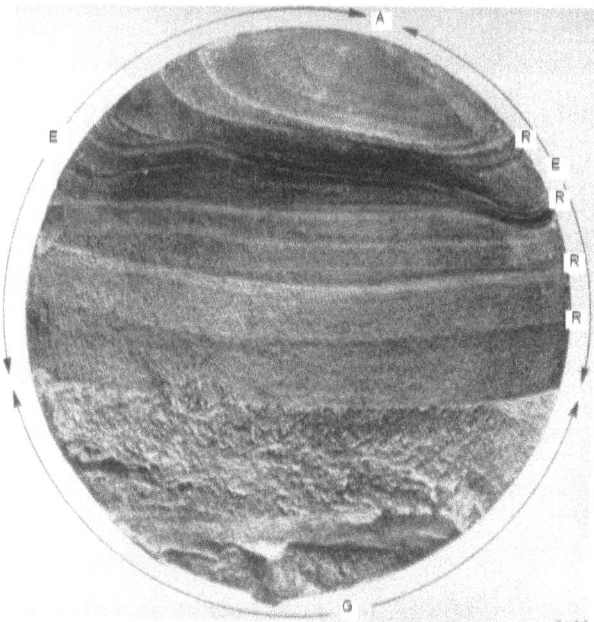

Bild 5.29 Biege-Schwingungsbruch an einer Welle (aus [5.6])

A – Rissausgang
E – Ermüdungsbruchfläche (= Schwingungsbruchfläche)
R – Rastlinien (nicht alle markiert)
G – Restgewaltbruchfläche

5.5.6 Auswertung von Ermüdungsbruchflächen

Tabelle 5.5 fasst die Merkmale eines Schwingungs- oder Ermüdungsbruches zusammen. **Bild 5.29** zeigt einen Ermüdungsbruch an einer Welle, wie er z.B. durch Umlaufbiegung entstehen kann. Hierbei geht der Bruch in jedem Fall von der Oberfläche aus, weil dort unter Biegung die Spannung am höchsten ist. **Bild 5.30** stellt ein Ausnahmebeispiel dar, bei dem der Anriss an einem inneren oxidischen Einschluss gestartet ist.

Tabelle 5.5 Merkmale eines Schwingungs- oder Ermüdungsbruches

- *Transkristalliner* Verlauf
- Senkrecht zur Richtung von σ_1, eventuell mit kleinem Anrissbereich unter ca. ±45°
- Makroskopisch spröde
- Makroskopisch relativ glatte Ermüdungsbruchfläche
- Zerklüftete Restgewaltbruchfläche
- Rissausgang oder -ausgänge meist klar zu identifizieren durch konzentrische Schwingsteifen um die Ausgangsstelle(n) herum
- Weist mikroskopisch Zehn- oder Hunderttausende von Schwingstreifen auf im Abstand von ca. 5 nm bis 0,1 µm; nur die breiteren sind im REM klar auflösbar
- Visuell erkennbare und auszählbare Rastlinien, falls Unterbrechung oder größere Belastungsänderung während des Risswachstums stattfand

Bild 5.31 gibt das Beispiel einer Turbinenwelle wieder, die überwiegend durch überhöhte Torsionsschwingungen einen typischen Anriss unter etwa 45° zur Wellenachse, d.h. senkrecht zu σ_1, erfahren hat. In diesem Fall war es hilfreich,

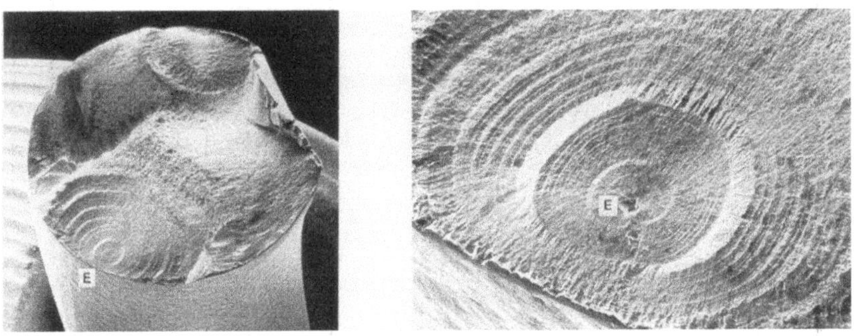

Bild 5.30 Ermüdungsbruch an einer Ventilfeder ausgehend von einem oxidischen Einschluss (aus [5.14])
a) Übersicht mit klarer Abgrenzung von Schwingungsbruchfläche und Restgewaltbruchfläche
b) Rissausgang an einem Einschluss (E) mit konzentrisch um den Einschluss verlaufenden Schwingstreifen (nicht einzeln erkennbar) und zahlreichen Rastlinien

die Rastlinien auszuzählen (hier zwischen 40 und 45), um den Zeitpunkt des Anrisses besser eingrenzen zu können. Die Rastlinien konnten den Startvorgängen der Turbine und bestimmten ungewöhnlichen Betriebszuständen zugeordnet werden.

Bild 5.31 Ermüdungsanriss an einer Turbinenwelle durch Torsion, überlagert mit einem geringen Anteil durch Umlaufbiegung

Der Riss verläuft spiralförmig unter ca. 45 ° zur Wellenachse gemäß der Wirkung von σ_1. Es wurden ca. 40 Rastlinien gezählt. Die Anlage wurde automatisch wegen zu hoher Schwingungen vor dem Bruch der Welle abgeschaltet.

5.6 Kriechschädigung und Zeitstandbrüche

5.6.1 Einführung

In Kap. 1.11 sind die Kriechmechanismen behandelt und in Tabelle 1.10 ist bereits auf den Kriechbruch im Vergleich zu Brüchen bei tiefen homologen Tempe-

Tabelle 5.6 Merkmale der Kriechschädigung und des Kriechbruches

- In der Regel *interkristalliner* Verlauf, nur bei besonderen Kornstrukturen (z.B. stängelkristallinen) oder hohen, technisch irrelevanten Spannungen ist teilweise oder vollständig transkristalliner Verlauf möglich.
- Verantwortlich für die interkristalline Kriechschädigung ist das Korngrenzengleiten.
- Erste Kriechschädigung kann metallographisch bei manchen Werkstoffen schon nach etwa 30 bis 50 % der Zeit bis zum Bruch nachgewiesen werden.
- Völlig anders als beim Ermüdungsbruch, gibt es nicht nur eine oder wenige Rissausgangsstellen, sondern es bilden sich unabhängig voneinander unzählige Anrisse, oft als Kriechporen (*Cavities*) bezeichnet. Eine Ausnahme davon bilden nur extrem kriechspröde Werkstoffe.
- Bruch tritt *bei allen Spannungen* auf, auch nach vielen Jahrzehnten noch. Es gibt offenbar keine Belastungsschwelle ohne Bruch.
- Die Zeitbruchverformungen liegen unter technischen σ-T-Bedingungen und bei kriechfesten Werkstoffen in der Regel unter 10 % (Ausnahme: Einkristalle und Werkstoffe mit Stängelkornstruktur).

raturen hingewiesen. Die besonderen Merkmale der Kriechschädigung, d.h. der Rissbildung als Folge der Kriechverformung, und des Kriechbruches sind in **Tabelle 5.6** in einer Übersicht zusammengefasst.

5.6.2 Bruchmechanismuskarten

Die Einordnung der Kriechbrüche in ein σ-T-Feld geschieht anschaulich in so genannten Bruchmechanismuskarten, welche die Brüche unter statischer Belastung in einer Übersicht darstellen. **Bild 5.32** zeigt eine solche Karte schematisch für kfz.-Metalle und -Legierungen mit ihren typischen Versagenserscheinungen. Bei krz.- und hdP.-Werkstoffen tritt zusätzlich der Sprödbruchbereich bei tiefen Temperaturen auf. Bei diesen Karten sind die Achsen normiert, und zwar die Spannungsachse mit dem E-Modul und die Temperaturachse als homologe Temperatur mit der Schmelztemperatur, so dass die Felder beispielsweise für die Gruppe der kfz.-Werkstoffe gültig sind. Aus Zugversuchen wird die Zugfestigkeit und aus Kriechversuchen die Nennspannung als Zugspannung eingesetzt. Zusätzlich können in die Bruchkarten Linien konstanter Belastungsdauer bis zum Bruch eingetragen werden, wie in Bild 5.32 geschehen. Diese laufen umso weiter auseinander, je höher die homologe Temperatur ist. Bei tiefen Temperaturen spielt die Belastungsdauer keine Rolle, so dass alle Isochronen in einem Punkt münden.

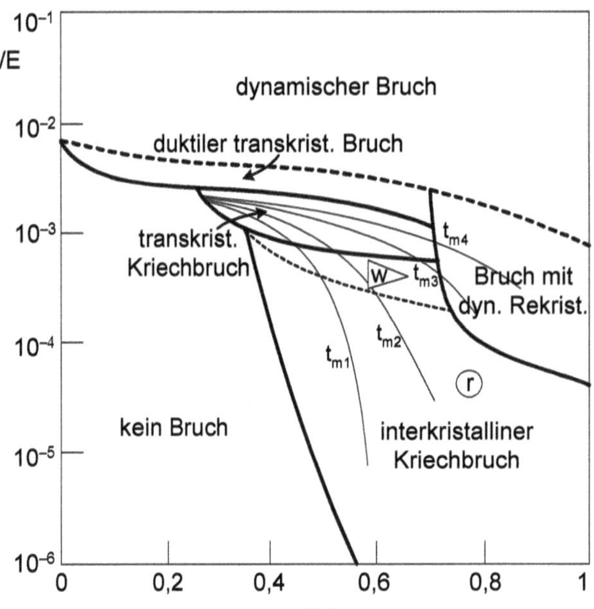

Bild 5.32 Bruchmechanismuskarte für polykristalline kfz.-Werkstoffe (nach [5.2])

Zusätzlich sind Linien gleicher Bruchzeiten eingezeichnet:
$t_{m1} > t_{m2} > t_{m3} > t_{m4}$
w – *wedge type*-Risse = keilförmige Risse an Korngrenzentripelkanten
r – *round type*-Risse = rundliche Risse, *Cavities*

a) *Kein Bruch*

In Abwandlung der üblichen Bruchmechanismuskarten ist in Bild 5.32 bei tiefen Temperaturen und bei Spannungen unterhalb der Zugfestigkeit ein Bereich eingezeichnet, in dem kein Bruch erfolgt. Über extrem lange Zeiten

(Jahrtausende, Jahrmillionen) wäre möglicherweise auch in diesem σ-T-Feld mit interkristallinem Versagen aufgrund des Diffusionskriechens (Kap. 1.11.4) zu rechnen, dies wäre technisch jedoch irrelevant.

b) *Duktiler transkristalliner Bruch*

In diesem Feld liegen die Spannungen in der Gegend der Zugfestigkeit und die homologen Temperaturen reichen bis ca. 0,7 T_S. Dieser Versagenstyp tritt z.B. in Zugversuchen oder in Kriechversuchen mit hohen Spannungen nahe der Warmzugfestigkeit auf. Der Bruch erfolgt mit deutlicher Einschnürung, oft als so genannter „Teller-Tassen-Bruch“ (siehe Kap. 5.4). Im Bruchbild erkennt man die typischen Grübchen oder Waben (*dimples*), welche duktiles Versagen kennzeichnen.

c) *Dynamischer Bruch*

Dieser Bereich bedeutet sehr hohe, oberhalb der Zugfestigkeit liegende Spannungen und damit einen spontan bei der Belastung erfolgenden Gewaltbruch. Er erstreckt sich über den gesamten Temperaturbereich.

d) *Bruch mit dynamischer Rekristallisation*

Bei mittleren bis hohen Spannungen und sehr hohen Temperaturen oberhalb etwa 0,7 T_S schnürt sich der Werkstoff fast auf einen Punkt oder eine Meißelkante ein mit Einschnürwerten von Z > ca. 90 %. Aufgrund der hohen Verformung und Temperatur erfolgt dynamische Rekristallisation. Eine Zuordnung zu einem inter- oder transkristallinen Versagen kann in diesem Bereich nicht sinnvoll getroffen werden.

e) *Transkristalliner Kriechbruch*

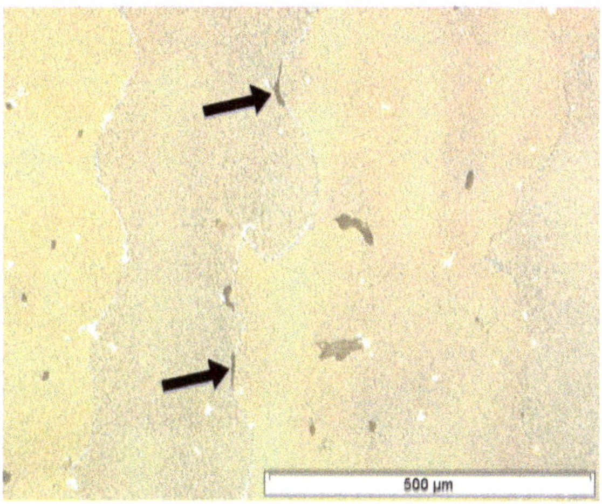

Bild 5.33 Transkristalline und vereinzelte interkristalline Kriechrisse (Pfeile) in einer stängelkristallin gerichtet erstarrten Ni-Basislegierung nach Zeitstandbelastung bei 850°C

Die Körner sind vertikal ausgerichtet. Die Belastung erfolgte in Längsrichtung der Körner.
t_m = 3.988 h
A_u = 21 %
Z_u = 39 %

Ein transkristalliner Kriechbruch ist die Ausnahme. Er tritt nur bei genügend hohen Temperaturen sowie bei hohen Spannungen auf, die technisch eher unbedeutend sind. Bei bestimmten Kornstrukturen, wie stängelkristallinen Gefügen, und selbstverständlich bei Einkristallen, aus denen hoch beanspruchte

Gasturbinenschaufeln hergestellt werden, findet man transkristalline Zeitstandbrüche. **Bild 5.33** zeigt ein Beispiel einer stängelkristallin erstarrten Ni-Basislegierung mit gemischter inter- und transkristalliner Kriechrissschädigung. Die Bruchverformungswerte sind bei transkristalliner Kriechschädigung

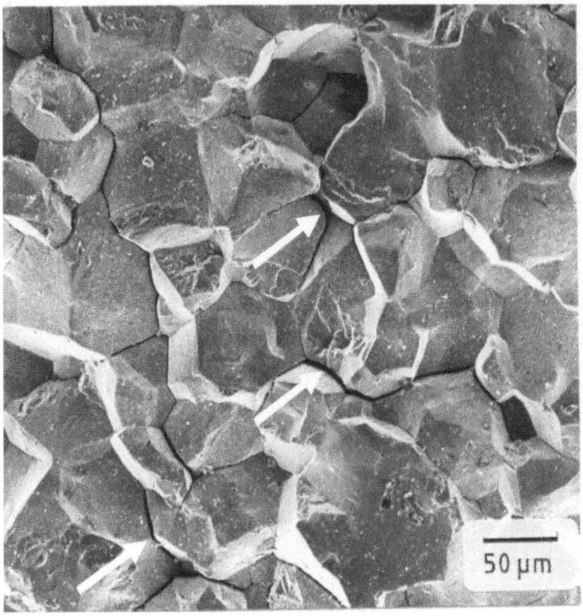

Bild 5.34 Interkristalline Kriechbruchfläche an dem austenitischen Stahl *A 286* (X5NiCrTi26-15, W.-Nr. 1.4980)

Man erkennt weitere interkristalline Rissverzweigungen (Pfeile).

gegenüber rein interkristallinen Brüchen höher, weil sich die Korngrenzenschädigung weniger oder gar nicht (wie bei Einkristallen) auf den Kriechverlauf auswirkt. Dadurch kommt mehr Kornvolumenverformung und somit mehr Bruchdehnung zustande. Das Beispiel in Bild 5.33 verdeutlicht dies; eine entsprechend konventionell vergossene Legierung mit globularen Körnern würde eine Bruchdehnung von nur rund 10 % oder weniger aufweisen.

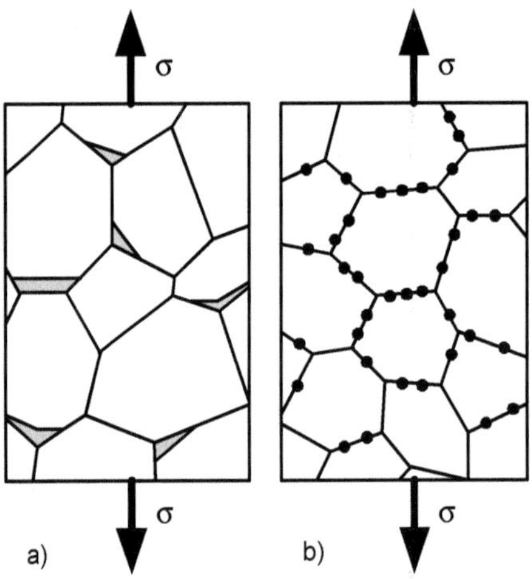

Bild 5.35 Schematische Darstellung interkristalliner Kriechschädigung

a) Keilrisse an Korngrenzentripelkanten (*„wedge-type"*)
b) Porenähnliche Anrisse (*Cavities*, *„round-type"*)

f) Interkristalliner Kriechbruch

Der typische Kriech- oder Zeitstandbruch verläuft interkristallin, wie in **Bild 5.34** in einer fraktographischen Aufnahme gezeigt. In diesem Feld beobachtet man oft bei relativ hohen Spannungen keilförmige Rissbildung an Korngrenzentripelkanten („w-Typ"; w: *wedge* = Keil), während bei geringeren Spannungen Mikrorissbildung auf den Korngrenzflächen vorherrscht (Kriechporen, *Cavities*, „r"-Typ, r: *round*). **Bild 5.35** zeigt dies schematisch und **Bild 5.36** gibt Beispiele für beide Typen wieder.

5.6.3 Entwicklung der Kriechschädigung

Im Folgenden wird ausschließlich auf die interkristalline Kriechschädigung eingegangen. Sofern ein transkristallines Versagen vorliegt, sind die Mechanismen vergleichbar mit denen der duktilen transkristallinen Brüche bei tiefen Temperaturen (Kap. 5.4).

a) 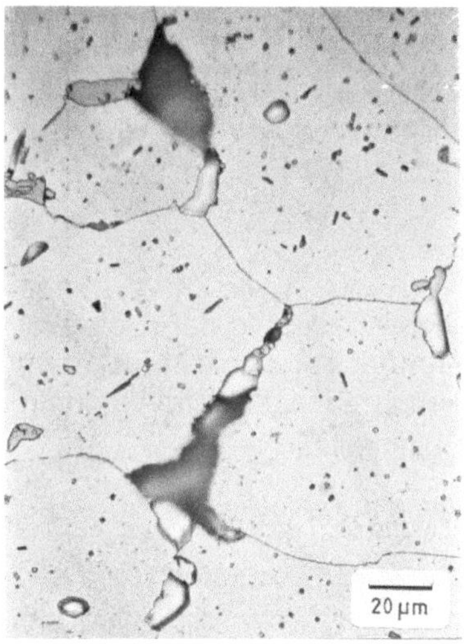

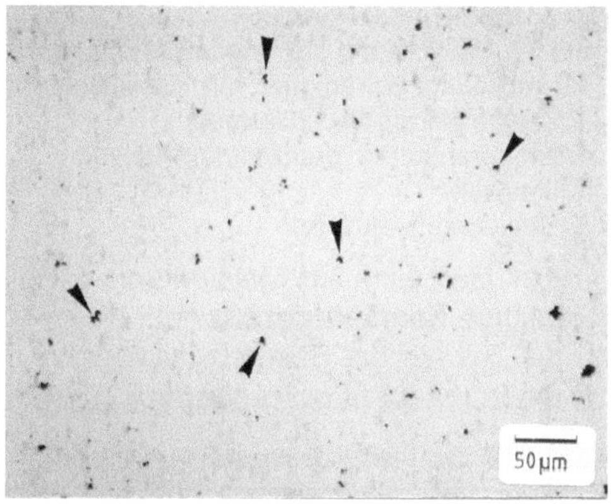

b)

Bild 5.36 Interkristalline Kriechschädigung

a) Keilförmige „w-Typ"-Risse an Korngrenzentripelkanten (austenitischer Stahl *Alloy 802*)

b) Porenähnliche Kriechrisse („r-Typ") im austenitischen Stahl X40CoCrNi20-20 bei 750 °C nach etwa 200.000 h Belastungsdauer (= ca. 1/3 der geschätzten Zeit bis zum Bruch; Aufnahme im Kopfbereich einer nach ca. 200.000 h gebrochenen Zeitstandprobe, siehe Bild 1.42; ungeätzt)

Wie in Kap. 5.4 erörtert, stellt man deutliche Rissbildung bei duktilen Werkstoffen in einem relativ schnellen Zugversuch erst nach Einschnürung fest, wenn die örtliche Spannung einen kritischen Wert erreicht hat. Dies gilt für Versuche bei tiefen Temperaturen sowie für Warmzugversuche. Weitere Rissbildung und Risswachstum setzen nur bei weiter zunehmender Spannung ein. Ganz anders entwickelt sich Kriechschädigung bei konstanter Spannung schon frühzeitig; es ist lediglich die Frage, ab welchem Anteil an der Gesamtzeit bis zum Bruch man sie mit mikroskopischen Mitteln nachweisen kann.

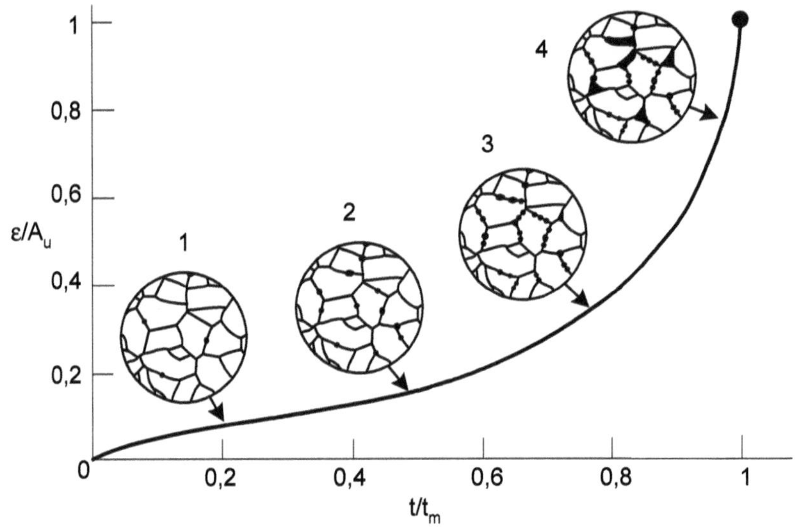

Bild 5.37 Entwicklung der Kriechschädigung und Beurteilungsklassen
1 Keimbildung; Schädigung mikroskopisch noch nicht nachweisbar
2 Einzelne Mikroporen (*Cavities*)
3 Mikroporenketten; deutlich nachweisbar
4 Mikrorisse
● Bruch durch Makrorisse

Bild 5.37 stellt eine Art Meisterkurve für die Kriechschädigung dar. Dabei ist die Kriechkurve normiert gezeichnet, indem die Dehnung auf die Zeitbruchdehnung und die Zeit auf die Belastungsdauer bis zum Bruch bezogen wird. Dadurch besitzt die Kurve für einen größeren σ-T-Bereich Gültigkeit.

Tabelle 5.7 Beurteilungsklassen für Zeitstandschädigung [5.15]

Beurteilungsklasse	Gefüge- und Schädigungszustand
0	Lieferzustand, ohne thermische Betriebsbeanspruchung
1	zeitstandbeansprucht ohne Mikroporen
2a	fortgeschrittene Zeitstandbeanspruchung, vereinzelte Mikroporen
2b	stärker fortgeschrittene Zeitstandbeanspruchung, zahlreiche Mikroporen ohne Orientierung
3a	Zeitstandschädigung, zahlreiche Mikroporen mit Orientierung
3b	fortgeschrittene Zeitstandschädigung, Mikroporenketten und/oder Korngrenzentrennungen
4	fortgeschrittene Zeitstandschädigung, Mikrorisse
5	starke Zeitstandschädigung, Makrorisse

Zur Bewertung der Gefügeausbildung haben sich Beurteilungsklassen gemäß **Tabelle 5.7** bewährt. Die Kriechschädigung lässt sich mittels der Folienabdrucktechnik (Replicatechnik) quasi zerstörungsfrei gut nachweisen. Bei gleichmäßiger Spannungsverteilung entwickelt sie sich homogen über das Werkstoffvolumen, andernfalls sind die Spannungen im oberflächennahen Bereich ohnehin meist maximal, so dass die Schädigung knapp unterhalb der Oberfläche, wie sie durch Folienabdrücke erfasst wird, den tatsächlichen Gefügezustand widerspiegelt.

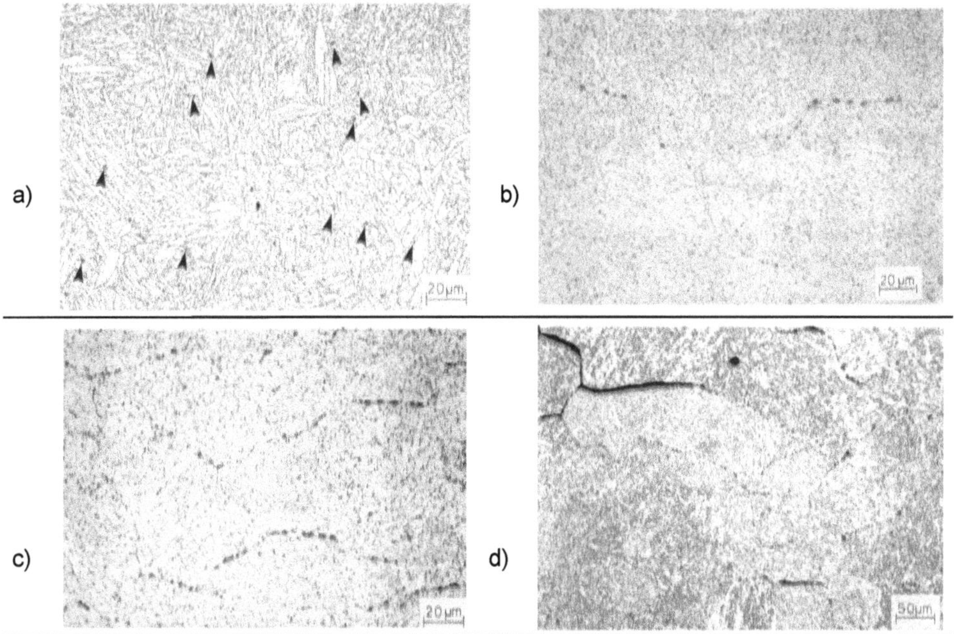

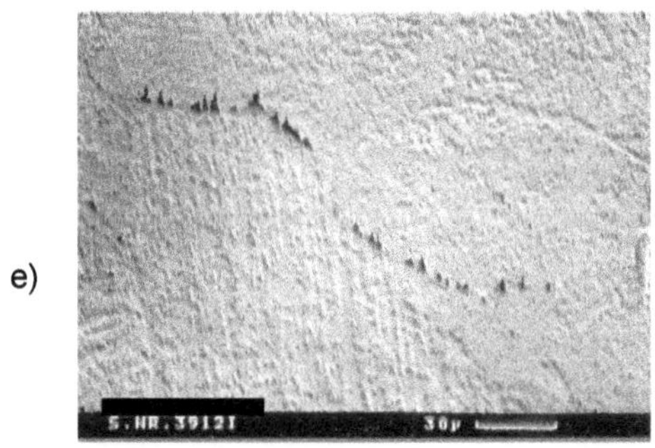

Bild 5.38 Zeitstandschädigung an dem martensitisch gehärteten und angelassenen Stahl X22CrMoV12-1 (Folienabdrücke)
a) Beurteilungsklasse 1 bis 2a
b) Beurteilungsklasse 2b
c) Beurteilungsklasse 3a
d) Beurteilungsklasse 4
e) REM-Aufnahme von Beurteilungskl. 3a (die interkristallinen Poren erscheinen auf dem Folienabdruck als „Zipfel“)

Bild 5.38 zeigt eine Sequenz der Schädigungsklassen an dem martensitisch gehärteten und angelassenen Stahl X22CrMoV12-1. In **Bild 5.39** ist ein Beispiel mit Mikroporenketten auf Korngrenzen im fortgeschrittenen Stadium wiedergegeben (Schädigungsklasse 3b).

Nach gängiger Theorie beginnt die Risskeimbildung bereits im Primärbereich des Kriechens, kann jedoch mit konventionellen mikroskopischen Mitteln in diesem Frühstadium nicht nachgewiesen werden. Die untere Nachweisgrenze liegt bei etwa 0,1 µm Durchmesser. Die Anzahl der *Cavities* steigt in etwa proportional zur

Kriechdehnung an. Spürbare Auswirkungen auf das Kriechgeschehen übt die Rissbildung erst im Tertiärbereich aus. Der Zeitpunkt, zu dem erste Poren und eventuell Porenketten und Mikrorisse festgestellt werden, kann jedoch schon deutlich vor dem Beginn des dritten Kriechabschnittes liegen (siehe auch Kap. 1.11.2 und 1.11.3). Der Übergang der Bereiche vollzieht sich allmählich, so dass er vielfach schwer identifizierbar ist, besonders bei Versuchen unter Lastkonstanz, bei denen die wahre Spannung ohnehin stetig zunimmt. Auch die normierte Kriechkurve in Bild 5.37 verdeutlicht den stetigen Anstieg ohne klare Abgrenzung der drei Kriechbereiche.

Die Beschleunigung des Kriechprozesses durch Rissbildung im Tertiärbereich hat mehrere Ursachen, die gleichzeitig in Erscheinung treten. Zum einen nimmt der effektiv tragende Querschnitt sowohl durch das Wachstum einzelner Risse als auch durch das Zusammenwachsen mehrerer Risse ab, indem die Verbindungsstege aufreißen. Die Spannung steigt in den geschädigten Querschnitten entsprechend an, wodurch das Kriechen beschleunigt wird. Weiterhin vergrößern Rissbildung und -aufweitung das Werkstoffvolumen und rufen folglich eine Verlängerung hervor. Bei wenigen Einzelporen, Porenketten und kleineren Mikrorissen wirkt sich all dies kaum auf die gemessene Kriechgeschwindigkeit aus, bei vielen und größeren Hohlräumen dagegen deutlicher. Falls Einschnürung auftritt, wird außerdem das Kriechen bei konstanter äußerer Last im Einschnürquerschnitt beschleunigt, und der nicht eingeschnürte Probenteil nimmt – anders als in einem Zugversuch bei konstanter Abzuggeschwindigkeit – weiter an der Verformung teil. Insgesamt steigt also die Kriechgeschwindigkeit progressiv.

5.6.4 Mechanismus der interkristallinen Kriechschädigung

Nach dem Stand der Kenntnisse erfordert die Risseinleitung die meiste Zeit des Schädigungsprozesses (nicht des gesamten Kriechprozesses) und ist damit maßgeblich für den Kriechbruch. Grundsätzlich können sich Hohlräume entweder durch Ansammlung von Leerstellen unter einer wirksamen Zugspannung bilden oder dadurch, dass die Bindungen der Gitterbausteine aufreißen. Eine Porenkeimbildung allein durch Leerstellenkondensation in Gebieten hoher Zugspannungskomponenten wird beim Kriechen ausgeschlossen. Hierfür errechnen sich Spannungen in der Größenordnung von 10.000 MPa, also erheblich oberhalb der Werkstofffestigkeit.

Vielmehr wird interkristalline Risskeimbildung in Zusammenhang gebracht mit Korngrenzengleiten. Korngrenzengleiten ist ein Bestandteil der gesamten Kriechverformung, welcher sich umgekehrt proportional zur Korngröße verhält (Kap. 1.11.4 und 1.11.5). Die Relativbewegungen der Körner entlang ihrer Korngrenzen verursachen *Spannungskonzentrationen* an Korngrenzentripelkanten, **Bild 5.40**, Korngrenzenstufen sowie Korngrenzenteilchen. Werden diese Spannungen nicht oder unvollständig durch plastische und/oder diffusionsgetragene Anpassungsprozesse im Kornvolumen relaxiert, kommt es zur Rissinitiierung durch Aufbrechen der Bindungen zwischen den Atomen an den genannten Stellen. Aus diesem Grund wird im Folgenden allgemein von *Riss* gesprochen, auch wenn die winzigen Anrisse im späteren Stadium mehr als rundliche Poren (*Cavities*) im Gefüge zu beobachten sind.

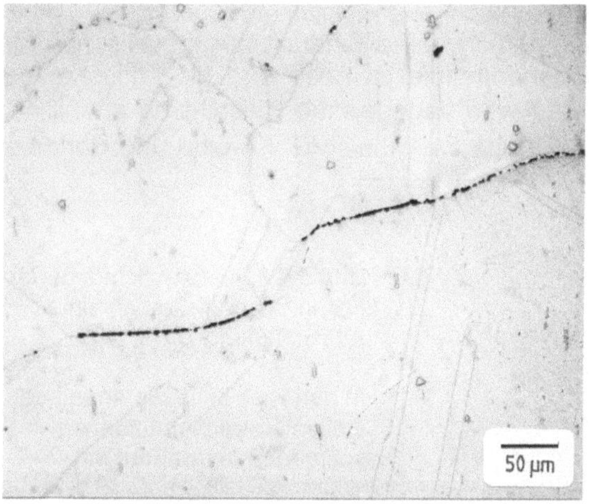

Bild 5.39 Interkristalline Mikroporenketten nach Zeitstandbelastung in der Ni-Basis-Schmiedelegierung *Nimonic 91*

Schliff wurde nur schwach geätzt, um die Poren nicht künstlich zu vergrößern

In geologischen Maßstäben spielt sich etwas Ähnliches bei Erdbeben ab: Kontinentalplatten (entsprechend Körner) verschieben sich gegeneinander, es kommt zu enormen Spannungskonzentrationen, bis Risse entstehen, welche die angestaute Energie abbauen und die Erde erschüttern. Beim verheerenden Seebeben am 26.12.2004 vor Sumatra brach die Erde auf einer Länge von 1300 km auf – der längste jemals gemessene Bruch –, der Meeresgrund verschob sich um bis zu 20 m.

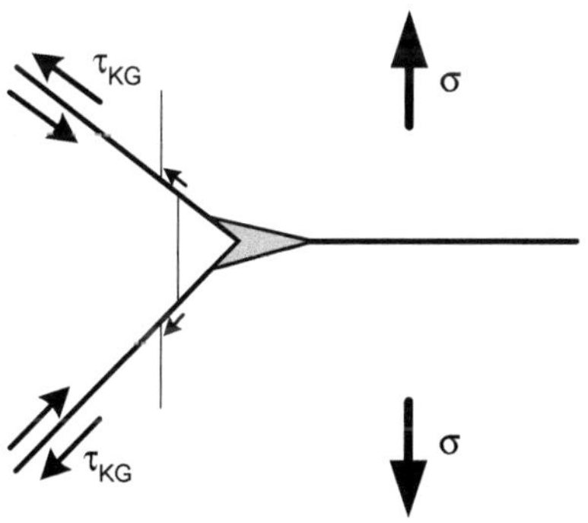

Bild 5.40 Mechanismus der Keilrissbildung (w-Typ) durch Korngrenzengleiten

Die dünne, versetzte Linie markiert die Verschiebung der Körner gegeneinander.

Die weitaus größte Bedeutung als Risskeimstellen kommt den Korngrenzenausscheidungen zu, **Bild 5.41**, während Spannungskonzentrationen an Korngrenzenstufen oder -wellen sowie Tripelkanten bei normalen Betriebsspannungen eher schwach ausgeprägt sind. Einerseits behindern Korngrenzenausscheidungen das Korngrenzengleiten, indem sie deren Viskosität erhöhen (Kap. 1.11.5 und Gl. 1.3.1), andererseits stellen sie Orte erhöhter Rissgefahr dar. Die Rissenergiehürde oder die kritische Risskeimgröße ist an vorhandenen Störstellen umso geringer, je größer die betreffende Phasengrenzflächenenthalpie γ_{Ph} ist. Kohärente Phasengrenzflächen sind folglich weniger rissanfällig als inkohärente.

Da Korngrenzenausscheidungen höchstens mit einer Kornseite kohärent sein können, stellt die inkohärente Phasengrenzfläche die Schwachstelle dar. Weiterhin hängt die Phasengrenzflächenenthalpie γ_{Ph} von der Teilchen*art* ab. Sulfide und Oxide weisen beispielsweise eine schwache Bindung zur metallischen Matrix auf, d.h. die Phasengrenzflächenenthalpie ist hoch und die kritische Risskeimgröße somit geringer. Erschwert wird dagegen die Rissbildung an Teilchen mit guter Bindung zur Matrix (γ_{Ph} niedrig), was meist für Karbide und Boride zutrifft.

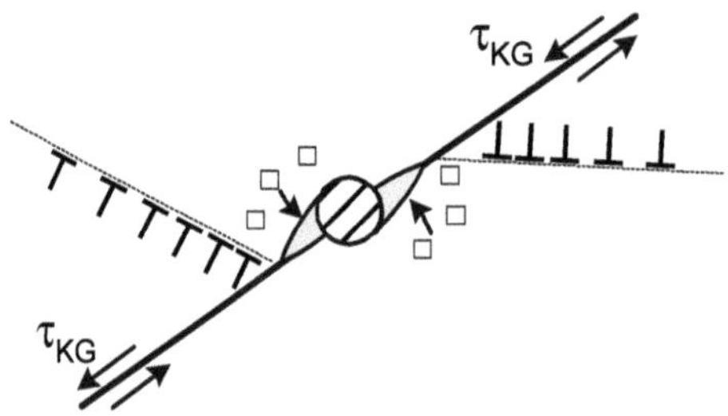

Bild 5.41 Risswachstum durch Korngrenzengleiten an einer Ausscheidung

In den Riss diffundierende Leerstellen sowie einmündende Versetzungen vergrößern ihn.

Gelegentlich wird die Frage nach einer Schwellspannung für Kriechrissbildung aufgeworfen. Sollte ein solcher Grenzwert existieren, würde Kriechbruch unterhalb einer bestimmten, sehr niedrigen Spannung nicht mehr auftreten. Für die Technik ist diese Spekulation eher beiläufig, weil bisher auch extrem lang gelaufene Proben und Bauteile nach einigen 10^5 h entweder gebrochen sind oder zumindest metallographisch nachgewiesene Kriechschädigung erkennen ließen (siehe z.B. Bild 5.36 b).

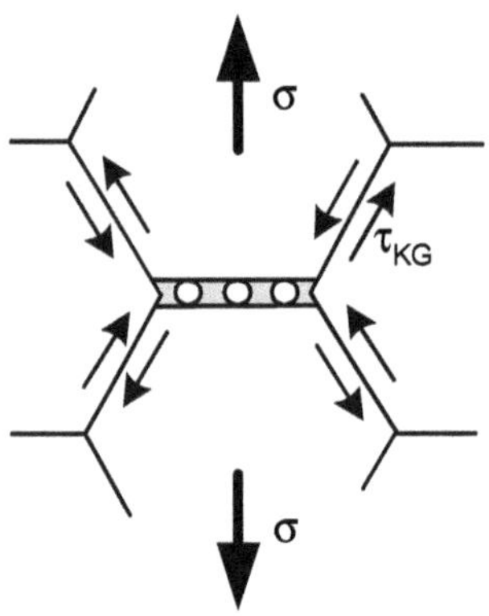

Bild 5.42 Modell des Zusammenwirkens zwischen Korngrenzengleiten und Risswachstum in zugbelasteten Gebieten

Beim Riss*wachstum* ist grundsätzlich zu klären, welcher Mechanismus den Riss wachsen lässt und wie das dadurch entstehende innere Materievolumen an die Umgebung übertragen wird. Die Vergrößerung von Hohlräumen kann nicht ungehindert, d.h. frei von Zwängungen des umgebenden Materials, ablaufen. Innen erzeugtes Rissvolumen wird durch verschiedene Kopplungen des Materietransports, so genannte Akkommodationen, letztlich außen angesetzt; die Dichte des geschädigten Werkstoffs verringert sich folglich. Für Kriechrisse kommen Wachstum durch Diffusion sowie Wachstum durch Korngrenzengleiten und Versetzungskriechen in den Körnern infrage, selbstverständlich auch gekoppelte Diffusion und Versetzungskriechen.

Beim Risswachstum durch Diffusion vergrößert jedes Atom, welches aus der Umgebung eines Risskeimes entfernt wird, den Hohlraum, verringert die freie Enthalpie des Werkstoffes und dehnt diesen gleichzeitig. Herrscht an einer Korngrenze eine höhere Zugspannung, als sie der Oberflächenspannung des Risses entspricht, so erzeugt dieser Gradient einen gerichteten Materiefluss vom Riss weg und einen Leerstellenstrom in entgegengesetzte Richtung. Der Transport erfolgt hauptsächlich entlang der diffusionsbevorzugten Korngrenzen. Die von den Hohlräumen abgelösten Atome lagern sich an den Korngrenzen an und erzeugen so über die erwähnte Kopplung des Materietransports eine Dehnung des Materials.

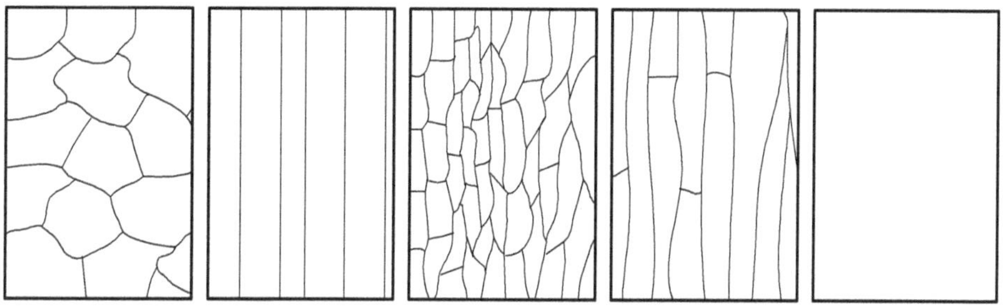

Konventionell vergossen; äquiaxiale Körner; Abgleitrate ~ $1/d_K$; Schädigung und Bruch *interkristallin*

Ideale Stängelkornstruktur; kein KG-Gleiten; keine interkristalline Schädigung; Bruch *transkristallin*

Kurze Stängelkörner; kurze Abgleitwege; viel KG-Gleiten; Schädigung *überwiegend interkristallin*

Lange Stängelkörner; lange Abgleitwege; wenig KG-Gleiten; Schädigung *überwiegend transkristallin*

Einkristall; kein KG-Gleiten; Schädigung und Bruch *transkristallin*

Bild 5.43 Kornstrukturen und Zusammenhang zwischen dem Korngrenzen-(KG-)gleiten und der Kriechschädigung sowie dem Kriechbruch
Die Belastungsrichtung ist vertikal angenommen. Die ideale Stängelkornstruktur gibt es real nicht. Sie ist nur aufgeführt, um zu verdeutlichen, unter welchen Bedingungen es bei kolumnaren Körnern *gar kein* Korngrenzengleiten gibt.

Hohlraumwachstum durch Diffusion findet umso schneller statt, je größer die Zugspannungskomponente an der geschädigten Korngrenze ist. Hierdurch werden Korngrenzen in Richtung einer 90°-Orientierung zur äußeren Zugspannung beim Diffusionswachstum bevorzugt (Anm.: Die Riss*keimbildung* wird in diese Betrachtung nicht einbezogen).

Beim Modell des Risswachstums durch Korngrenzengleiten und Versetzungskriechen in den Körnern wachsen die Risskeime an Korngrenzenstufen oder -ausscheidungen in gleichem Maße wie die Abgleitrate mit, Bild 5.41. In einen Riss hineinlaufende Versetzungen oder Leerstellen aus der umgebenden Matrix vergrößern diesen. Gemäß **Bild 5.42** wird des Weiteren angenommen, dass das

Korngrenzengleiten und das Wachstum von Hohlräumen auf unter *Zug*spannungen stehenden Korngrenzen zusammenwirken. Durch das Abgleiten vergrößern sich die Anrisse und Poren auf den senkrecht zur Zugspannung eingezeichneten Korngrenzen. Dabei müssen die noch ungeschädigten Korngrenzenabschnitte zwischen den Hohlräumen im Zuge des gesamten Anpassungsprozesses durch Materiefluss aufgefüllt werden, oder die Brücken reißen auf.

Die größte Schubspannung und damit die größte Korngrenzengleitgeschwindigkeit tritt an 45°-Korngrenzen auf (Anm.: Winkelangaben beziehen sich hier auf die Neigung zur σ_1-Achse). Hier erscheint somit auch die stärkste Spannungsüberhöhung an Widerständen. Bei relativ hohen äußeren Spannungen, bei denen das Korngrenzengleiten die Risse sowohl initiiert als auch wachsen lässt, findet man *Cavities* daher vorherrschend auf etwa 45°-Korngrenzen. Bei sehr niedrigen Spannungen, die den Betriebsspannungen bei Langzeitkomponenten entsprechen, zeigt sich eine Tendenz zu vermehrter Kriechschädigung in Richtung der 90°-Korngrenzen. Zu bedenken ist allerdings, dass immer nur die Orientierung in der jeweiligen Schliffebene betrachtet werden kann. Das Modell nach Bild 5.42 vermag ein bevorzugtes *Wachstum* auf etwa 90°-Korngrenzen zu erklären; bei allen anderen Mechanismen sollte eine Neigung zur Hauptzugspannungsachse von $\neq 90°$ vorhanden sein. Poren*keimbildung* auf exakt 90°-Korngrenzen wird mit keiner der Theorien begründet.

Bild 5.44 Gerichtet erstarrte Turbinenschaufel aus einer Ni-Basislegierung mit Stängelkörnern, orientiert in Belastungsrichtung

Wie schon angedeutet lässt sich die Kriechschädigung und damit die Zeit bis zum Bruch sowie die Zeitbruchverformung über die Kornform beeinflussen. **Bild 5.43** stellt die Möglichkeiten schematisch gegenüber. Die Absicht bei diesen Maßnahmen ist (neben anderen Effekten), das Korngrenzengleiten zu behindern oder – im Falle eines Einkristalls – ganz zu unterbinden. Am wirkungsvollsten sind Stängelkörner, hergestellt durch gerichtete Erstarrung, mit einem hohen Streckungsverhältnis oder Einkristalle. Bei den mechanisch und thermisch besonders hoch beanspruchten Gasturbinenschaufeln für Flugtriebwerke und

Kraftwerke macht man von diesen Erkenntnissen Gebrauch (siehe auch Bild 5.33), was einen enormen Technologieschub ausgelöst hat, **Bild 5.44**.

Weiterführende Literatur zu Kapitel 5

American Society for Metals (ASM), Metals Handbook, 8th Ed., Fractography and Atlas of Fractographs, Vol. 9, Metals Park, Ohio, 1974

American Society for Metals (ASM), Metals Handbook, 8th Ed., Failure Analysis and Prevention, Vol. 10, Metals Park, Ohio, 1975

D. Aurich: Bruchvorgänge in metallischen Werkstoffen, Werkstofftechn. Verlagsges., Karlsruhe, 1978

R.D. Barer, B.F. Peters: Why Metals Fail, Gordon & Breach Science Publ., Philadelphia, 1970

R. Bürgel, H.J. Maier, T. Niendorf: Handbuch Hochtemperatur-Werkstofftechnik, 4. Aufl., Vieweg+Teubner, Wiesbaden, 2011

D.R.H. Jones: Engineering Materials 3, Materials Failure Analysis, Pergamon Press, Oxford, 1993

F.K. Naumann: Failure Analysis – Case Histories and Methodology, Dr. Riederer-Verlag, Stuttgart, 1983

VDI-Richtlinie 3822, Blatt 1-6, Schadensanalyse, Beuth-Verlag, Berlin, 1984

Verein Deutscher Eisenhüttenleute (Hrsg.): Erscheinungsformen von Rissen und Brüchen metallischer Werkstoffe, 2. Aufl., Verlag Stahleisen, Düsseldorf, 1996

D.J. Wulpi: Understanding How Components Fail, American Society for Metals, Metals Park, Ohio, 1985

Literatur

Kapitel 1

[1.1] D. Hull: Introduction to Dislocations, 2nd ed., Pergamon Press, Oxford, 1975

[1.2] A.G. Guy: Metallkunde für Ingenieure, Akad. Verlagsges., Wiesbaden, 1976

[1.3] H.A. Richard, M. Sander: Technische Mechanik. Festigkeitslehre, 4. Aufl., Springer Vieweg, Wiesbaden, 2013

[1.4] A.H. Cottrell: The Properties of Materials at High Rates of Strain, Instn. Mech. Eng., London, 1957

[1.5] R. Bürgel, H.J. Maier, T. Niendorf: Handbuch Hochtemperatur-Werkstofftechnik, 4. Aufl., Vieweg+Teubner, Wiesbaden, 2011

[1.6] R. Bürgel: Zeitstandverhalten der Stähle X 10 NiCrAlTi 32 20 und X 50 NiCrAlTi 33 20 in Luft und aufkohlender Atmosphäre, Dissertation Universität Hannover, 1981

[1.7] K. Felkins, H.P. Leighly, A. Jankovic: The Royal Mail Ship Titanic: Did a Metallurgical Failure Cause a Night to Remember?, J. of the Minerals Metals & Materials Soc. JOM, 50 (Jan. 1998), 12–18

[1.8] B.J. Brindley, J.T. Barnby: Dynamic Strain Ageing in Mild Steel, Acta Met. 14 (1966), 1765-1780

[1.9] A. Cracknell, N.J. Petch: Frictional Forces on Dislocation Arrays at the Lower Yield Point in Iron, Acta Met. 3(1955), 186-189

[1.10] R. Bürgel: Long-Term Creep Behaviour of Austenitic Steel S–590 (X 40 CoCrNi 20 20), Mat.-wiss. u. Werkstofftech., 23 (1992), 287–292

[1.11] W. Betteridge, J.Heslop (Eds.): The Nimonic Alloys and Other Nickel-Base High-Temperature Alloys, Edward Arnold, 1974

[1.12] W.Blum, H. Mughrabi, B. Reppich: Nichteisenmetalle, in: W. Dahl et al. (Hrsg.), Umformtechnik, Plastomechanik und Werkstoffkunde, Verl. Stahleisen, Düsseldorf, und Springer, Berlin, 1993, 353-440

Kapitel 2

[2.1] H.A. Richard, M. Sander: Ermüdungsrisse, Springer Vieweg, 3. Aufl., Wiesbaden 2012

[2.2] G.E. Dieter: Mechanical Metallurgy, McGraw-Hill Book Comp., New York, 1986, 379

[2.3] M. Klesnil et al., J. Iron and Steel Inst., 203 (1965), 47

[2.4] W. Schütz: Das Kugelstrahlen und sein Einfluss auf wichtige Bauteileigenschaften, Der Maschinenschaden 62 (1989), 170-176

[2.5] C. Berger et al.: Werkstofftechnik, in: K.-H. Grote, J. Feldhusen (Hrsg.), Dubbel, 23. Aufl., Springer, Berlin, 2012

Kapitel 3

[3.1] J. Wittenburg, H.A. Richard, J. Zierep, K. Bühler: Das Ingenieurwissen – Technische Mechanik, Springer Vieweg, Berlin 2014

[3.2] H.A. Richard, M. Sander: Technische Mechanik. Festigkeitslehre, 4. Aufl., Springer Vieweg, Wiesbaden, 2013

[3.3] L. Issler, H. Ruoß, P. Häfele: Festigkeitslehre – Grundlagen, 2. Aufl., Springer, Berlin, 1997

Kapitel 4

[4.1] J. Ewald et al.: Untersuchung an einer geborstenen Niederdruckwelle, VGB-Konferenz „Werkstoffe und Schweißtechnik im Kraftwerk 1989, VGB-Werkstofftag 1989, Essen, Vortrag 12, 1989

[4.2] H.A. Richard, M. Sander: Ermüdungsrisse, Springer Vieweg, 3. Aufl., Wiesbaden 2012

[4.3] D.P. Rooke, D.J. Cartwright, Compendium of Stress Intensity Factors, Her Majesty's Stationers Office, London, 1976

[4.4] Y. Murakami, (Hrsg.): Stress intensity factors handbook. Volume 1, Volume 2, Pergamon Books Ltd., Oxford, 1987

[4.5] M.F. Ashby, D.R.H. Jones: Engineering Materials 1, Pergamon Press, Oxford, 1991

[4.6] A. Cottrell: An Introduction to Metallurgy, 2nd Ed., Edward Arnold, London, 1982, 339

Kapitel 5

[5.1] H.A. Richard, M. Sander: Technische Mechanik. Festigkeitslehre, 4. Aufl., Springer Vieweg, Wiesbaden, 2013

[5.2] M.F. Ashby, C. Gandhi, D.M.R. Taplin: Fracture-Mechanism Maps and Their Construction for F.C.C. Metals and Alloys, Overview No. 3, Acta Met., 27 (1979), 699–729

[5.3] Verein Deutscher Eisenhüttenleute (Hrsg.): Erscheinungsformen von Rissen und Brüchen metallischer Werkstoffe, 2. Aufl., Verlag Stahleisen, Düsseldorf, 1996

[5.4] American Society for Metals (ASM), Metals Handbook, 8th Ed., Fractography and Atlas of Fractographs, Vol. 9, Metals Park, Ohio, 1974

[5.5] B. Ilschner, R.F. Singer: Werkstoffwissenschaften und Fertigungstechnik, 3. Aufl., Springer, Berlin, 2002, 182

[5.6] D. Aurich: Bruchvorgänge in metallischen Werkstoffen, Werkstofftechn. Verlagsges., Karlsruhe, 1978

[5.7] R.H. Dauskardt, R.O. Richie: Cyclic Fatigue of Ceramics, in: R.O. Ritchie et al. (Eds.), Fatigue of Advanced Materials, Proc. Engg. Foundation, Int. Conf., Santa Barbara/Cal., Jan. 13-18, 1991, Materials and Component Engg. Publ. Ltd, Birmingham (UK), 1991, 133-151

[5.8] H. Mughrabi: Dislocations in Fatigue, in: Dislocations and Properties of Real Materials, Book 323, The Institute of Metals, London, 1985, 244-262

[5.9] H. Blumenauer, G. Pusch: Technische Bruchmechanik, 3. Aufl., Dt. Verl. f. Grundstoffindustrie, Leipzig, 74

[5.10] H.A. Richard, M. Sander: Ermüdungsrisse, Springer Vieweg, 3. Aufl., Wiesbaden 2012

[5.11] M. Klesnil, P. Lukáš: Fatigue of Metallic Materials, Elsevier, Amsterdam, 1992, 40

[5.12] H. Berns: Bruchverhalten der Stähle, Z. Werkstofftech. 11 (1980), 145-153

[5.13] D.J. Wulpi: Understanding How Components Fail, American Society for Metals, Metals Park (OH), 1985

[5.14] L. Issler, H. Ruoß, P. Häfele: Festigkeitslehre – Grundlagen , 2. Aufl., Springer, Berlin, 1997, 331

[5.15] VGB Technische Vereinigung der Großkraftwerksbetreiber (Hrsg.): Richtreihen zur Bewertung der Gefügeausbildung und –schädigung zeitstandbeanspruchter Werkstoffe von Hochdruckrohrleitungen und Kesselbauteilen, VGB-TW 507/TW 507 e, Essen, 1992

Sachwortverzeichnis

A

Abschneideradius 21
Akkommodation 47, 220
Aktivierungsenergie
- Kriechen .... 68 f.
- Rissbildung.............................. 179
- Selbstdiffusion 35, 68
Alterung 53, 198
Anlassversprödung ...130, 180, 182, 188
Anrisslastspielzahl 200
Antiphasengrenzfläche................... 83 f.
Arrhenius-Funktion..............33, 35, 68 f.
athermischer Spannungsanteil....... 41 ff.
Atomgrößenparameter.................... 78 f
Atomradien, Tabelle.......................... 78
Aufstaumodell 55
Ausbauchspannung .... 39 ff.
Aushärtung................................ 80, 84
Ausscheidungen, siehe Teilchen
Ausscheidungshärtung, siehe Aushärtung
Ausstülpungen, siehe Extrusionen
Avrami-(Johnson-Mehl-)Funktion..... 190

B

Beach marks, siehe Rastlinien
Belastungsfrequenz .... 107 f.
Belastungsmodus, siehe Modus
Betätigungsspannung 39
Beurteilungsklassen (Kriechschädigung) .... 216 f.
Biege-Schwingungsbruch 209
Bindungsenergie 10
Bindungskräfte.......10, 14, 21, 78 f., 187
Bruchdehnung...........................194, 214
Brüche
- Definitionen .... 174 ff.
- interkristalline B. 176 f., 180, 193 f., 195, 213 ff.
- transkristalline B. ....176, 189 f., 213 f.

Brucheinschnürung 194
Bruchenergie, siehe Rissenergie
Bruchfestigkeit, siehe Restfestigkeit
Bruchmechanik
- elastisch-plastische B. 136
- linear-elastische B. ...... 136, 139 ff.
Bruchmechanikprobe .... 149 ff.
Bruchmechanismuskarte............. 212 ff.
Bruchschubspannung.............. 175, 194
Bruchwahrscheinlichkeit.............. 190 ff.
Bruchwiderstand, siehe Risswiderstand
Bruchzähigkeit (siehe auch K_{Ic}-Wert) 1, 47, 135, 144 ff., 185, 187, 198
Burgers-Umlauf........................... 18, 25
Burgers-Vektor 15, 21, 25 f., 28, 31, 187

C

Cavities .... 211 f., 214 ff., 222
Chevronkerb................................. 148 f.
Clusterbildung 51
Constraint-Wirkung.......................... 120
Cottrell-Wolke........................... 21, 50 f.
CT-Probe..................................... 148 ff.
Cup-and-cone-fracture, siehe Trichterbruch

D

Dämpfung.. 9
Daueramplitude....................... 95, 97 ff.
Dauerschwingfestigkeit . 1, 94 ff., 108 ff., 133, 198 ff., 207
- Anhaltswerte............................ 108
- Einflussgrößen .... 101 ff.
Dauerschwingfestigkeitsschaubild.. 96 ff.
- nach Haigh .... 97 f., 100
- nach Smith .... 97 ff., 101 f.
Dauerschwingversuch 92
Debye-Frequenz................................ 34
Dehngeschwindigkeit 51
Dehnungskonzentrationsfaktor......... 126

Dehnungszustand (Rissumgebung) 141, 146, 150 ff.
dichteste Packung 3
dielastische Wechselwirkung 77 ff.
Diffusion 6, 32 ff., 54, 58 f., 65, 68, 70 f., 220 f.
Diffusionskoeffizient 35, 68
Diffusionskriechen 65, 68, 70 f., 213
Dimples 196 ff., 213
Dispersionshärtung 76, 80
Druckbehälter 162
Druckbelastung (Sprödbruch) 184
Druckfestigkeit 184
Druckschwellbereich 92
Duktilbruch 44 ff., 197
Duktilität 1
- Einfluss Korngröße 197
Durchplastifizierung 138 f.
Durchstrahlungselektronenmikroskop 16, 38, 90
dynamisches Gleichgewicht 64, 65, 67

E

effektive Spannung 41 ff., 65, 182
Eigenspannungen 20, 71 ff., 104 ff., 126
- Arten 71
Eigenspannungsrisse 133
Einbrandkerben 133, 204
Einkristalle (Kriechen) 70, 211, 222
Einsatzhärten 105
Einschnürung 48 ff., 120, 194 ff., 213 ff.
Einstülpungen, siehe Intrusionen
elastische Moduln 10
elastische Nachwirkung 9
Elastizitätsmodul 10 ff., 79
- Temperaturabhängigkeit 11
- Richtungsabhängigkeit 12
Elektroschlacke-Umschmelzen 104
Elementarprozesse (Versetzungsbewegung) 24 ff.
Energie
- chemische E. 15 f.
- innere E. 8, 16, 21, 35, 165 ff., 177
- mechanische E. 16
Energieansatz (Bruchmechanik) 137 f., 163 ff.
Energiebilanz
- Rissausbreitung 163 ff.
- Risskeimbildung 176 ff.
Energiefreisetzungsrate, siehe spezifische Rissenergie
Entfestigung 49, 64 f.
Enthalpie 16, 21, 83 f.
Erholung 22, 35 ff., 58, 65 f., 71 f., 88
erholungskontrolliertes Kriechen 65
Ermüdung 93 ff., 104, 198, 200
- niederzyklische E. (LCF) 93, 95
- thermische E. 93, 198
Ermüdungsbruch 94, 108 ff., 176, 183, 198, 200 ff.
- Merkmale, Tabelle 210
Ermüdungserschöpfung 113, 200
Ermüdungsfestigkeit 94
Ermüdungsgleitbänder 203 f.
Ermüdungsriss 173, 204 ff.
Ermüdungsrissbildung 201
Ermüdungsrisswachstum 200, 205 ff.
Ermüdungsschädigung 110 f., 199
Extrusionen 203 f.

F

Faserverstärkung (Keramik) 167, 198
Fatigue striations, siehe Schwingstreifen
FATT 50 46
Fehlpassung 80 ff.
Fehlpassungsversetzungen 72, 80 f.
Fehlstellen 133 f.
Feinkornhärtung 54, 59, 76 f., 89
Festigkeitsauslegung 137
Festigkeitskoeffizient 50
Flächenpressung 110 f.
Flammhärten 105
Fließbeginn
- Kerben 121 ff.
- Risse 158 ff.
Fließbruchmechanik 136
Fließen 12, 122, 135
- viskoses F. 68

Fließfiguren .... 52 ff.
Fließkurve 48
Fließspannung ....29 ff., 39 ff., 49, 54 ff., 70, 182
Flüssigmetallversprödung 174
Flussmuster 189
Folienabdrucktechnik 217
Formänderungsarbeit.....163, 176 f., 179
- spezifische F. 163
Formzahl...........107, 117 ff., 125, 128 ff.
Frank-Read-Quelle 19
Fremdatomansammlungen ...... 20, 50 ff.
Fretting Fatigue, siehe Reibermüdung

G
Geometriefaktor (Risse).......143 ff., 151, 158, 162
- Tabelle .... 145 f.
Gerber-Parabel .... 99 f.
gerichtete Erstarrung 222
Gestaltänderungsenergiehypothese 114, 121 ff., 157 f., 183
Gewaltbruch.........126, 135, 166 ff., 172, 175, 197, 210 ff.
Gitterfehler 8, 14, 16
Gitterparameterdifferenz 81
Gleichgewichtsabstand (Atome)....... 9 f., 13, 16, 22, 84
Gleichgewichtsaufspaltung, siehe Versetzungen
Gleichmaßdehnung..............48 f., 194 ff.
Gleiten, siehe Versetzungen
Gleitstufe....................................... 25 ff.
Gleitsysteme ....9, 24 ff., 46 ff.
- Tabelle 27
- unabhängige G. 47
Goodman-Gerade .... 98 ff.
Grenzflächenenergie...........38, 178, 189
Grenzflächenfestigkeit 188
Grenztragfähigkeit......134, 138 f., 152 ff.
Größenbedingungen 150, 162
Größeneffekt (Festigkeit) ......107, 190 ff.
Großwinkelkorngrenze .... 37 f., 81

H
Haarkristalle 19
Haigh-Diagramm, siehe Dauerschwingfestigkeitsschaubild
Hall-Petch-Gesetz .... 54 ff., 69, 103
Härten 105, 182
Härterisse.. 133
Hartkugelmodell 7
Härtungsmechanismen .... 11, 75 ff.
Hauptgleitebene .... 31 f.
Heißrisse 133
hexagonal-dichteste Packung (Gitter, Werkstoffe) ... 3 ff., 24 ff., 35, 46, 212
Hochlage .... 46 f.
Hooke'sches Gesetz ...... 10 ff., 48, 73 f., 140, 163
Hundeknochenform (plastische Zone) 160 f.

I
ideal-sprödes Verhalten .... 128 f., 163, 166, 169 ff.,187
Indizierung
- kristallographischer Ebenen ...... 5 f.
- kristallographischer Richtungen. 5 f.
Induktionshärten.............................. 105
innere Spannung .... 40 ff.
intermetallische Phase .... 80 ff.
- geordnete i. P. 83
interstitielle Mischkristallelemente 78
Intrusionen .... 203 f., 208
Irwin-Williams-Gleichungen 140

K
Kaltaushärtung 182
Kaltrisse 133
Kaltverfestigung/-verformung ...... 41, 76, 89 f., 182
Keramik (Festigkeit) .... 152 f. 166 ff., 172, 190 ff.
Kerbempfindlichkeit................. 127, 131
Kerben................................. 116 ff., 139
- Einfluss auf die Dauerschwingfestigkeit .... 104 ff.
Kerbentfestigung .... 124, 127 ff.

Kerbfaktor, siehe Formzahl
Kerbfestigkeitsverhältnis .... 127 ff.
Kerbnennspannung .... 116 ff.
Kerbschärfe............. 120 f., 123 f., 127 ff.
Kerbschlagarbeit 46, 137
Kerbschlagbiegeversuch 46
Kerbverfestigung ....127 f., 130, 132
Kerbversprödung 124, 127
Kerbwirkung ....116 ff., 189, 200, 204
Kerbwirkungszahl 107
Kerbzugfestigkeit .... 127 ff.
Kesselformel 162
Kleinwinkelkorngrenzen .....37 f., 66, 203
Klettern, siehe Versetzungen
Knietemperatur 42, 45
Kohärenzspannungen .... 81 ff.
kolumnare Korngefüge, siehe stängelkristallines Gefüge
Kompaktzugprobe .... 148 ff.
Kontinuumsmechanik 140, 142
Kontraktionsbehinderung ..119 ff., 155 ff.
Korngrenzengleiten ....59, 69 ff., 211, 218 ff.
Korngrenzenhärtung, siehe Feinkornhärtung
Korngrenzenriss (siehe auch interkristalline Risse) .... 178 ff.
Korngrenzenschädigung (siehe auch Kriechschädigung) 214
Korngrenzenviskosität..............69 f., 222
Korngrenzflächenenthalpie .... 178 ff.
Korngröße
- Einfluss auf das Kriechen. 69 ff., 89
- Einfluss auf die Dauerschwingfestigkeit 103
- Einfluss auf die Duktilität .... 53, 188 f., 196 f.
- Einfluss auf die Streckgrenze 54 ff., 89
Kornvergröberung 70
Korrosionsermüdung.............109 f., 184
Kraft-Abstands-Kurve (Atome) 10, 14, 27
Kriechbereich
- primärer K. .... 61, 66, 217 f.
- sekundärer/stationärer K. ...... 60 ff.,
- tertiärer K. 61, 67, 218
Kriechbruch .... 175, 180, 193, 211 ff.
- interkristalliner K. .... 215 ff.
- Merkmale, Tabelle 211
- transkristalliner K. .... 211 ff., 221
Kriechen, Kriechverformung .... 2, 13, 33 ff, 38, 57 ff., 69 ff., 88, 108, 217 ff.
Kriechfestigkeit 61, 88
Kriechgeschwindigkeit... 60 ff., 65 ff., 88, 218
- minimale 61, 67
- sekundäre/stationäre .... 61 f., 67
- Spannungsabhängigkeit .... 67 ff.
- Temperaturabhängigkeit......... 67 ff.
Kriechkurve .... 60 ff.
Kriechrissbildung .... 220 ff.
Kriechrisswachstum 220
Kriechschädigung .... 211 ff.
- interkristalline K. .... 215 ff.
Kriechversuch .... 62 f., 212 f.
Kristallgittertypen 4
Kristallstrukturen, Tabelle 4
Kristallsysteme .... 3 ff.
kritische Rissbildungsenergie 179
kritische Risskeimgröße .... 176 ff., 219
kritische Risslänge (-tiefe)... 154, 166 ff., 188, 201
kritische Schubspannung 26
kritischer Spannungsintensitätsfaktor, siehe Bruchzähigkeit
kubisch-flächenzentriert (Gitter, Werkstoffe) .... 3 ff., 22 ff., 35, 43 ff., 212
kubisch-raumzentriert (Gitter, Werkstoffe) .... 3 ff., 23 ff., 35, 42ff., 137, 182, 212
Kugelstrahlen .... 104 ff.
K_I-Wert, Definition .... 143 ff.
K_{Ic}-Wert .... 144 ff., 150 f., 162, 167, 172, 188
- Daten........................... 152 ff., 171
K_c-Wert, Definition 144
K_Q-Wert, Definition 150

L

Laseroberflächenhärten 105
Laststeigerungsfaktor..... 122 f., 127, 158
Leck-vor-Bruch-Kriterium .... 137, 161 f.
Leerstellen .... 32 ff.
Leerstellendiffusion .... 32 ff.
Leerstellenkonzentration .... 32 ff.
Legierungshärtung .... 75 ff.
Ligament, Definition 116
Losreißspannung .... 51 f.
Lötbrüchigkeit........................... 182, 188
Lüders-Band .... 51 f.
Lüders-Dehnung 52
Ludwik-Hollomon-Gleichung 50
Lunker... 133

M

Makrostützwirkung 126
Martensithärtung 76, 89
Maschenweite .... 18, 39 f.
Mehrachsigkeitsgrad..... 120, 122 ff., 129
Mehrstufenbelastungen.................. 114
Mikroeigenspannungen 41, 72
Mikrodehnung/-plastizität/-verformung
40, 49, 55, 71 ff., 188, 192, 202
Mikrokerben 204
Mikroporenketten .... 216 ff.
Mikroriss .... 200 f., 204 ff.
Miller'sche Indizes.......................... 5 ff.
Miner-Regel .... 113 f., 200
Mischbruch.............. 45 f., 147, 175, 195
Mischkristallhärtung .... 51, 76 ff., 89 f.
Misfit 81
Mittelspannungsverhältnis........ 92 f., 109
Modulparameter.......................... 79, 89
Modus I .. 136 f., 140, 145, 147, 149, 152
Modus II 136, 144
Modus III 136, 144
Mohr'scher Spannungskreis........ 122 ff.,
130, 181, 184 ff., 194 f.

N

Neuber-Hyperbel .... 125 f.
Neutronenversprödung 130, 182
nicht-konservative Versetzungs-
bewegung 33
Nitrieren... 105
Normalspannungsbruch ...... 123 ff., 136,
147 ff., 175 ff., 194 f., 209
Normalspannungshypothese.... 181, 183
Norton'sches Kriechgesetz................ 67

O

Oberflächenenergie.. 164 ff., 170, 176 ff.
- spezifische O. 166, 177, 180
Oberspannung, Definition.......... 93, 98 f.
ODS-Legierungen 81, 87, 90
Orowan-Mechanismus, siehe
Umgehungsmechanismus
Orowan-Ring 85
Orowan-Spannung .... 39 f., 86 ff.

P

Packungsdichte .... 6 f.
parelastische Wechselwirkung .... 77 f.
Paris-Erdogan-Gesetz...................... 208
Partikelverstärkung (Keramik) 198
Passierspannung............................ 40 f.
Peierls-(Nabarro-)Spannung .... 28 ff.,
42 ff., 182, 187
persistente Gleitbänder .... 199, 203 f.
Phasengrenzflächen
- inkohärente P. .... 80 f., 220
- kohärente P. .... 80 f., 82 ff., 219
- semikohärente P. .... 80 f.
- teilkohärente P. .... 80 f.
Phasengrenzflächenenthalpie .. 180, 219
Phasenstabilität 80
planare Versetzungsanordnung 202
Plastic constraint factor 122, 158
Plastifizierung ... 118, 123 ff., 135 f., 151,
167, 170, 185, 197 f.
plastischer Kollaps .... 138 f.
plastische Zone .... 136, 157 ff., 206
Poisson'sche Zahl 11, 21
Polygonisation 38
Portevin-Le Châtelier-Effekt .... 53 f.
Power-law breakdown 68
Pulvermetallurgie.......................... 81, 90

Q

Querdehnungsbehinderung .... 120 f., 154 ff.
Quergleitebene .... 31 f.
Quergleiten, siehe Versetzungen
Quergleitspannung................. 31 f., 42 f.
Querkontraktion ....118 ff., 155 ff.
Quetschgrenzengerade.................... 101

R

Randzonenverfestigung .... 102 ff.
Rastlinien ....206 ff., 209 ff.
Ratchet marks 206
Reckalterung
- dynamische R. .... 53 f., 77
- statische R. 53
Reibermüdung .... 110 ff.
Reibkorrosion 111
Rekristallisation......9, 19, 22, 35, 38, 75, 89 f.
- dynamische R. 213
Replicatechnik.................................. 217
Restfestigkeit ....135 f., 138 f., 151 ff., 170, 175, 190 ff., 209
Restgewaltbruch .....175 f., 200 f., 207 ff.
Rissausbreitung ....140 ff., 162 ff.
Rissausbreitungskraft, siehe spezifische Rissenergie
Rissenergie
- spezifische R. .... 168 ff.
- Werte .... 169 ff.
Risskeimbildung.176 ff., 188, 201, 217 f.
- heterogene .... 178 ff.
- homogene .... 179 f.
Rissligament (Spannungen).......... 141 f.
Rissöffnungsarten .... 136 f.
Risswachstum...........135 ff., 170, 198 ff.
- instabiles R. .137, 165, 172, 187 ff., 198 ff., 207 ff.
- stabiles R. ....185 ff., 198 ff., 205 ff.
Risswiderstand................................ 170
Risszähigkeit, siehe Bruchzähigkeit
River pattern 189
r-Typ-Risse .... 215 ff.

S

Schadenslinie .... 200 f.
Schädigung
- Ermüdung .... 108 ff.
- Kriechen .... 66 f.
Schädigungsakkumulationsregel (zyklische), siehe Miner-Regel
Scherbruchspannung 184
Scher(spannungs)bruch 147, 194
schlagartige Belastung 47
Schlagsprödigkeit .... 44 ff., 182 f.
Schlagversuch .... 44 ff.
Schmelztemperatur 10
Schmid'sches Schubspannungsgesetz 26
Schmiedefalten .... 133 f., 204
Schneiden (Versetzungen), siehe Versetzungen
Schneiden (Teilchen) .... 81 ff.
Schneidspannung...................... 29 f., 42
Schraubenversetzung .... 15 ff.
Schubmodul .... 11, 21, 41 f., 78 f., 83
Schubspannungshypothese 24, 121
Schwingstreifen .... 208 ff.
Schwingungsbruch, siehe Ermüdungsbruch
Schwingungsrisskorrosion 110, 174, 184
selektive Korrosion 109
Smith-Diagramm, siehe Dauerschwingfestigkeitsschaubild
S-N-diagram 94
Sneddon-Gleichungen.................. 140 ff.
Spannungs-Dehnungs-Diagramm..... 10, 44 ff., 48 ff., 50 ff.
- wahres S. .... 48 ff.
Spannungsarmglühung .... 72 f., 75
Spannungsexponent 67, 70
Spannungsfeld (Rissspitze)......... 140 ff., 155 f.
Spannungsintensitätsansatz (Bruchmechanik) .... 137 f., 140, 170
Spannungsintensitätsfaktor. 118, 135 ff., 143 ff.
Spannungskonzentrationen......... 116 ff., 200, 203, 218 f.

Spannungskonzentrationsfaktor
- elastischer S., siehe Formzahl
- plastischer S. 126
Spannungsrelaxation .... 71 ff.
Spannungsrelaxationsversuch .... 72 f.
Spannungsrisskorrosion............174, 182
Spannungsverhältnis (Schwingversuch) 92 f.
Spannungszustand
- mehrachsiger S. ......24, 49, 118 ff., 135 f., 158, 183, 195
- Rissumgebung ....139 ff., 154 ff.
Spannungszustandsversprödung. 123 f., 130, 147, 150, 183, 195
Sprödbruch (siehe auch Trennbruch, Normalspannungsbruch) .... 46 f., 123 f., 175, 183 ff.
- idealer S. .... 185 ff.
- realer S. .... 187 ff.
spröd-duktile Übergangstemperatur... 46
Sprungrate (Diffusion) .... 34 f.
Spurenelemente.............................. 188
stängelkristallines Gefüge .....211 ff., 222
Stapelfehler.....................8 f., 30 ff., 42 f.
Stapelfehlerenergie....8 f., 22 f., 25, 30 f. 42 f., 202
- Tabelle 8
Stapelfolge .... 8, 22 f.
stationärer Kriechbereich, siehe Kriechbereich
Streckgrenze..........1, 11 ff., 39 ff., 42 ff., 48 ff., 57, 73 ff., 92 ff., 98 f., 103, 198 f.
- ausgeprägte S. ....21, 50 ff., 77
- obere S. 51
- untere S. .... 51 f.
Streckgrenzenerhöhung........... 50 f., 76, 82 ff., 87, 89
Streckgrenzengerade..................... 98 ff.
Streckgrenzenverhältnis.................. 152
Stufenversetzung .... 14 ff.
Subkörner 38, 66, 69, 203
Substitutionsmischkristall .... 51 f., 54
Superplastizität 68

T
technische Dehnung.......................... 2 f.
technischer Anriss .... 201, 204 f.
technische Spannung............... 2 f., 49 f.
Teilchen
- inkohärente T. .... 82 f., 85, 219 f.
- kohärente T. .... 82 ff., 219
Teilchenhärtung .... 69, 76, 80 f., 88 ff.
Teilkohärenz..................................... 81
Teilversetzungen .... 22 f., 30
Teller-Tassen-Bruch, siehe Trichterbruch
Temperatur
- hohe T., Definition ... 13, 33 f., 58 ff.
- homologe T. .... 12 f., 54, 90
- tiefe T., Definition ..... 12 f., 34, 58 f.
Textur 12
theoretische Festigkeit ... 1, 10, 13 f., 28, 89 f., 187
thermische Aktivierung ...... 24, 29 ff., 35, 38, 43, 68
thermische Fluktuation .... 29 f., 43
thermischer Spannungsanteil......... 41 ff.
Tieflage .... 46 f., 137
Tieftemperatur-Schlagzähigkeit.......... 47
Tieftemperatursprödigkeit........ 44 f., 182
Torsionsbruch .... 185 f., 197
Torsions-Ermüdungsbruch .... 185 f., 210 f.
Tragfähigkeit 123, 127, 130
Transmissionselektronenmikroskop (TEM) 16, 38, 90
Trennabstand (Atome) 10
Trennbruch.......... 125, 127, 147 ff., 181, 183, 188, 195 f.
Trennfestigkeit.... 44 ff., 123 f., 127, 130, 181 f., 185, 195, 199
Tresca-Hypothese, siehe Schubspannungshypothese
Trichterbruch .... 193 ff.
Typ I-Verhalten (Wöhler-Diagramm) 95 ff.
Typ II-Verhalten (Wöhler-Diagramm) 95 f.

U

Übergangskriechen 61
Übergangstemperatur .... 46 f.
Überklettern (Teilchen) .... 81 f., 87 f.
Überstrukturphase 82
Umformen 1, 70
Umgehungsmechanismus .... 82 f., 85
Umlaufbiegung .... 94 ff., 108, 210 f.
Umwandlungsplastizität 198
Unterspannung, Definition .... 92 f.

V

Verfestigung .... 39 ff., 49 f., 64 ff., 86
Verfestigungsexponent 50
Verfestigungsmodell 55, 57
Verfestigungsstrahlen .... 105 f.
Verformung
- anelastische 9
- Arten der V. 9
- elastische V. .... 9 ff.
- inelastische V. 9, 13, 57
- plastische V. .... 12 f.
Verformungsbruch (siehe auch Duktilbruch, Wabenbruch, Scherbruch) 175
Verformungsenergie 167
Verformungsgeschwindigkeit .... 26, 42 ff., 53 f, 182
Verformungshärtung/-verfestigung 41, 76
Verformungslokalisierung .... 201 ff.
Vergleichsspannung .... 121 ff., 158 ff., 183
Versagenswahrscheinlichkeit 190
Verschleiß 173
Versetzungen .... 14 ff.
- Annihilation .... 22, 35, 64 f.
- Arten der V. .... 14 ff.
- Aufspaltung .... 22 f., 30 f., 35, 202
- Bewegung .... 23 ff.
- Dichte .... 17 ff., 21, 37 ff., 49, 56 f., 64 ff., 76, 89, 202
- Entstehung .... 19 f.
- Fremdatom-Ansammlungen .... 21, 50 ff., 77
- gemischte V. 16
- geometrisch notwendige V. 72
- Geschwindigkeit 26, 54
- Gleichgewichtsaufspaltung 23
- Gleiten .... 22 ff., 49
- Kinke 29
- Klettern .... 24, 29, 32 ff., 58 f., 65, 87 ff.
- Knoten .... 17 ff.
- Laufweg .... 56 f., 59, 69
- Multiplikation .... 19 f.
- Quergleiten .... 24, 31 f., 43, 202
- Schneiden .... 24, 29 ff., 43
- Spannungsfeld .... 20 ff., 35 ff., 50
- Sprung 29
- Verankerung .... 51 ff.
- Verzerrungsenergie .... 20 ff., 78 f., 83
Versetzungsaufstau 188, 197
Versetzungshärtung .... 41, 76 f., 89 f.
Versetzungskern .... 15 f., 21
Versetzungskriechen .... 65, 68 ff., 220 f.
Versetzungslinie .... 15 f.
Versetzungsnetzwerk .... 17 f., 39 f., 49, 90
Versetzungspaar 84
Versetzungsstränge 203
Versetzungswald 40
Versetzungszellstruktur 203
Versprödung 80
Verzerrungsenergie .... 163 ff., 167 f.
Vielkristallverformung .... 47 ff.
von Mises-Hypothese, siehe Gestaltänderungsenergiehypothese
von Mises-Kriterium 47, 182

W

Wabenbruch....................44, 195 ff., 213
wahre Bruchspannung 45
wahre Dehnung................................ 2 f.
wahre Spannung.......2 f., 44, 48 f., 61 f., 195, 218
Wanddicke (Bruchzähigkeit) .... 147 ff.
Wärmespannungen............................ 93
Warmzugfestigkeit 213
Wasserstoffversprödung ...110, 174, 182
Wechselbereich 92
Wechselfestigkeit...........94 f., 97 ff., 103
Weibull-Exponent......................... 190 ff.
Weibull-Statistik .... 190 ff.
Whisker... 19
Wöhler-Diagramm....93 ff., 109 f., 199 ff.
w-Typ-Risse ....215, 219 f.

Z

Zähigkeit 163, 168
Zeitbruch.. 174
Zeitbruchverformung.................211, 222
Zeitdehngrenze......................1, 59, 62 f.
Zeitschwingfestigkeit.... 94 f., 198, 200 f.
Zeitstandbeanspruchung................ 59 ff.
Zeitstandbruch, siehe Kriechbruch
Zeitstanddiagramm......................... 62 ff.
Zeitstandfestigkeit .... 1, 58 f., 62 ff.
Zeitstandisochronen........................ 63 f.
Zeitstandversuch 13
Zeitstandschädigung, siehe Kriechschädigung
Zinngeschrei... 9
Zugschwellbereich.............. 92, 106, 200
Zugversuch .... 24, 40, 44 ff., 51, 59, 61, 70, 120, 181, 193 ff., 212 ff.
Zwängungsfaktor (plastisch)..... 122, 158
Zwillingsbildung 9, 25
Zwillingsgrenze.................................... 9
zyklische Belastung.... 92 ff., 143, 198 ff.
zyklische Belastungskollektive ..... 112 ff.
zyklische Entfestigung.............. 199, 202
zyklische Verfestigung.............. 199, 202
zyklischer Spannungsintensitätsfaktor 207 f.

MIX
Papier aus verantwortungsvollen Quellen
Paper from responsible sources
FSC® C105338

If you have any concerns about our products,
you can contact us on
ProductSafety@springernature.com

In case Publisher is established outside the EU,
the EU authorized representative is:
Springer Nature Customer Service Center GmbH
Europaplatz 3, 69115 Heidelberg, Germany

Printed by Libri Plureos GmbH
in Hamburg, Germany